重庆民居

THE FOLK HOUSES OF CHONGQING

◇何智亚 著

HE ZHIYA

重庆出版集团
重庆出版社

足迹遍巴渝　山水烟云系乡愁

图文存胜迹　雕梁残垣寻文脉

目 录
CONTENTS

渝东南

出版说明

《重庆民居》是作者历时数年，从巴渝广袤地域尚存乡土建筑中，撷取保存相对完好，具有较高建筑、文化、文物、美学价值的清代和民国时期50处乡土民居，通过田野考察、资料搜集、研究分析后撰写的一部巴渝乡土建筑专著。《重庆民居》以29万文字、710幅照片的浩瀚篇幅，解析展示了巴渝传统建筑的风貌特色、文脉精魂。作者认为，巴渝建筑更为久远的历史脉络与更为深厚的文化积淀留存于重庆广袤的乡村；巴渝建筑是中国各地文化以及舶来文化与巴渝本土文化相互融合、渗透、吸收、借鉴的结果和缩影；不同地域的文化碰撞，使巴渝建筑呈现出异彩缤纷、形态丰富的特色，成为中国传统建筑一个重要分支。在长期深入考察和分析基础上，作者将巴渝建筑风格特色概括为："兼收并蓄、海纳百川、因地制宜、灵活多变"。

作者以执著的毅力，深入发掘考证了湮没在乡土民居背后的悠悠往事，为再现尘封的历史、丰满乡土民居内涵留下了宝贵的文档资料。作者还从人文关怀、人性剖析、历史钩沉的角度，对我们在传统建筑保护、历史文化遗产传承等方面的缺失和问题进行了反思和批判，提出了尊重自然、尊重人文、留住乡愁、保护乡土文化的理念和思考，体现了一个学者的社会良知、忧患意识和责任担当。

《重庆民居》是近年来不可多得的研究巴渝乡土建筑的专著，对于弘扬、传承地域建筑文化，增强历史文化名城保护意识，指导文物建筑和传统乡土建筑保护与修复具有积极意义。《重庆民居》对于从事规划、建筑、设计、历史、文物、人文、旅游等方面工作的专业人员，无疑是一部极有价值的专业参考书籍；对于乡土建筑爱好者、旅行爱好者亦是一部可读之书和鉴藏之物。

编者

2014年6月20日

前　言

FOREWORD

上世纪90年代末至本世纪初，为编辑撰写《重庆古镇》和《四川古镇》两部著作，我在巴蜀广袤的乡村发现了一些建筑规模宏大、建造制式考究、殿堂镏金溢彩、庭园美轮美奂的乡土民居，它们或被称为庄园、山庄、大院、花园、花房子，或因主人的身份被称为举人楼、翰林院、状元府、大夫第，或因其西洋风格被称为洋楼、洋房子。与这些民居密不可分的还有为尊崇先祖，祭拜神灵，联络族人建造的宗祠；为防御土匪，护卫家园修筑的碉楼。这些乡土民居建筑形式有三合院、四合院、复合式四合院，也有体现民族和地域风格的干栏式民居，还有不少因地制宜、别具一格、自成一家的特色建筑。它们之中既有本土风格建筑，又有外来移民风格建筑，亦有不少中西合璧折中主义风格建筑。它们的建造水准、艺术追求、风水环境无不匠心独到、尽心竭虑，体现了先辈们丰富的想象力、创造力以及美学修养和精神追求。

在田野考察中发现的这些乡土民居给我留下了难以忘怀的印象，时时刻刻都有一种无法割舍的思恋情愫萦绕心头。相比于城市的高楼大厦，乡土民居有着更为厚重的历史积淀，传承着更为深沉的文化信息。在古老的乡土民居中，我触摸到先辈们世代迁徙、繁衍、劳作、生息、奋斗的脉搏，感受到他们用心血智慧建造的乡土民居无与伦比的独特风格和无穷魅力。乡土民居是先辈们尊重自然、顺应环境、追循宗法的杰出作品，是一个民族、一个地区历史发展演变留下的痕迹和文脉，是我们的根！这条根不应被切断，而应该得到精心呵护和长期延续传承。

14年前的2000年5月某日，我在重庆江津县双凤乡看到一座深藏于山区的王家宅，它是一座始建于清嘉庆年间的地主庄园。当时我的惊讶和震撼难以言喻——想不到在偏僻的深山老林中，居然还有如此气势恢宏、规模巨大、建造一流的乡土民居。随着考察的深入，当我看到越来越多的优秀乡土民居后，开始产生一种想法，就是把一些典型的乡土民居用镜头凝固下来，再通过查找家谱、史志，与当地村民、老人交谈，掌握第一手历史和口述资料；在此基础上，精选出保留相对完好、综合价值较高的乡土民居，对其建筑特色、装饰风格、艺术品位、建造技术、风水环境、文脉积淀进行深入考证研究，出版一部图文并茂的专著，为巴渝建筑源流和风格做出较为全面的解读诠释，同时也为这些已经衰落破败甚至濒临消亡的乡土建筑留下宝贵的图文资料。

多年来，我考察的范围还涉及庙宇、会馆、教堂、古桥、石刻、墓葬、宝塔、山寨等。鉴于会馆、庙宇、教堂等属民间公共建筑范围，而墓葬、桥梁、石刻等超出我对乡土民居研究的范围；这些内容既不是一部著作所能容纳，也不是我的精力、时间和研究领域所能把握。因此，我将《重庆民居》范围界定于以私家居住的宅第和与之密切相关的祠堂、碉楼三大类型，这三大类型建筑实际上已经可以作为巴渝乡土建筑最主要和最重要的代表。

从2007年开始，国家开展了第三次全国文物普查，这次普查是继上世纪50年代和80年代两次全国文物普查之后，规模最大、范围最广、时间最长的一次文物普查。重庆市用了4年多时间，对全市范围内地面、地下文物开展全面普查和登录汇总。作为国家文物局和重庆市文物局第三次全国文物普查专家组成员，我多次参与现场考察和评审工作，掌握到一些新发现的乡土民居资料和线索。在各区县文管所开展田野考察期间，我深入到一些乡镇、乡村考察调研，对基层文物工作者栉风沐雨的辛苦和默默无闻的奉献，以及普查工作的艰巨有了更直接的了解，同时也获悉了更多乡土民居信息。第三次全国文物普查对重庆民间乡土建筑进行了一次较为彻底的梳理，为我掌握散落于广袤乡间的优秀民居提供了重要资料来源。

“三普”调查成果卷帙浩繁，良莠不齐，要在上千个登录的乡土建筑中，按照我的标准和要求选择出几十个最典型的民居并非易事。我不可能漫无目标去考察几百个乡土民居后再从中选择；而且我也知道，经过几十年自然损毁、人为破坏，加上历次政治运动的伤害，列入文物保护单位的乡土建筑保存完好的已经不多，有的甚至已经消失，而新发现登录的乡土民居现状一般也好不到哪里去；笔者希望在书中展现给读者的是巴渝传统民居中最美的一面，而不愿意把一些没有建筑美感和特色的乡土建筑罗列书中。因此，“三普”成果在市文物局登录汇总后，我花了不少时间，从数量巨大的电子资料中，通过查找、梳理，对比，遴选出一批乡土民居名单；之后，再与我通过其他途径掌握到的资料进行归类比较，对其价值及完好程度进行综合分析判断后，确定了几十个乡土民居名录。当然，最后能够正式纳入《重庆民居》的乡土民居，还需要根据实地考察结果来进行比较、取舍、确定。

由此，我又踏上考察优秀乡土民居，探索巴渝建筑风格源头的漫漫行程。几年来，我的足迹遍布重庆境内险峻之山峦，纵横之江河。优秀的乡土民居往往深藏于山村僻野，相比考察古镇需要花更多时间，跑更远路程，投入更多精力；许多地方没有正规公路，只有简陋的乡村小路或机耕道，有的还要步行数公里山路，可谓筚路蓝缕、披肝沥胆、备尝甘苦。多年来，我养成了一个好的习惯，就是一旦确定目标，决定要出一部著作后，不管有多大的困难和工作量，不管本职工作任务有多繁忙，我都会坚持不懈，竭尽全力，利用一切可以利用的时间和机会去完成田野考察、资料搜集、文字写作等工作，不敢稍有懈怠，更不会中途而废——笔者前几部著作都是这样完成的。

从2010年起，历经3年多时间，我终于在2000年前后考察重庆古镇的基础上，完成了对纳入计划的几十个乡土民居的田野考察。为尽可能全面客观描述考察目标对象，拍摄出自己满意的照片，对一处乡土民居，不管路途多遥远，位置多偏僻，我去现场考察2次、3次是家常便饭，有的先后次数多达5次、6次，确实耗费了我大量的精力和时间。而文字撰写任务更为艰巨困难，既要在现场作好测绘采访的原始记录，取得第一手资料，又要对资料的真实性、可靠性通过各种途径方式进行考证、核实、审定，几年来付出的努力和个中艰辛难以言喻。

在考察巴渝乡土民居的过程中，我寻觅到先辈们与天地奋斗，与恶劣的自然条件抗争的足迹；感受到他们用心血和智慧垒砌的乡土建筑和乡土文化的博大精深；也领悟到重庆人坚韧顽强、吃苦耐劳、粗犷豪爽、耿直热情、包容开放的气质性格形成的历史和地理渊源。如果说中国历史悠久、多姿多彩的建筑流派是一条波澜壮阔的江河，那么散布于民间的乡土民居就是最丰富最古老最广袤最纤细的溪流，正是这些数量众多、看似不起眼的涓涓细流不断融合、奔腾、碰撞、壮大，最终才汇集成中国传统建筑和乡土文化的滔滔大河。巴渝传统民居可以说是重庆历史文化、民族文化、三峡文化和移民文化的缩影，它们见证着历史的沧桑，积淀着深沉的文脉，成为重庆重要的历史文化遗存载体和城市记忆。没有它们的存在和延续，城市的历史厚重感将会黯然失色。

近年来，重庆建筑界、规划界、文物界、旅游界和众多专家学者、建筑院校一直在研究重庆的建筑风格，即所谓巴渝建筑风格问题。市级层面有关部门召开了不少研讨会、座谈会、专题会，作为专家，我也参加了不少类似会议。但是，坦率地说，人们对巴渝建筑的印象和认识往往还停留于山地建筑通常的吊脚楼、小青瓦、穿斗房、坡屋顶、黑白灰和民国时期建筑的印象，尚未寻觅和总结归纳出巴渝建筑更为深远的根基与真谛。

纵观历史，巴渝建筑乃是中国各地文化和舶来文化与巴渝地区本土文化相互融合、渗透、吸收、借鉴的缩影和结果；不同地域的文化碰撞，使巴渝建筑呈现出纷繁各异的特色，成为中国建筑的重要分支和奇葩。通过深入广泛的田野考察、研究、思考，我认为，巴渝建筑更为久远的历史脉络与更为深厚的文化积淀留存于重庆广袤的乡村。在先辈们千百年生存繁衍的乡土民居中，可以寻找到巴渝建筑风格最深沉、最基础、最直观的源头和答案。经多年考察和分析对比，我发现巴渝建筑风格的形成主要源于三个因素：一是重庆江水环抱、山势起伏的地形环境和潮湿多雨的气候环境，二是外来移民带来的建筑文化，三是西方文化的进入和影响。

从地形和气候环境来看，重庆山地和丘陵占全市总面积95%左右，自然地貌决定了巴渝建筑依山就势、鳞次栉比、充分利用空间的特色，具体体现为退坡、吊脚、筑台、靠岩、重叠、出挑、出檐等建筑特征。巴渝地区夏季炎热，冬秋潮湿多雨，乡土民居一般会采用较大的出檐尺度，形成阴凉避雨的室外空间。巴渝本土民居结构多趋于简洁、朴素、方便、就地取材；造型朴实古雅，富于想象，不拘规制；风格既有小巧玲珑、纯净自然的古朴建筑之风，又兼细腻精致、协调简约的装饰创意，典雅而不显张狂，脱俗而不失尊严。

外来移民文化对巴渝建筑的影响不可低估。重庆是一个移民城市，在漫长的历史长河中，重庆经历了7次大规模移民，特别是明、清两代以“湖广填四川”为代表、多达十几个省区向巴蜀地区大规模的移民活动，对巴渝建筑带来了广泛而深远的影响，可以说奠定了巴渝建筑风格的基础。几百年交流融合，移民原发地丰富的建筑风格流派为巴渝建筑风貌、建筑结构、人文历史、风水格局注入了新鲜的血液。巴渝本土民居朴素简洁，构件装饰拙朴单调，一般也没有造型各异的风火山墙。外地移民建造的民居将重檐式、观音兜、涡耳形等各式漂亮显目的风火山墙带入巴渝建筑之中；房屋构件装饰更为精美艳丽，木雕、石雕、砖雕、泥塑、彩绘及瓷片装饰更加多姿多彩。高大挺拔、风格俊逸的风火山墙和美不胜收的建筑装饰，与巴渝本土建筑相融互补，给巴渝民居注入了灵动的气息，增添了风格迥异的文化元素。如今，从传统民居大院的风火山墙式样，大致就可以判断出房屋建造始祖的移民原籍，如弧形风火墙，民间称“猫拱背”、“观音兜”，一般由湖广移民建造；而重檐风火山墙，民间称马头墙，显然属江西、安徽一带的移民风格。

西方文化对巴渝建筑的影响首先来自于传教士。明末崇祯年间，意大利籍神父利类思和葡萄牙教士安文思到成渝两地传教。至咸丰六年（1856年），由于天主教在巴蜀地区快速扩张，原四川代牧区划分为川东南代牧区（重庆教区）和川西代牧区（成都教区）。川东南代牧区主教府设于重庆蹇家桥真原堂，管辖川东南63个县天主教会事务。咸丰九年（1859年），又从重庆教区划出宜宾、自贡、泸州等27县成立叙府（今宜宾）教区。重庆开埠后，教会势力进一步扩展，1930年成立了万县教区，管辖万县、奉节、梁平、邻水等10县。西方教会广泛渗入巴渝城乡、包括极为偏远的地区。西方传教士、外交官、探险家、商人大量进入重庆后，建造了数量众多的西式风格建筑；重庆近现代到西方留学者甚多，他们也带回了西方建筑设计理念和美学意境，并在建造房屋时付诸实践。至今为止，在一些非常偏僻的乡村，我都发现不少乡土建筑在拱廊、尖顶、透窗、窗花、门楣、老虎窗、壁炉、烟囱、浮雕等部位带有明显西式建筑风格。因此，中西合璧折中主义风格亦构成了巴渝建筑风格特色之一。

巴渝传统建筑渗透着风水学丰富的语境和意图，自古以来，风水学（亦称堪舆学）一直是巴渝民居不可或缺的重要内容。风水并不等同于迷信、愚昧、玄虚，中国民间用风水学原则指导宅基选址已是非常悠久的传统习俗。建造宅院都会涉及选址问题，在对自然科学缺乏更多认知的古代，风水学往往扮演着指导宅院选址和建筑法则、营造规矩的角色。风水学可以说是古人从文化心理角度对科学的一种认知、平衡和修正，或者说风水本身就包含着科学。在风水理论中，建筑学、气象学、景观学、地质学、生态学、人居环境等科学和要素都或多或少包含其中。在风水学“寻龙、觅砂、观水、点穴”的严格理论规范和细致入微的指导下，民间乡土建筑和传统村落选址布局大多具有山水环绕、通风防潮、采光透气、避险趋利等环境要素。宅基地选择适中的地理位置，考虑生态景观和居住环境，是“天时，地利，人和”的哲学思想在人居环境方面朴素而自然的体现。从风水学的观点来看，最理想的居住环境是“左青龙，右白虎，前朱雀，后玄武”；“负阴抱阳，背山面水，藏风聚气，坐南朝北”；“中庸为上，过犹不及”。古人还认为，“凡宅居滋润光泽阳气者吉，干燥无滋润者凶”。人们的生活离不开水，居住环境也离不开水，住宅周围没有溪水环绕，就少了许多生气，因此，许多宅院和村落往往会选择在靠近溪流和水源之地。

如今，在城市改造建设和扩张过程中，人们对建筑外观和室内设计非常重视，而往往忽略建筑与风水景观环境的协调关系。随着城镇化的快速推进和似乎显得急功近利、急于求成的村镇建设，不少乡土建筑、传统村落大量消失，历史环境格局遭到破坏，城镇特色和个性在丢失，历史文化和人文积淀被遗忘，一些地方城市景观环境杂乱无序，这应该引起我们的警醒和反思。

综上所述，巴渝传统民居因地制宜，巧妙布局，体现了人与自然和谐相处的生态观念，呈现出异彩缤纷、灿烂夺目的建筑特色和丰富深沉的多元文化积淀。从整体来看，巴渝建筑风格特征可以用“兼收并蓄、海纳百川、因地制宜、灵活多变”16个字来概括。

在乡土建筑考察中，笔者发现一个为人们所忽略而又极为普遍的现象，那就是中国历代杰出人物、名人志士大多出自于乡村士绅望族家庭。以潼南县双江镇杨家为例，杨家是潼南乡间家财万贯、富甲一方的乡绅，从五四运动到新中国成立30多年时间，杨氏家族有30多人赴英国、法国、德国、美国、日本、苏联等国求学深造，而到重庆、成都、上海、北京等地读书的更是不计其数。革命志士杨闇公，前国家主席杨尚昆，前中央军委秘书长、解放军总政治部主任杨白冰，被胡适称为“当今李清照”的女诗人陶香九（杨家长媳），民国才女杨肇芷，潼南教育事业的拓荒者杨鼎新等等，都出于潼南双江杨氏家族。

又如云阳县南溪镇青云村的郭家大院，清代有五子登科，民国时期有“郭门三杰”。郭家大院主人郭佚林3个儿子中，大儿子郭嗣麟1938年奔赴延安参加革命，在延安从事教育工作，解放后任国家教育部小教司司长，科学教育学院院长等职；二儿子郭嗣汾毕业于国民党陆军军官学校16期，参加了武汉、衡阳、长沙、宜昌等著名抗日战役，1948年初去台湾。在台湾几十年，郭嗣汾出版散文、小说、剧本、传记近60部，退休后从事中华文化文物遗产研究，成就颇丰；三儿子郭贞安自幼随父学习诗书字画，后成为全国著名书法家。

类似例子极多。分析其原因，中国乡间士绅望族大多重视教育，恪守封建伦理道德，他们以孔孟之道、耕读传家为治家传业之本，对子女在国学诗赋、琴棋书画、道德伦理方面的培养教育甚为严格。从某种角度来看，中国乡村大家望族是中国传统道德文化的捍卫者、继承者、传播者、弘扬者，他们的文化追求、艺术品位、道德修养也反映在所建造的房屋中，被誉为中国西南地区清代民居上乘之作的涪陵青羊镇陈万宝庄园就是其中一个典型。

在封建社会，一般也只有望族士绅才有能力供子女外出读书求学，甚至远渡重洋到欧美留学。海外游子们学成归来后，多数成为国家的栋梁之材。新中国成立后，大批出身士绅望族的优秀人才投身社会主义建设，不少学富五车、声名卓著的学者教授满怀爱国之情从海外归国，用他们的学识和才华报效祖国。

在巴渝民居考察过程中，经常使我感到遗憾的是：我们一些基层文化文物管理部门和文物工作者对口述历史的发掘、整理、研究非常不够，一些极有价值的乡土民居历史资料文字少得可怜。在考察乡土建筑时，每当我踯躅于幽深的院落之间，流连于亭榭花园之旁，驻足于戏楼回廊之中，在怡然心醉、情感迷离之际，往往会不自觉地用自己的思维去浮想故离的景象，揣摩先祖们移民入川、插占为业、创业兴家、世代绵延的奋斗历史，感知他们在启动工程浩大的庄园、祠堂、碉楼时的周密策划、精雕细琢和锲而不舍。一座乡土民居的历史，就是一部巴渝先民艰难跋涉的创业史，也是一部演绎社会变更跌宕的编年史。浩如云烟的家族往事、悲欢离合的家族命运、命途多舛的红颜女子、书香门第的翰墨书香、五世同堂的繁盛景象……，无形的往事凝聚定格在有形的祖屋之中——而这一切，需要我们花费精力去探索、去发掘、去整理、去记录。

由于我们往往忽视口述历史的采访和记录，大多文物建筑搜集整理的历史信息和资料显得残缺不齐、语焉不详，使人无法知晓历史建筑中埋藏深厚的珍贵史料和故事。因此，在各种场合，我都会不厌其烦地强调口述历史抢救的重要性。要知道，一座历史建筑如果没有历史沿革、历史故事、历史人物和相关背景，就等于没有根、没有魂，成为无源之水、无本之木。文物建筑的价值不仅在于建筑本体，隐藏在建筑里的人文、历史、故事不可忽略，可能还会更有价值。现在对文物建筑、传统民居历史有所了解的老人已届古稀之年，时日不多，再过几年，当他们过世之后，我们将很难寻觅到历史留下的真实迹印。一个知情老人的去世，就相当于一段历史的消亡。对口述历史抢救的重要性、紧迫性已迫在眉睫!

我常常在想，如果一个作家能够深入到一座古老的院落去发掘、调查、寻访，完全可以写出一部洋洋洒洒、篇幅浩瀚的长篇小说；而在与村民或至今仍住老屋的居民摆谈交流时，听着他们娓娓道来关于老屋的离奇故事传说，主人家族扑朔迷离、起伏变幻的命运，都引起我的无限遐想。因此，在撰写《重庆民居》文字过程中，为了发掘民居背后的人物和故事，我一直在努力寻找与老屋有关的家族后人或者知情人士，可以说到了不到黄河心不死、不撞南墙不回头、打破砂锅问到底的地步。只要有一点蛛丝马迹，我都不会放过。要在茫茫人海中去寻找一个已经和家乡失去联系十几年，甚至几十年的知情老人，确实并非易事。有时是踏破铁鞋无觅处，有时我已失去了寻找的信心和希望，但往往最后的坚持却又在迷茫之际发现新的线索，似黑暗中突然出现一缕明亮的光线，使我有一种山穷水尽疑无路，柳暗花明又一村的感受和喜悦。功夫不负有心人，通过许多一般人可能想不到或者不愿去花费精力的渠道和办法，我终于联系上不少老屋的后人，并对他们作了各种方式的采访。经过坚持不懈、锲而不舍的追寻，不少文物建筑的历史资料在本书中得以充实完善，可以说弥补了许多基层文管所十几年、几十年都没有掌握到的历史信息。由于笔者考察的乡土民居尚在后人与祖屋所在地大多失去联系多年，且没有留下任何联系方式的线索；加之真正知情的老人多已去世，尚在者与原主人已隔了两三辈、三四辈，对过去历史的了解基本上是一片空白；再加之时间限制，笔者无法对涉及民居的历史事件及人物继续花时间去作全面深入的认证核实，因此，本书对老屋的历史故事和人物叙述仍然留下了不少空白和遗憾。笔者殷切地希望：各区县文化、文物管理部门和有责任心的专业人员，能够把对文物建筑、优秀民居的历史信息寻访、记录工作继续深入下去。

笔者在本书中对历史人文方面有颇多着墨叙述，就是希望发掘的人文历史信息与建筑成为水乳交融、不可分割的有机整体，更希望通过自己的努力和付出，多留下一些关于老屋历史的文字档案。

在《重庆民居》中，我用了一些段落和篇幅来回顾、反思、批判几十年来我们对历史文化遗产造成的破坏和伤害，包括在历史建筑保护、传统文化传承、生态环境维系等方面出现的问题，我觉得，这是一个知识分子应有的良知、责任和担当。

上世纪50年代，我们从漫长的封建社会进入到社会主义社会，但这并不等于我们远离了无知、愚昧和盲目，激进的阶级斗争在相当长的时间一直跟随着我们，怀疑一切、否定一切、破坏一切、打倒一切和某些时期的政治运动，使中华民族千百年的传统美德、民风民俗、民间技艺一度消失殆尽；乡间的寺庙、祠堂、教堂、庄园大院多被列入封建糟粕之列，毫不可惜地遭受摧残破坏；森林植被、古树名木更被砍伐殆尽。由于过去对历史文化传承、生态环境维护缺乏应有的尊重和敬畏，我们已经付出了惨痛的代价，今后再也不能够重蹈覆辙。

随着城乡建设的快速推进和农村危旧房改造，大量乡土民居和传统村落迅速消失，与之并存的乡土文化也随之消亡。而当人们开始意识到乡土民居和传统村落的宝贵价值时，才发现完整保留下来的乡土民居和传统村落已是凤毛麟角，残缺不齐，这不能不令人扼腕叹息。

每当笔者发现一处虽然破败，但仍然透露着典雅气质的乡土建筑时，都会如获至宝，激动不已；但我更多面对的是凋零破败，断垣残壁，残砖破瓦；传承上百年、数百年的历史建筑，几十年工夫就被无知与偏见、愚昧和疯狂损毁殆尽。看到这些情景，我有一种痛彻心扉的难受，惋惜、愤懑之情难以言喻。

笔者曾多次到欧洲考察，欧洲国家深厚的历史积淀和保留下来的古老建筑之多、历史建筑原貌保护之完整，往往使我叹为观止、艳羡不已。当我的足迹遍及巴渝大地数十个典型的庄园大院，并深入考察研究之后，我发现除了结构形式、雕饰手法等与西方多有不同外，我们的优秀乡土建筑在建筑水准、艺术追求、文化品位、美学修养等方面，与欧洲贵族庄园相比也并不逊色，只是我们保留下来的优秀乡土建筑数量已不足原有的零头，而且没有一处能够完好无损地展现其历史原貌、建筑规模和建筑环境，因此无法用已是满目疮痍的巴渝乡土建筑与相对完好的欧洲庄园进行比较而已。

伴随着城镇化的快速进程，中国传统农村社会正在瓦解，大量集居住与审美价值于一体，但又十分脆弱、衰老的乡土民居和村落正加速消失湮没在城镇化浪潮中。历经岁月磨砺和摧残，古老的民居已是风雨飘摇，甚至已到风烛残年。但是它们仍然不失为一部活态的历史档案，仍然顽强地以其震撼人们心灵的建筑形态和极富想象力的审美情趣，彰显着先祖们创造的传统文化和灿烂历史，它们是延续城乡历史文脉、展现巴渝地域特色的根，是我们共有的历史财富和精神家园。

城市的存在以乡村为基础，乡村是城市的源头活水，村落和民居是组成乡村的基本单元。如今完整保留历史原貌的传统民居和村落已很难见到，对于它们，我们应该有一种崇尚感、尊重感、敬畏感。过去我们曾以偏激歧视的眼光，将传统乡土建筑和村落当作封建落后的象征，视之如弃履，随意损毁、破坏，随意拆除改建。岁月流逝，往事烟云，当人们觉悟时，文明却已缺失。如今回首，痛定思痛，几十年历史沉疴，已到需我们警醒、反思和重视的时刻。

城镇化的推进是必然的，城乡人居环境的改善也是必需的，在此过程中，传统与现代、历史与未来应当和谐共生。在城镇化中，如何注意保护、保留一些有代表性的乡土民居和传统村落，如何通过规划、维修、整治、利用，以及乡土旅游开发等方式，使它们得以再生和延续传承，这是我们在经济社会快速发展中需要切实面对和高度重视的问题。乡土民居是我们的一笔宝贵遗产，是留住乡愁的根基，至今为止，对它们的关心、保护、维修、发掘和研究还远远不够，有待于建筑、历史、文化、文物、艺术、民俗、旅游界和专家学者去作进一步关注与研究，更有待于政府相关部门加大保护、维护和传承力度，以尽可能留下历史文化的记忆。

本书展现了重庆大地尚还保留着部分传统建筑形态的50个乡土民居，它们数量已经不多，且非常脆弱，因而更显弥足珍贵。对于它们，我们应该十分小心地给予呵护，采取有效措施进行保护，让其传统形态和承载的历史文化得到延续。如果说，对历史文化遗产的尊重是城镇走向现代文明进步的重要标志，那么，对传统民居和村落的保护应该是我们义不容辞的责任。

《重庆民居》寄托了笔者的情感、思索、反思乃至批判，因此，它不仅是一部关于巴渝民间传统建筑的研究著作，同时也是一部追寻巴渝百年社会演变、故土乡愁的人文历史著作。愿《重庆民居》能够给予读者些许类似感受、感悟和思考。

何智亚

2014年6月20日

【主城】
DOWNTOWN

渝中区望龙门街道谢家大院

早在1997年，我就到谢家大院进行过考察。谢家大院隐藏于渝中区“下半城”道门口太华楼二巷一处不起眼的狭窄巷子里，当时大院住满了进城务工的农民，天井、厅堂和过道摆满家具、锅灶、杂物；租赁户搭建的棚房、凌乱的电线、牵挂的绳索、晾晒的衣物使大院内部空间变得非常局促；精美的雕花木构件被灰尘、油烟、蜘蛛网蒙上厚厚的污垢。尽管院内杂乱无章，房屋损毁严重，但小巧精致的建筑格局和镏金溢彩的雕花构件，依然顽强地显露着谢家大院当年的富贵高雅和厚重的历史底蕴。

上世纪90年代，渝中区“下半城”危旧房众多，居住环境恶劣。为加大对这一地区改造整治的力度，渝中区政府于1997年9月成立了“长江、嘉陵江两江沿线整治开发办公室”（简称“两江办”），由我兼任办公室主任。之后，“两江办”组织人员对两江沿线，重点对“下半城”的老建筑、老街坊进行摸底、调查、登记。包括湖广会馆、洪崖洞、下洪学巷、川道拐等历史街区和谢家大院、胡子昂旧居、明清客栈等历史建筑大都纳入调查范围。这一时期的工作，为今后湖广会馆和谢家大院的正式修复作了重要前期准备和铺垫。

谢家大院与重庆富商汤子敬

谢家大院又名“谢锡三堂”，建于清后期，为经营布庄的商人谢亿堂、谢赞堂两兄弟修建。谢亿堂字“艺诚”，江西抚州临川县人。清末至民国时期，重庆著名富商汤子敬的发迹，与谢艺诚有着不解之缘。

汤子敬（1860—1942），江西抚州临川县人，14岁流落重庆，受到同乡谢艺诚热情接待。谢艺诚见汤子敬聪明笃厚，收他为布庄学徒。汤子敬刻苦学习、尽心竭力，出师后任布庄管账。汤子敬30岁时娶谢艺诚爱女为妻。在谢艺诚支持下，汤子敬于光绪二十二年（1896年）在重庆开设“同生福钱庄”和“聚福商号”。光绪二十五年（1899年），汤子敬离开谢亿泰布庄，分得8万两银子，开始自创家业。至宣统元年（1909年），汤子敬在重庆已拥有10家商号，被誉为“汤十号”，此时汤子敬家产财力已远远超过岳父谢艺诚。民国时期，汤子敬投资金融业，与范绍增、唐棣之、刘航琛、夏仲实等联合创办“四川商业银行”（后并入“川康殖业银行”），汤子敬出任银行总经理。汤子敬发迹之后投资不动产，购买的房产遍及重庆大街小巷，故有“汤百万”、“汤财神”、“汤半城”之称，成为蜚声川渝的商界巨擘。汤子敬于1942年9月24日病逝，享年83岁。

谢亿诚和汤子敬都是重庆知名江西籍商人。历史上江西赣商被称为“江右商帮”。据明末清初散文家魏禧（字冰叔）所著《日录杂说》记载：“江东称江左，江西称江右，盖自江北视之，江东在左，江西在右”，“江右商帮”由得此名。江右商帮在中国古代至近现代，与徽商、晋商等商帮都是实力强大、声名远扬、影响广泛的商帮。

由于一直无法寻找到谢家后人和相关历史资料，对谢艺诚生平和谢家大院建造历史缺乏更为深入的考证和研究。谢艺诚女婿汤子敬出生于咸丰十年（1860年），14岁到谢艺诚开设的布点作学徒，后娶谢艺诚女儿为妻，以此大致推算，谢艺诚应出生于道光二十年（1840年）之前。重庆历史文化学者肖能铸先生曾经告诉我，谢家有一个亲戚叫谢修伍，肖能铸父母与谢修伍关系密切。谢修伍出生于光绪二十九年（1903年），父亲曾在设于重庆城白象街的《重庆商报》任主编。谢修伍早年赴法国留学攻读土木工程，后转比利时布鲁塞尔自由大学攻读农垦专业，获硕士学位。在比利时读书期间，谢修伍邂逅了他后来的妻子Marie Josephine（与谢修伍结婚后更名为谢若芬）。1935年，谢修伍携妻子回中国，执教于南京陆军大学。抗战时期陆军大学迁重庆，谢修伍迁居重庆沙坪坝山洞。肖能铸外祖父曾俊臣曾任重庆盐业公会会首、重庆商会会长，在山洞有一处别墅。肖能铸父亲肖懋功出生于光绪三十年（1904年），比谢修伍小1岁，毕业于上海中国公学，曾在沙坪坝复旦大学任校董兼教务主任，也住在山洞，因此肖家与谢家成为关系很好的邻居。据肖能铸回忆，上世纪80年代，他到北京看望谢修伍老人，老人给他讲，重庆城有两个大院给他留下非常深刻的印象，一个是较场口米亭子的况家大院,那是他留法前在重庆学习时的暂住地；再就是道门口的谢家大院，那是他经常去走亲戚的地方。2008年5月,肖能铸曾带着谢修伍70多岁的女儿谢玲（现居澳大利亚）去道门口谢家大院探望，谢玲还记得儿时随父母到谢家大院去还钱，当时感觉院子高大空旷、庭院深深，甚至于害怕进去。

晚清著名的“谢锡三堂”

谢家大院位于太华楼二巷巷口石梯之下，石梯上是解放东路与陕西路交会处，因清代川东道府衙设于此处，故名“道门口”（图1-1）。谢家大院距朝天门、望龙门和太平门水码头不远，与附近府衙官邸和八省公所咫尺之遥，是“下半城”寸土寸金的黄金宝地。重庆城的“下半城”面积仅约0.9平方公里，道门口一带是下半城最繁华的地方，各种商号、票号、银行、府衙云集于此。谢家在地价不菲的黄金地带建造府邸，需要在局促的地块上精打细算，充分利用有限的空间，于方寸之中达到功能齐备，尽显富贵奢华（图1-2）。建成后的谢家

图1-1 位于道门口的谢家大院旧貌。

图1-2 庭院深深、富贵奢华的谢家大院。

大院庭院深深、布局紧凑、错落有致，雕花图案五彩斑斓，雕刻工艺细腻流畅，堪称奢华富贵的大家豪宅。建造者尽心竭虑的良苦用心，在大院里得到淋漓尽致的展现。

图1-3 谢家大院高大威严八字形大朝门。

图1-4 石门框雀替雕花。

谢家大院正前面呈斜坡状，左面房屋部分被石梯遮挡。大院面阔28.5米，进深34米，高两层，通高约10米，建筑占地约1000平方米，建筑面积1259平方米。大院为二进式穿堂布局，穿斗抬梁结构，具有典型川东宅院建筑特色。从头道朝门进入，从前至后分别是门厅、二道朝门、一重天井、正堂、二重天井、后堂。时至今日，紧邻大院周边还有不少民国时期的青砖楼房，这些楼房过去多为银行商号、大户人家宅第或官府机关。

谢家大院两道朝门极富特色。头道朝门紧靠道门口之下石梯口，门框内空高2.5米，宽1.6米，门框石雀替三面雕花，门楣阴刻“宝树传芳”4个大字（图1-3、图1-4）。朝门左右两壁八字形砖墙雕吉祥花鸟，朝门之上建一门楼，檐口挑出1.8米，筒瓦作顶，檐下施以卷棚，4根垂花柱雕刻精美。比较特殊的是，朝门内侧还有一座门楼，顶部四角起翘、装饰考究，檐下有撑拱。头道朝门前后两座门楼增添了朝门的威严与气势。

图1-5 二道朝门。

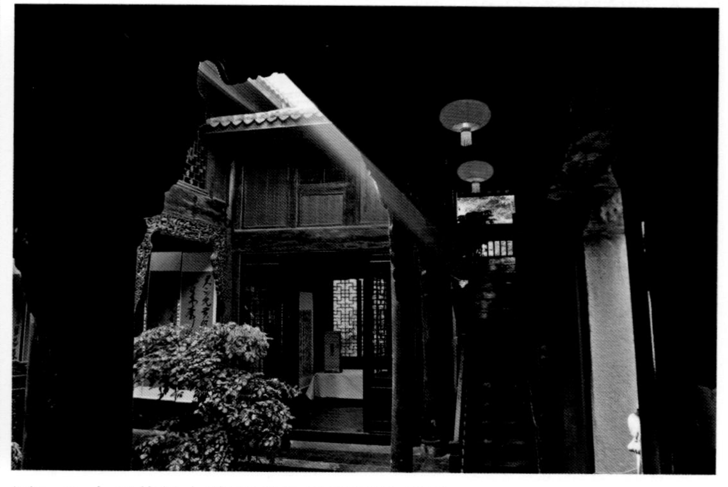
图1-6 小天井是大院重要的采光通风空间。

头道朝门与二道朝门之间的小门厅空间不大，但尺度宜人，既有类似轿厅的功能，又给正堂提供了一处缓冲空间，也增加了宅第的严谨和私密性。

二道朝门同样高大威严，歇山式门罩，脊顶、翘脊、檐口等处做彩绘和瓷片装饰，式样与湖广会馆各道大门门罩装饰十分相似。二道朝门门匾题刻已经风化，题字完全消失（图1-5）。

谢家大院为两进院落，两座天井规模尺寸完全一致，由于用地限制，天井都不大，面宽8米、进深仅2.3米。天井虽小，但采光通风效果良好，光

图1-7 中堂与后堂之间的小天井。

图1-8 中堂后壁雕花牛腿。

线从狭长的天井泻入，斜射在雕刻琳琅满目、镏金溢彩的墙面，小小的天井成为封闭大院里重要的开敞空间（图1-6）。中堂面阔三间，宽20米，进深6.3米，内空高8米。中堂作为谢家迎客、议事、休闲之处，一壁镂空雕刻的“遮堂门”将中堂与后堂分开。中堂与后堂之间隔一座小天井，后堂面阔三间，明间作家族祭祀、拜祖的堂屋。天井两侧厢房面阔9.1米，进深7.8米，内部宽大高敞，作为主人起居之用（图1-7）。

二道朝门左右设两处转角木梯，由此上到谢家大院二楼。楼上房间数量多，面积也不小，谢氏家眷起居、书房、绣楼、库房主要布置在二楼房间。

谢家大院木雕构件和花窗门扇精致漂亮、内容丰富、工艺精湛，中堂前后、后堂正面、厢房廊道遍布雕刻细腻精美的挂落、撑拱、雀替、牛腿（图1-8），花窗、漏窗、门扇图案丰富多彩、变化无穷（图1-9）。进入大院，似乎进入一座巴渝传统民居雕刻博览馆。谢家大院雕刻采用深浮雕、浅浮雕、圆雕、透雕等手法，雕刻内容有戏曲故事、花卉雀鸟、祭祀供品、吉祥兽物等。正堂挂落（民间亦称“花牙子”）最为精彩，正堂为三开间，每个开间均独立设置挂落（图1-10）。正中一幅挂落宽4.45米，上面刻画了20多个形态各异的木雕戏曲人物。挂落木雕题写诗句，字体虽小，字迹尚可分辨，诗句

图1-9 工艺精湛的雕花构件。

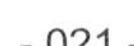

图1-10 经过细致修复，中堂挂落恢复了昔日的风采。

图1-11 中堂挂落图案上题写的诗句。

为：“此境乃方壶圆峤，其人皆汗漫逍遥；乐响如闻天上曲，有缘能结云中仙”（图1-11）。戏曲人物两端布满串串葡萄，葡萄和叶片之中穿行各种瑞兽，工艺精妙绝伦，令人拍手叫绝。在笔者所考察过的民居中，像谢家大院这样遍布镏金溢彩、美不胜收木雕精品的宅第尚不多见。文化大革命“破四旧”，谢家大院木雕、灰雕遭到破坏，凡有人物的雕刻头部都被砍掉，精美的木雕变得残缺不齐，令人惋惜。

谢家大院再生

解放后，谢家大院被收归为公产，由市中区房管局望龙门房管所管辖，房管所将大院承租给十几户居民。由于长久失修，房屋损坏严重，部分房主搬走后将房屋转租给进城打工者居住，租赁户在院内搭建不少棚房，使大院更加拥挤不堪。至2007年正式拆迁之前，包括原住民和租赁户，小小的院落里竟然居住了40多户人家。

2005年9月重庆湖广会馆竣工开放后，谢家大院的修复提上日程。2007年9月，渝中区房管局开始对谢家大院居住户实施搬迁，同时委托重庆市规划设计研究院、重庆雅凯斯凯建筑设计公司承担谢家大院保护性修复设计。承担过湖广会馆修复工程监理的河南东方文物建筑监理公司作为修复项目监理单位，施工单位通过公开招标，最后脱颖而出的是山东曲阜市园林古建筑工程有限公司，该公司具有古建和文物修复双一级施工资质，而且也是承担过湖广会馆修复工程的施工队伍。

谢家大院修复工程于2007年12月15日开工。在项目业主、设计、监理、施工、质量监督等单位共同努力下，修复工程参照重庆湖广会馆的成功经验和具体方法，做到精心组织、精心设计、精心施工。修复工程严格遵循不改变文物建筑原结构、原规模、原高度的“三原”原则，坚持最大限度保持文物建筑的可读性、可识别性、可逆性，从而保证修复工程最终取得良好效果。

谢家大院最为出彩的是琳琅满目的雕花镏金木雕，十几年前笔者进入谢家大院时，首先被吸引的就是这些虽然破旧残缺，但依然熠熠发光的镏金木构件。镏金木构件是谢家大院的精华，修复中要求特别严格。由于几十年来住户在大院里生火煮饭、烟熏火燎，木雕已被厚厚的油污和灰尘覆盖。对油污和烟熏斑的清洗，在修复中选用丙酮、稀氨水、石油醚等化学药品按不同比例配合，对油垢进行综合处理；局部烟熏污垢较厚的部位，工匠们只能小心翼翼地用专门的药水和工具一层一层进行剥离清理。清理完成后，再将薄如蝉翼的金箔用毛笔细心贴补。在表面清洗和补贴金箔的过程不允许出任何差错，否则就可能对上百年的传统雕花及贴金工艺造成破坏。清理恢复木雕工作费时费力，一个工匠清洁修补一小块雕花镏金木雕构件就需要花上三天左右时间。经过以上工艺处理，原有雕花贴金构件显露出本来面目和光泽。部分损毁严重的木雕根据原有风格，并参考湖广会馆雕饰进行修补、修复。如今，谢家大院琳琅满目的雕刻显露出摄人心魄的亮丽风采，使人赏心悦目，赞叹不已。

图1-12 修复后的谢家大院全景。

谢家大院石门、石雕、石柱础等石构件使用材料多是重庆本地砂石，抗风化能力较差，受城市大气质量变化和酸雨影响很大，表面剥蚀严重。大院修复工程中，对石质材料加固保护基本工艺流程是：清洗——脱盐——加固——防水。为防止石质构件继续风化，对石门石雕等石构件首先用专门的配剂进行清洗、脱盐，再用高温蒸气杀灭渗入风化石料中的菌类，最后整体用德国生产的加固液对石质材料表面进行涂刷保护。大院立柱和部分梁架白蚂蚁腐蚀严重，施工单位从越南买回楠木，对损毁严重的木柱作了更换，总共更换木柱50多根，中堂更换立柱最高的达9米多。

2008年12月初，谢家大院修复工程基本完成。2008年12月17日，笔者参加了由业主组织的工程预验收会，此时谢家大院经过1年时间精心修复，钢管架和彩条布已经拆除，镏金雕花构件熠熠生辉，黄墙灰瓦、朱红墨黑交错，昔日蓬头垢面的谢家大院展现容颜，显露出令人愉悦的风采（图1-12）。在工程预验收会上，笔者对谢家大院修复工程给予充分肯定，同时也提出了一些整改完善意见。谢家大院修复工程竣工后，经市文物局组织专家评审，报市政府批准，于2009年12月被公布为市级文物保护单位。

修复后的谢家大院恢复了历史原貌，真实呈现了百年前的格局，与临近的湖广会馆协调统一、相得益彰。与谢家大院同时修复的还有下洪学巷明清客栈和民国时期的胡子昂旧居。这几处文物建筑成为继湖广会馆之后又一批古建筑修复的成功案例，在重庆市文物建筑修复项目中起到了重要示范和引导作用。

沙坪坝区凤凰镇陈氏洋房

2009年7月6日，应沙坪坝区文广局李波局长之邀，我同重庆市文物局副总工程师吴涛、“三普”办公室专干刘永宁到沙区参观陪都抗战遗址，顺便去考察位于凤凰镇威灵寺村的陈氏洋房。李波是重庆市历史文化名城专业学术委员会委员，对陪都历史文化遗产颇有研究，他一直在收集研究沙区抗战历史资料，已出版了一套丛书。看完几处抗战遗址后，我们从沙坪坝城区过青木关，再经一条村道去陈氏洋房。当天烈日高照，村道灰尘滚滚，道路颠簸，车和人带着一身泥土来到凤凰镇威灵寺村。

挺拔俊秀的陈氏洋楼

沙坪坝区文管所所长郭小庆带我们来到一处村办工厂大门前，原来陈氏洋房已经被关在工厂内。工厂没上班，大铁门紧锁，好不容易叫来人打开大门，我们才得以进入。看到洋楼被厂房包围遮挡，顿时感到有些不快和惋惜（图2－1）。陈氏洋房建于民国初年，为当地富豪陈渭滨建造，洋房只是陈氏家族大庄园中的一栋西式风格楼房，昔日的陈家庄园占地宽阔，规模宏伟，房屋层层叠叠，高墙森严壁垒。上世纪50年代后，历经几十年拆除破坏，陈家庄园已荡然无存，仅余这座三楼一底青砖楼房，当地人称之为“洋房子”。上世纪80年代文物管理部门将其列入不可移动文物点时，以“陈氏洋房”名称登录。

陈氏洋房周边环境面目全非，遍地蒿草已有齐腰之高（图2－2），内部损毁严重，外观还基本保留原貌。清代至民国时期，西式建筑在巴渝地区甚为流行，不仅与城区较近的凤凰镇，就是在川东南、川东北广袤的农村，也不乏带有西式风格的建筑。陈氏洋房大胆吸收西式建筑符号，与中式元素兼收并蓄，将中西合璧风格做到了极致。岁月磨砺未能褪去洋房昔日风华，小巧玲珑、精致美观的洋房至今依然韵味隽永，魅力不减（图2－3）。

陈氏洋房高4层，正房3层、阁楼1层，每层层高4.3米左右，底层比二、三层略高。楼房面宽8.41米，进深10.91米，通高15.54米，三面有宽1.5米的内廊，每层房屋面向内廊和楼梯间各开1扇拱形大

图2-1 洋楼经被周边建造的房屋遮挡包围。

图2-2 洋房围墙内长满齐腰的蒿草。

图2-3 历经百年沧桑的陈氏洋房至今仍然魅力不减。

图2-4 砖柱柱帽大白菜浮雕。

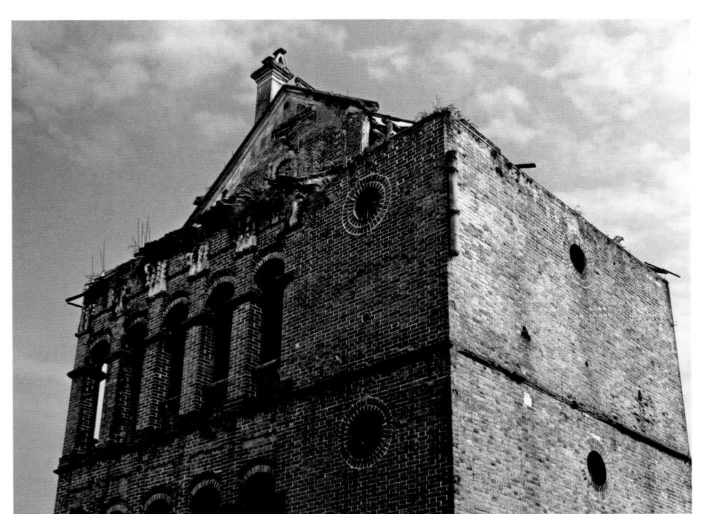
图2-5 造型别致的洋楼屋顶。

门和2扇拱形窗，单层面积92平方米，加上阁楼，洋房总面积约300多平方米。洋房墙体为青砖勾白缝，外墙每层有石作腰线。洋房三个面分布着14根柱距1.7米的砖砌罗马柱，两柱之间为圆拱，挺拔的砖柱使洋房显得高大雄伟。14根砖柱顶部塑有14棵大白菜浮雕，浮雕造型硕大、雕工精细、形象逼真，为洋房添色不少（图2－4）。

洋房屋顶层次丰富、造型生动。第一个层次为两坡面瓦屋顶，山墙面作云朵山花，两边各开一圆窗；第二个层次是两座老虎窗、两座烟囱，西式风格造型，表面饰以浅浮雕；第三个层次是四坡面瓦屋顶。造型别致的洋楼屋顶形成独特的空间视界效果，在蓝天下分外醒目亮丽（图2－5）。

由于年久失修，洋楼已成为危房。笔者小心翼翼进入室内底层，发现一层内的石拱门前后两面用彩色吉祥云纹图案装饰（图2－6），门窗顶部做装饰线条，天花顶棚吊灯处均作雕花图案。部分天花板脱落，灰板条横七竖八地悬挂在屋顶上，随时有掉下来的可能（图2－7）。木质楼梯间已经垮塌，无法上楼观察上面房屋的情况。

洋房主人陈渭滨的曾孙女杨惠女士于2009年初曾经带儿子回老屋探望，同年2月13日在QQ空间发

图2-6 洋楼底层石拱门彩塑云纹图案。

表题为《祖屋》的文章，记载了老屋儿时给她留下的难忘印象。据杨惠回忆，洋楼主体、回廊、花园设计精巧别致，小花园种有各种名贵兰草及花卉，内厅各层顶上是意寓荣华富贵的牡丹和松鹤延年等内容的浮雕。小楼外有两口大石缸，除了养金鱼观赏外，同时也作消防缸之用。陈家庄园共有三重院落，以正厅院子为最大，其次是中院、下院，整个大院共有69间房屋，建筑占地40多亩。房屋门窗、家具精雕细刻，神龛和两边楹联雕有精致的图案，所有木雕构件表面均作镏金装饰。主人卧室有一张重檐镂空雕龙凤床，古色古香，镏金溢彩，据说陈家庄园请了7名工匠，耗时3年才将木作和雕刻全部完成。庄园后面坡地种满了果树，多为柚子树，每年要用好几间房子来存储水果。果园后面是大片竹林，竹林外面有一座池塘，每到夏天，池塘里荷叶碧绿、荷花娇艳，荷塘边翠竹摇曳，阵阵果香令人陶醉。庄园里建有戏楼，遇有节庆喜事，陈家请戏班子到庄园里演出，附近乡民都可进入观看，场面热闹非凡。庄园四角各有一座三层高的碉楼，院外有围墙，整个庄园形成大院套小院，院院既相通，相互又可隔离的建筑群。

图2-7 洋楼天花板抹灰大量脱落。

层层设防、机关密布

对建筑防御功能的周密考虑，是陈氏洋房一大特色。陈氏洋房设置了多层次、多方位、多角度的防御设施，具有很强的抵抗防护功能。旧时乡间土匪横行、骚扰民间，遇有灾荒，饥寒所迫的灾民往往聚众为匪，乡间大户成为首先被抢夺的对象。为保家族身家性命安全，乡间大户人家在建造宅院时，通常会在防御设施下很大功夫。陈氏洋房在防御功能方面的考虑精心独到，设置了几道防线以增强防御自卫能力。

陈氏洋房第一道防线是整个陈氏庄园外的围墙和4座碉楼，这道防线连同庄园已被拆除损毁，现全部消失。

第二道防线是洋楼外围墙。离洋楼主体建筑3米多建有高5.7米，厚0.46米的围墙，墙体用黄土逐层夯筑严实，土中埋竹筋、片石、卵石以增加强度，墙上安装青石凿打的内大外小碓窝形射击孔（图2－8）。围墙正对主楼开一座石门，石门厚0.46米，门框作有造型和雕刻（图2－9），石门上额为一方鲤鱼戏水石雕，双扇木门包裹铁皮，门内有竖2根、横2根共4根抵门杠。

图2-8 围墙上设置的射击孔。

第三道防线是洋楼建筑本体。洋房背面用砖墙封闭，地面一层用条石砌筑，高约3米，之上为砖墙，外部砖墙厚30厘米，内部青砖墙体厚27厘米。二楼、三楼开两个圆窗，墙体上开设不少观察窗、射击孔，可从不同方位观察情况，给进犯土匪以防不胜防的打击。

第四道防线是室内设防。笔者发现底层房间距离地面约70厘米处有一个不起眼的隐蔽射击孔，一旦土匪贸然攻进主楼，就会被暗中射出的子弹击中腰部。底层大门是进入主楼各层的唯一通道，本应该做得宽大一些，但现场测量石门宽度仅有72厘米，进攻者不能蜂拥而入，这又加强了室内的防守能力。据陈家后人回忆，在楼房后部楼梯间还安置有“牛儿炮”（一种土炮）。洋楼各层楼梯间设有活动盖板，可以逐层封堵，紧急情况时将盖板放下，楼下的人无法上去，退守楼上的人则可拖延时间，等待外部支援。陈家当时雇有佃客几十人，遇有紧急情况，拿起武器就变身成护院家丁。

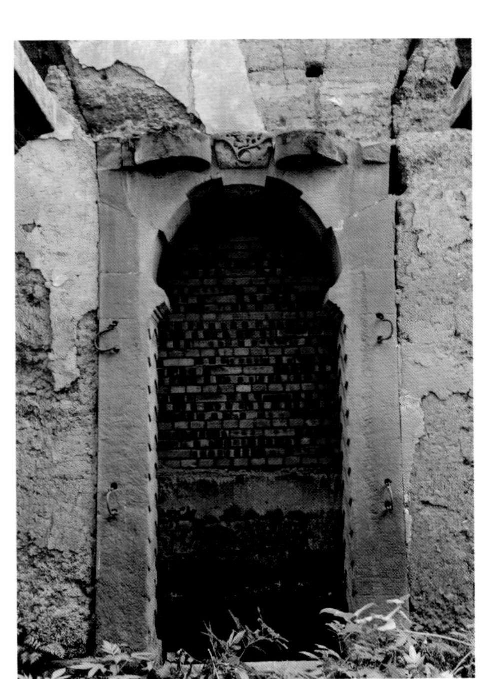

图2-9 围墙上开设的石门。

陈氏洋房具备碉楼的所有特征，如结构坚固，易守难攻，设有观察窗、射击孔，视野开阔等，因此，陈氏洋楼成为一座居住和碉楼功能兼备的特殊建筑，这种建筑形式与广东开平碉楼十分类似。巴南区石龙镇杨家庄园的碉楼也是将居住和防御功能结合在一起，而陈氏洋房造型和风格显得更为突出别致。

陈氏家族往事

凤凰镇陈氏洋房被发现后，引起了媒体和社会的关注，重庆多家媒体对此洋楼做过报道，对于洋房主人和历史往事，也有许多猜想和传说。笔者通过到现场调查，向当地村民和文管所询问了解，初步掌握到一些情况。为了核实和补充陈氏家族历史资料，笔者一直在设法寻找陈家后人和知情人士，最后终于设法联系上陈家后人，并采访了陈渭滨的曾孙女戴丽，对陈氏家族的往事有了更多和更准确的了解。

根据陈氏后人提供的资料，现将道光二十九年（1849年）陈氏宗祠石碑文字刊录如下：

尝闻物本乎天，人尽乎祖，人之所以为人者，恃有此报本反始之心。而云本支百世书曰，以亲九族，其诣顾不重欤。我族自始祖先公之孙讳玺者，值兵燹之后，同弟金公始于康熙年间，自黔而迁于蜀之巴邑西城里正十甲楼房湾奠厥居焉。迄今族世繁衍瓜瓞绵绵，已及十世。然恐分支派别代远年湮，字序紊乱，有失一本九族之爰，爰是合族同谋，共襄厥事，注明字派轮回转易勒石镌碑，相传勿替，以笃宗族之意云。

谨序

字派：国有肇之洪仕永为廷光大能敬祖世代焕芳名。

从以上石碑记载可知，陈氏先祖祖籍贵州，康熙年间，时值“三藩之乱”，始祖陈有玺、陈有金兄弟俩携家带口，由贵州迁至巴邑西城里正十甲楼房湾；陈氏祖上立下的字辈有“国有肇之洪仕永为廷光大能敬祖世代焕芳名”。 陈氏始祖入川后，经世代繁衍分支，陈氏后裔分布于巴县歇马场、兴隆场、凤凰场、杨家庙、高石坎、青木关、土主场等地。

又据《陈氏宗祠沿革》记载，清嘉庆元年（1796年），由“洪”、“仕”两辈族人主持，在青木关泡木林修建陈氏宗祠，时有祠堂田产60石，被称为官田。至咸丰中期，主政族人将祠堂官田变卖，在杨家庙新建陈家祠堂，题名“永丰楼”。民国十年（1921年）辛酉岁七月初某日，天降暴雨，雷电交加，高石坎族人陈明甫家遭雷击，房屋坍塌，全家厄难。后经族人商议，将高石坎陈明甫家原正堂改建为祠堂，祠堂堂屋正门上方悬挂“颍川堂”牌匾，称为“颍川堂高石坎陈氏宗祠”，道光二十九年和咸丰中期镌刻的3块石碑也移至颍川堂高石坎陈氏宗祠右厢房。为保证祠堂活动正常运转，经族人会商，提取高石坎、红紫岩田产60石作为祠产。后将祠堂左侧正房三间改作为学校，为陈氏家族子女提供入学之便。陈氏族人推举陈为浦为族长，决定族中重大事宜、主持祠堂大祭活动；推举陈廷凤为会首，主持祠堂日常事务；另推一人执掌账务，向会首、族长负责。陈廷凤去世后，复推陈光前继任会首。至1949年末，颍川堂高石坎陈氏宗祠共延续了28年。现陈氏宗祠已被新建的民居楼房所替代，3块石碑不见踪影。

陈氏始祖传至陈渭滨已是第九代。陈渭滨谱名陈光海，字渭滨。陈渭滨年轻时在重庆城里读书，见到许多洋房子，开阔了眼界，除了心生羡慕，决心自己也修建一座漂亮的洋楼。回到家乡后，陈渭滨参考了一些洋房式样，结合中式建筑设计元素，如外墙砖柱上用寓意兴旺发财的大白菜浮雕，内厅各层天花用寓意荣华富贵、延年益寿的牡丹和松鹤图案等，最后设计建造了这座小巧玲珑、精致漂亮的洋房。

陈渭滨英年早逝，去世后葬于大院附近乌龟堡，墓地制式宏阔、雕龙刻凤、建造豪华。公社化时期，因大队基建需要石料，陈渭滨墓被拆除。对陈渭滨的死因，至今还有一些不同说法，比较普遍的说法是：房屋快要建成之时，陈渭滨从洋楼意外跌落下来摔死，可能是饮酒醉深，也可能是不小心失足，死时年仅30岁。陈渭滨死后，陈家洋房由陈渭滨儿子陈树禹继续修建，直至抗战爆发工程才停了下来。据当地村民介绍，陈树禹是个大胖子，平时不管家务，后来还染上鸦片瘾，实际掌管陈家家务的是他夫人冯朝芳。

冯朝芳出生于光绪三十年（1904年）腊月十一日，是一位乡村知识女性，由于陈树禹不管家事，陈家大小事情都由冯朝芳打理。冯朝芳懂一些医术，时常免费为乡民看病，遇有困难者，就叫乡民拿着盖有自己印章的单子去药房抓药，而后她去结账。冯朝芳经常接济乡民，一些穷苦百姓为躲壮丁，也跑到陈家来躲藏。日本飞机轰炸重庆时，冯朝芳敞开大门，接纳了一些无家可归的灾民。冯朝芳崇尚教育，几个子女都送到巴蜀、树人和求精中学读书。1947年，在陈正方等人的支持下，冯朝芳在徐家湾创办了私立民办中学，聘请重庆大学教授陈剑恒等主持教务，重庆教育界名人吴南轩也曾光临指导，1年后学校因故停办。抗战期间，多位要人曾到洋房拜访或者入住洋楼，如国民政府水利工程局局长李昌朴、总工程师艾国贤，教育部高教部负责人高应星等。

解放后，巴县成立“征粮委员会”，冯朝芳响应政府号召，积极主动参加征粮工作，带头纳粮，亲自挑粮应征，荣立一等功。陈家后人还保留有冯朝芳当时获得的奖状，上面写有：“兹有凤凰乡五堡冯朝芳参加一九四九年度征收公粮运动，热心工作，成绩卓著，努力人民事业，尤宜表扬，特予奖励一等功”，落款为“巴县第四区人民政府区长张再为”，时间是“公元一九五〇年七月十三日”。

1950年初，冯朝芳利用原私立民办中学的教具桌椅，在大田坎开办小学，得到巴县第四区人民政府同意，小学命名为凤凰乡第三中心小学，委任冯朝芳为第一任校长。至暑假，冯朝芳被派去重庆南温泉巴县第一届“教师假期学习会”学习。凤凰乡第三中心小学因课本奇缺，多以教师手抄本供学生学习，冯朝芳尽职尽责，学校教学质量得到保证，受到学生家长好评，入学人数为当时全乡3个中心校之冠。

解放后，陈树禹成分被定为大地主，参加劳动改造时，在抬石头中摔倒中风，致脑溢血而死亡。陈家大院被没收后，冯朝芳带着儿女搬出洋楼，住进一座破庙，后来又搬到一处简陋的偏房居住。冯朝芳带着地主婆帽子，平时谨小慎微、寡言少语、低调为人，带孩子出门都尽量避开从祖屋门前经过，生怕被人说长道短。由于冯朝芳过去积德行善，当地村民感念她的好处，暗暗给她一些帮助与照顾。直至文化大革命结束后，冯朝芳才得以摆脱头上的无形枷锁。1987年，冯朝芳到四川西昌米易县（现属攀枝花市）的大女儿陈能慧处居住，1992年11月11日在米易去世，享年88岁。子女遵冯朝芳遗嘱，将其骨灰撒于小街大桥安宁河中。

冯朝芳和陈树禹生有1儿3女，大儿子陈能坚、大女儿陈能慧、二女儿陈能蓉、三女儿陈能芸。上世纪50年代，陈树禹、冯朝芳的儿女有的考入大学，有的参军，有的参加工作，全部离开了老家。陈能坚参加了人民解放军海军，在部队考入复旦大学法律系，转业后到妻子单位凉山州昭觉县工作，后回到重庆璧山县，约10年前去世。陈能慧解放初参军，后在四川省统计局工作，1957年反右，陈能慧和丈夫都被打成右派，被下放到云南会里益门煤矿，后平反，居住在攀枝花，2014年6月去世，享年82岁。陈能蓉考入重庆建筑工程学院测绘专业，毕业后分配到云南省冶金设计院工作，2011年去世。陈能芸在重庆求精中学肄业，因家境困难，15岁就参加工作，在北碚银行工作至1973年，后调市物资局工作直至退休，2012年去世。大约10年前，陈家4兄妹回祖屋寻根，为了感谢村里曾经善待过母亲的村民，了却母亲遗愿，他们准备了礼物分送给村民并一再道谢。面对洋房破败的景象，回忆世道沧桑，往事如烟，陈家兄妹心情沉重，感慨万千。

陈家4兄妹成家后，每家恰好生了3个子女，加起来一共12人，现年龄大多在五六十岁，分别居住在重庆、昆明、攀枝花和国外加拿大等地。居住在重庆的戴丽是陈能芸的大女儿，2014年54岁；居住在攀枝花米易县的杨惠是陈能慧的大女儿，2014年57岁。

屡遭劫难、现状堪忧的洋房子

陈家庄园地址原来属于巴县，1989年8月，巴县人民政府将陈氏洋房定为县级文物，在楼前立了标志石碑。2009年12月陈氏洋房被公布为第二批市级文物保护单位，此时陈家庄园经几十年拆除、蚕食、损毁，已经不复存在，仅在距洋楼几十米尚存

图2-10 陈家庄园仅存的一处残缺木结构老屋。

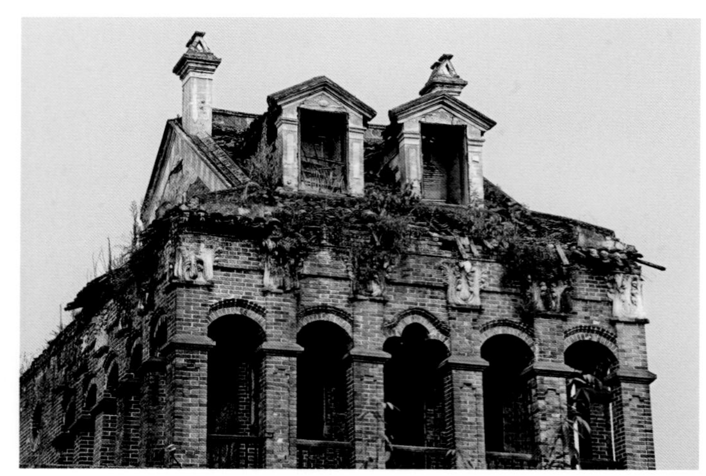

图2-11 洋楼顶部破损严重，杂草丛生。

一处残破的老屋遗址（图2-10）。尽管沙坪坝区文物管理部门立了保护牌，但并没能阻止对洋楼人为的损毁破坏。上世纪90年代修建村办工厂，主楼左侧围墙被拆除，工厂在紧靠主楼1米多的地方修建了一道堡坎，上面填土，形成一块院坝，作为堆放材料和停放车辆的地方。令人悲哀和不可理解的是，前些年竟有人时常将脏水倒在洋楼周边，企图让房屋土墙被水浸泡而“自然垮塌”，以便新建房屋租赁赚钱，幸被文物部门发现后制止。2009年7月6日笔者到现场考察时，洋楼周边违章搭建非常严重，不少凌乱的房屋和厂房紧邻洋楼，使洋楼环境受到极大伤害。2012年8月29日笔者再次到现场查看时，发现洋楼旁边的工厂又搭建了一座巨大的彩钢棚，将洋楼遮挡得更加严实，已无法拍摄洋楼全貌。洋楼围墙表面剥蚀加重，院内杂草丛生，一片狼藉，遍地都是坍塌下来的石灰和木料。由于屋顶垮塌漏雨，雨水直接淋到楼板上，造成楼辐、楼板、楼梯大面积损毁。洋楼顶部破损严重，瓦片脱落，杂草丛生，一些杂树根须渗入砖瓦缝隙，对洋楼顶部结构带来隐患（图2－11）。笔者真担心，如果再不采取有效维修措施，洋楼极有可能因暴雨而发生整体坍塌。

2007年，沙坪坝区文管所与威灵寺村签订了陈氏洋房产权转让协议，将洋房产权转移到文物管理部门。2009年7月笔者到陈氏洋房考察时，沙区文管所所长郭小庆告诉我，前两年他们向市文广局争取到部分资金，已经委托设计单位编制了洋楼修复设计方案。由于周边房屋密集，洋楼被工厂和村民搭建的房屋包围，给修复工程带来了困难和障碍，至今修复工程仍未启动。

陈氏洋房建筑风格独特，细部装饰精美，具有较高的审美价值和文物价值。陈氏洋房位于土主物流园大范围，临近外环青木关出口，离大学城也不远，潜在着保护性开发利用的价值。在保护文物建筑本体前提下，笔者认为可以考虑吸引社会资金参与抢救性修复。陈家后人陈能慧老人和杨惠通过报社也表达了希望尽快修复洋房的愿望，这不仅是陈家后代的心愿，更是我们保护历史建筑的责任。但愿陈氏洋房的抢救修复工程能够尽快实施，使这座百年老房延年益寿，再现昔日风采。

九龙坡区走马镇孙家大院

前些年，在九龙坡区走马镇申报重庆市和中国历史文化名镇过程中，受时任镇党委书记周成超邀请，我曾多次到走马镇和孙家院子考察。在动笔撰写《重庆民居》文稿时，为进一步核实大院有关历史资料，2013年4月6日，我再次到孙家大院考察。一早出发，经成渝高速，约50分钟到走马镇政府，镇党委书记黄伟、镇文化站站长钟守维同我一起去距离镇上约3公里的孙家大院。

在这次考察中我才知道，孙家大院过去主人并不姓孙，而是姓周。为什么一直被称为孙家大院呢？经笔者反复询问才知道：2002年之前，大院并未引起人们重视，2002年，走马镇为申报市级历史文化名镇，请九龙坡区有关部门去察看老院子，当时大院周边村民和村长对老屋过去的历史都说不出所以然，因大院位于孙家湾，村民大多姓孙，镇里就以孙家大院名称纳入申报材料。一直到2009年12月大院被公布为市级文物保护单位时，仍然沿用了孙家大院的称谓。这实在是一个大大的谬误，周家后人知道后，也希望恢复大院原有名称。看来现在不能再以误传误，应该是恢复大院真实名称的时候了。下面的叙述，笔者均改用周家大院的称谓。

曾为走马成渝古道最漂亮的大院

周家大院始建于清道光四年（1824年），位于九龙坡区走马镇椒园村孙家湾，老地名大水村。走马场西邻璧山，南毗江津，有“一脚踏三县”之称。因山势地形如奔腾的骏马，故得名“走马岗”。走马岗是重庆到成都必经之地，过去官府在此设有驿站，从重庆城通远门出城，经佛图关、七牌坊、石桥铺、白市驿到走马岗，需要一整天行程。川流不息往来于走马岗的客商马队，大都在此歇脚住宿。繁忙的运输和人流货物集散，带来了走马场镇的繁华。在走马镇古驿道上，至今还留有清道光二十八年（1848年）的德政碑、贞节碑、功德碑和宣统元年的护林防火碑（图3-1）。驿道崖壁上镌刻有斗大的“巴县西界”和“险设天成”题刻，落款为大清道光二十八年（1848年）（图3-2），驿道被骡马踩踏的深深凹印至今还随处可见（图3-3）。周家大院距离成渝古道不远，来往

图3-1 走马场成渝古道上的清代石碑。

图3-2 驿道崖壁镌刻“巴县西界”。

图3-3 川流不息的马帮在古道上踩踏出深深的凹印。

图3-4 周家大院四周被新建的楼房包围。

图3-5 大院中厅木壁墙被改为砖墙。

客商马队可遥观大院壮观美景，当时的周家大院被称为走马一带成渝古道最漂亮的大院。

周家大院坐北朝南，复合型四合院布局，北面是竹林和山坡，前方为大片耕地，东为山丘，西面是一片柑橘林。大院面宽46.3米，进深51米，占地面积2360平方米，房屋建筑面积1650平方米，沿中轴线依次为前厅、戏楼、大天井、中厅、小天井、后厅，东西两侧为厢房和耳房。由于缺乏控制，大院四周现已经被新建的楼房包围（图3-4）。

前厅进深8米，面阔五间，悬山式屋顶，穿斗抬梁式结构。前厅门楼之上原有一座戏楼，现已损毁，仅剩梁架。上戏楼的小门开在八字形大山门两侧，从小门上楼梯，可看到戏楼屋顶的三架梁和梁架下三榀拱形横梁及几座雕花驼峰。

前院两侧厢房除瓦屋顶和部分梁架尚存外，房屋结构已被改为两层楼砖房。笔者发现，在厢房与中厅之间狭窄的过道山墙面各开有一座石拱门，为何会在此处开门？村民解释说是厢房阁楼上原设有书房，为方便上下，专门在此开了一处石拱门。

穿过前厅，来到一处宽30米、进深11.6米长条形院坝，这里是大院最大的天井，天井后的中厅木柱已部分改为砖柱，木壁墙也变成砖墙（图3-5）。中厅为五架梁，面阔三间14.6米，进深9.5米，券棚下穿枋雕刻戏曲人物、飞禽走兽、宝瓶、

图3-6 周家大院后厅。

图3-7 后厅廊道尚存的梁架和斜撑。

书匣之类的浮雕，表面贴金至今依然镏金溢彩、熠熠发光；中厅屋顶木梁架基本保持原貌，檩子绘彩画图案，驼峰、雀替雕刻彩绘基本完好。

中厅与后厅之间是一处尺度小巧宜人的天井，天井院落格局尚存，但两侧厢房已被改成砖墙，后厅木墙也被改为砖墙。后厅面阔五间，宽约25米，明间面阔5.4米、空高6.5米，主梁施以彩画，正中为镏金太极图，后厅梁架结构和外貌保留较完好（图3-6）。后厅前有一条宽2.6米的廊道，廊道立柱和横梁上的斜撑、雀替、穿枋均有精雕细刻的木雕，雕刻形式有透雕、浮雕、圆雕，表面镏金，内容以戏曲故事、吉祥杂宝、云纹图案为主。“文革”中，大院木雕受到严重损毁，斜撑残缺不齐，仅有部分位置较高的雀替和穿枋木雕还基本完好（图3-7、图3-8）。

走出大院，发现两侧还有开阔的院坝。笔者在现场大致测量了一下西侧废弃的院坝尺度：院坝面阔约13米，进深约18米，除一面有房屋外，其他三面老房均已消失。大院东面还有不少残破老屋，过去都在大院范围之内。当地一直有周家大院是成渝古道旁最大最漂亮的庄园之说，但周家院子过去究竟有多大，还无法得出答案。当地老人给我讲，

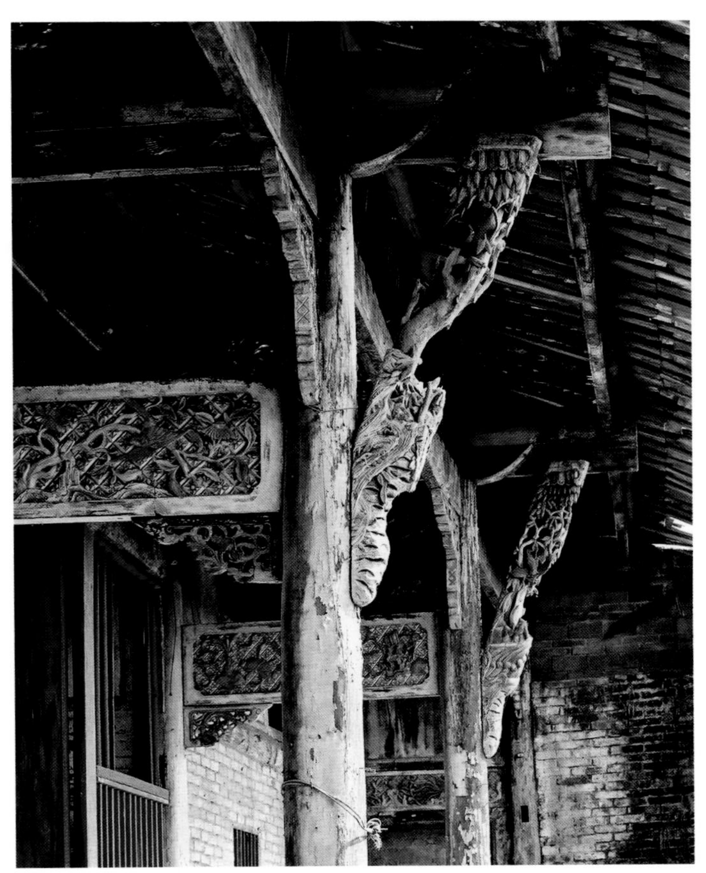
图3-8 后厅穿枋镏金雕刻。

大院围墙还在几十米开外，遗憾的是围墙已全部消失，遗址变成耕地，无已经法准确测量当年周家大院总占地面积。

从大院遗址初步分析，完整的周家大院应是纵向两进正院，横向两座附院的大院落，原有6个天井，天井四周布置厢房，厢房之外还有一些供下人居住和厨房、库房等用途的房屋。这种布局和规模的宅院，在乡间只有富贵人家才有能力建造。

中西合璧八字形大山门

巴渝乡土建筑很早就受到西洋建筑风格的影响，例如在门楼、山门、立柱、门窗、雕花、栏杆、屋顶等处模仿西式建筑巴洛克、哥特式等风格式样，从而形成别具一格的“洋面孔”。

周家大院在山门和部分立柱上采用了一些西式变体做法，最有特色、最为显目的是牌坊式大山门（图3-9）。大山门呈八字形，面宽约12米，高约8米，宽阔高大、气派十足。山门为条石基础，青砖墙面，顶部呈优美的圆弧形，墙面分3段，中间一段宽约5.5米，顶为圆穹式，墙面两端起翘，顶部有瓦脊，脊下作弧形装饰图案。牌坊式大山门正中有一个圆形镂空花窗，花窗中心一个大圆孔，周边8个小圆孔，雕饰布局均衡对称，类似西方教堂花窗式样（图3-10）。大山门两端墙面各宽3米余，顶部呈半圆弧形，瓦脊下有美丽的装饰图案。山门墙面原来全部抹灰刷白，由于风雨剥蚀，表面石灰脱落，露出青砖墙体，形成现在的模样。石朝门内宽1.6米，空高2.8米，门框楹联在“文革”中全部被凿毁。门额上有一石匾，镌刻“吾爱吾庐”4个

图3-9 宽阔高大、气派十足的大山门。

图3-10 大山门额上的镂空花窗。

大字，题刻取自于陶渊明“孟夏草木长，绕屋树扶疏；群鸟欣有托，吾亦爱吾庐”诗句。石匾之上建有腰檐，相当于一座雨棚，为石匾、朝门和进出的人遮挡风雨。八字形大山门端部收头处部分损毁，部分被紧紧搭接的砖房和土坯房遮挡，已无法看到一座完整的山墙。据当地村民和周家后人回忆，周家大院大山门前方围墙还开设有一道石朝门，石朝门双扇木门包铁皮，钉铜钉，左右原有两座傲然雄峙的石狮，门前设拴马桩。据周家后人讲，上世纪70年代他们回祖屋探望时，大院房屋和两道朝门还基本完整。

进入大院，发现前厅背面两端各有一根仿西式风格的立柱，立柱高约6米，宽厚约0.3米，用青砖作柱，砖柱外抹灰，柱顶灰塑图案仿西式风格，柱帽是民间经常采用的大白菜圆雕图案。在传统民居中出现西式砖柱，显得风格迥然，别有一番韵味。

笔者登上大院附近楼房眺望，只见周家大院山门与前厅两壁风火山墙相互辉映，起伏跌落，趣味盎然。从风火山墙形式来看，周家先祖应是来自湖广一带的移民。

周家大院往事

周家老屋现居住有李家华、李家发兄弟两家，老小3辈共8口人。李家华60岁，李家发50多岁，他们1993年搬进老屋居住至今，对周家往事知之甚少。村里有一个叫谢家华的老人，90岁，因已去世的丈夫姓黄，村民叫她黄幺娘。黄幺娘和丈夫解放前在周家作佃户，略知一些情况，但老人年老耳背，交流很困难（图3-11）。还有一个叫王长海的老人，73岁，父亲王泽普过去是周家老二的佃客，王长海从他父亲那里听到过一些关于周家的故事。

老人们讲，周家大院过去有3道朝门，100多间房屋，院子里有池塘、果林、凉亭子、回廊，粗大的银杏树要两三人才能合抱。民国时期，周家有4兄弟，分家各自生活，几兄弟都是女人当家。黄幺娘和丈夫佃种的是周家老四的土地，黄幺娘记得是向周家幺老太婆交租。他们佃种的是坡地，每年向幺老太婆交9斗地租，都是胡豆、豌豆之类的杂

图3-11 在周家大院采访90岁的黄幺娘。

粮。王泽普的父亲给周家老二当佃客，佃种的也是坡地，向周家二太太交租。

老人们讲，周家为人低调，待佃客也不错，在当地口碑甚佳。解放前，周家年轻一辈大多外出读书或工作，有的还参加了地下党，据说周家老大的媳妇就是地下党。临解放时，周家已闻风声，知道有土地的人家不会有好日子，每天担惊受怕、恐惧万分，但也只有听天由命。黄幺娘回忆，周幺老太婆曾对她说：我们有地的人家命不好，你们没有地的人命好，将来你们的日子比我们好过。临解放时，周家已不再向佃户收地租。解放后，周家积极配合减租退押，变卖金银财宝和家产，基本上也就倾家荡产。土改中，周家3个儿子和周家幺老太婆（丈夫早逝）被划为地主（有的定为开明地主）。据李家华、李家发两兄弟讲，前几年有周家后人回祖屋探望。由于村民知道的历史信息很少，临走时，我一再嘱托走马镇的同志设法找到周家后人，一旦联系上立即通知我。

2013年9月某天，走马镇黄伟书记给我打来电话，告诉已联系上一个叫周光润的周家后人，我当时就喜出望外。通过电话联系，2013年11月1日，周光润如约来到我办公室，介绍了他知道的一些情况。为进一步核实补充周家大院历史资料，2013年11月17日，笔者到成都八宝街横过街楼采访了周家“郁”字辈周郁钦（已故）夫人刘文贞（90岁）。刘文贞大女儿周光华（68岁）、儿子周光力（61岁）、侄儿周光润（68岁）都来到刘文贞家里。在我们的交谈中，周家大院一些尘封多年的往事渐次显现。

周家祖籍湖北麻城孝感乡，到走马镇可考时期大约在清嘉庆年间。落户走马的先祖是一个知书识礼的读书人，靠在四川、陕西做皮毛和药材生意发家致富。因先祖交纳皇粮国税有功，得到一个奉正大夫从四品封号官衔。周家先祖在走马场孙家湾选择宅基地，此地原是一处坟地，紧邻成渝古驿道，风水地形如太师椅，周家每座坟给3锭银子作迁移补偿，共花2000余锭银买下这块风水宝地，按四品官衔规制建造了周家大院。

周家族谱定下“朝邦映宏安，士林诗风缘，文郁光长远，惟德绍中先”20个字辈，周光润排在第13个字辈，前面还有12个字辈。如果按照25年一个字辈计算，前面的时期约300年，周光润在68年前出生，加起来有368年，周家始祖由此可倒推至1645年，即顺治二年。由于周家族谱已毁于土改时期，这只是一个极为粗略的推测。

周家后人秉承先祖耕读传家训导，重视置田耕种和子女教育，家业薪火不断，代代相传。到民国时期，周氏大家庭有4个“文”字辈儿子，分为4房。大儿子是秀才、号听涛，三儿子考取了举人，大院朝门题刻的“吾爱吾庐”就是由三儿子书写的。4房共生育“郁”字辈子女22个，其中儿子8人，女儿14人，此时周家四世同堂，人丁兴旺，成为大院最为繁盛的时期。

周家4房都由女人当家，以至于后来的周家女人大多强盛能干，里里外外一把手，操持家务，教育子女，在坊间传为佳话。周家女人中数周幺娘（人称周幺老太婆）最能干，周幺娘是周光润的婆婆，她读过四书五经，写得一手好字，性格泼辣倔强，风风火火，干脆利落。周幺娘丈夫1927年过世后，她一直独掌周家幺房家务。周幺娘在乡里威信甚高，邻里间发生纠纷，以至于抓丁派伕出了问题，都由周幺娘出面协调解决。周幺娘于1967年去世，享年80岁。

周家4房22个子女解放前大多离开农村，或外出读书，或进城工作，如周光润父亲周郁斌（号质甫）16岁就离开老家到重庆城，后来渐有成就，在城里棉花街一家纱号拥有股份，任营业部主任。周家“郁”字辈22人均已过世，仅有周郁钦夫人、90

岁的刘文贞健在。

周郁钦父亲是周家“文”字辈4兄弟中的老大，解放后居住在成都，1959年去世。周郁钦出生于1922年，在四川商校毕业后到资中县作会计，1989年去世。夫人刘文贞毕业于江津女中，1944年嫁到周家，解放前在周家大院开办的村小教书，解放后进入教师进修班学习，结业后分配到走马小学当老师，她和周郁钦育有6个儿女。

周郁钦姐姐嫁给江油县大地主韩家儿子韩光烈。韩光烈是中共地下党员，1949年临解放前，韩光烈回到走马孙家湾发展组织，带了一些宣传革命的书籍给刘文贞阅读，刘文贞跟着韩光烈参加了一些地下活动。解放后，韩光烈先后当过区长、四川省冶金厅下属学校校长、冶金研究所所长，上世纪70年代曾任四川省冶金厅办公室主任。周郁钦和刘文贞大女儿周光华原在重庆工作，后回成都，在农工民主党任副处级专职工作人员；儿子周光力在一家企业工作，现已退休。

周光润是周家“文”字辈4兄弟老幺的孙子，爷爷1927年去世，父亲周郁斌1974年去世，时年68岁。周光润毕业于巴蜀中学1964级，后考取天津大学，1970年分配到攀枝花工作，退休后居住在成都。姐姐周光霖82岁，抗战时期在走马岗小学读书，由于山高路远，家里当时用马接送她到学校。周光霖现居九龙坡区杨家坪。

周家“文”字辈老三有一个孙子叫周光代，在宜宾作律师，其父周郁模是“郁”字辈老四。周光代曾经听他父亲讲：抗战时期，国民政府一些内迁机构迁到走马附近的白市驿，其中有一个从上海迁来的皮革研究所。迁移机构人员住宿困难，国难当头时期，周家腾出几间房屋给皮革研究所的员工住宿。研究所有一个留美技术人员叫马燮芳，上海人，在周家大院居住期间与周家小姐周郁璜谈上恋爱，后来他们结了婚。抗战胜利后，马燮芳带周郁璜离开周家大院。解放后，马燮芳调北京轻工业部皮革研究所，担任总工程师，他们的两个儿子现一个在北京、一个在天津。

图3-12 周家“郁”字辈后人在祖屋前合影。

2013年10月22日，周家“郁”字辈几个后人周光润、周光华、周光代等回到走马镇椒园村孙家湾祖屋，举行《周氏宗谱》修订启动仪式，在祖屋前悬挂横幅留下了合影，确定由周光润和周光华作牵头人，开展族谱编撰工作（图3-12）。

大院面临的尴尬和困境

解放后，周家大院除留一两间房屋给周家居住外，其余房屋全部分给了农民。上世纪50年代，乡政府在周家大院开办小学，当时有两三个班的规模，之后又作初级社办公室。1958年大跃进时期吃大锅饭，生产队在周家大院开办公共食堂。“文革”期间，大院不少装饰构件被损坏，院子内部拆毁严重。1982年，周家大院改作大水村小学校，原有房屋部分被改成砖房。1992年学校搬出，房屋卖给生产大队。1993年，大队将房屋分别卖给了10家人，前厅、中厅和后厅被李家华、李家发两兄弟以3万元价格购得。

周家大院目前状况不容乐观：大院周边被七八栋房屋遮挡，一些杂乱的砖墙和土坯墙紧靠大院墙

图3-13 周家大院现状。

面搭建，老屋部分改为砖墙，部分厅堂被砖墙隔成多个房间；由于长期风吹雨打加上虫害，建筑木构件腐蚀严重，房屋椽子、檩子腐朽、断裂，瓦片脱落，屋顶垮塌、漏雨（图3-13）。2009年12月，周家大院被公布为重庆市第二批文物保护单位，大门口挂上文物保护单位牌子。在大院里居住的两户村民迫切希望改造危房，但大院作为文物保护单位，不能随意改建。镇政府曾经想过购回老屋，但与李家发兄弟一直未谈好。

笔者建议，有关部门应设法安置现居大院的两户村民，将大院收为公产，把大院先保护下来，有条件时再投资对大院进行修复。

走马镇拥有丰富的物质历史文化遗产和非物质文化遗产，如古城门、关武庙、慈云寺、周家大院、万寿宫、古墓群等文物保护单位，以及南华宫、禹王宫、文昌宫等历史建筑遗迹；成渝古道遗址和古道上的清代石碑、崖壁石刻保存至今；2006年，“走马民间故事”被国务院命名为国家级非物质文化遗产。近年来，走马镇综合风貌整治和旅游开发引起了九龙坡区党委、政府的高度重视，我们期望周家大院能够借此东风得到复兴。

巴南区石龙镇杨氏庄园

在重庆“三普”调查成果汇总中，我查到始建于晚清的巴南区石龙镇杨氏庄园，通过资料介绍，感到可能还有一些价值，于是决定去看一看。2012年6月13日，一早从主城出发，上内环，到接龙下高速，再经一条起伏不平，弯道极多，且因连续下雨，路边岩石泥土时有坍塌的公路，约1小时到达石龙镇。巴南区文管所所长黎明陪同我一道去考察杨氏庄园，黎明过去在巫溪县作文管所所长，2001年我去巫溪县宁厂古镇考察，他就接待过我。石龙镇位于巴南区东南部，因地形似龙，故名石龙场。过去石龙场寺庙众多，香火兴旺，民间的舞龙、山歌、吹打等民俗文化传承丰厚。在石龙镇接上文化站老站长鲜兴禄，我们一道去杨氏庄园。

空寂的庄园

杨氏庄园位于大兴村回龙湾社绍兴湾，距石龙场镇约3公里。从公路折入一条小道，远远可看到树林中若隐若现的庄园（图4-1）。步行几百米来到一处宽阔的条石院坝，院坝面积约1000平方米，这里已是当年杨氏庄园的范围。当地村民介绍，院坝周围过去有高大的围墙，朝门开在围墙正面，院坝里有鱼池、荷花池、六角亭，围墙内外古柏参天，可惜这些场景早已消失，长满杂草和灌木的院坝显得荒凉冷落。

进入庄园，偌大的院子寂静无声、空无一人，住户大都外出打工，留守老人也不在家，所有房屋都被紧锁，无法进入观察。鲜站长打电话联系上大兴村党委书记吴天碧，不一会，吴天碧骑着摩托车赶来。吴天碧，石龙人，当过教师，外出到北京、上海、武汉等大城市打过工，显得知性、练达。她本已习惯大城市生活，为照顾小孩才回到村里。大兴村党员多，前几年建立党委，吴天碧当上村党委书记。吴书记来到大院后连打几个电话，终于叫来一个叫陈兴六的老人，我们才得以进入他家里。

图4-1 隐没在树林中的杨氏民居。

杨氏庄园是当地大地主杨正立（号丙成）建造的宅院，据杨家后人介绍，民国时期庄园曾毁于一场大火，现在的庄园是火灾之后在原址重建的。庄园坐东向西，占地面积1167平方米，原设计为对称四合院布局，因有一座房屋未建，仅存地基遗址，变成现在的三合院布局。庄园保留有4栋老屋，

图4-2 高耸挺拔的碉楼。

堂屋面宽4.74米，空高3.86米。为防土匪盗贼，楼房后墙厚度竟达1.33米（图4-4）。北面被改作村小的房屋面阔七间，宽约20米，进深约7米，地势前低后高，前面3层半，后面两层。房屋各层窗楣作西式风格装饰，图案为花鸟鱼虫之类的浅浮雕和水墨绘画，室内天花作各种浮雕和彩绘。庄园所有门框刻有楹联，

其中3栋住房、1栋高耸挺拔的碉楼（图4-2），3栋住房形成“凹”字形布局（图4-3）。解放后，庄园前面一座房屋改作为学校，后面两栋房屋和碉楼分给农民居住。

南面老屋被村民拆除一半，原址新建了一栋3层高砖房，表面贴白瓷砖。东面房屋面阔三间，进深5.85米，4层高，有两楼梯从次间上下，底层

图4-3 从碉楼上拍摄杨氏庄园，3栋住房形成“凹”字形布局。

“文革”时期一些楹联被铲除刻上毛主席语录，一些楹联被村民用石灰涂抹才得以保存至今。村小房屋朝门题刻楹联是：“清白绍遗徽家风宛在，文章绵雅范世泽依然”，横联“五福临门”，题刻至今清晰完好。

村小原有一到六年级，每年级一个班，2004年并入石龙镇中心小学后，房屋闲置至今。吴天碧讲，她上世纪80年代在这里读过小学，当时庄园周边环境优美，树林茂

图4-4 楼房部分土墙厚度达1.33米。

图4-5 公社化时期被拆除的老屋残垣。

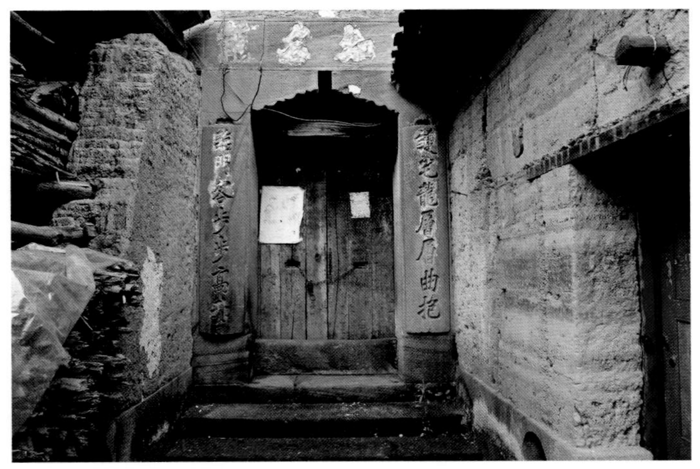

图4-6 碉楼底层坚固的石框大门。

密，房屋前后是宽阔的院坝，大队办公室设在内院的老屋，到大队办事、开会的人群来来往往，很是热闹。公社化时期，因大队要修办公室，竟把完好的庄园老屋拆掉部分，将木料、砖瓦取走，至今被拆老屋的断垣残壁还未恢复（图4-5）。

雄伟独特的杨家碉楼

巴县属丘陵地区，地形复杂，山高林密，过去匪患严重。为防土匪侵扰，杨家不仅建有高大的碉楼，庄园房屋墙体也做得十分坚实，厚度普遍达到60厘米，部分甚至达到1米多。墙体用泡砂石粉、泥土、石灰和糯米浆作材料，混合均匀后用木夹板做模，每10厘米为一层，逐层夯筑密实。为增强墙体结构，还用青冈树棒穿插其间，使房屋土墙坚固无比。

碉楼位于庄园西南角，是整个大院最醒目的建筑。碉楼紧靠山体建造，开凿的山体石壁高约7米，与碉楼之间距离约6米。碉楼为五楼一底，面宽12.5米，进深7.5米，通高17.6米，单檐歇山顶，下部用条石作墙，上部为厚度0.6米的土墙。碉楼石框大门阴刻行书楹联“护宅龙层层曲抱，临门客步步高升”，横额题“四知名范”（图4-6）。碉楼四面开长条形采光窗，射击孔呈喇叭状，用条石凿打成型后嵌入墙体。碉楼土墙表面抹灰，用白线勾青砖缝，远处看像四壁砖墙。民国时期的乡间建筑采用这种粉饰作墙面装饰，倒还有些稀罕。由于风吹雨打，抹灰表皮和土墙出现部分脱落风化，给人以岁月流逝的沧桑感。碉楼顶部设一座外挑阳台，阳台廊道立4根方形立柱，形成3个拱形顶，立柱和拱顶表面作灰塑装饰图案。挑台高高在上，造型优美，实为妙笔生花之手笔。碉楼地面四周过去挖有深沟，沟里蓄水围护，上面建一座石拱桥，类似护城河功能，现水沟和拱桥均已消失。

高耸挺拔的碉楼给人一种神秘感，本想进入碉楼查看，无奈大门紧锁。吴书记介绍，碉楼房主为吕姓两兄弟，老大50多岁，与老婆、女儿在外打工；老二已去世，留下老婆和儿子，也在外打工。见我迫切想进入，吴书记想起吕姓两家外出打工后，钥匙放在86岁的老母亲处，老母亲就住在附近村子的女儿家里，遂叫人开车去找老母亲借钥匙。找到老人，她已记不起钥匙放在什么地方了，很是遗憾。

精美的西式彩绘浮雕

丰富多彩的西式图案彩绘是杨氏庄园一大特色。所有老屋的门楣、窗额、墙面、室内天花均有浮雕图案，且图案造型多姿多彩、别具韵味，传达出丰富的文化信息和审美情趣。窗楣和门楣上的灰塑图案形式有三角形、半圆形、椭圆形，还有类似伊斯兰教的“洋葱头”造型和天主教房屋的尖顶造型，图框饰有花鸟动物图案（图4-7、图4－8）。陈兴六老人居住房屋天花浮雕更是令人拍手叫绝，各层天花全是西式风格装饰图案，做工考究细腻。一楼图案色彩素净，线条变化灵动；二楼天花图案为圆形，绘有山水和圆雕猴子，圆形外又有色彩艳丽的图案，塑有仙桃、莲藕、柿子、萝卜、苦瓜等，天花四边装饰线条构图灵巧；老屋墙面所有的阴角做得一丝不苟，阴角线条交会处毫厘不差、丝丝严缝。笔者不禁感叹，就是现在的机制石膏阴角线条，恐怕也赶不上过去工匠的手艺。在笔者考察过的乡土建筑中，大凡带有西式风格的建筑，室内天花都会有一些简单的灰塑浅浮雕装饰，但像杨氏庄园这样丰富独特的彩塑风格和线条色彩的大胆运用，笔者还是第一次见到（图4-9）。

在吴书记的帮助下，我们找到正在田间劳作的杨家后人杨乾鼎。杨乾鼎，68岁，是杨正立孙子，见我们到来，他停下农活，回家找出杨家先祖排下的字辈给我看。字辈共8句40个字，40个字辈是：“天元从义发，文武在升隆，世代仁宗先，永正治乾坤，崇汝廷祖德，积善绍亲功，忠厚传家远，光

图4-7 带有西式风格的窗楣。

图4-8 杨氏民居门楣优雅独特的造型。

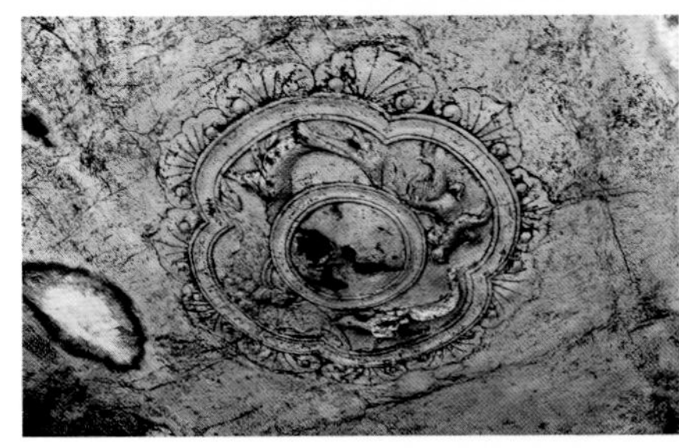

图4-9 丰富多彩的天花图案成为杨氏庄园一大特色。

昌盛泽同”。从字辈看，杨乾鼎是杨氏家族第19代，他前面还有18代，如果大致按25年一代，加上杨乾鼎现在的岁数向前倒推，杨家第一个字辈距今已有500余年，应该是明朝正德年间了。

据杨乾鼎讲述，杨家主人杨正立50多岁病逝。杨正立去世后，由“治”字辈儿子继承家业。杨家有2000多石田租（当地约合黄谷50万公斤），巴县石龙、石滩，南川大观一带都有杨家田地。晚清和民国时期兵荒马乱，土匪众多，大户人家一般都会建碉楼、养家丁，杨家的家丁有一个班，配有汉阳造长枪和短枪，还有被称为“格蚤龙”的冲锋枪和“猫儿炮”（一种土炮）。解放初，杨家把枪支弹药主动交给了解放军。土改工作组进村后，杨家老小搬出庄园，杨家房屋除部分留作集体财产外，其他分配给几户农民。由于杨家在当地口碑不错，除一个隔房大伯因当过伪区长被镇压外，其他人还相安无事。杨乾鼎几兄弟姊妹作为地主子女，仍然受到牵连，因家庭成分，杨乾鼎虽聪慧精明，但从小没读什么书，以至于现在他还感到遗憾（图4-10）。

图4-10 采访杨乾鼎老人。左二杨乾鼎，右一为大兴村党委书记吴天碧。

笔者发现庄园西面有一处条石地基，不知是因房屋垮塌还是什么原因留下来的，询问杨乾鼎后才知道，原来杨正立分别给4个儿子各建一栋房屋，由于一个儿子不务正业，抽鸦片把钱用光，房屋下完基础就无钱修建，因此留下一块空地至今。

杨乾鼎还讲到一个情况，杨家庄园是先修碉楼，后修其他房屋。碉楼本身既有防护功能，又可作生活起居之用，先建碉楼既保安全又可居住，在兵荒马乱的年月实为明智之举。

碉楼探秘

6月13日未能进入碉楼，我请巴南区文管所所长黎明随时与村里保持联系，一旦碉楼主人回来就立即通知我。8月21日，黎明来电话，告诉碉楼主人已回家，但住两三天后又要外出，于是约好8月22日再到石龙镇大兴村。知道我要来，石龙镇文体服务中心主任徐凤和碉楼主人吕朝华在现场等候，巴南区文管所所长黎明也赓即赶来，我终于得以进入碉楼。

吕朝华，53岁，在家排行老二，长期在建筑工地打工。吕朝华父亲吕树清抗美援朝当兵出国，1952年在朝鲜战场受伤回乡，享受二等残废军人待遇，乡政府把杨家碉楼下面3层分给吕树清一家，4层以上留给生产队。吕树清和妻子李祥书在碉楼里生育了2男3女，大女儿现在石龙镇合路村务农，两个妹妹在外打工，老四吕朝明因病去世。吕树清1967年去世，李祥书已81岁，与大女儿住在乡下。父亲过世后，房子留给吕朝华、吕朝明两兄弟，吕朝明去世后房子由他媳妇和儿子居住。吕朝华一家4口，女人在外帮人，大女儿考上成都理工大学，毕业后留成都工作，小儿子23岁，在宽带公司上班。吕朝华家人状况，是当今农村家庭的缩影。

上世纪60年代中期“知识青年”上山下乡，石龙镇在大新村开办了“知青”林场，农场将几十个知青安排在碉楼4层到6层集体居住。在碉楼5楼墙壁上，还可看到当年知青在“文革”时期留下的标语口号。

碉楼内部过去功能周全，有储放粮食的仓库，有厕所、厨房，厨房的烟道一直通到屋顶。碉楼底层内空高3.72米，2至4层空高3米，阁楼空高6.21米。知青集体居住时，将阁楼隔间木板拆除成为一间大房子，夹成上下两层，正好便于我测量碉楼内部面积。碉楼室内面宽10.14米，进深6.9米，内空面积70平方米，加上墙体厚0.55米，碉楼每层建筑面积约90平方米，碉楼共6层，总建筑面积为540平方米。碉楼各层木梁间距仅60厘米，一根柏木、一根松木交替安装，木梁至今结实牢固，尚未发现白蚂蚁对木梁柱的损害。阁楼夹层楼板现一块不剩，木梁仅存少量（图4-11）。询问吕朝华，当年知青林场撤销后，林场把碉楼的木料拆除卖掉，解决林场费用困难问题。当时木料不值钱，1团（当地称呼，1团为1.2丈 × 1.2丈的寸板）仅卖30元，算起来阁楼拆下的木料也不过就卖了几百元，碉楼原貌受到很大损害，现在想来真是可惜。

碉楼顶层开两扇门与外廊相通，外廊长11米，进深0.84米，有4根立柱，3个券拱（图4-12），中

图4-11 碉楼顶层楼板木梁和隔间被拆除，成为一间宽大的房屋。

图4-12 碉楼顶部外挑廊。

间券拱宽4.55米，两边券拱宽3.1米，挑廊立柱顶部塑4棵大白菜浮雕。碉楼各层天花均有挂马灯的挂钩，天花绘各种图案。3楼天花浮雕做工细致入微，图案有飞鸟、蝙蝠、山羊、貔貅等，寓意吉祥如意、辟邪祛难。

碉楼每层楼转角处开设两个内大外小的射击孔，圆形射击孔内直径38厘米，外孔直径8厘米，用50厘米×48厘米方形青石雕打成型后，再嵌入土墙中（图4-13）。碉楼双扇木门高2.7米，宽1.3米，厚10厘米，木门用坚硬的青冈树制作，外包铁皮。笔者发现碉楼内抵门杠居然有7根，横3根、竖3根，还有1根丁字形抵门杠（当地称“斗塔”），一头抵住大门，一头陷在地下。如此严密的防护，

图4-13 碉楼转角处的圆形射击孔。

图4-14 碉楼石门当年被土匪火烧后留下的裂缝和黑烟迹印。

使碉楼固若金汤，难以攻破。吕朝华听他父亲讲过，当地大土匪周学清曾向杨家借枪，杨家未答应。一次周学清洗劫石龙场后，到杨家报复抢劫，杨家进入碉楼殊死抵抗。土匪将柴火堆放在碉楼大门放火烧楼，由于大门裹满铁皮，大门未被烧毁，石门框反被烧裂，2楼窗户被烧焦。土匪久攻不下，又恐石龙场有人来支援解围，只有撤退。至今还可看到碉楼石门框的裂缝和黑烟迹印以及2楼被烧煳的窗棂（图4-14）。

在笔者考察过的乡土建筑中，杨氏庄园丰富多彩的装饰图案和碉楼造型风格甚为罕见。该庄园为研究当地民俗文化和民国时期乡土建筑类型提供了难得的实物资料。杨氏庄园现为巴南区文物保护单位，建议可升格为市级文物保护单位，以编制保护利用规划，更好进行有效保护。建议今后有条件时，可以考虑将村民迁出，将原址设为一处乡土民居建筑陈列馆。

巴南区南彭镇彭氏民居

彭氏民居位于巴南区南泉街道白鹤村，又称彭瑞川庄园、彭氏庄园、彭家大院。

2009年10月2日，在巴南区文管所所长黎明陪同下，我专程来到彭氏民居考察。彭氏民居此时已被“重庆正大软件职业技术学院”围合在校园之中，要进入彭氏民居，还得先进入该学院的大门。

为拍摄彭氏民居全景，2014年2月20日，笔者再次到彭氏民居。事先与巴南区市政园林局局长严蕾联系，在她支持下，调来了一台带伸缩臂的工程车，我和黎明站进伸缩臂的小斗升到高空，居高临下俯拍了彭家大院全景。

规模宏大的地主庄园

彭氏民居始建于清道光二年(1822年)，系清代大盐商彭瑞川建造的庄园，邻近重庆著名风景区南温泉，庄园当时选址前傍风景秀丽的花溪河，后依樵坪山。大院坐东向西，建于一处斜坡台地，由纵向三座厅堂和横向三进院落组成，共有10个回廊式四合院，大小房间77间，天井12个。庄园围墙面宽73.7米，进深50.55米，加上周边场地，总占地面积约5300平方米，建筑面积3860平方米（图5-1）。

彭氏民居朝门呈八字形，高3米，宽6.5米，前有5级石阶，显得宽阔大气。大门为三开门，两边耳门平时关闭，中间双扇门开启，板门上有一对龇牙咧嘴的虎形铁环门扣。纵向三座厅堂分前厅、中厅、后厅。前厅为单檐硬山顶、穿斗木结构，面阔三间10.15米，进深4.3米，通高6.4米，一楼一底。前厅与中厅之间是一座进深6.4米的小天井，天井内栽了两棵桂花树，树径约36厘米，树龄已近百年，据说为蒋经国亲手栽植。每逢金秋时节，桂花盛开，金色的花瓣洒满地坝，馥郁的香味溢满庭园。小天井被两棵桂花树树冠覆盖，天井内感到些许阴凉冷寂。晴朗时，金色的阳光透过树冠射进天井，增添了大院的幽深神秘感（图5-2）。中厅地面高于天井1米多，两侧台阶立面各有一幅长3.5米的深浮雕，上面雕刻人物、花卉、瑞兽，形象拙朴，造型生动，由于年久风化，部分石雕已变得模糊不清（图5-3）。

图5-1 规模宏大的彭氏民居。

图5-2 阳光透过桂花树射进彭氏民居天井和中厅。

图5-3 台阶栏板雕刻的深浮雕。

中厅为单檐悬山顶，穿斗抬梁结构，面阔三间13.9米，进深10.5米，通高7.8米。宽阔高大的中厅用20根木柱支撑，前面一排木柱呈八字形分布，梁架及檐下券棚、斜撑、挂落、雀替、驼峰等构件雕刻精湛、流金溢彩，显现着庄园当年的典雅富贵（图5-4）。

穿过中厅来到一处面阔11.5米，进深10米的大天井，天井中摆放两口高1.3米，直径1.35米的圆形石花缸，缸体雕满人物戏曲故事和花纹图案，石缸已有百年历史（图5-5）。从天井上后厅有7步石阶，石阶每步高23厘米，宽50厘米，长4.9米，全部用整块石料制作。石阶两侧石壁和石栏板亦有精致浮雕，但风化严重，石壁浮雕尚存，石栏板浮

图5-4 中厅檐下斜撑雕刻精美，尽显庄园典雅富贵。

雕已完全消失。彭氏民居后厅典雅庄重，制式严谨。后厅为双坡硬山顶，进深7.55米，三开间，面阔五间22.9米，进深10.3米，通高7.2米，高两层，门扇、窗棂装饰精细，用于供奉先祖的明间高空7米，面阔5.38米。后厅屋顶阁楼开4座老虎窗，后厅前有一条宽达3.6米的廊道通向左右横向扩展的院落（图5-6）。巴渝民居通常在后厅及厢房前设檐廊，檐廊上空作券棚，立柱与梁枋之间作雕花挂落（俗称花牙子），檐下廊道与横向院落相通，宽阔空透的廊道既可采光通风、避雨遮阳，同时也可作为家庭的公共活动空间。彭氏民居后厅廊道的木柱、梁架和雕花构件至今还非常完好。

从后厅廊道进入大院左右对称、横向扩展分布的院落，感到彭氏民居庭院幽深，天井层叠，别有天地。在乡土民居中，横向扩展院落是以主院为中心的几个并列院落，即在主院两侧分别扩出一至两座乃至更多的院落。这种院落一般

图5-5 大天井中有百年历史的石花缸。

图5-6 彭氏民居典雅庄重、制式严谨的后厅，檐下的廊道通向左右横向扩展的院落。

称为附院或跨院、配院、边庭，扩出的院落与正房有廊道连接，房屋之间相互贯通。扩出的第一进院落一般作大家庭儿子成人后分家之用，最外的配院一般为辅助用房，用于储藏、洗染、厨房、豢养家禽牲口等，或作下人、家丁、佃户居住之用。彭氏民居的附院格局分布也大致如此。

彭氏民居东西两侧附院第一重院落分布着4座长条形小天井，大小房屋共计20余间，主要为家眷起居所用（图5-7）。附院第二重院落分布在最外侧，过去作下人居住，也作厨房、洗衣、储藏等用途。1946年西南学院进入办学后，外侧院落被改成学生宿舍，东面院落住女生，西面院落住男生。西面外侧院落里有一棵巨大的黄葛古树，树径达2.7米，古树枝叶繁茂，虬龙盘凤，尽显大院历史沧桑（图5-8）。

大院四周用高5米到6米的砖石围墙和风火墙围合。东西两边围墙分别开设3座侧门（图5-9），院落外背面是一座山坡，一条5.3米宽的通道将大

图5-7 彭氏民居附院小天井。

图5-8 东侧天井中的黄葛古树枝叶繁茂，虬龙盘凤。

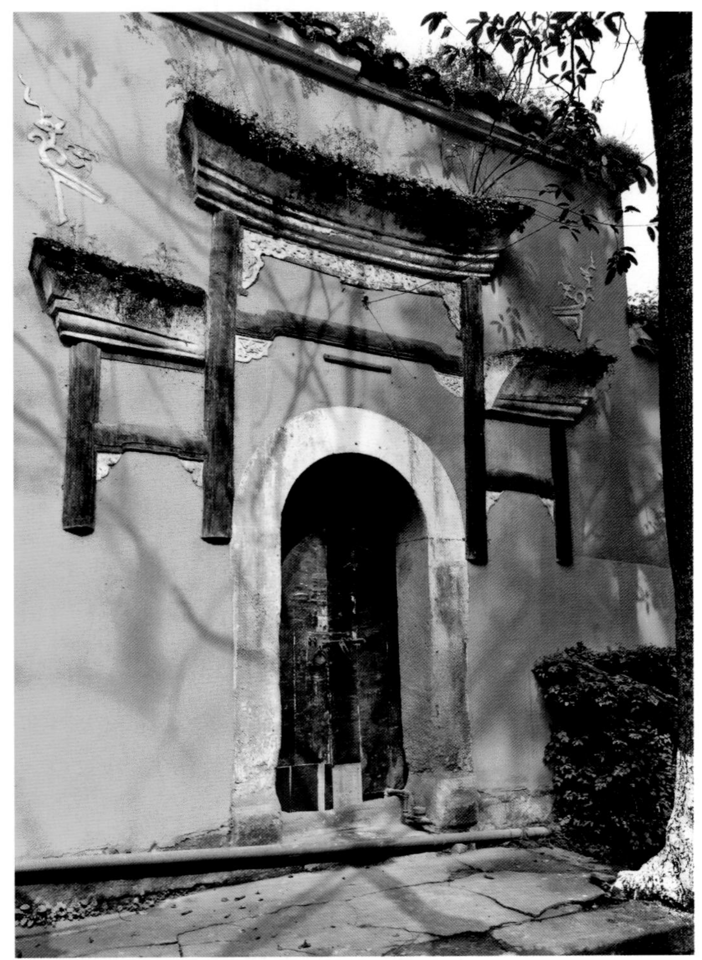
图5-9 彭氏民居西面围墙上开设的侧门。

院与山体分开，靠山体修筑有5.66米高的条石护壁墙。由于长期雨水渗漏，山体发生位移，致使条石护墙发生不同程度倾斜和凸出，已影响到大院建筑的安全。

大院排水系统考虑周到，十几座天井设有双层排水渠道，遇有大雨，大院地表积水很快就会消失。至今为止，大院天井条石地面密实平整如初，未出现起翘、凹凸、塌陷等现象。彭氏民居原来还建有鱼池、花园、八角亭、曲廊等设施，现在均已消失。

解放后，彭氏民居没有像一般地主大院那样分给农民居住，而是一直作为学校在使用，因此，尽管民居在“文革”中遭到一些破坏，但整体布局和木雕构件还相对完好。时至今日，穿梭于彭氏民居深幽的庭院回廊之间，依然能够感受到大院昔日的辉煌和浓浓的书卷气息。

声名显赫的彭氏家族

《彭氏家谱》记载：“原夫鼻祖，肇自江西吉安府吉水县太平乡永乐里三甲，地名篙芝坝锡家嘴”，“始祖彭泽系思水公十三代孙，于明纪为节制诸路军马都御使，泽公生一子思旺，为长子平侯，旺公生一子名彭时。明正统十三年，戊辰科状元，仕至少保兼太子太保吏部尚书，文渊阁大学士。彭灝追明洪武御极，荣登黄金甲进士，后特授重庆府兵储司使，第三代裔孙中有出任礼部尚书、御林将军、吏部元帅等显赫人物。”

彭氏家族祖籍江西吉安府吉水县太平乡永乐里三甲，先祖为明正统十三年（1448年）恩科状元，曾任吏部尚书、四川布政史司。在清代“湖广填四川”大移民浪潮中，彭氏家族迁徙四川，落户重庆府巴县彭家场(现属南彭街道办事处辖区)。彭瑞川是清初入川始祖彭启荣第三代孙，小名“彭氏龟子”。彭瑞川头脑灵活，善于经营，继承家业后，将食盐贩运业务越做越大，近销重庆巴县、永川、合川、涪陵，远销成都、广元、泸州、自贡和贵州、云南、西藏等地。彭瑞川还在贵州开办了煤窑和炼铁厂，所赚钱财用于广置良田，修建豪宅。清嘉庆年间，彭瑞川在重庆南泉界石、鹿角等地修建宅第。道光二年（1822年），彭瑞川选址巴县彭家场白鹤林建造庄园，工程耗银3万余两（当时约合黄谷960万斤），前后历时8年，建成了豪华壮阔的彭氏大宅院。

清末民初，彭氏家族内部产生矛盾，争斗激烈，彭家后人还染上了鸦片，彭氏家族逐渐走向没落，家族人员各奔东西。民国时期，彭家大院被政府接管。由于彭氏民居依山傍水，环境幽雅，房间众多，遂成为几所著名学校办学之地。

辉煌的办学历史

自清末到民国，直至上世纪90年代，先后有10余所学校在彭氏庄园办学，包括存古学堂、国民党中央政治大学研究部、中共南方局支持创办的西南学院、建国初期的西南人民革命大学等名校，彭氏庄园因而承载了新的历史文化底蕴。

1911年，傅汝贤在彭氏民居开办存古学堂，由傅汝贤自任校长，刘希陶任教务长，设有经学、史学、词章3门课程。1938年至1945年，国民党中央政治大学研究部在彭氏民居办学，中央政治大学由蒋介石亲任校长，陈立夫任教务长，陈立夫、陈果夫别墅就位于彭氏民居附近。1938年至1940年，由陈兆麟任校长的“立人中学”也在彭氏民居开办。

抗日战争胜利后，战时迁来重庆的部分大专院校迁回原地。中共南方局董必武、潘梓年等倡议在重庆开办几所共产党领导的学校。在他们的指导支持下，在原重庆实用工商专科学校基础上建立了西南学院，聘请国民党资深左派人士邹明初任院长，九三学社发起人之一吴藻溪、民盟中央执委马哲民任教务长，民革负责人李文钊任训导长。1946年秋季，西南学院校址由南泉迁至彭氏民居。当时西南学院聚居了共产党和民主党派一批资深学者，包括陈豹隐、聂绀弩、潘大逵、郭则沉、甘祠森等著名教授，在校进步学生有江竹筠、罗广斌等人。西南学院坚持自由、科学、民主的办学宗旨。1946年9月，中共重庆市委指派江竹筠来校与学生罗永晔联系建立中共组织，团结进步学生，开展地下活动。在重庆学生界抗议美军暴行和“反饥饿、反内战”运动中，学校进步师生踊跃参与，学校因此遭查封，院长被强行驱逐，一些师生被逮捕，部分师生被迫转到工厂、农村和其他学校。1949年，留校师生参加了“4·12”学生运动。1949年11月底，在解放军解放南泉的战斗中，师生们冒着枪林弹雨配合解放军的行动，一批师生在战斗中牺牲。西南学院在解放前牺牲的师生有彭立人、周鸿钧、王屏、李仲弦、张中、张国维、粟立森、唐虚谷、杨袁善、陈公旦、孙佑鑫、李曦、廖宗光、黄静秋、郭瑞麟等。1950年4月，重庆大专院校调整，西南军政委员会文教部对西南学院的成就给予高度评价，认为西南学院已经完成了它的历史使命，宣告学院办学结束。

1950年，在原西南学院基础上成立“西南人民革命大学”，由刘伯承亲任校长，该校培养各类建设人才10万余人，缓解了西南地区对建设管理人才的需求。西南革命大学在彭氏民居设立分部，主要培训军队转地方工作的干部，1953年秋季结束。1953年至1983年，重庆市二十七中学在彭氏民居开办，刘理斋等人担任校长。1984年至1993年，四川省重庆市南泉高级职业中学在此创办，曹世琦等人任校长。1993年至1998年，南泉高级职业中学改为重庆市蓉泉高级女子职业中学，王永金任校长。1998年至2002年，又改为重庆市南泉高级职业中学，由罗兴富等担任校长。

当年就读于西南学院的学生尚在者已是耄耋老人，为纪念这段难忘的历史，1990年春他们汇聚一堂，成立了西南学院校史研究会，并在彭氏民居内

图5-10 修复后的彭氏民居。

立下纪念碑文。

彭氏民居还有一段鲜为人知的历史：抗日战争时期，彭氏民居曾经作过关押日本战俘的临时周转场所。巴县（现巴南区）抗战时期设有两座战俘营，一座位于南泉红旗村刘家湾，原址为周姓地主庄园，始建于清道光年间；一座位于南泉和平村梁家边，原址为彭姓富绅庄园，始建于晚清。1941年，国民政府军事委员会将武汉战役中安徽安庆、湖北麻城等地俘获的几十名日本战俘，从临时囚禁地重庆临江门夫子池运往刘家湾日本战俘营关押。1944年秋至1945年8月抗日战争结束，国民政府军事委员会又相继从外地迁来侵华日军俘虏几百人，其中一部分关押于刘家湾战俘营，另一部分关押在和平村梁家边战俘营。彭氏民居作为周转场所，也临时关押了一些日本战俘。抗日战争胜利后，战俘营撤走。这一段历史，在抗日战争时期拍摄的电影《东亚之光》和沈起予先生著作《人性的恢复》中，有一些较为形象而生动的描述。

2001年，重庆正大软件职业技术学院在巴南区南温泉建立，彭氏民居被圈入学院范围内，学院租用彭氏民居作为临时行政办公场地。2002年1月，经巴南区人民政府批准，彭氏民居产权移交巴南区文物管理所。2004年，重庆市文物局安排一笔资金对彭氏民居进行了修复（图5-10）。2007年，重庆正大软件职业技术学院新建校舍后，行政办公室搬出彭氏民居，至此，彭氏民居才正式交由巴南区文管所管理。

2000年9月，彭氏民居被公布为重庆直辖后第一批市级文物保护单位，2011年列入陪都抗战遗址。彭氏民居布局严谨、装饰精美、制式宏阔，展现了民间工匠高超精湛的建造技艺，是重庆目前保存较为完好的清代民居之一。彭氏民居现成为历史研究、旅游参观的重要场所和影视拍摄基地，已有《延安颂》、《张伯苓》、《双枪老太婆》、《傻儿师长》、《一双绣花鞋》、《记忆之城》、《周恩来在重庆》等20多部影视剧在彭氏民居拍摄相关场景。

北碚区蔡家岗镇陈家大院（举人楼）

前几年，市文物局副总工程师吴涛告诉我：在北碚区蔡家组团中环快速干道修建中，为避开一座被列入重庆优秀近现代建筑的“举人楼”，市文物局、市规划局组织专家与蔡家管委会多次召开协调会，最后决定调整中环快速干道走向，让道路偏离大院约50米。据说改变原设计线路增加了不少投资，但大院因此免遭拆除厄运，不可再生的文物建筑得以挽救。

2008年2月29日，笔者去北碚蔡家岗镇考察这座有幸被保护下来的“举人楼”。“举人楼”在文物部门登录名称为陈家大院，位于蔡家岗镇石井村酢房沟，因大院建造者陈庚虞父亲陈介白在清末中过举人，故称“举人楼”；因楼房带有西式建筑风格，又被称为陈家洋房子。

“举人楼”今昔

陈家大院小地名叫酢房沟，因有烤酒、制糖的作坊而得名。笔者2008年去考察时，中环快速干道还未建成，大院周边是一片刚拆迁的废墟和工地，洋房子被湮没在浓密的树林和杂草、乱石之中（图6-1）。陈家大院于民国二十四年（1935年）开始修建，至民国二十五年（1936年）建成。大院选址坐西朝东，背靠山坡，两侧为小山峦，面临开阔的农田，远处是起伏连绵的山脉。大院现仅存一栋西式风格的主楼、一座小四合院、一座大朝门，以及部分围墙、庭院和古树。

图6-1 湮没在树林、杂草和断墙中的陈家大院。

主楼为典型中西合璧风格建筑，砖木结构、歇山顶，青砖外墙勾白色砖缝（图6-2）。主楼面宽五间29.6米，进深二间14.7米，共3层，两层正房加阁楼，总高度12米，总建筑面积1305平方米，主楼

图6-2 陈家大院西式风格主楼。

图6-3 洋楼外墙做有各种图案装饰，美化了建筑立面。

四面用回廊相通。主楼正立面有8根砖柱，正中柱距大，两侧柱距稍小，至两端柱距又变大，南、北角两个柱廊之间柱距仅2.3米，柱距的宽窄交替变化增添了建筑的韵律感。砖柱从柱础开始，自下而上分为6段，分别作各种形态的腰磴、腰线和雕塑图案装饰，美化了建筑立面（图6-3）。底层室内空高4.1米，室内天花吊灯处用纹饰复杂的木雕花卉图案作装饰（图6-4）。二层空高3.63米，天花作灰塑图案。顶部阁楼被分隔成若干小间，作为堆放杂物的房间（图6-5）。屋盖为歇山顶，小青瓦屋面，顶部开4座老虎窗和两座壁炉烟囱，老虎窗窗框用青砖作成火焰顶形状。

洋楼墙体、砖柱、砖拱、护栏、廊道、壁炉背面均用鹅卵石拼贴作装饰。距地面约2.5米的砖柱表面作瓜米石，上面镶嵌鹅卵石拼成的花卉、叶片等各式图案，柱头瓜米石雕塑为一种动物的头部。主楼底层石栏杆为宝瓶状，表面用鹅卵石图案镶嵌。房屋室内共有8座西式风格壁炉，至今基本完好，壁炉表面也用鹅卵石作装饰（图6-6）。

主楼东面尚存一处小四合院，四合院通过一座风雨廊与主楼相连（图6-7）。风雨廊宽4米，长3.5米，两侧用整块石板作护栏，宽阔的外廊一直通向大院后门。大院后门高出大院地坝约4米，有20多步石梯，石梯表面作水刷石。四合院面宽12.3米、进深15米，穿斗夹壁结构，青瓦坡屋顶，中间是一处宽4米、进深3.7米的天井，天井正中设一座2.7米见方的水池。天井四周房屋空高达6.2米，分两层，一层正房，一层阁楼。与四合院相连的还有

图6-4 室内天花木雕花卉图案。

图6-5 洋楼顶部阁楼。

图6-6 洋房内的西式壁炉，表面用鹅卵石作装饰。

图6-7 陈家大院四合院内小天井。

一座面宽五间的坡屋顶瓦房，主要作厨房、仓库和下人、家丁居住等用途。

造型别致，风姿绰约的大朝门

陈家大院八字形大朝门造型别致，风姿绰约，气派十足，成为大院一道靓丽的风景线（图6-8）。朝门设在大院西侧，朝门砖墙高9.6米，面宽7米，进深4.3米，正面用青砖拼成凸凹有致的图案花形，两根挺拔向上的砖柱分成三段，每段作有灰塑装饰。朝门两端用圆柱形砖柱收头，砖柱顶部各塑一座圆雕大白菜。砖墙顶部呈圆拱形，两侧依次跌落，构成优美飘逸的曲线。朝门入口为宽1.72米、高3.3米圆拱门，双扇木门厚10厘米，表面用铁皮包裹。朝门顶部匾额在“文革”时期被抹掉，已看不出题刻内容。朝门后面是一座进深1.8米，宽3.8米的门亭，用两根石柱支撑，石柱表面饰以水刷石，门亭顶部为歇山式，两端飞檐高翘（图6-9）。陈家大院朝门建造独特，宽阔大气，形态丰富，美观耐看，在笔者考察过的巴渝乡土建筑中，类似陈家大院这种朝门造型还不多见。

进入朝门来到大院内庭园。过去庭园设计考究，布局精细，除栽植桂花、黄桷兰、古榕、银杏等乔木外，名贵花卉更是姹紫嫣红，四季飘香。而今内庭园林损毁殆尽，遍地杂树杂草，围墙外仅剩一棵约两米树径的黄葛树和一棵树径为1.24米的银杏树。据当地老乡讲，银杏树过去有两棵，

图6-8 陈家大院八字形大朝门。

图6-9 大朝门背后的歇山式门亭。

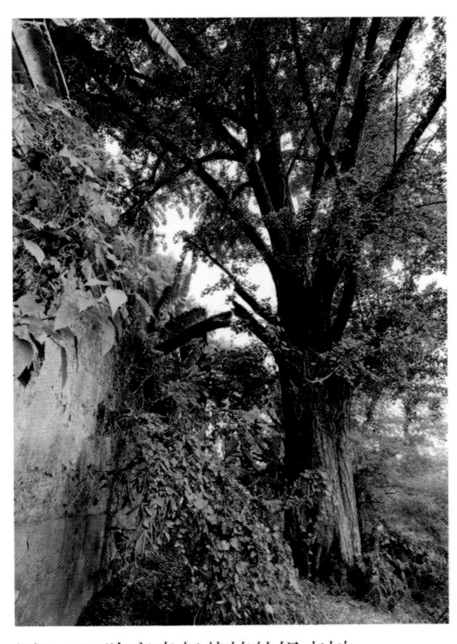

图6-10 陈家当年栽植的银杏树。

一公一母，公树被雷击后死去，现存银杏树是母树，每年秋季结果季节，树上银杏密集成串（图6-10）。大院残存有几段围墙，沿地形起伏变化，高度从3.1米到3.5米不等。围墙下部用1米高条石作墙基，之上是土墙。土墙表面用石灰抹面，上部绘装饰线条，顶部作压顶造型。

陈介白家族

洋楼主人陈介白出生于清咸丰二年（1852年），祖籍湖北麻城孝感乡。陈介白父亲给他取名“介白”，是希望儿子成为一介清白之人。陈介白自幼刻苦好学，考取秀才后参加乡试，于光绪十五年（1889年）考取举人。陈介白中举后即赴贵州梓潼县做官，时间长达20余年。退休后，陈介白携家眷回到北碚蔡家岗酢房沟隐居。陈介白和两个儿子陈庚虞、陈谨怀在乡里开办学堂，教书育人，平时救济贫民、乐善好施、多有义举，深得当地乡民拥戴。1933年，身任巴县团练局局长、县参议员的陈庚虞聘请知名设计师和工匠建造了这座西式洋楼，为80多岁的老父颐养天年。

解放前陈介白去世，陈家后人有的到了国外，有的去了台湾。解放后，陈介白儿子陈谨怀将大院捐献给人民政府。上世纪50年代，陈家大院成为私立学校“乐一中学”校址，1957年到1963年改作市九人民医院分院。“文革”初期到1980年，房屋转卖给208地质队作仓库，之后由国营845厂（生产炸药的保密厂）买下作为工厂汽车队使用。本世纪初，陈家大院被划入北碚蔡家组团和同兴工业园区，纳入重庆市地产集团拆迁和土地储备范围。845厂得到拆迁赔偿搬出后，陈家大院从此空置下来。2009年12月，陈家大院被公布为重庆市文物保护单位，并被列入重庆市优秀近现代建筑。

亟待抢救的院落

2012年8月29日，我再次来到陈家大院，准备补拍一些照片，测量大院有关尺寸，为写作提供翔实依据。

时隔4年半，发现大院不仅没有得到任何保护和维修，损毁败落程度反而更加严重。笔者进入大院看到的是：院内杂草杂树遍地疯长，几乎无法进入，庭院房屋被树枝覆盖遮挡殆尽，已无法拍摄大院建筑全景；主楼天花板垮塌严重，廊道遍是垮落的石灰、木条（图6-11），各层室内楼辐、地板糟

图6-11 荒芜破败的洋楼。

图6-12 洋楼内部地板、天花板坍塌严重。

朽，变得岌岌可危（图6-12）；四合院东面屋顶大面积损坏，椽子外露，糟朽；八字形大朝门背面门楼摇摇欲坠，双扇木门也被盗走。845厂拆迁搬走后，蔡家组团管委会在大院周围修建了临时围墙，安装了铁门，但铁门早被偷走，围墙打开一个大洞，任何人都可自由进出，种种景象令人心寒。作为市级文物保护单位和重庆市优秀近现代建筑的陈家大院，几年来基本处于无管理责任单位、无管理制度、无保护措施的“三无”状态。

考察陈家大院后，笔者心情沉重，询问陪同考察的北碚区蔡家组团管委会副主任谭茂国、北碚区文管所所长莫骄，才知道这几年大院管理的情况。陈家大院属于重庆地产集团土地储备范围，几年前由地产集团出资，委托北碚区蔡家组团和同兴工业园区管委会对845厂实施了补偿拆迁。2009年12月陈家大院被公布为重庆市文物保护单位之后，管委会认为既然是市级文物保护单位，北碚区文管所就应该负责管理；北碚区文管所认为应该由产权单位地产集团负责管护；地产集团认为已委托管委会实施拆迁，日常管理应由管委会负责；“三不管”状况由此形成。笔者考察过多处文物建筑，这种情况不只有陈家大院才存在，不少文物建筑尽管挂着市级、区县级文物保护单位或近现代优秀建筑牌子，但管理责任不落实，人为破坏严重，没有维护经费的问题非常普遍。许多珍贵的历史建筑未能得到有效管理和保护，任其风吹雨打、日晒雨淋，发生垮塌损毁的情况时有发生。如果对陈家大院再不采取有效保护措施，这座用快速公路改道，花费巨资换来的优秀近现代建筑，在人们漠视、推诿的态度下，遇到暴雨，很有可能遭到整体坍塌的命运。

2012年8月30日，笔者给市文广局副总工程师吴涛沟通了陈家大院的状况，9月2日，笔者又给刚成立的市文物局新上任局长幸军反映了情况。笔者建议，应立即由市文物局牵头，组织北碚区文广局、区文管所、蔡家组团管委会、市地产集团召开专题会议，明确管理单位，落实管理责任，并在近期对文物主体建筑进行必要的维修，哪怕是简单的维护，尽可能防止建筑结构进一步恶化。笔者的反映引起了市文物局和有关单位的重视，下一步保护工作的进展，笔者将拭目以待。

【渝西】

WEST CHONGQING

长寿区晏家街道聂氏宗祠

在全国第三次文物普查工作中，长寿区报出了一批普查成果，我查看了长寿区的资料后，感到地面文物建筑数量不多，特色似乎也不够。从申报材料照片来看，发现夏氏宗祠好像还不错，于是将其纳入考察计划之列。去长寿之前，笔者给长寿区文管所所长张银轩通了电话，才知道夏氏宗祠损毁殆尽，已无考察必要。张所长另外给我推荐了位于长寿晏家街道的聂氏宗祠，于是决定安排时间去考察一下。

2012年9月3日一早从城里出发，经渝长高速，在晏家收费站下道，张所长已在此等候。晏家过去是镇的建制，现改为街道办事处。穿过晏家街道中心，进入一条路宽约两米多的岔道，越野车穿行其间，两边树枝把车身刮得嚓嚓响。车子在小道绕行颠簸，约20分钟来到一处四周茂林修竹、风火山墙高耸的老房子，张所长告诉这就是聂氏宗祠。下车一看，发现宗祠正面被杂树和搭建的土房遮挡部分，建筑毁坏较严重，但建造风格不同凡响，应该是一座很有价值的历史建筑（图7－1）。

历史悠久的明代宗祠

聂氏宗祠始建于明末，祭拜的先祖聂贤（1454—1544）字承次，号凤山，谥号荣襄，生于明景泰五年（1454年），卒于明嘉靖二十三年（1544年），曾历任兵部、工部、刑部三部尚书，享年80岁。宗祠正面是大片开阔地，远处可眺望长寿著名的菩提山，左右两侧和背靠的山形构成太师椅风水形状。由于长年无人管理整修，祠堂四周荆棘杂树丛生，正前方右面被浓密的草丛树木遮挡，左面靠墙搭建了一座简陋的砖房，无法拍摄全貌。好在我随身携带了一把大号瑞士军刀，费尽力气将遮挡宗祠右面的荆棘杂树砍掉部分，才得以从正面拍摄祠堂面貌。

祠堂山墙高大巍峨，装饰华丽，色彩斑斓，给人以强烈的视觉冲击。

图7-1 毁坏严重的聂氏宗祠仍不失为一座极有价值的历史建筑。

正面山墙高8.5米，牌楼式大门设于山墙正中，各种石刻、灰塑、瓷片、彩绘色彩艳丽，跌宕有致，形态各异，气度雍容（图7－2）。祠堂正面牌楼通高约10米，朝门宽1.71米，高2.55米，两边门柱用整块条石制作，门柱镌刻“世泽光百代似维□，功名对三朝面丕振”。朝门之上有3块匾额。最上是一幅竖向匾匣，四周用彩色瓷片装饰，4条浮雕龙围绕牌匾摆动穿绕、若隐若现，匾匣正中用朱砂作底，上书“聂氏宗祠”4个遒劲大字（图7－3）。匾匣下为一横匾，朱砂底，上书4个大字，“文革”中被涂抹，只有一个“荣”字还大致可辨。之下是“二龙戏珠”深浮雕，两条石雕祥龙腾云驾雾，相对而戏，形态生动。深浮雕下有一块凹形匾匣，蓝色底，上面阴刻“恩荣”2字，再下是朝门石额枋，上面阴刻“三部尚书”4个大字。

聂氏宗祠大门前方过去立有两座雄狮，高约2米，“文革”中被推倒，一只石狮被砸毁，正面朝下隐没在祠堂右面草丛中（图7－4），另一只石狮被村民放置在祠堂前左面搭建的小房内。进入观看，发现这座石狮龇牙咧嘴，雄姿勃发，双目炯炯，形态生动，整体保存尚为完好。

聂氏宗祠为一进院落，祠堂戏楼骑跨在进门过道之上。戏楼为重檐歇山式屋顶，面阔6.85米，进深7.4米，下面通道高2.8米（图7－5）。戏楼用4排共16根立柱支撑，其中14根木柱，2根石柱。石柱为方形，38厘米见方，上面雕刻简洁的线条装饰，

图7-3 “聂氏宗祠”匾匣。

图7-2 聂氏宗祠牌坊式大山门色彩艳丽，气度雍容。

图7-4 在“文革”中被砸毁的石狮。

图7-5 聂氏宗祠戏楼。

图7-6 戏楼台口木雕与重庆湖广会馆戏楼木雕类似。

柱础雕有图案，但风化严重，图案已模糊不清。戏台前额枋用整块木料制作，上面雕刻“三英战吕布”、“诸葛亮收姜维”等几组三国题材戏剧故事。戏楼构件雕刻用深浮雕、镂空雕等手法，表面镏金，雕工精湛，人物形象逼真，惟妙惟肖，雕刻工艺和图像内容与重庆湖广会馆戏楼十分相似（图7－6）。“文革”中戏楼遭到破坏，精美的雕刻构件损毁殆尽。檐下斜撑木雕因位置较高，才得以完整保留至今（图7－7）。村民进入祠堂居住后，将戏台正面用竹夹壁封闭改为住房。由于长年失修，戏楼成为危房，上下通道被封堵，无法上到戏台详细观看。

穿过戏楼下的过道，上5步石阶进入祠堂四合院天井。天井进深8米，宽约7米，地面用大块条石铺砌，石缝间长满杂草荆棘（图7－8）。天井两侧厢房为木结构悬山屋顶，面阔五间21.7米，进深3.1米。厢房两层高，底层空透，二层房屋前面设有廊道，廊道栏板高约1米，雕刻戏曲故事和蝙蝠等吉祥动物（图7－9）。解放后祠堂改为住房，厢房二层廊道全部用竹夹壁封闭。四合院天井之下有一口

图7-7 位置较高的戏楼斜撑得以完整保留。

图7-8 长满荆棘杂草的庭院。

图7-9 厢房廊道栏板雕刻的戏曲故事。

图7-10 聂氏宗祠正厅。

图7-11 正厅前的轩篷。

水井，水质清冽满盈，此水井是过去建造祠堂时候就有，还是后来开挖的尚无考证。

祠堂正厅高出天井地面1.2米，木结构悬山式屋顶，抬梁式屋架，面阔三间21.4米，进深8.6米，通高7.2米（图7－10）。过去有住户常年在此烧火煮饭，烟熏火燎，使正厅脊梁变得漆黑，上面题字已不能辨认。正厅中部用4根立柱支撑，前两根为石柱，直径0.35米，后两根为木柱。由于当地沙石强度和耐风化性能较差，石柱下部风化变细，如不及时加固处理，可能会影响正厅房屋的整体安全。正厅前石栏板长6.6米、高1米、厚0.33米，右边石栏板已全部损毁，左面石栏板尚存，石栏板镂刻图案“文革”中被全部铲除，改写为毛主席语录和革命标语。石栏板收头方柱上的圆雕石狮、石象有的丢失，有的损毁，只有一座石狮身子还在，但头部也被砸掉。正厅前方廊道轩篷下的驼峰、镂空花窗和挂落均作雕饰，至今保存还较为完好（图7－11）。

正厅后墙为砖墙，开一小门，现已封闭。走出祠堂，从外面转到山墙背面，发现墙上有一幅圆形图案，类似太极图，直径约1米，灰塑吉祥图纹，由于雨水侵蚀，图纹部分损毁，变得模糊不清。

残破石碑留下的悬念

笔者在宗祠戏楼下发现一块石碑，石碑风化严重，大部分字已无法辨认，石碑年代落款已经消失，无法确认石碑镌刻年代。从大致可辨刻字中，有“及万历之季，遭不肖者状告他人……”，“明末兵燹，灰烬茂州，荒烟一切……”，“人人皆具崇先之念，物物各怀报本之思，是以余家全世弟兄叔侄……”等断断续续的字句（图7－12）。明万历年是公元1573至1620年，此时聂贤已不在人世，“遭不肖者状告他人”有什么历史故事和背景？石碑给我们留下不少待解之谜。聂贤历经明代六朝，先后任三部尚书，对这位在重庆历史上，乃至中国历史上一位重要人物却鲜有人知，对他的一生还缺乏没有专门的考证和研究著作。这块石碑具有十分

图7-12 残存的石碑。

珍贵的价值，但字迹模糊不清，真感到遗憾不已。

解放后，聂氏宗祠被改作住房，先后有几家农民在里面长期居住。由于房屋多年失修，损坏垮塌严重，成为整体危房，住户开始陆续搬出。前几年，最后两家人搬出，仅剩一个孤寡老人居住在空旷的祠堂里。直到2009年，当地有关部门才另找房屋安置了这个80岁的老人，之后祠堂空置至今。笔者在现场发现，这处价值很高的文物建筑并没有进行任何维护和修复，自然和人为的损毁还在继续，祠堂状况令人担忧。

“三部尚书”聂贤

对聂贤这位在重庆乃至中国历史上的著名人物，长寿区文管所提供的“三普”资料文字描述甚少。为补充核实对聂贤的生平考证，笔者求教了老朋友、重庆中国三峡博物馆研究馆员胡昌健先生。昌健先生治学严谨，知识渊博，著作颇丰，对古代历史多有研究。在他大力协助下，于卷帙浩繁的史书中发掘出了一些关于聂贤的史料。

聂贤，字承之，明天顺五年（1461年）出生于四川长寿县，一生历经明朝6个年号。明弘治二年（1489年）聂贤中举人，弘治三年（1490年）中恩科进士，弘治五年（1492年）任武昌知县，弘治七年（1494年）任湖广行省钟祥县知县，弘治八年（1495年）任麻城知县，弘治十一年（1498年）授山西道监察御史，弘治十七年（1504年）任广东监察御史。民国十七年（1928年）编撰的《长寿县志》卷五，关于聂贤有如下记载：

聂贤，蜀《人物志》，弘治庚戌进士，由知县擢御史。《明史·马录传》嘉靖五年（马录）出按山西，妖贼李福达以弥勒教诱民为乱，事觉，更名张寅，输粟得太原卫指挥使，子冒京师匠籍。用黄白术干武定侯郭勋，勋大信幸。其仇薛良讼于录，按问得实。具狱以闻，且劾勋庇奸乱法。章下都察院，都御史聂贤等覆如（马）录奏，力言（郭）勋党逆罪。勋累自诉，复乞张璁、桂萼为援。（张）璁、（桂）萼素恶廷臣攻己，乃谓诸臣内外交结，借端陷勋，将渐及诸议礼者。帝深入其言，命取福达等至京下廷鞫。乃反前狱，抵良诬告罪。帝以罪不及录，怒甚。命璁、萼、方献夫分署三法司事，尽下狱，严刑推问，乃具爰书，因列诸臣罪名。帝悉从其言。至十六年，皇子生，肆赦。诸谪戍者俱释还，（聂）贤用荐起工部尚书，改刑部，致仕，卒谥荣襄。

明正德十一年（1516年）聂贤任湖广荆南兵巡副使期间驻守襄阳，他修建城墙，构筑汉水大堤，安抚民众，深受百姓爱戴，所筑大堤被称为“聂公堤”。《大清一统志》二百七十一《襄阳府·堤堰》对此有如下记载：

正德丙子（正德十一年）夏，汉水大溢新城（襄阳府城），塌者三十余丈，按察副使聂贤躬督堙塞，水少杀，即佣工取石仙人洞，犬牙甃砌，精坚逾旧，起大北门至东长门，修砌泊岸，长二百八十丈，高二丈，又筑子堤于江，以护旧岸址，阔八尺，高五尺，长二百八十丈，襄人呼为“聂公堤”；襄阳城堤……明正德十一年大水，副使聂贤又筑堤护之，襄人呼为“聂公堤”。北自老龙堤至长门，皆沿城甃石，南自万山麓至土门，皆仍古大堤，东南自土门至长门，即（聂）贤所筑。

明嘉靖五年（1526年）四月，聂贤在南京出任刑部尚书。嘉靖六年（1527年），聂贤任都察院左都御史期间，因冤狱被罢官仕，八月下狱，后削籍为民，回四川长寿老家闲居。嘉靖十一年（1532年），聂贤以72岁高龄被朝廷再次起用，任工部尚书；嘉靖十二年（1533年）四月改任刑部尚书。《明实录·明世宗实录》记载：“刑部尚书聂贤三年考满，以年七十五例当致仕。诏（聂）贤精力未衰，仍留供职。”古人年七十则“致仕”，即辞去官职，而聂贤嘉靖十四年（1535年）已75岁，然“精力未衰，仍留供职”，是罕见之例，亦可知其身体尚佳。但两个月后，明世宗朱厚熜认为（聂贤）“老矣……宜令致仕”。聂贤仕途至此结束。

嘉靖十五年（1536年），时年76岁的聂贤告老还乡，京城百官为之饯行，送行至卢沟桥。嘉靖十九年（1540年）七月甲寅，聂贤卒于长寿家乡，享年80岁，殁后葬于长寿县西二十里牛心山（现长寿县晏家乡龙山村马斑滩）。是年九月，朝廷赐祭葬，谥聂贤“荣襄”号，追封三代，恩荫一子，赠太子少保，四川布政使左参议刘瑜受嘉靖世宗皇帝派遣，致《谕祭荣襄公文》祭祀致哀。嘉靖二十九年（1550年）三月，明世宗皇帝朱厚熜对聂贤再次追恩谕祭。

重庆历史上名人荟萃，仅明清两代官至尚书的人就有张佳胤、王应熊、周煌、聂贤等人。张佳胤（1527—1588），重庆铜梁人，明嘉靖二十九年（1550年）取进士，官至兵部尚书，领太子太保衔。王应熊（1589—1647），重庆巴县人，明万历四十年（1612年）举人，四十一年进士，明崇祯六年（1633年）任礼部尚书兼东阁大学士，十七年（1644年）福王即位南京，任兵部尚书兼文渊阁大学士。周煌（1714—1785），重庆涪陵人，乾隆二年（1737年）进士，乾隆二十一年（1756年）为册封副史，出使琉球国，后历任工部尚书、兵部尚书。而先后历任三部尚书者，仅聂贤一人。

聂贤历任三部尚书，声名远扬，光宗耀祖，荫及后人。明朝末年，聂氏后人集资建造聂氏宗祠，祭祀瞻仰聂贤功德，亦作为家族聚会议事之场所。民国初年，宗祠略有培修，但仍不失其明代风格。

为尊崇先祖，聂氏后人于2010年清明节在祠堂后竹林中为聂贤新建一座墓茔，墓碑题“大明三部尚书聂讳贤之墓”，碑上题写额楹联一副，上联是：“辅佐三朝社稷兴隆”，下联是：“庇荫万代子孙昌盛”，横批“名垂青史”。聂氏后人每年清明节都要到祠堂举办“清明会”活动。2012年的“清明会”活动搞得红红火火，聂氏后人在祠堂内外架锅摆灶，办了20多桌，参加清明会的聂氏后代约有200人。

聂氏宗祠始建于明代末年，是重庆现存历史悠久、特色突出的宗祠之一，应该给予更多的关心和妥善保护。鉴于聂氏宗祠具有很高的建筑价值、历史价值和研究价值，建议将聂氏宗祠升格为重庆市重点文物保护单位，加强管理维护，并给予保护资金支持和维修技术方面的指导。建议长寿区文物管理部门组织专业人员对祠堂内残存的石碑进行辨认和考证，通过各种途径和历史资料对聂贤这位重要的历史人物作深入研究和考证，进一步发现、发掘聂贤和聂氏宗祠的未解之谜，将考证研究成果编辑成册或出版，为重庆市历史名人和历史文物建筑作出新的注解。

涪陵区青羊镇陈万宝庄园（石龙井庄园）

在涪陵区青羊镇申报重庆市第二批历史文化名镇期间，笔者曾三次到青羊镇研究有关申报工作。青羊镇历史悠久，得名距今近千年。据清乾隆五十一年（1786年）《涪州志》记载，北宋元丰五年（1082年）青羊修建文昌宫，在东部山岩发现“牧羊图”和“野鹿衔花图”石刻，青羊因此得名。至今岩壁上镌刻的石羊和野鹿还清晰可辨。青羊镇古庄园多、古寨多、古墓群多，特别是古庄园数量众多、规模浩大、特色突出。青羊镇现存古庄园有石龙井、四合头、戴家堰、新屋嘴、塘坎、朝门、石坝等14处，均为清代涪州名闻遐迩的巨富、诰赠朝仪大夫陈万宝及其子孙所建。其中建造于清同治年间的陈万宝庄园（又称石龙井庄园）最具规模和特色。由于青羊镇丰富的历史遗址和青羊镇党委、政府坚持不懈的努力，在一定程度上弥补了其他条件的不足。2009年，重庆市规划局组织专家评审历史文化名镇，我介绍了青羊镇的情况并作推荐。2010年12月，市政府公布青羊镇为重庆市第二批历史文化名镇。

笔者多次考察过陈万宝庄园，自以为对此庄园已熟悉了解，但是在撰写《重庆民居》“陈万宝庄园”文稿时，仍感到对庄园的人文历史、建筑布局和艺术特色缺乏深入准确的把握，于是在2012年9月4日，我再次来到陈万宝庄园考察。

让人流连忘返的庄园

为了充分利用时间，提高考察效率，我每次外出考察乡土建筑前都会提前做好“功课”，对考察重点、时间安排，甚至于午餐、晚餐和住宿地点都做到衔接紧密。按原定计划，9月4日要考察涪陵青羊镇、大顺乡和南川区乾丰乡共5个点。9月4日一早从下榻的涪陵宏声度假村出发，涪陵区博物馆馆长（兼文管所所长）黄海安排文管所李伟、叶洪彬同我一道去青羊镇和大顺乡。按计划安排，我们到达距涪陵城区40多公里的青羊镇后，最多只能呆上1小时就必须离开去大顺乡，否则当天的考察计划就完不成。从涪陵城区出发约1小时后准时到达青羊镇，青羊镇常务副镇长何事穗和镇文化体育服务中心主任熊中圣在镇里等候。

马不停蹄来到位于青羊镇安镇社区三组的陈万宝庄园，熊中圣热情地为我担当了解说员。熊中圣，49岁，当过兵，1981年参加工作，先后在涪陵马武乡、龙潭乡工作，2008年调到青羊镇，参加了青羊镇申报市级历史文化名镇全过程，对青羊镇历史文化稔熟于心，对陈万宝庄园更是如数家珍。在他绘声绘色的解说下，庄园里一草一木、一砖一瓦蕴含着的奇妙寓意和文化底蕴递次展现。陈万宝庄园对建造艺术精心竭虑的追求，石雕木雕无所不在的暗喻真是妙趣横生，使人拍手叫绝、赞叹不已。不知不觉已到中午，我流连忘返、尚感意犹未尽，看来只有调整计划，延长在青羊镇的考察时间。何事穗副镇长、熊中圣站长本来就想挽留我在青羊镇多呆一些时间，于是立即安排到一家特色农家乐，午餐后再接着考察。

细探庄园，美不胜收

陈万宝庄园原名陈尊楼，因此处地名叫石龙井，故庄园亦称石龙井庄园。石龙井名称来源于一个传说：因庄园有8个天井，2个水井，故称“十龙井”，后来改名为“石龙井”。石龙井庄园是陈万宝和他二儿子陈荣达的宅第，过去庄园天井重重，庭廊相连，房屋多达120余间。现存陈万宝庄园面阔约85米，进深约82米，占地面积约7000平方米，总建筑面积约7700平方米。由于工程浩大，庄园从清咸丰五年（1855年）开工，至同治六年（1867年）竣工，前后历时12年，耗银数万两，数百名能工巧匠参与了庄园建造。上世纪80年代初，四川省建委组织专家对散布在民间的乡土民居进行评选，因石龙井庄园气势恢宏，木雕、石雕寓意深厚，建造工艺考究，在评出的优秀民居中，石龙井庄园名列前茅（图8-1）。1987年，石龙井庄园被公布为涪陵市(县级)文物保护单位，2004年6月被公布为涪陵区重点文物保护单位，2004年11月17日被公布为直辖后重庆市第一批文物保护单位。

石龙井庄园地势前低后高，正前方是大片水田，两侧和背面为平缓坡地，环境开阔舒展。庄园为复合四合院布局，纵向两进院落，横向三重天井，属乡土民居中的高规格建筑。第二进院落在上世纪90年代中期被拆除后改建了学校，现只存一进院落。庄园四周还残存约300米围墙，墙高4至6米，沿地形起伏变化，下面用条石，上面是青砖，顶部用青瓦作盖，檐口饰以彩绘。靠戏楼处的围墙变成两重檐三滴水风火山墙式样，使原本平直单调的围墙天际线出现变化，显得灵动耐看。

图8-2 戏楼和耳房下长达35米的廊道。

八字朝门开在庄园东侧，笔者发现朝门由内外两座八字形大门组成，两座朝门前后距离仅2.3米。据熊中圣解释，民国初年土匪猖獗，乡间治安甚差，为加强防范，陈家在本已坚固的朝门外，又增加一道大门，形成内外两重屏障。后加的大门已近百年，和老朝门浑然一体，如果不加解说，还以为庄园当年建成时就是如此格局。

图8-1 当年被列为四川省优秀民居的陈万宝庄园。

跨进朝门，进入一条长35米的廊道，廊道上有3排粗大的木柱，每排10根，30根木柱支撑着廊道之上的戏楼和耳房（图8-2）。戏楼位于过廊正中，戏楼台口伸出廊道1.5米，由2根方形木柱支撑。戏台面阔约7米，进深约

10米，两侧有通廊连接厢房，既作上下戏楼的通道，又是演出时的化装场所（图8-3）。戏楼为歇山顶，四角戗脊起翘，造型甚为优美生动，雀替、驼峰雕刻精美，寓意丰富，至今保存完好。石龙井庄园戏楼布局严谨，气势庄重，做工讲究，结构牢固，连同戏楼前宽大的院坝，成为整个庄园的视觉中心和主要公共活动场所。

由于地形原因，戏楼比正前方天井院坝低1米多，从戏楼地面到天井有7步台阶。天井院坝面积约250多平方米，是石龙井庄园最大的公共活动空间，逢有节庆活动与红白喜事，这里成为看戏或摆席桌的大场子，足可容纳几百人（图8-4）。院坝铺地石料宽0.7米，厚0.9米，长度不一，尺度最大的长达6米。历经140多年，院坝石板依然镶嵌平整，榫缝密合，均匀整齐，完好如初。

图8-3 石龙井庄园戏楼。

同重庆多数乡土建筑一样，陈万宝庄园建筑结构也是民间俗称的“金包银”，即外墙为砖石、砖

图8-4 陈万宝庄园戏楼和厢房围合的天井院坝足可容纳几百人。

图8-5 砖墙与木柱之间用铁条连接，以增加整体结构强度。

土结构，内部为木结构。砖墙与木柱之间采用“拉铁”作法，民间亦称“蚂蟥钉”，即用铁条将砖墙与木结构联系在一起，以增强房屋整体结构受力效果（图8-5）。

丰富多彩、寓意深厚的木雕、石雕是石龙井庄园主要特色之一。庄园门窗雕刻有梅花、喜鹊、春兰、秋菊等，庄园梁架彩绘驼峰体块硕大，雕刻有山水、花卉、亭子，还有寓意“福禄寿喜”的蝙蝠、瑞鹿、麒麟、喜鹊。由于驼峰所处位置较高，“文革”中受到的破坏较少，因而成为庄园保留最完好的木雕构件（图8-6）。院内各种石雕数量众多，形式多样，寓意丰富，雕刻内容包括蟠桃、石榴、核桃、佛手、麒麟、象、猴、狮等等，蕴含吉祥、富贵、多子多福等寓意。石龙井庄园的石雕、木雕、砖雕、灰塑工艺细致入微，美不胜收，可谓集艺术与实用为一体的上乘之作。

图8-6 位置较高的彩绘驼峰成为庄园保留最完好的木雕构件。

四大花园妙趣横生

陈万宝庄园4座天井花园极具特色，花园石缸及石雕工艺细致入微，寓意丰富，成为庄园画龙点睛之笔。这4座天井花园分别是芍药园、牡丹园、荷花园、兰花园。

芍药园位于戏楼过廊与厢房之间，是进入庄园的第一个花园（图8-7）。芍药每年春季开花，既有观赏性，又有养血、敛阴、柔肝、止痛等药物用途，在中国民间被视为美丽吉祥的花卉。芍药园

图8-7 芍药园。

面宽14米，进深5米，位于厢房山墙与戏楼之间，一面靠堡坎，三面用1米多高的石栏板围合。芍药园有3口石缸，中间一口圆形大缸，两边两口六边形石缸。圆形大缸缸口呈云纹状，缸边饰以循环往复、连延不绝的万字纹，寓意主人富贵无穷无尽。缸口雕刻3只动物，一只是屈身睡卧的水牛，一只是海象，一只是麒麟，缸面有西厢记等6出戏曲故事。两座六角形石缸表面雕刻有花草虫鸟、松竹梅兰，寓意“松鹤延年”、“春华秋实”、“吉祥富贵”。石栏板正面开有进花园的入口，两侧栏板上分别放置两盆石雕水果，一盆是仙桃，一盆是石榴，仙桃寓意长寿吉祥，石榴寓意多子多福。

牡丹园是进入庄园的第二个花园，位于戏楼过廊与厢房之间，面积和形式与芍药园一致（图8-8）。3只石缸中间大花缸为方形，两边石缸为六菱形，方形大花缸图案已模糊不清，两座六菱形石缸上刻有王羲之的《兰亭序》，郑板桥的“难得糊涂”，刘禹锡的《陋室铭》等词句。石栏板上分置两盆石雕水果，一盆是佛手，一盆是核桃，佛手寓意“福、寿”，核桃寓意“仁心宅厚”。

芍药园和牡丹园同在一条直线上，石栏板上立有三对石雕，一对猴子、一对狮子、一对象。这些石雕利用谐音和造型，暗含了丰富的寓意。芍药园石栏板上一只公猴背着一只顽皮可爱的小猴子，寓意“辈辈封侯”；牡丹园石栏板上一只母猴左肢抱着一只幼猴，表现“母子情深”；梯步石栏板上一只母狮用舌头舔着幼狮，表示“舐犊情深”，如此等等，谐意无穷，趣味横生。

荷花园位于庄园横向三重天井左侧第一座天井，布局呈正方形，边长5.4米。此花园既作四合院采光天井，又是女眷、小姐品花、读书、刺绣、休闲之处，被称为女花厅。荷花园里有一口荷花石缸，为虎脚莲花鼎花缸，缸口直径约1米，高1.4米，缸体似一朵盛开的八瓣莲花，造型别致、工艺精巧。石缸底座高约0.4米，4只爬行的乌龟驮着一张倒扣的莲叶，莲叶脉络分明、褶皱清晰，一丝一毫历历在目。缸面刻满荷莲图，形象生动地展现了荷莲生长的全过程：荷莲有的才露尖尖角，有的含苞待放，有的刚抽出嫩叶，有的荷叶盛开，有的莲蓬饱满，有的已结莲藕，有的荷叶在风雨中摇曳，有的被夏日晒焉而卷曲。荷花图中隐藏着一幅鲤鱼吐水图，细看水中还吐出一个元宝。石缸荷莲图雕刻形式有浅浮雕、深浮雕、圆雕、透雕，手法交叉运用，惟妙惟肖，娴熟自然。荷花缸口雕刻着8个动物，分别为青蛙、水牛、海象、螃蟹、乌龟等，这些动物都含有各自的象征和寓意。这座稀有珍贵

图8-8 牡丹园。

图8-9 被称为庄园镇馆之宝的荷花石缸。

的荷叶石缸，被专家们评为石龙井庄园的镇馆之宝（图8-9）。荷花园前面石栏板端头立有一对活灵活现、神情专注的石狮子，似乎在忠诚地守望着荷花园。

兰花园位于右侧横向第一座天井，花园中有一座虎脚莲台花瓶组合石花缸，石缸上雕刻兰花、牡丹、芍药、菊花等图案（图8-10）。兰花园周边房屋是主人接待男性客人的地方，也作男眷住所，被称为男厅。兰花园入口石栏板上，一对石雕麒麟生动逼真，一只麒麟脚踩一只绣球，与另一只麒麟相互逗趣，调皮可爱。庄园学堂开设在兰花园周边厅房，陈家请廪生以上学位者为师，在此给家族子弟授课。兰花园厅房过去摆设一座1米多高的西洋钟，一个整点唱一首歌，有技师负责调校，在100多年前的乡间，这口西洋钟可能是整个庄园里最稀罕最珍贵的物品了。

图8-10 兰花园。

四大花园石缸造型和形态丰富的精美石雕，蕴含了无限丰富的寓意，寄寓了主人的良好愿望，令人浮想联翩，赞不绝口（图8-11）。除了单个石雕本身的寓意外，不同位置的石雕相互之间也有呼应关系，如芍药园石缸为圆形，牡丹园石缸为方形，寓意着“天圆地方、天地合一”；牡丹园梯步石栏板上，一只石象与相邻的芍药园石栏板上的猴子相互呼应，寓意“参侯拜相”。类似对仗、暗喻、谐趣，在石龙井庄园比比皆是。中国传统建筑装饰“有画必有意，有意必吉祥”的作法，在石龙井庄园体现得淋漓尽致、完美无瑕。

图8-11 寓意丰富、雕工精湛的石雕。

庄园主人的传奇人生

石龙井庄园主人陈万宝是重庆清代著名传奇人物。陈万宝（1807—1876），涪陵著名米粮商人，生于嘉庆十二年（1807年），逝于光绪二年（1876年），终年70

岁。因在灾荒之年仗义疏财，救济灾民，清朝廷曾奖授陈万宝朝议大夫爵位，故庄园亦称大夫第、大夫府，过去八字大门上方曾有“大夫第”门楣一块，可惜在“文革”“破四旧”时期被拆除捣毁。在清代严格的等级规制下，陈万宝庄园之所以有如此恢宏的规模和制式，与其朝议大夫爵位的声名地位不无关系。

据《陈氏家谱》记载，陈万宝先祖系江西临江府兴渝县倒挂楼牌十字街人氏，后从江西迁到贵州黔南安化县。清代“湖广填四川”大移民，五世祖我仁公由贵州安化迁入四川，先落户涪陵青羊古墓台，后定居青羊安镇坝。青羊一带属浅丘地形，土地平缓，气候温和，水源充足，是物产丰富的膏腴之地。陈氏先祖择地青羊安家立业，繁衍生息，至陈万宝时已是移民入川第五代。

陈万宝凭借先祖留下的祖业田土，从种田、贩卖米粮到从事鸦片买卖，家业兴旺发达，如日中天。兴盛时期，陈万宝拥有4万亩良田，土地横跨涪陵、南川两县，每年收租10707石（当地每石黄谷约500斤，共约535万斤）。为便于粮食收集贩运，陈万宝出资修建了20多公里石板路，北通长江边蔺市镇水码头，南接南川冷水场，故有“陈万宝到蔺市不借路”之说。陈万宝还建立自己的马帮、票号、船队。迄今为止，陈万宝当年修建的石板路仍有一些段落在继续使用。

涪陵区文物管理部门从陈氏家族墓志铭上查到的碑文中，关于对陈万宝的记载有“少负胆气，锄盗培良，且为人排解明决，就质者咸心折焉。尤嗜读书，子孙虽就外傅，必亲课所习，遇客至，使之肃然听令”。陈万宝发迹后，为教育子孙后代勤勉务实，不忘耕作为本，在石龙井庄园留有10来亩土地，供自己及子孙耕种。

清时期，涪陵鸦片行业甚为发达，当地不少士绅发家与鸦片生意密切相关。据考证，清道光元年（1821年）鸦片由英属印度公司辗转输入四川，第一次鸦片战争之后，涪陵一带买卖鸦片公开，由买卖吸食鸦片到引种自产只用了短短3年时间。第二次鸦片战争之后，种植贩卖鸦片成为涪陵重要产业之一，据说其发展速度之快，在当时四川乃至全国罕见。清同治至光绪年间，鸦片业继续发展。为维护行业秩序和商户利益，鸦片商人建立鸦片行业帮会，多由兼做米粮生意的绅士担当帮会头面人物。常年走南闯北、见多识广的陈万宝看准鸦片这门赚钱买卖，将部分本钱投入鸦片生意。陈万宝有万亩良田，可供种植罂粟，实行种植、加工、运输、销售一条龙。鸦片经销带来的巨大利润，为陈万宝家族聚集了丰厚的财富。石龙井庄园当年建造豪华奢侈、富贵高雅，除陈万宝享有的显贵爵位外，经营鸦片获取的巨大盈利给规模浩大的庄园提供了雄厚的财力支撑。

1964年开展“社教运动”，涪陵举办阶级教育展览，陈万宝庄园作为典型案例向外开放。据当时展览资料介绍，到解放前夕，陈氏家族有儿孙四辈93人、佃户365家、庄园14处、房屋3000多间，雇有长工38人、丫头16人、奶妈30人、厨师5人、伙房13人、菜农17人、猪倌4人、马夫9人、烟枪手5人、零工40人、家丁20人、女工5人、拿药1人，抬轿临时佃客不在此内，随叫随到。石龙井庄园是陈万宝修建的第二处庄园，此时陈万宝已是儿孙满堂，庄园建有可容纳稻谷约20吨的粮仓，保证陈家日常生活及红白喜事、养猪烤酒之用，存放咸菜的房屋储藏咸菜可供数百人一年食用。庄园里修建了不少附院偏房，作为长工、家丁住宿和烤酒、养猪、喂牛、养马以及存放灯笼、米花、麻糖、粮食、杂物之用。

庄园四大谜团

石龙井庄园给人们留下了无数想象和未解之

谜，至今为止，庄园还有四大谜团没有得到完全的破译和解读。

一是庄园正门开设方向之谜。一般传统建筑正门大都开在院落中轴线，包括会馆、祠堂、庙宇等建筑均是如此。石龙井庄园正门开在庄园右侧面，即东面，而且偌大的庄园只开有这一座大门。不仅是石龙井庄园，陈氏家族子孙14座庄园正门全都是朝东开。据青羊镇熊中圣讲，一般有两个说法：一个说法是陈万宝曾任正四品朝议大夫，但他这个官衔是因捐出银子赈济灾民获得的朝廷奖励，并不是经过科举考试的朝廷命官，由此在修建豪宅时，为了表示谦虚，有意将大门开在侧面；还有一说是陈万宝经营米粮贩运和鸦片生意，为取吉利，将门开在东面，从风水角度寓意财源滚滚，紫气东来。这两种说法，笔者认为第二种较为妥帖，民间建筑将大门开设在东面的并不罕见。

二是建造庄园石料从何而来，又如何运来之谜。石龙井庄园用了上千平方米石料，且石料体量巨大，地面和梯道石板动辄用几米长的整块条石（图8-12）。四和头庄园石料最长达6米多，一块重达数吨。青羊一带并没有石厂，就是再远一些地方有石厂，沉重的石料用什么方式和手段运来还是一个谜。

三是庄园排水系统之谜。石龙井庄园从来不积水，哪怕是大暴雨之后，庄园地面积水迅速消失。庄园内排水系统隐秘，内不见洞，外不见孔，大量的雨水排向何处？这也是一个谜。

四是庄园水井之谜。石龙井庄园内有两口水井，一口在庄园背面大花园之下，一口井设在长工、佃客、佣人使用的附院。两口水井都是整体岩石，底部也是岩石，但清洌甘甜的井水常年不断、满而不溢，不因旱季而枯竭、不因雨季而渗出。整体岩石里何来井水？这又是庄园一个不解之谜。

当地还流传着关于石龙井庄园水井的一个神秘的传说，说是两口水井里藏着两条龙，长年累月地向外吐水，所以井中之水永不枯竭。水井是庄园生命之源，也是陈氏家族兴旺发达长盛不衰的象征，因此，庄园主人在光绪十四年（1888年）将“陈萼楼”改为“石龙井”。

图8-12 庄园院坝地面用几米长的大块石板铺砌。

四合头庄园

距离石龙井庄园东面约300米处，有一座被称为四合头庄园的陈氏家族庄园（图8-13）。陈万宝后人有“发、达、茂”等字辈，四合头庄园是陈万宝为大儿子陈荣发建

图8-13 四合头庄园外墙。

造，于光绪八年（1882年）建成。四合头庄园占地约3000多平方米，坐南朝北，背山面田，视野开阔。八字形朝门也开设在东面，朝门和风火山墙古朴典雅，气派而有品味（图8-14）。四合头庄园为四合院布局，悬山式屋顶，内部由上下院组成。上院右厢房回廊栏板上有一对石象。正厅大部分已拆，仅存一间，外墙被住户贴了白瓷砖。左厢房面阔三间28.27米，右厢房残存二间面阔17.3米。庄园东侧过去有一座碉楼，现已毁。四合头庄园院子后面一座直径0.6米的圆柱形奠基石上，刻有“陈萼楼修造，四合头窖钵一扇，富首嘴一扇，石木匠师王在田、熊普具，光绪八年吉月吉日立”字样。

图8-14 四合头庄园古朴典雅的八字形朝门。

解放后，四合头庄园在土改中被分给当地农民，至今还有陶、陈、唐、谭、廖姓5家人在里面居住。在四合头庄园完成考察拍摄后，同涪陵区文管所和青羊镇陪同考察的同志在庄园朝门前合影留念（图8-15）。

青羊镇还保留有一座陈万宝小儿子居住的戴家

图8-15 在四合头庄园朝门前留影。前左一熊中圣，右一李伟；后左叶洪彬，右何事穗。

图8-16 上世纪90年代拆除庄园修建的学校和住宅与古朴的庄园格格不入。

堰庄园，石龙井、四合头、戴家堰3座庄园呈品字形分布。石龙井庄园规模最大，保存相对完好，四合头庄园和戴家堰庄园规模稍小，完好程度比石龙井庄园更差一些。

命途多舛的庄园

石龙井庄园原有8个天井，8座四合院，近百间房屋，两座4层高的碉楼，现存规模已远不如前。几十年来，陈万宝庄园没有得到有效保护，反而遭到无休止的损毁破坏。“文革”中，庄园精美的木雕戏曲故事被铲得面目全非，戏台额枋雕刻损坏更为厉害。1995年修建青羊乡中心校，庄园两座四合院和面阔五间、空高6.62米的正厅及厢房、天井被拆除，新建了4层高的教学楼。庄园后院改成学校的操场和篮球场，庄园果树林和菜园被毁掉，修建了一栋6层高、24套房的教职工住宅。新建的教学楼距离庄园老建筑仅3.2米，而教学楼阳台伸出1.6米，实际距离仅1.6米。2008年学校搬出，至今空空荡荡的教学楼和职工住宅依然耸立在庄园后面，与古朴的庄园格格不入，显得分外刺眼（图8-16）。庄园木结构白蚁损害严重，一些梁柱被虫蛀空。原有两座碉楼一座全部消失，一座垮塌两层半，仅余4米高的遗址。这处规模宏大，建造精美，在重庆和四川都排得上名次的清代地主庄园，就这样被无知和愚昧损坏过半，使人深感痛惜。

如今每每提到此事，不管是来探访考察的专家学者、外国友人，或者一般游客和当地村民，都会感到痛惜不已。如果没有几十年的损毁破坏，如果当年学校另外择地修建，将庄园完整保存下来，这座清代庄园在重庆乃至全国都会有更高地位和影响。可惜没有“如果”，到现在悔之晚矣，真是痛哉，惜哉!

陈万宝庄园建筑规模宏大、风格独特、技艺高超，堪为移民建筑与本土建筑风格结合的典范和中国西南地区清代民居上乘之作。近年来，庄园接待了来自日本、法国、英国、新加坡、中国香港等地的专家学者和游客，尽管规模远不如旧，但对庄园的赞美之声、惊讶之情溢于参观者言表。经涪陵区和青羊镇争取，2012年市文物局投入45万元对庄园进行了一次维修。区区几十万不足以对石龙井庄园进行彻底修缮，对这处重要的历史文物建筑，应该倍加珍惜，妥善保护，争取投入更多的维护修复资金，使之能延年益寿、传承永远。

涪陵区义和镇刘作勤庄园

早就听说涪陵区义和镇有一座刘作勤庄园，因主楼为中西合璧风格，被称为刘家洋房子，规模还不小，一直想去看一下。2009年8月17日，我提前做好安排，同重庆历史文化名城专委会副秘书长张德安一起去刘作勤庄园考察。一早出发，经成渝高速，到涪陵李渡收费站下高速，约半小时后到达刘作勤庄园。进入庄园，发现洋房门上贴有“危房，严禁入内”标志，大门上了一把铁锁，钥匙不知在何人手里，只有在外面拍摄了洋房照片，向村长周维权和村民询问了一些情况后离去。

2012年9月3日，我再次到刘作勤庄园考察。因上次未能进入洋房子，而且听说庄园已无人居住，庄园大门也被紧锁，因此事先联系了义和镇文化站站长赵春燕，请她找人把庄园和洋房子大门都打开。抵达义和镇，赵春燕已把村长周维权叫到镇政府，周村长特地到街上买了一把锁，准备找不到钥匙开门时将锁砸掉，另换一把。周村长骑摩托车在前面带路，肩上斜挎一个包，沿途有村民叫他办事，他就停下车，从背包里把村委会印章摸出来盖了又走，我在后面看了忍俊不禁，这大概也是农村基层村委会办公的一种特殊方式吧。十来分钟后到达大院，等了一些时间，终于找来了钥匙，我们得以进入庄园和洋房子。

建在整体岩石上的洋房子

刘作勤庄园又称刘家大院、刘家洋房子。庄园所在地小地名朱砂坪大阳坝，此地原属涪陵专区李渡区大山乡，撤区并乡后，属涪陵区义和镇。刘作勤庄园距长江直线距离约1公里，江对岸是涪陵区蔺市镇。庄园东面是斜坡，南面是高地，西面是一片竹林，北门是平坦的坝子，地形呈缓坡状，房屋建在坡地最高处。庄园总占地面积约6000平方米，现有房屋建筑面积1523平方米，大院围墙呈长方形，面阔87米，进深69米（图9-1）。从现场观察，刘家大院在风水环境上似乎并没有过多的考究，周边找不到案山、朝山、砂山等环境要素。但庄园位于高处、空气流通，三面居高临下、视野开阔，便于防守，房屋基础坐落于坚固的岩石上，可谓稳如泰山。因此，大院选址也是综合考虑了各种因素，最后才确定建造于此。

刘家洋房子建成于民国初年，当时房屋外墙抹白灰，抗战时期日机轰炸涪陵，飞机时常从大院上空飞过，刘家怕显目的白色成为轰炸目标，遂将洋房子刷成黑色。历经几十年风雨，洋房子外墙抹灰脱落，露出素色青砖，形成现在的模样。洋房坐南向北，砖木石混合结构，二楼一底，每层有大小不等的房屋10间，3层共有30间房屋。房屋底楼墙体下面2.5米用条石砌成，之上是青砖墙。房屋面阔五间32米，进深二间18米，通高约18米，屋顶为庑殿顶形式，小青瓦盖顶。仔细观察，发现洋房4个

图9-1 围墙内的洋房子。

图9-2 刘家洋房子墙面中间内收，平面略呈八字形。

墙面并不在一个平面，墙面中间向内收进约2米，突出的墙面向内又稍有倾斜，略呈八字形。这种设计手法丰富了建筑立面，使房屋整体凸凹变化，避免了呆板生硬（图9-2）。

洋房中西合璧风格主要体现在门窗式样和楣头装饰上。洋房所有门楣、窗楣做有圆弧、尖顶、方框或云纹形灰塑装饰线条，平面绘石榴、桃子、葫芦、花草、花瓶、青蛙等象征吉祥如意的图案，有的作水墨，有的作灰塑（图9-3）。屋檐下阴角装饰线条层次丰富，上绘云纹形水墨图形，屋顶正脊和戗脊作有细致的素色图纹装饰。室内设壁炉，房顶坡面开两个烟囱和两座老虎窗，烟囱和老虎窗造型考究，装饰线条图形丰富，具有浓郁西式装饰风格（图9-4）。刘家洋房这些设计装饰手法，使建筑既有欧式线条图形的洋气和韵味，又有中式水墨和灰塑吉祥物件的谐趣和寓意，显得新潮大气。

除洋房外，刘家大院还有一座附院，一座偏房。附院位于大院东侧，可单独进出，前有一座牌坊式青砖大门，宽约4米，高约5米，立面和顶部有3块匾，题刻文字已经消失，朝门顶部呈火焰状（图9-5）。朝门内有一座小院，房屋门额上题“大地阳春”4字，还有一处门额题“太乙长辉”。偏房位于大院西南侧，是长工和佣人居住的房屋，平面呈L形，南侧3间，西侧4间，悬山顶，土墙木梁，至今保留原有形态和格局。大院内过去有竹林、菜地、果园、花园，现均荒废。笔者第一次到刘家大院时，东侧附院还基本保留原貌，第二次去发现此房已作改造，土墙被涂抹一新，青瓦屋顶全部换成亮煌煌的黄色

图9-3 洋房窗楣各式装饰图案。

图9-4 洋房坡面屋顶的烟囱

图9-5 洋房东侧附院开设的牌坊式大门。

琉璃瓦屋顶，与紧邻老院房屋风格极不相容，对刘家大院的风貌和环境格局带来伤害。

当地村民称刘家大院为下洋房子，与之遥相呼应还有一座风格近似的李家大院，因地势高于刘家大院，被称为上洋房子。李家与刘家有姻亲关系，据说当年李家与刘家家产不相上下，但因李家儿子不争气，抽上鸦片，致使家道中落，因此上洋房子相比下洋房子就简陋多了。

严密周到的防御设施

刘作勤庄园防御功能考虑周全，设置有多层防护设施。首先是外围用条石、块石将大院左右和背面斜坡砌成堡坎，厚度最宽处达1.7米，形成第一道防护墙（图9-6）。第二道围墙略呈正方形，宽56米，进深53米，围合面积约3000平方米，墙高3.6米到4.5米，厚0.4米，墙基下部1米多作条石墙，上部为土墙，加上压顶，通高约5米。土墙用泥土逐层夯实严密，中间加以竹筋、碎石、瓦片以增加强度。历经百年风雨侵蚀，围墙除表面有一些斑驳外，整体依然坚固（图9-7）。围墙在不同部位嵌入19块条石，条石上开内大外小、呈漏斗状的射击孔。围墙正面开一座高2.6米，宽1.6米的大

图9-6 庄园外层防护墙，厚度最宽处达1.7米。

图9-7 庄园土围墙至今依然坚固。

门，内有4根抵门杠，横3根，竖1根。院内有4座水池，一座老水池为原有，另三座是解放后大院改作粮站为消防需要增加的，老水池紧靠围墙，宽约3米，进深约2米，石板面作有雕花。

洋房正面双扇大门包裹铁皮，内有几根抵门杠。背面两扇侧门高1.8米，宽仅0.78米，门面用铁皮包裹，紧靠侧门开有观察孔和射击孔。侧门平时不用，应急时候才打开（图9-8）。洋房底楼四角各设一座隐蔽的哨亭，哨亭进深1.35米，宽2.62米，开有两个条形观察窗，两个漏斗形射击孔，遇有情况，四处隐蔽的哨亭将给进犯者以致命打击（图9-9）。洋房每层墙面不同方位都开有射击孔，没有一处死角。不仅如此，洋房内部房屋隔墙上也开有射击孔，万一土匪攻入室内，无处不在的射击孔将使进犯者防不胜防。

图9-8 洋房背面开设的侧门。

图9-9 洋房底楼四角设置的哨亭，内开观察窗和射击孔。

刘作勤庄园有如此严密牢固的防御设施，一般土匪奈何不得，庄园一直安全无事。倒是在解放后，刘家却被土匪抢劫了一次。据刘家后人刘从矩先生回忆，解放初，涪陵义和一带土匪仍然猖獗，他们打家劫舍，袭击骚扰新生的人民政权。当时涪陵还未进行土改，刘氏大家族继续居住在大院里，土匪知道刘家庄园防范严密，强攻难以奏效，于是绑架了从乡政府参加人民代表大会返回的刘从矩父亲刘廷辑和伯父刘廷伟，晚上土匪将两人押到庄园大门外，声称如果不开门就撕票。刘家无奈，只有打开大门，几十个土匪蜂拥而入，进入庄园肆意抢劫，刘家财物被洗劫一空。

探访刘家后人

两次到庄园，询问当地村民，都说不出多少关于刘家过去的情况。村民告诉我，刘家还有两个年事已高的后人，一个叫刘庶凝，一个叫刘从矩，刘庶凝远在美国，刘从矩早已经退休。经多方打听询问，终于得知刘从矩曾在长寿县担任过县政协副主席，顺着这个信息渠道，获得了刘从矩的电话和家庭住址。征得同意后，2013年4月2日，笔者专门到刘从矩家里拜访，一段尘封几十年的历史故事在我们的交谈中得以显现（图9-10）。

刘家大院主人刘作勤出生于清光绪初年，老家原在涪陵镇安场，自幼家里贫穷，刘作勤从小勤奋读书，后考取秀才。为分担家庭困难，刘作勤没有再去考取功名，开始走街串村做小买卖，慢慢把生意做大。有了一些积蓄和基础后，刘作勤从武隆、彭水一带贩运桐油、木材、烟土到涪陵、重庆，逐步发家致富，成为一方有名的乡绅。刘作勤是前清

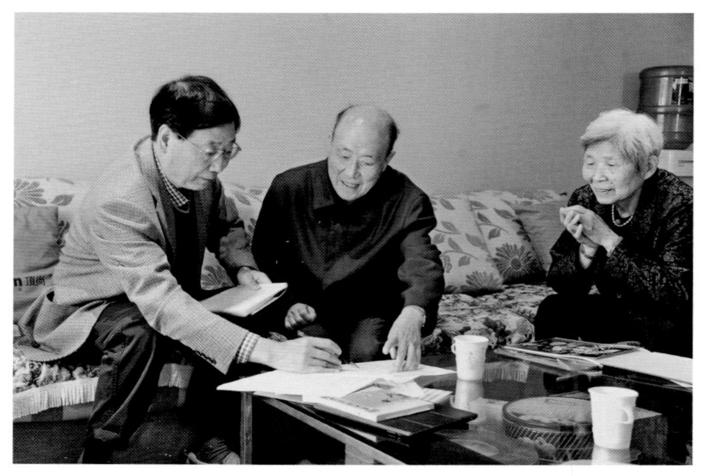
图9-10 拜访刘从矩老人。中为刘从矩，右为刘从矩夫人吴树清。

秀才，爱读书、善诗词、喜绘画，尤擅画荷，家中藏书颇丰，遇有太阳，时常会把藏书搬出来晾晒。每逢春节，来找他写对联的人络绎不绝。刘作勤懂医药，平时给乡亲看病拿药，家境困难者不收钱物，深得当地百姓尊敬。

1940年，正值抗日战争紧急关头，大批国民党抗战伤兵送到重庆大后方，刘作勤深明大义，把庄园房屋腾出部分，给抗战受伤的士兵养伤治疗。当时洋房子和附院住了几十个伤兵，大院里到处都悬挂着绷带、被单和衣服。

刘家家教甚严，以耕读传家为要，在乡里谦和礼让，生活低调，与人无争，对子女教育极为重视。刘作勤有刘廷伟、刘廷辑两个儿子，刘作勤不惜重金，送大儿子刘廷伟到北京大学攻读土木工程专业。刘廷伟毕业后回到家乡，帮助父亲设计建造洋房子。二儿子刘廷辑受父亲影响，喜爱美术，还习有一身武功，曾在峨眉山寺庙学了3年武术。据说刘廷辑一次站在木凳上，用绳子把腿拴上，叫四个徒弟来拉，无论使多大的力气，他纹丝不动。解放前刘廷伟、刘廷辑已分家，刘家大院房屋分为两部分，兄弟俩各占一份。

刘作勤于1953年去世，终年80多岁。刘廷辑与夫人庞淑斌育有7个子女，两个儿子刘庶凝、刘从矩，五个女儿刘淑云、刘梅玲、刘季清、刘惠玲、刘润玲。刘淑云、刘季清、刘梅玲现已去世，健在者中最小的七妹刘润玲2013年也有75岁了。

大儿子刘庶凝算是刘家最有出息的。刘庶凝出生于1928年，十几岁离家到南京金陵大学读专科。时值抗战关键时期，听闻日军已打到贵州独山，刘庶凝深感国家危亡、匹夫有责，毅然投笔从戎，参加国民党青年军开赴印度、缅甸，在军队中做文化宣传工作。抗战胜利后，刘庶凝经人引荐，于1948年赴台湾教书。1952年，刘庶凝远渡重洋到了美国，靠半工半读完成几个学位，获得英美文学博士，后任美国内华达州立大学分校英语系教授。1982年，刘庶凝获得美国政府颁发的全国性文艺创作最高奖励金，2000年获得内华达州立大学颁发的“杰出教授”奖。刘庶凝博学多才，一生诗作甚丰，作为海外游子，他写了许多诗歌寄托几十年对家乡魂牵梦萦之情。1983年刘庶凝诗集《还乡梦》由北京新世界出版社出版，中国国际书店发行，1983年2月13日《人民日报》为此作了专题报道。刘庶凝与妻子游小玲有两个女儿刘思源、刘思群，一个在洛杉矶好莱坞从事影视制作，一个在加拿大温哥华大学任教，两个老人现居住于温哥华女儿家（图9-11）。

图9-11 刘庶凝与妻子游小玲、女儿刘诗群1970年在美国的合影（刘从矩提供）。

二儿子刘从矩出生于1933年7月，受祖父和父亲影响，少年时读书刻苦认真，积极争取进步，解放初参加了共青团。地主子女能够入团，在当时是很不容易的，刘从矩和他父母都感到无上光荣。刘从矩先后作过小学教师、中学教师，后在长寿县教育局工作。1983年起，刘从矩任长寿县第七、八、九届政协副主席。刘从矩退休后研究诗词，现为中华诗词学会会员、长寿区凤鸣诗词学会副会长。刘从矩现年80岁，夫人吴树清1956年毕业于西南师范学院外语系，后在长寿教书至退休，现年78岁，夫妇俩现住重庆渝北区鲁能新城。

1984年，已任县政协副主席的刘从矩听闻中央对侨属有特殊政策，土改中被没收的财产可以归还，于是多方打听询问，得知确有此事。经反复争取和烦琐的程序，最后相关部门只承认在美国的刘庶凝才可享受此政策。最终房子没有归还，而是以刘庶凝名义得到约1万元补偿金，刘庶凝把这笔钱留给了在中国的几个姊妹。

解放后，刘家作为开明士绅，年高德劭的刘作勤和两个儿子刘廷伟、刘廷辑于1950年冬参加了涪陵地方各界人民代表大会。土改中，因解放前有几百石田租，刘家被划为地主，房屋被没收。上世纪50年代初，涪陵在一处叫天子殿的庙宇办学习班，通知刘廷伟、刘廷辑到学习班集中学习，殊不知这一去就成为永诀，兄弟俩再也没有能够回来。死因没有一个说法，也没有任何人向刘家通知刘廷伟、刘廷辑死亡的消息。刘从矩伯母（刘廷伟妻子）在土改中自杀身亡，母亲庞淑彬（刘廷辑妻子）1952年在抑郁困顿中离世。

母亲去世时刘从矩17岁，正在长寿师范学校读书，他在学校表现积极，努力争取进步，入了团，还当上学生干部。母亲的死讯是隔房八姐告诉他的。八姐在涪陵乡下，从未出过远门，一个年轻女子，一天一夜步行100多里山路，赶到长寿师范学校告诉刘从矩母亲死亡的消息。此时远在台湾的哥哥刘庶凝渺无消息，作为家里唯一的儿子，刘从矩本应回家处理母亲丧事，但为了表示与地主家庭划清界限，刘从矩没有回家处理后事，到了晚上，他把自己捂在被子里痛哭了一夜。乡里的母亲被隔房亲戚草草掩埋，此事后来成为刘从矩终身的遗憾和悔恨。当笔者在刘从矩家里采访时，80岁的老人说起来还有些哽噎。

图9-12　2005年3月刘家后人在庄园后面为母亲庞淑彬老人培修的坟茔。

2005年3月，刘庶凝、刘从矩、刘润玲等兄弟姊妹携刘家女婿、媳妇和孙辈35人，在刘家大院后面坡地上为母亲庞淑彬老人培修坟茔，立下墓碑。父亲刘廷辑死因不明，遗体不知去向，刘家后人还是将此墓认作父亲、母亲的合葬墓，在墓碑刻上：“显考刘公廷辑老大人，显妣刘母庞淑彬老孺人之墓”（图9-12）。

现状堪忧的刘家大院

解放后，刘作勤庄园被改作大型粮库，负责大山、义和、镇安、大柏树等几个乡的公粮征收、储藏、发运。庄园改作粮库后，洋房内部房间和楼辐部分被拆除改建。1976年粮站体制撤销后，部分粮食继续在大院存放了几年。由于洋房20多年无人居住，也无人维护修缮，屋顶部分垮塌，遇有大雨，水流直冲而下，导致房屋加速损毁。庄园房屋产权现为义和镇政府所有，但粮库搬走后遗留了两户职工，至今仍未搬出，给政府收回庄园和统一管理带来了一些困难。

2012年9月3日笔者考察时，洋房已岌岌可危，为了解室内情况，笔者还是准备进入察看。周村长见我执意要进去，把他骑摩托车用的安全帽给我戴上。我小心翼翼进入室内，发现室内现状惨不忍睹：各层楼辐残缺不齐，屋顶脊梁、檩子糟朽，瓦片脱落，屋顶盖瓦形成一个个大洞，仰望就是天空；残砖破瓦和脱落的石灰撒满遍地，露天地面杂草丛生；内部砖墙断缺，部分房间残存的楼梯和楼板摇摇欲坠（图9-13）。我不敢在房内久留，紧靠墙根拍摄一些照片后赶紧出来。走出庄园，发现周边村民修建的房屋还在不断随意加高加大和改造，文物建筑对环境保护控制的相关规定在乡间似乎形同虚设。

图9-13 洋房子内部大面积垮塌，房屋岌岌可危。

2006年，刘庶凝带女儿刘诗群、刘诗源从美国返乡探望祖居，在乡里小住了几天。刘庶凝大女儿刘诗群在美国洛杉矶电影公司工作，女婿是美国人，他们用热气球把摄像机升空拍摄了刘家大院的全景。刘庶凝想将祖屋购回，与乡政府进行了协商，乡政府当时出价10万元。由于大院损毁严重，刘庶凝考虑到房屋买下来还要承担巨大的维修费用，最后还是没有谈成，回购祖屋之愿未能实现。错过了这次机会，刘家大院损毁越来越严重，如今再要修复，花费的资金就不是一笔小数目了。

面对刘家大院如此情景，笔者不禁感叹，昔日辉煌壮观的刘家洋房子，难道真的只有走向彻底的败落和最后的消亡？

刘作勤庄园以巴渝民居风格为主，大胆吸纳西方建筑元素，防御设施周密，形成自己特有的风格，为研究涪陵地区清末民初民宅建筑构造及防御设计提供了重要实物资料。目前洋房结构已非常危险，遇有自然和外界的影响，可能会发生大面积垮塌。第三次全国文物普查结束后，2012年8月6日，涪陵区政府公布刘作勤庄园为第二批区级文物保护单位。建议当地政府和市区文物管理部门加强对洋房的保护，及时进行维修。如确实无力整体修复，至少应该将屋顶大面积漏雨的问题先行解决，避免建筑加速损毁以至于全部垮塌。还可以考虑引进投资，合理予以保护性开发利用。

涪陵区大顺乡瞿九酬客家土楼（双石坝碉楼）

2012年9月4日上午，我在涪陵区青羊镇考察陈万宝庄园，下午赶到涪陵区大顺乡，乡文化服务中心主任李文菊带我参观了瞿九酬客家土楼（又称双石坝碉楼）。到现场察看，土楼用黄褐色黏土夯筑而成，墙体已显斑驳陆离，外面部分墙体垮塌，内部结构较完整。当天天气不大好，加之下午还安排有考察任务，拍摄土楼后，简单向乡文化站的同志询问了一些情况，就匆匆离开去下一个考察点。

2014年1月16日，同重庆“老街历史文化群”的“群主”吴元兵一起，再次到瞿九酬客家土楼考察。经刚通车的沿江高速，过慈母山隧道，从涪陵新妙收费站下高速，进入去大顺乡的公路。公路是利用原机耕道改造的水泥路，路宽仅约5米，弯道极多。刚行驶两三公里，前面一辆加长拖车因不知路况，贸然进入此路，进退不得，把路堵死。吴元兵上前指挥，好不容易将拖车挪到稍宽一点的地方，我们才得以前行，但时间已耽误半个多小时。通过涪陵两汇乡的油江河大桥，沿着之字形山路翻上一座大山，海拔从180米上升到740米，约45分钟后到达大顺乡。得知我要到大顺乡考察，涪陵区博物馆副馆长（兼文管所副所长）周虹从涪陵城区出发，也同时赶到大顺乡。大顺乡宣传委员孙勇和乡文化服务中心主任彭成会热情地接待了我们。

曾为革命老区的大顺乡

大顺乡原是涪陵龙潭区下属乡，1992年撤区并乡，大顺乡与明家乡合并为新的大顺乡，乡政府设在原明家乡政府。大顺乡面积近100平方公里，人口只有2.45万人，地形大部分为浅丘，森林植被茂密，与增福乡连接处的山林时有野猪出没。

大顺乡是重庆渝西地区仅有的革命老区。上世纪20年代，辛亥革命先驱、同盟会会员李蔚如（1883—1927）在大顺一带建立根据地，开展四镇乡（新妙、大顺、明家、堡子）农民运动。1927年1月，四镇乡农民武装改编为农民自卫军，人数达8000人，农民武装力量迅速壮大，革命势力如火如荼。农民革命军曾经在双石坝土楼开会，换装。1927年1月，四镇乡联团督察长李蔚如率3000农民武装攻打南川县城。1927年7月2日，国民党涪陵驻军诱逮了李蔚如。1927年7月8日，李蔚如被秘密杀害于重庆黄桷垭，年仅44岁。之后，四镇乡农民运动陷入低潮。大顺乡现保留有李蔚如革命烈士陵园、李蔚如故居、李家祠堂等遗址。

大顺、明家一带是明清两代“湖广填四川”大移民落脚地之一，外来移民以湖广和江西、福建客家人为主。大顺、明家场过去建有万寿宫（江西会馆）、万天宫，现均已损毁，明家场的万寿宫还残存有几块石碑。当地乡民往前数几辈，差不多都会有家族血缘关系或移民同籍地缘关系。外来移民们在此插占为业，落脚生根，生息繁衍，辛勤耕种，建设家园。经多年发展，大顺场成为方圆几十里乡民购买生活用品，进行物资交换的主要场镇之一。

涪陵一带山高林密，历史上土匪众多，此起彼伏，骚扰百姓，为害乡里。为防土匪，从明清时期直至民国，由家族宗祠和乡间管理机构组织发动，利用大顺、明家周边沟壑峡谷形成的自然屏障，先后在台地与山峰之间险要地带建造了48个寨门，围合面积竟达28平方公里，被称为天堡大寨。至今当地还流传着“天堡大寨石砚台，四边都是陡石岩，中间架起牛儿炮，神仙鬼怪不敢来”的谚语。

大寨一般又分若干相对独立的小寨，如位于现涪陵区龙潭镇东方村二社的瞿家寨，始建于明末清初，占地约100亩，现残存寨墙200多米，大小寨门各一处。清末，由当地乡绅瞿兆临父子出面集资，对寨子进行了整修，并撰写碑文于寨门。

上世纪50年代后至今，大顺、明家几十座山寨大部分被毁，现保留较完整的寨门还有“保安门”、“怀安门”、“维汉门”等八九座，留有遗址的有十几处。笔者去考察了怀安门山寨，山寨地势险要，寨门券拱题写“天堡砦”、“ 怀安门”字样（图10－1），石壁嵌有两块碑文，一块严重风化，一块字迹尚存，上面录有整修寨门捐资者名单，镌刻于光绪年间。因碑刻遭人为损坏，具体年代字迹已无法辨认。出得寨门，只见一条石板小道从悬崖陡壁蜿蜒曲折通向山下，身临其境，确有“一夫当关，万夫莫开”之感受。

涪陵乡间人家为防范土匪，除了据险可守的

图10－1 天堡寨怀安门。

图10-2 散布于涪陵大顺、明家、同乐一带的土碉楼。

图10-3 双石坝碉楼是大顺乡尚存碉楼中最有特色的碉楼。

山寨外，还建造了成千上万的碉楼，几乎达到凡建房屋就必建碉楼的地步。涪陵碉楼多为土碉楼，一般碉楼基座用几阶条石作基础，之上用泥土夯筑。至今为止，在涪陵大顺、明家、同乐、龙潭、增福等乡镇还保留有不少碉楼，大顺乡保留碉楼数量最多（图10－2）。2012年9月4日我去大顺乡时，乡文化服务中心主任李文菊告诉我，在“三普”中查明，大顺乡尚存一百零几座碉楼。乡间碉楼一般是一宅一碉或一宅二碉，而同时建有4座碉楼的还不多见。瞿九酬客家土楼同时拥有4座碉楼，成为大顺乡最有特色的碉楼（图10－3）。

涪陵南部山区土楼和碉楼数量众多，建造形式较为独特，引起了研究客家文化专家的关注。一些专家认为，涪陵县（现涪陵区）是川渝客家人分布最为集中的地区之一；还有的专家认为，在传承客家原籍风格特色方面，瞿九酬土楼是涪陵区现存乡土建筑中一个典型。

客家风格土楼

瞿九酬客家土楼位于涪陵区大顺乡明家社区四组，建于清末民初，为当地士绅瞿九酬所建，是瞿家大院中的一座既作居住又有很强防御功能的建筑。瞿家先祖为客家移民，土楼带有客家碉楼风格，因此被称为客家土楼。土楼平面呈四方形，外墙坚固牢实，四角建有4座与土楼相连的碉楼。“三普”调查后，因土楼所在地小地名叫双石坝，涪陵区文管所以双石坝碉楼名称登录造册，并于2012年8月6日报经涪陵区政府批准，公布为区级文物保护单位。

瞿家大院西面紧邻大顺乡至新妙镇的公路，南面是耕地，东面是一座竹林茂密的山坡，海拔高度750米左右。大院原为一处占地近3000平方米的四合院，面阔约70米，进深约35米。由于大院房屋分不同时期建造，因此不像一般四合院那样规则对称。根据当地村民的回忆和现场观察，完整的瞿家四合院大致由八字形大朝门、大院坝、正房、东面穿斗房、西面土楼和土楼背面的4间土坯房组成。

大院八字朝门宽5米，气势宏伟，位于大院正中，朝门有门楼，两侧各有两间耳房，耳房与外围墙相连。朝门前有十几步石梯，高1.8米，石梯之下两侧有花园。上世纪90年代，朝门和耳房被拆除，原址东面建造了一座4层砖混结构房屋，原址西面还残存一间土坯房（图10－4）。

正房面阔五间、宽约28米，从院坝上正房经过一座宽27米、进深12.5米的条石院坝。正房前有5步石梯，宽达7米，宽大的石阶显示了瞿家大院当年的规模和气势。1979年，正房被龙潭区粮站拆

图10-4 瞿家大院朝门西面残存的土坯房。

除，准备新建粮仓，因与原居住者的一些纠纷，一直搁置未建。到1998年，胡姓村民在正房原址建造了一栋两层楼的砖房。

位于大院东面残存两间穿斗木结构房屋（图10－5）。据村民介绍，穿斗房原有5间，高一到两层。靠正房一间进深9米，空高7米，穿斗结构，硬山顶，9柱落地，过去是瞿家灶房；中间一间面宽5米，板壁房，加阁楼为两层，为瞿家住房；靠外3间房屋在2000年被拆除，原址新建了一栋三楼一底砖房。依附着东面穿斗木房背面还建有几间瓦房，作瞿家堆放杂物、饲养禽畜之用。瞿家在院子新建了高大的土楼后，5间穿斗房给瞿家佃客居住。在距瞿家大院西侧约50米处，还有一座三合院，过去

图10-5 瞿家大院残存的穿斗木结构房屋。

图10-6 瞿家大院西侧约50米处的三合院，为瞿家佃客居住。

也是瞿家佃客居住的房屋（图10－6）。

土楼位于院坝西面，朝院坝方向开一座石朝门，石门框上方刻有五角星图案，两侧题刻“伟大的中国共产党万岁，伟大的领袖毛主席万岁”。题刻是上世纪50年代，由明家粮站站长马泽恩描画美术字，然后请石匠来雕打的。

土楼内部房屋为木结构，两楼一底，底层和二层房屋内空高约2.4米。土楼改作为粮仓后，二层楼板被拆，一层二层连通，形成高4.8米的空间。土楼内部呈四合院形式，房屋围绕天井，每层8个房间，底层明间作朝门进出通道，变成7个房间，算来共有23个房间，总面积约1600平方米（图10－7）。二层、三层设转角回廊，通向每层房间，第三层阁楼高4.5米，土楼通高约9.5米。土楼正中有一座天井，边长5米，深0.6米，是土楼采光和集中排水处。天井中间有长方形石缸1个，原有一些雕花石墩，上面摆放花钵。粮站进入后，将这些雕花石墩用来做了粮仓木地板的垫底石。

土楼外形略呈正方形，正面宽20.5米，进深19米，墙厚0.5米。为增加墙体强度和房屋之间的连接性，土墙夯筑时埋入不少松树棒，最粗的直径达16厘米。土楼四角4座碉楼与土楼墙体融为一体，碉楼两个面各向外突出2.4米，与土楼大致形成一

图10-7 土楼内部呈四合院形式，房屋围绕天井布置。

图10–8 土楼四角4座碉楼与土楼墙体融为一体，大致形成一个“器”字形。

的厚重石门，笔者感到疑惑的是：灶房只能从土楼内部进出，为何还要建造一座牢固的石门？村民解释说，灶房是后来依附于土楼添加的，虽然外墙是坚固的条石，但高度只有4米，瞿家恐土匪搭梯翻墙从灶房进入土楼，因此在灶房与土楼之间建造了一座牢固的石门，并用横向两根粗大的抵门杠，万一土匪从灶房攻入，可立即关上石门，退入土楼抵抗。

个“器”字形（图10－8）。碉楼为四角攒尖顶，内空边长2.6米，朝土楼内部方向开小门，每层设方形射击孔，一共23个射击孔，用木制小窗开关。

依附着土楼背面有一座条石作墙的房屋，石房内部进深4.6米，宽约16米，石墙高4米，墙上开5个射击孔，此房过去是瞿家搭建的灶房（图10－9）。灶房从土楼进出，开有一座宽1米、高1.8米

图10–9 依附于土楼背面建造的条石墙房屋。

土楼背面朝山坡方向背面留有4间土坯房遗址，宽约20米、进深6.8米，从布局来看，这几间土坯房是后来依附于土楼墙体添加的。

土楼内部木楼梯现设置于天井旁，而据村民介绍，原来楼梯并不在天井处，而是设在一个隐秘的地方。在大院居住的胡立科老人带我进入土楼，来到灶房背面一处黑暗的甬道，我到处查看，仍然没有看到楼梯。经胡立科指点，我打开手机电筒功能，才发现在灶房石门背后有两处被木板封闭的楼梯间，一处上，一处下，确实非常秘密，不易被发现（图10－10）。

笔者发现土楼西南方向还开有一道朝门，似乎与土楼制式规矩不甚协调。询问当地村民，说是土楼建成后，瞿家请风水先生来看风水，风水先生认为朝门开设方向有问题，提出应在西南方向再开一道门，以保吉利。因此瞿家后来又在土楼西南方向土墙正中开了一座门。这座门高出地面2米多，专

图10-10 隐蔽在甬道中的楼梯间。

门增加一座木楼梯上下，楼梯上设坡顶瓦屋盖。

瞿九酬其人

在第三次全国文物普查中，涪陵区文管所对双石坝碉楼作了调查，“三普”结束后，将其公布为涪陵区文物保护单位。2014年1月16日我到大顺乡考察，请涪陵区博物馆副馆长周虹将双石坝碉楼“三普”调查资料发给我，以便对土楼历史和瞿九酬身世作进一步了解。待收到涪陵区博物馆发来的资料，发现仅有土楼平面尺寸和极为简单的描述，对土楼建造者瞿九酬的叙述基本上一片空白。看来区文管所对此建筑历史背景调查深度远远不够。不仅是双石坝碉楼，笔者所考察过的大多数乡土民居，都存在着历史资料非常欠缺的问题。

在与大院居住的村民断断续续的交谈中，大致了解到一些极为粗略的情况。瞿九酬清末曾在顺庆府（今南充市）做官，退职还乡后，在家乡建造了土楼（也有系其父所建之说）。瞿九酬建造的房屋有多处，在大顺乡乡场上和双水也有瞿家房屋，因此当地有瞿九酬“赶场不借路”和“瞿半场”的说法。瞿九酬在家乡修桥修路，资助乡民，多有义举。据说瞿九酬与辛亥革命先驱、同盟会会员李蔚如过从甚密，同贺龙也有过密切接触。瞿九酬在长寿建有慈善堂扶贫济困，赈济灾民，晚年在长寿去世。在瞿家大院居住的胡立科告诉笔者，他小时见过瞿九酬，印象中瞿九酬身材高大，长须及胸，双目炯炯，头戴大风帽，背后还披着一根大辫子，颇有一些前清遗老神韵。

考察土楼离开后，我几次给涪陵区博物馆副馆长周虹和大顺乡文化服务中心主任彭成会联系，希望他们一定设法找到瞿家后人或知情者，以补充瞿九酬和土楼的历史信息。根据我考察乡土民居的经验，只要肯下功夫去询问查找，总会发现一些有价值的线索。终于，3月15日，彭成会给我打来电话，告诉已找到一个叫瞿伯建的老人，他家里还保留有瞿氏家谱，我闻讯大喜过望，果然是功夫不负有心人。3月17日，我同吴元兵一起，再次到大顺乡采访了瞿伯建。瞿伯建居住在大顺乡双石村一组，老房叫四合头大院，距双石坝土楼不远，是他爷爷辈传下来的，已有近百年历史。瞿伯建出生于1936年，今年78岁，身板硬朗，精神矍铄。瞿伯建父亲瞿诚清是瞿九酬孙辈，瞿伯建是瞿九酬曾孙辈，他称瞿九酬为祖祖。瞿伯建谱名瞿大亨，伯建是字号。据瞿伯建讲，“大亨”这个名还是瞿九酬亲自为他取的。

瞿伯建拿出《瞿氏族谱》给我看（图10－11），这本家谱并非老谱，而是1999年7月由“瞿氏族谱第五次续修委员会”编撰的新谱。据瞿氏族谱第五次续修委员会1998年调查，瞿氏先祖移民入川，到

图10－11　在瞿伯建居住的四合头院子查看《瞿氏族谱》，左为瞿伯建，右为大顺乡文化服务中心主任彭成会。

涪陵插占为业，落脚生根，经世代繁衍，形成许多分支。在涪陵区的12个乡镇，分布着瞿氏后裔共1113户，计5147人。瞿九酬这支族人主要分布于大顺乡新桥村、双水村、林音村、双石村、柏杨树村。瞿九酬祖上排下的字派有“仕、文、朝、占、国、定、兴、广、大、忠、凤、林”，瞿九酬是“定”字辈，九酬是他的号。

《瞿氏族谱》续修版记载，瞿氏“发源于楚，当有明时，实居武职。及闯、献贼，东窜西逃，相继入蜀者尚有二支，一居忠之垫江，一居涪（涪陵）之白里大柏树。然皆荒远难考矣”；族谱中又有记载说“始祖德政公自秦迁黔，自黔迁蜀，继又由夔州之奉节始集于涪”。据涪陵区瞿氏家族后人考证，涪陵瞿姓族人分好几支，有的从湖北麻城迁徙入川；有的从陕西迁徙贵州，再由贵州迁入四川；而明家乡瞿姓族人是由从江西宁江府新与县迁徙入川，瞿九酬是江西宁江府客家移民后裔。

瞿九酬有3个儿子，一个是从陈姓人家抱来的，一个是在顺庆府做官时与一个女人生的，一个是与原配夫人生的。抱来的儿子叫瞿兴益，与原配夫人生的儿子叫瞿兴万。在外生的儿子未列入家谱，当地村民说这个儿子现在香港或台湾，大概在10年前曾返乡探望，来了一车人，很是热闹。当时来的人叫什么名字，有什么背景，现在何处定居等情况，笔者问了当地许多人，都说不出所以。

瞿九酬有几百石田租，当地每石为340斤谷子，算起来也是富甲一方的大地主。瞿九酬儿子瞿兴万解放时约20来岁，因参加土匪暴乱，被判刑15年，送新疆劳改，后死于新疆，没有后裔；瞿兴益解放后被划为地主，大约1960年前后在明家乡农村病逝。瞿兴益娶有两房夫人，大房瞿任氏生了瞿广珍、瞿广善两个女儿，二房瞿陈氏生了瞿广函、瞿长生等4个儿女。

瞿兴益大女儿瞿广珍出生于1928年，现年86岁，住在沙坪坝双碑。解放时瞿广珍21岁，成分也被划为地主，笔者于2014年3月20日专程到她家作了采访。瞿广珍还记得瞿九酬是在她结婚前10天去世的，瞿广珍民国三十八年（1949年）九月十九在明家乡结婚，由此推算，爷爷瞿九酬在10天前的九月初九在长寿病逝。瞿九酬灵柩从长寿抬回明家安葬，从进场到瞿家老屋，沿途瞿家族人披麻戴孝，叩头磕首，抛撒纸钱，鸣放鞭炮，恭迎瞿九酬灵柩归家。瞿九酬遗体具体下葬地点，现已无人知晓。

碉楼现状

上世纪50年代初，涪陵一带土匪还十分猖獗，解放军部队曾在双石坝土楼驻扎剿匪。土改后，瞿家土楼被政府征收，改作为粮仓使用，由龙潭区粮站所属明家粮管所管理（图10－12）。大院除土楼外的其他房屋分给胡家和罗家两家农民，他们过去曾经给瞿九酬家做长工、佃客。笔者在现场采访了75岁的胡立科，胡立科有4兄弟，他排行老四，上面3个哥哥都已去世。胡立科父亲胡海洲解放前在瞿家做长工，给瞿九酬抬轿子。解放后，大院3间正房和东面5间穿斗房分给胡立科父亲和伯父，父亲和伯父去世后，老屋传到胡立科4兄弟手里。罗

图10－12　瞿家土楼被政府征收后改作为粮仓使用。

图10-13 四座碉楼两座保存较完好，一座破损严重，一座已经消失。

家分得正房2间和土楼背面4间土坯房。1958年、1959年农村刮共产风，胡家、罗家居住的房屋被公社无偿征调，全部改为粮站，胡家、罗家搬出到外面房屋居住。1960年之后，农村开始清理纠正“一平二调”和“五风”（“一平二调” 是指当时人民公社实行的平均主义供给制、食堂制和对生产队劳力、财物的无偿调拨；“五风”即共产风、浮夸风、命令风、干部特殊风、瞎指挥风）。胡家、罗家要求退还被征调的房屋，而此时部分老房已经被粮站拆除，正准备新建粮库，胡家不许粮站修建，开始扯皮，这一扯就是很多年。大约在1998年，胡立科大儿子在正房遗址建造了2层高的砖房；2000年，胡立科将东面穿斗房拆除3间，建造了4层高的砖房；胡立科大哥胡志刚儿子在院坝前方靠原朝门处修建了4层楼的砖房。

土楼现由胡立科哥哥的儿子胡长江居住，胡长江70多岁，年龄与胡立科差不多，但辈分比胡立科低一辈。土楼里住了胡长江和妻子任云淑、小儿子胡廷全一家4口，还有一个至今单身的大儿子胡廷兵，共7人。

瞿九酬客家土楼4座碉楼现两座保存较完好，一座破损严重，一座已经消失（图10－13）。土楼背面的四间土坯房全部垮塌，成为一片废墟。

2013年10月28日，电影《大顺·1927》在涪陵区大顺乡隆重开机，剧组在瞿九酬客家土楼拍摄了一些场景。该电影以李蔚如为原型，由中央新闻电影纪录片厂（集团）、重庆市文联、重庆市电影家协会、涪陵区委宣传部、重庆市涪陵区老区建设促进会、重庆市涪陵区大顺乡党委政府、重庆艺真影视文化传播有限公司联合拍摄。

瞿九酬客家土楼的发现，对研究当地客家移民历史、土楼及碉楼建筑结构具有较高价值。建议当地政府在适当时候迁出住户，对土楼进行修缮，尽可能恢复土楼原貌，可考虑将原址作为涪陵区或大顺乡土楼博物馆。另外，瞿九酬的身世扑朔迷离，至今给人们留下不少悬念；而瞿家大院格局和土楼建造年代也仅是根据村民的回忆和现场观察初步推断，还缺乏更准确的依据。建议涪陵区文管所和大顺乡通过各种途径，尽力寻访瞿九酬和瞿氏家族历史往事，以填补充实土楼渐行渐远的历史。

南川区大观镇张之选碉楼

南川区大观镇张之选碉楼造型典雅，装饰考究，带有明显中西合璧风格，在巴渝现存碉楼中独树一帜。2012年4月30日，借到南川黎香湖湿地生态公园参观的机会，在返回途中去考察了张之选碉楼。当天天气晴朗、蓝天白云，高耸挺拔、造型独特的碉楼在阳光下显得分外亮丽夺目（图11-1）。

消失的张家庄园

张之选碉楼位于南川区大观镇观桥街，东北面为大观镇政府，张之选碉楼只是张家庄园建筑群中一座防御设施。张家庄园老地名叫石坝子，因此亦称“石坝子庄园”，张家庄园始建于清末，民国时期复建，复建工程于1920年动工，1924年建成，前后历时4年。张家庄园规模庞大，气势壮观，四周有围墙围护，内有众多天井、院坝、花园、菜地和亭廊。为家族聚会议事、祭祀先祖，张氏家族修建了张氏宗祠。从上世纪50年代开始，张家庄园和祠堂被逐步蚕食、侵占、拆除、损毁、垮塌，宏伟壮

图11-1 高耸挺拔、造型独特的张之选碉楼。

观的张家庄园和祠堂现全部消失，仅剩一座孤立的碉楼。在四川省建委1987年开始编辑，1996年正式出版的《四川民居》中，还可看到上世纪90年代拍摄的张家庄园场景。1984年，南川县将碉楼公布为县级文物保护单位，以张之选之名命名为张之选碉楼，2009年碉楼被公布为重庆市文物保护单位。由于缺乏保护和控制，前些年紧邻碉楼背面修建了一排砖混结构住宅楼，碉楼前修建了商业铺面，公路从碉楼擦肩而过，新建的建筑物对碉楼的历史环境带来了极大的压迫和损害。

风格独特，惟此一家

张之选碉楼坐北向南，面阔三间，宽15.3米，进深5.3米，高5层，建筑面积约850平方米。碉楼在兼具防护功能同时，似乎更加注重观赏性和景观效果，相反在建筑结构上较为简单，以土木夹壁为主，不如其他石质碉楼坚固。在建造风格上，张之选碉楼既有中式的雀替、朝门和水墨花草图案，又有西式的尖顶窗、罗马柱、拱廊、天花浮雕、窗楣、门楣装饰（图11–2）。碉楼立面设计凹凸有致、收分协调、别致美观，造型恍如亭台楼阁，极具美感和观赏性（图11–3）。

为了加强防御能力，张家在建造碉楼时，在碉楼四面开挖了宽约2.5米，深约1米的壕沟，类似于护城河，入口处设吊桥，情况紧急时拉起吊桥与大门相合，碉楼便成为独立的堡垒，壕沟和吊桥早已消失。碉楼入口为双开大门，门扇厚10厘米，表面包裹铁皮，铁皮上钉满铁钉。从外面观看碉楼只有5层，实际是6层，其中有一夹层，遇到特殊情况，人或财物可潜匿在夹层里。从下向上看，碉楼顶部正中的瞭望楼似乎为四角攒尖顶，而从上往下看，屋顶实际是四边对称的歇山顶。

碉楼墙基为条石，墙体用黄泥掺和石灰、糯米浆，逐层夯实，内加竹筋以增加强度。从二楼起，房屋向外悬挑约1.2米。第4层设内走廊，廊道宽约1.5米。正面有6个立柱，分段形成5个尖拱，侧面4个立柱形成3个尖拱，柱边有丰富的装饰线条，柱顶是民间建筑通常采用的大白菜浮雕，柱顶上部饰以中式水墨花草。三楼出挑的房屋开尖顶窗，其他楼层开长方形窗，歇山屋顶则开3个圆形窗，光线从圆窗进入阁楼，使黑暗的阁楼变得敞亮（图11–4）。

图11–2 碉楼灰塑、雀替和天花浮雕装饰。

瞭望楼骑跨在歇山屋顶上，因高出屋面，显

图11–3 碉楼立面凹凸有致，收分协调，别致美观。

图11-4 碉楼瞭望亭开设圆形窗、方形窗和廊道拱顶。

图11-5 骑跨在屋顶上的瞭望亭。

得特别突出。瞭望楼四个墙面分别开方形窗、拱形窗、圆形窗，四角方柱柱顶也有大白菜浮雕，屋檐下施券棚，屋顶四角起翘，形态生动，整体比例适当，造型小巧精致。平时瞭望楼作张家登高望远、休息纳凉的去处，土匪侵犯时则成为视野良好的观察哨楼（图11-5）。

张氏家族

张之选父亲张仁璞曾任大观镇官员，主政时期筹资修建了大观至巴县木洞的公路，还在偏僻的场镇出资架设电话。张之选伯父张仁敬为清末廪生。张氏家族崇尚国学古文，对子女教育要求甚严。

张之选（1913—1956），名和泮，字之选，重庆南川人，开明士绅。张之选早年就读于复旦大学，因父亲疾病在身，遂回家主持家政。受新潮思想影响，张之选在家乡兴办了张氏女校，免费接收女生入学。开办女校在当时是新鲜时髦之事，得到各界褒奖，在当地声名远扬。为选择小学校址，张之选将家里田地与人调换房屋作小学校址，出资补足办学资金。大观公立小学建立后，张之选出任校长，将张氏女校校产悉数捐赠，同时开始招收男生，使大观公立小学成为南川乡间最早男女合校的学堂。张之选曾担任道南中学董事，并为中学捐钱捐粮。张之选家庭开明，子女均送学校读书，还资助其弟妹求学，张家兄弟姊妹和后代因此都受到良好的教育。解放后，张之选被评为开明士绅，参加了涪陵土改工作组，后任南川县第一届人大代表、区人大常委。1956年张之选因病去世，年仅43岁。

张之选家族还出了一位著名的建筑学者张之凡，张之凡与张之选同辈，出生于1922年4月。重庆大学建筑城规学院79岁的老教授黄天其告诉我，他在哈尔滨建工学院读大学时，张之凡教授是他的老师，教建筑学专业。张之凡教授学识渊博，教学有方，诲人不倦，至今黄天其对张之凡教授还记忆犹新。在张氏家族浓厚的书香氛围下，张之凡从小受到良好的教育。1945年，张之凡毕业于重庆大学土木工程系。1952年院系调整，张之凡调哈尔滨建工学院，之后赴莫斯科建筑学院进修。张之凡先后历任哈尔滨建工学院建筑系、建工系主任，西北建工学院首任院长，中国建筑学会理事，全国教材编委委员，建设部高级学位授予权评议组成员，西安市城建协会副理事长等职。张之凡长期从事建筑教学、设计、科研和高教管理工作，在教学上主张“集百家之长，走自己的路”，他从教50余年，为我国高教事业作出了突出贡献。

解放后，张家庄园成为大观新生人民政权办公之处。解放初期，张家庄园和碉楼在抵御挫败土匪和国民党残余势力围攻新生政权的战斗中发挥了重要作用。南川历史上土匪众多，常年肆虐横行乡里，至解放前夕，还有3股土匪聚集南川，其中一股有1000多人，主要活动于南川大观、鸣玉等地。1950年1月，解放军部队抵达南川，新生政权初步建立。当地土匪纠集国民党溃军、散兵游勇、地痞流氓、伪政府人员，与涪陵、巴县、道真、正安等地土匪串通，同刚刚建立的人民政权负隅顽抗。1950年1月25日，南川石溪乡人王懋迁任土匪司令，与谢怀德、王邦君、唐茂国等率领土匪攻打设在张家庄园的大观区人民政府。解放军驻区部队和新政权武装力量凭借张家庄园碉楼和张家祠堂抗击土匪猛烈进攻，捍卫了刚建立不久的人民政权。至1950年4月，南川土匪势力基本平息，匪首王懋迁被活捉，后判处死刑。

碉楼绝唱

张家庄园曾经长期作为政府办公之用。本世纪初，在大观场镇改造建设中，张家庄园最终被全部拆除，大观镇政府在距碉楼约30米处修建了新办公大楼，一座6层高的住宅楼紧靠张之选碉楼建造，将碉楼一个立面遮挡得严严实实（图11-6）。

2012年4月30日我到张之选碉楼考察拍摄时，发现碉楼内外损坏严重，墙体抹灰脱落，部分灰板条脱落悬挂在外，土坯外墙受风雨侵蚀，表面已斑驳脱落。当时我看到一座紧邻碉楼的房屋正在修建，显然是违法建筑（图11-7），周边建造的楼房已将碉楼遮挡大半，这座房屋一旦建成，势必对2009年就公布为市级文物保护的张之选碉楼带来更大的影响。回到重庆后，我将现场拍摄的照片发给市文物局，希望他们立即制止这座违法建筑的修建。5月中旬，市文物局文物处会同执法大队到现场检查，此时房屋已完成第一层，正准备修建第二层，市文物局和执法大队要求建设单位立即停止施工，接受处罚。

违法建筑施工虽然停下来，但并没有拆除。2012年7月初，一个更加不幸的消息传来，由于5月以来重庆连续暴雨，碉楼土墙基础被雨水浸泡，加之屋顶漏雨，导致墙体松软，7月4日碉楼整体轰然垮塌（图11-8）。具有讽刺意味的是，笔者在网上看到《南川日报》报载：南川区领导闻讯后，立即会同有关部门赶到现场，组织抢险，并要求文物部门对南川区所有文物建筑进行一次安全检查。张之选碉楼就位于大观镇政府眼皮下，如果事先作好防

图11-6 靠近碉楼建造的房屋将碉楼一个主立面全部遮挡。

图11-7 紧邻张之选碉楼的违法建筑正在修建中。

图11-8 2012年7月4日，张之选碉楼整体垮塌。

范检查和必要的维护，碉楼本来是可以挽救的，事已至此，安全检查也只是形式上的补救和对社会舆论的安抚罢了。

不仅是张之选碉楼，重庆市一些文物建筑遭受损害的情况还时有发生：2010年春节，位于渝中区“下半城”、建于民国初期的巴县征收局大楼内部失火，2011年9月，外部结构尚完整的征收局大楼被整体拆除；2011年7、8月，市级文物、重庆市优秀近现代建筑杜宜清庄园发生大面积垮塌，2012年夏季遇大暴雨，垮塌加剧，现场一片狼藉；2012年2月，因学校扩建，市级文物、国民政府重庆行营被整体拆除，拟在原址复建；2012年7月，市级文物、北碚区“红楼”在施工中不慎失火将屋顶烧毁部分；2012年6月21日，忠县发生强降雨，中国正史唯一带兵打仗的巾帼英雄秦良玉后人修建的秦家上祠堂发生大面积垮塌；2013年6月27日，已有上百年历史的典型移民和土家风格融合的乡土民居万州区梨树乡李家大院被大火烧毁；2013年8、9月，市级文物、重庆市优秀近现代建筑北碚区“举人楼”屋顶垮塌，导致两层楼板被冲穿，垮塌的瓦砾、木料散落一地……。这些消息使人痛心，使人愤懑，使人悲哀，但又使人感到无可奈何。保护历史文化名城，留住历史文化记忆有时候似乎成为一句空话。但愿类似情况今后不要再屡屡发生。

建筑是城市的记忆，是流动的音乐，是人类赖以生存繁衍的重要物质载体。笔者认为，如同自然界的物种，典型的历史建筑也是一种稀缺的、特殊的物种，是以实体形态存在的活化石，它记录着人类创造的文化、艺术、技术，是人类共有的物质文化遗产。自然界的物种由于人类的活动和伤害，已迅速减少，有的甚至消失；而对于历史留存下来的典型建筑，我们也应如同珍贵物种一样，给予细心呵护和妥善保护，让其得到长期的传承。

上世纪50年代之后，张之选碉楼一直命途多舛，虽有80多年历史积淀，但最终仍然逃不了整体垮塌的命运。张之选碉楼的命运是否折射出我们对历史文物建筑在管理职能、管理手段、保护措施、维修经费等方面的某些缺失、迟钝，甚至是无能为力。高楼大厦如雨后春笋，但却容不下一座仅数百平方米的历史文物建筑。张之选碉楼建造风格独树一帜，在重庆可谓独一无二，本应作为研究重庆碉楼类型的重要实物见证而妥善保护，但最终却无法保存下来，真令人感到遗憾、痛惜!

南川区水江镇蒿芝湾洋房

2013年4月某天，我在手机微信收到吴元兵发来的几张西式风格建筑照片，说是在南川区水江镇新发现的一处洋房子。吴元兵是重庆历史文化名城专委会委员，他牵头在网络上建立了一个“重庆老街历史文化群”的QQ群，现已发展到500多人。群友们非常关注历史文物建筑和散落在民间的老房子、老街巷，他们经常组织到老街老巷和古镇拍摄采访调查，并将这种活动形象地称之为“扫街”。吴元兵发来的几张照片就是他去酉阳龙潭、后溪等古镇“扫街”返回重庆途中发现拍摄的。

看到照片我大为惊讶，大凡重庆乡间有一定价值和特色的民居，要么我已亲自到实地考察过，要么手里留有相关文字和图片资料，但对这处显然很有特色和价值的洋房子，笔者还闻所未闻。是“三普”调查中的遗漏，或是其他什么原因？我决定到现场看一看。

2013年4月27日早晨从家里出发，约1个半小时到达南川区水江镇，南川区文管所副所长曾舸已提前到镇政府等我，吴元兵也随后驾车赶到。

漂亮的中西合璧老洋楼

洋房子位于南川区水江镇东北面约1公里处，小地名叫蒿芝湾，因此被称为蒿芝湾洋房。来到洋房，顿时感到眼睛一亮，果然是一座完整漂亮且极有特色的中西合璧建筑（图12-1）。洋房前的坝子停了一辆破客车，询问当地居民，得知是南川区东现汽车运输有限公司报废的客车，在此放置半年多，已经无法开动。由于客车严重影响拍摄效果，我坚持要将车子移走。经多方联系，终于设法将客车勉强拉到一边。

图12-1 完整漂亮的中西合璧折中主义建筑——蒿芝湾洋房。

在现场用卷尺和红外线测距仪测量了房屋的主要数据：房屋面宽29.5米，进深15.5米，建筑占地457.25平方米；三层楼房底层空高4.3米，二层空高4.15米，三层空高4米，阁楼高3.5米，房屋总高约17米；建筑面积合

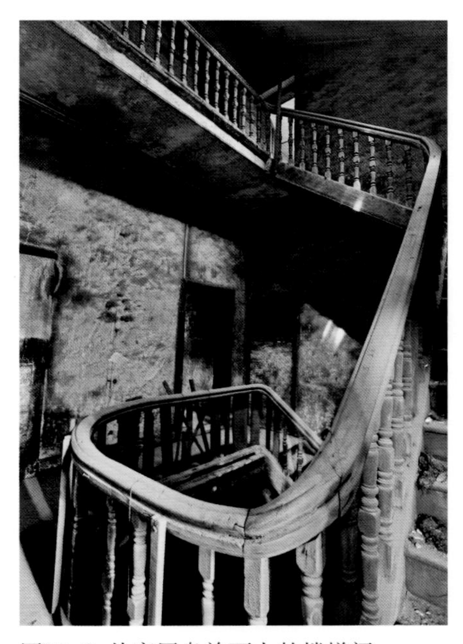

图12-2 从底层盘旋而上的楼梯间。

计约1700平方米，共有27间房屋。

洋房为砖木结构、歇山顶，正前和背面的底层各有一条通廊，前通廊宽1.46米，后通廊宽1.1米。房间内部布局分前后两排，前排房屋较大，进深约7.4米，后排房屋稍小，进深约4.2米。楼房正中偏后设有一处宽阔的楼梯间，宽5米、进深4.2米，木楼梯从底层旋转向上（图12-2）。出于防火安全方面的考虑，除底层地面用小块方形砖铺装外，二层木地板也满铺方块砖。

洋楼室内天花做有规整的线条装饰，均为工匠在现场用灰浆手工制作，所有线条做工细腻，平顺光滑，一丝不苟，堪与现在的机制石膏线条媲美。天花板浮雕有花卉、草木、飞禽、走兽、云纹等，式样各异，无一雷同。复杂的天花浮雕线条如行云流水，天衣无缝，历经百年，除少量受到人为损坏外，整体还基本保持原样（图12-3）。

从楼梯间上到洋房阁楼，发现阁楼内部空高都不低于3米，比一般低矮的阁楼高得多，完全可作正规房屋使用。阁楼顶开有5座老虎窗，没有烟囱，洋楼室内也未发现设置有壁炉。

“中式”罗马柱

洋楼正面有10根仿罗马柱式的砖柱，从底层通向三层，每层砖柱之间有9个券拱，正中券拱略宽，两侧券拱略窄。底层和三层券拱为圆弧形，二层券拱别出心裁，变成3个圆弧构成的券拱（图12-4、图12-5）。灵巧多变的设计使建筑立面妙笔生花、多姿多彩，避免了雷同单一，显露出设计师的良苦用心和艺术功底。洋房每层楼房之间用青砖作各种装饰造型，阁楼檐下的封檐板用灰塑线条装饰，建筑立面整体显得干净利落，典雅大方。

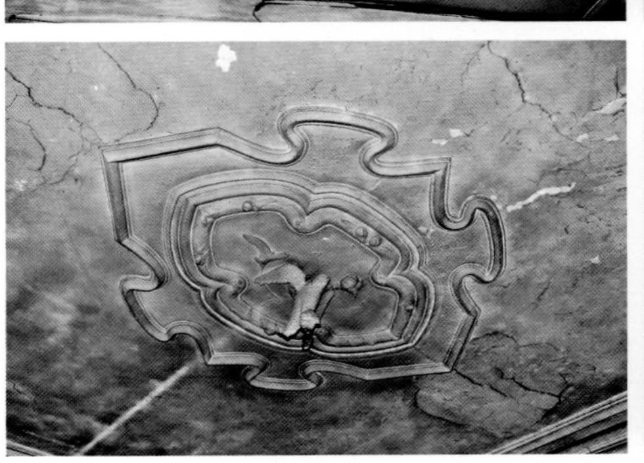

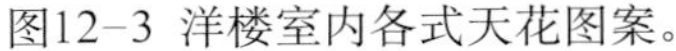

图12-3 洋楼室内各式天花图案。

洋楼共有10根仿罗马柱式砖柱，正中两根砖柱断面尺寸为680毫米 × 400毫米，两侧8根砖柱断面尺寸为540毫米 × 400毫米，砖柱通高约12米。砖柱从下到上分段做灰塑浮雕装饰，绘有花鸟鱼虫之类的水墨画和浅浮雕，柱顶是灰塑大白菜浮雕（图12-6）。西方建筑罗马柱多用石料制作，式样一

图12-4 洋楼廊道单曲线券拱。

图12-5 洋楼廊道三曲线券拱。

图12-6 砖柱顶部的大白菜浮雕。

般有3种，即哥林斯柱、爱奥尼克柱、德里克柱。哥林斯柱在西方建筑中运用较普遍，柱帽浮雕图案设计灵感据说来源于一种草本植物莨菪花。哥林斯柱柱帽花瓣曲线细腻丰富、凸凹有致，层次感极

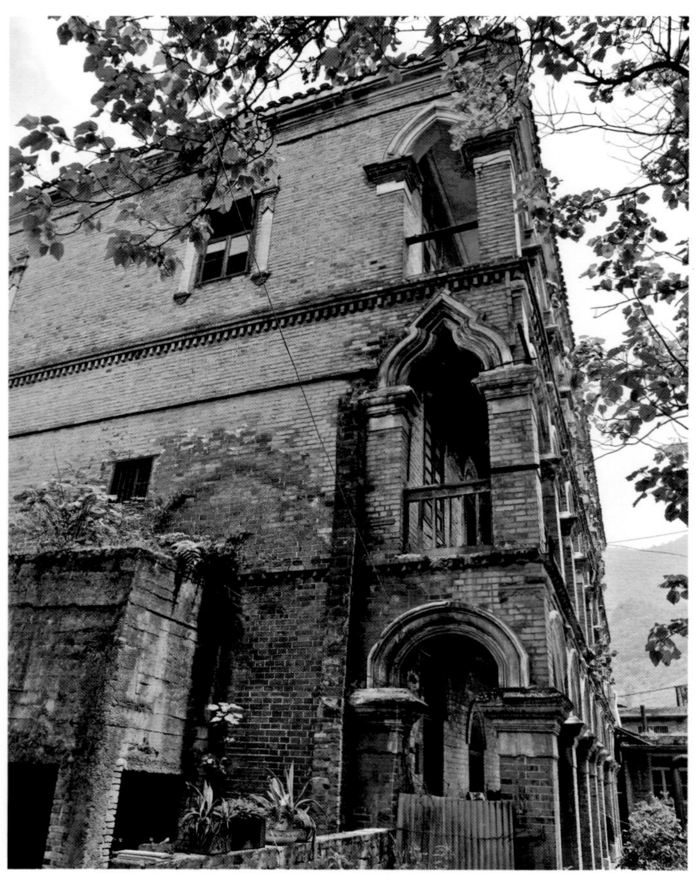
图12-7 廊道两端券拱采用了几种不同的装饰形式。

强。罗马柱到了中国的巴蜀地区，石柱大多变为砖柱，柱帽浮雕则变为大白菜图案，至今笔者尚未发现一处例外。为什么会用大白菜作为中式罗马柱的装饰？笔者分析，一是因为符合中国民间的欣赏习惯；二是民间建筑雕饰都会赋予吉祥富贵的寓意，白菜在民间寓意着“百财”；三是大白菜图案与哥林斯柱较接近，能体现出凹凸变化、曲线丰富、层次感强的美感。这大概就是巴蜀中西合璧建筑多用大白菜作罗马柱装饰的原因吧。

远看蒿芝湾洋房砖柱浮雕大白菜图案整齐划一，以为都是一个样，走近细看才发现9个大白菜图案细部均有变化，各不相同。再仔细观察，发现其中4根砖柱大白菜浮雕下写有字母，分别是AIAC、ƆHINɅ、SHAN。几个单词像是英文，其中“ƆHINɅ”估计应该是CHINA（中国），可能

是工匠不懂英文，在刻写时出了错误。

灰塑浮雕的变化组合还体现在洋房廊道和窗户上，洋房廊道两侧和背面窗框、窗楣浮雕装饰各不相同。廊道两侧券拱有尖形、圆弧形、尖顶与圆弧形组合几种形式，三层廊道不同形态券拱造型的组合，使洋房立面显得靓丽多姿，灵动耐看（图12-7）。洋楼背面窗户底层和二层为圆拱窗，三层窗拱采用一种多变折线的灰塑浮雕。简单的窗户经过灰塑浮雕装饰的变化交替，变得美轮美奂，生动活泼，丰富多彩（图12-8、图12-9）。

蒿芝湾洋房装饰浮雕风格迥异优美，细部做工考究，堪称巴渝民间中西合璧建筑不可多得的经典之作。笔者感到惊叹的是，百年前的乡绅能够把一座普通的砖房做到如此极致，如此隽永耐看，回味无穷，真还得有一些艺术修养和设计功底。

图12-8 洋楼背面窗拱灰塑浮雕装饰。

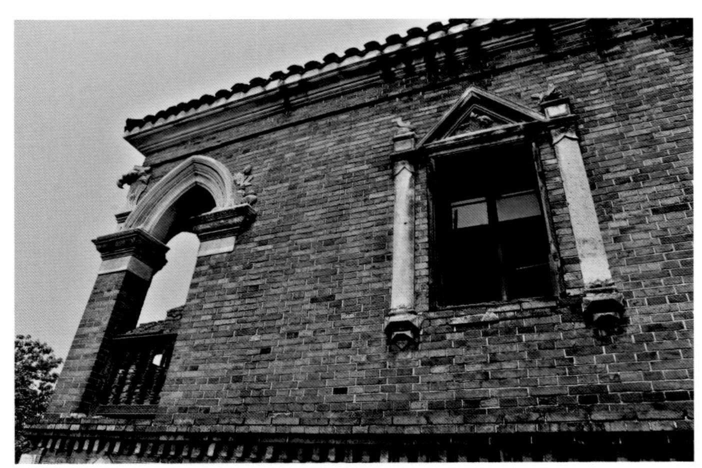

图12-9 洋楼侧面的廊道和窗框装饰。

洋房主人往事

由于文物管理部门不知道有这么一处西洋式建筑，蒿芝湾洋房未在文物管理部门登录造册，历史资料一片空白。询问当地居民，只知道洋房由金曼卿建造，但这座洋楼什么时候建造？洋楼背后有什么故事？近百年来金氏家族兴衰变故如何？如此等等，都没有详细具体的说法和答案。

在当地村民帮助下，笔者找到了两位与洋房子有关系的人，一个叫金明义，69岁，是洋楼建造者金曼卿的孙女；一个叫况泰华，是金明义的嫂子，81岁，丈夫金明旦是金家老三。金明义解放初才几岁，知道的情况很少。况泰华是涪陵人，1954年嫁到金家时22岁，略知一些过去的事情。据况泰华介绍，金家老三金明旦解放前在重庆读书，解放后到南川水江供销社工作，由于家庭成分不好，金明旦虽然能力强、工作积极，但一直得不到重用。文化大革命中，金明旦被造反派关起来审问了7天7夜，放出来人已经疯疯癫癫。之后，金明旦被下放到农村，2000年初过世。关于洋房子，他们只知道一些零星的往事。

笔者后来通过南川区文管所和其他渠道补充了解到一些资料，大致掌握了关于金家和洋房子以下一些历史信息。

南川水江有几户声名显赫的大户人家，分别姓郑、韦、金，当地流传着一句民谚：“郑家人多，韦家书多，金家钱多”，意思是郑家人丁兴旺，韦家书香门第，金家财富满盈。金家有三兄弟，分别是金秩卿（绰号猫胡子）、金曼卿和金逵卿。蒿芝湾分上下两湾，金秩卿住上蒿芝湾，金曼卿和金逵卿两兄弟住下蒿芝湾。

金家是水江有名的大地主，除拥有良田沃土

外，还开办铁厂，雇有上百名工人。金家与大观的张家（张之选）、水江的郑家有联姻关系。金家在乡间积德行善，还出资修建了连接南川和涪陵的正阳桥，此桥至今尚存，现为南川区文物保护单位。

民国初年南川社会动荡，土匪横行，大户人家为躲匪患经常离家避难。由于逃难时金银财宝带在身上多有不便，于是金氏家族商议，一致同意在乡间建造一座豪宅，把钱财变成不动产，谁也抢不走。金曼卿专门在上海聘请设计师，按照法国建筑风格设计，又在当地和外地招纳能工巧匠，于民国初年在下蒿芝湾建造了这座洋房子。金曼卿亲自督造洋房，要求百年大计，质量第一，所有青砖均经过仔细挑选打磨，凡尺寸不合格的就扔掉；粘合青砖和制作浮雕的灰浆用石灰加糯米反复浆拌而成；砌筑工艺一丝不苟，线条整齐划一，丝丝严缝。在金曼卿严格要求下，蒿芝湾洋房确实做工考究，工艺严格，质量上乘。

金曼卿32岁因病撒手人寰，家业传到儿子金畅伯手里。金畅伯早年在燕京大学读书，尚未毕业就奉父母之命回乡成家并掌管家业。金畅伯在洋房旁边修建了一座四合院，四合院里有正房、厢房、天井、戏楼、花台，被称为金家花园。上世纪50年代之后，金家花园被拆的拆、毁的毁，已完全消失，仅剩洋楼保留至今。

金畅伯主持家业不久，沾染社会恶习抽起鸦片，不仅他抽，夫人徐惠贞也跟着抽。再大的家业也经不住鸦片的折腾耗费，金家家产很快就消耗殆尽。因无钱吸食鸦片，金畅伯想到了卖房子。南川冷水关有一个叫安仕禄的大地主，当过冷水关乡长，有意买下洋楼，安仕禄与金畅伯商谈后已签订合约，后来听到要解放的消息，安仕禄毁约，洋房买卖未成。

解放前，金家已经败落到仅剩洋楼和十几石田租。解放后，金秩卿因当过三乡团练局团长被镇压，金畅伯被划为破落地主，于上世纪50年代过世。金畅伯和徐惠贞生有8个孩子，徐惠贞含辛茹苦抚养孩子，有的孩子不幸夭折，活着的现已是70多岁的老人。上世纪60年代，徐惠贞在困苦抑郁中度完余生。金家健在的有金畅伯和徐惠贞所生的七妹金明义和八弟金明征，还有一些金家后代在美国、上海等地，已失去联系多年。

百年风雨被遗忘

解放后，金家洋房子被没收，解放初期曾作为南川县第四区粮库。据当地老人回忆，上世纪50年代末至60年代初大饥荒时期，水肿病人特别多，部分水肿病人被集中到粮库医治。粮库搬迁后，洋房成为603地质队的办公楼，现在楼内墙壁上还留下一些603地质队革命委员会书写的标语口号和毛主席语录。1972年，603地质队将洋楼以5万元价格转卖给四川省汽车运输公司第97队（后改为涪陵地区运输公司）。汽车运输公司入驻后，除在洋楼办公外，安排了100多名驾驶员和员工住在洋房里，房屋内部结构因此有所改变。1999年，涪陵地区运输公司移交南川县，改为南川水江汽车运输公司，此时运输公司已濒临破产，基本没有开展正常经营，洋房也就空置下来。南川水江汽车运输公司后来改制为南川区东现汽车运输有限公司，房屋产权现在该公司几名员工名下。

几十年来，由于毫无保护意识，洋房四周修建了不少砖混结构房屋（图12-10），地质队和运输公司使用期间，紧靠洋楼搭建了一些棚房、平房、垃圾站、厕所。由于长年失修，洋楼室内部天花抹灰、灰板条脱落，楼梯间木栏杆松动，正面通廊栏杆扶手腐朽、栏杆垮塌（图12-11），通廊天花损毁严重，已露出顶上木梁（图12-12）；局部砖墙出现下沉、错缝；洋楼背面窗户全部丢失，只剩下空窗框；外墙灰塑浮雕少量脱落，外墙抹灰表皮糟

图12-10 周围修建的房屋将洋楼三面包围。

朽、发霉。从整体上看，由于洋楼当年建造对质量标准、施工工艺要求极为严格，虽历经近百年风雨，至今整体结构还基本完整，稍加维护加固，依然可以继续使用。

蒿芝湾洋房从设计风格、建造水准来看，无疑是一处不可多得的典型西式洋楼，具有较高建筑艺术价值，完全有资格列入重庆市优秀近现代建筑和市级文物保护单位。使人不解的是，这么一处极有价值的建筑，为什么3次大规模文物普查都没有列入登录范围？蒿芝湾洋房并非深藏于偏僻的深山老林，而是紧邻南川水江镇街区，就是偏远的农村，稍有一些历史和特色的乡土建筑大多都得到登记造册，列入不同等级的文物保护范围。如果不是具有文物保护意识的吴元兵偶然发现洋房子、专门从高速公路下道进入考察，之后将拍摄的照片发到我手机；如果不是我随即打电话询问南川区文管所，并同时向市文物局反应，随后专门到现场考察，考察后又及时给市文物局报告，可能这座洋楼还会被尘封于运输公司大院内自生自灭。

图12-11 廊道栏杆腐朽脱落。

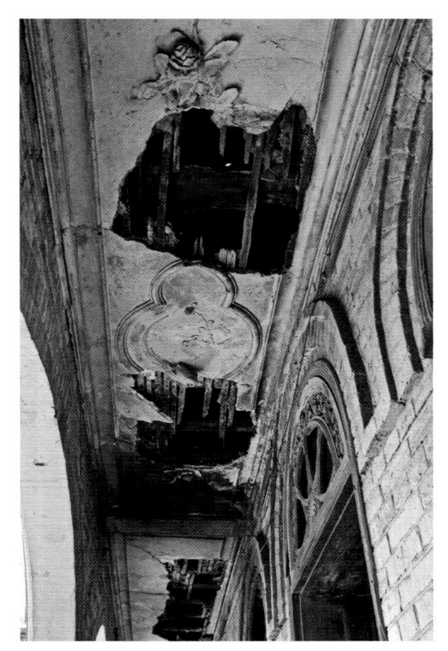
图12-12 洋楼通廊天花损毁严重。

笔者由此联想到，历时4年多时间的第三次全国文物普查，我们对历史建筑的家底了解深度是否达到要求？是否还遗漏了一些有价值的乡土民居？建议文物管理部门再进行一些必要的补充调查登记。以尽可能挽救保护已为数不多的历史建筑。

对蒿芝湾洋房历史信息的搜集和掌握现在还远远不够，笔者希望南川区文管所组织力量，通过各种途径采访尚在的知情老人，补充完善关于蒿芝湾洋房的历史资料。目前，重庆相当多文物建筑历史资料匮乏，成为一个带普遍性的薄弱环节。笔者建议，市文物局是否可设立一笔文物建筑历史文化抢救资金，对重要的历史文物建筑，组织大专院校、研究单位、专家学者，会同区县文管所进行专题考证研究，特别是对口述历史的抢救发掘。通过这种方式，挖掘整理被尘封湮没甚至濒临消失的历史，还原历史的真实面目，给后人留下一笔珍贵的历史档案资料。

南川区石溪乡王家祠堂

2012年9月4日，我在涪陵区青羊镇、大顺乡考察民居和碉楼，紧接着准备去南川考察乾丰乡德星垣庄园和石溪乡王家祠堂。在四川省建委1996年出版的《四川民居》中，我看过南川德星垣庄园照片和简单介绍，照片上的德星垣风火山墙错落有致，庄园房屋连接成片，建筑规模气势恢宏，因而对之留下了深刻印象。

离开大顺乡已是下午3时过，驱车一个多小时，沿途问路，于下午4时30分到达德星垣庄园。下车后立即登上一处高地，当我准备拍摄庄园全景时，却发现这座名闻遐迩的清代地主庄园已是一片衰败破落景象，损毁破坏程度大大出乎我的意料，昔日的壮观辉煌已荡然无存，顿时感到心情沮丧不已。当南川区文管所所长李黎从南川城里赶到德兴垣时，我已没有兴趣再拍摄，照相机也收进了摄影包。尽管本篇题目是“南川区石溪乡王家祠堂”，但还不得不在正式叙述王家祠堂前，稍微描述一下德星垣庄园的状况。

损毁殆尽的德星垣庄园

德星垣庄园始建于光绪十九年（1893年），由于工程浩大，至民国十四年（1925年）最后竣工，时间断断续续长达32年。庄园平面布局呈棋盘形，拥有9座天井、9座四合院的庞大规模，由左、中、右三重院落组成，形成“纵三路横三列”布局形式。德星垣是南川地区发现的最大地主庄园，也是重庆最大的清代地主庄园之一。庄园建造者为刘瑞庭，故亦称刘瑞庭庄园，刘瑞庭早年曾经在北方宦游，所建庄园既有巴渝山地建筑特色，又带有一些北方民居的风格。因当时庄园主是方圆几百里势力最强的袍哥大爷，德星垣亦被称为南川最大的“袍哥堂口”。

由于《四川民居》刊载和重庆媒体、刊物的报道，笔者早就将德星垣列入重点考察的乡土建筑之一。9月4日下午如愿来到现场却大失所望，昔日辉煌壮观的庄园房屋损毁垮塌严重，到处可见残壁断垣，遍地是残砖破瓦。前几年庄园失火，房屋烧掉后留下的废墟至今未作清理（图13-1），整个庄园一片颓废破败景象（图13-2）。部分老房被改建成几座贴着黄色、白色、蓝色瓷砖的砖房，极为刺眼

图13-1　德星垣失火烧掉房屋留下的废墟。

图13-2 昔日辉煌壮观的德星垣庄园如今一片破败。

地穿插在庄园之中。面对如此场景，我既感痛心疾首，又感到愤懑无奈。给李黎讲了我的心情和感受后，她也无可奈何。李黎在文物管理部门工作10多年，作为一名基层文物工作者，面对村民的无知、保护手段和资金的匮乏、村民居住条件等实际问题造成的德星垣现状，她感到心有余而力不足。痛惜遗憾之后，同李黎商量，只有放弃德星垣庄园，将考察点移到下一个目标——位于南川区石溪乡盐井村八社的王家祠堂。

王家祠堂风水环境

当晚从德星垣回到南川区住宿。第二天早晨，同李黎从南川城里出发，约1小时到达石溪乡。乡文化站站长陈立全在乡里等候，陈站长在乡文化站工作28年，对基层文化工作很投入很有感情，石溪乡的板凳龙还被列入重庆市非物质文化遗产。王家祠堂距乡政府不远，车行10多分钟，穿过几百米杂草丛生的机耕道，来到一处农家小院停车，在此已可看到王家祠堂旁高大显目的碉楼。

在第三次文物普查中，王家祠堂被南川区文管所以“雷坪石民居”名称登录上报市“三普”办公室。到现场考察后，笔者发现雷坪石民居实际上是王氏家族建造的宗族祠堂，应该以祠堂类报出，因此，本文均以王家祠堂名称作叙述。

王家祠堂建于清光绪二十八年（1902年）之前，祠堂坐西南向东北，周围翠竹成片，稻穗吐香，青山幽谷，宛如世外桃源（图13-3）。祠堂靠山是一座起伏连绵的小山脉，形似手掌，当地称之为五指山，祠堂坐落在五指山食指与中指之间。祠堂正前方几百米有3座小山峰，形似笔架，当地称为笔架山。笔架山与祠堂之间有一条蜿蜒曲折的小溪，被称为玉带水。沿着溪边的平缓地辟有一条跑马道，乡民称为“马道子”。紧邻祠堂背面有两块巨大的岩石，一块像鲤鱼、一块像狮子，再远处还有一座形似和尚的巨石，这3块巨石分别被称为鲤鱼石、雄狮回头、大头和尚。雄狮头部的朝向与大头和尚遥相呼应，相映成趣。据说这几块巨石因雷劈而形成，因而得名“雷劈石”，后来改称“雷坪石”。祠堂正面有两棵杨槐树，树龄有一百多年，上百年的杨槐树已非常罕见。紧靠杨槐树还有一棵罗汉松，也有百年树龄，树围合抱之粗，在树干高约1米处有一个直径约5厘米的树孔，因村民经常在树洞拴马拴耕牛，洞孔已被磨得非常光滑。

居住在祠堂的老年人们说，王家祠堂是一块风水宝地，祠堂周边有五指山、笔架山，有玉带水环

图13-3 坐落在翠竹连片、青山幽谷环境中的王家祠堂。

绕，有鲤鱼、狮子、大头和尚保佑，祠堂坐落地形宛如太师椅。因为宅基风水选得好，所以王家财运兴旺，还出了不少文人武举。

祠堂周边围墙大部损毁，残存围墙西面斜向开一座门楼，八字形朝门门楼位置朝向也有风水方面的考虑。祠堂正门是一座高达8米的牌楼式建筑，正中开八字形大门，门楼上部飞檐翘角，檐下有券棚、垂花柱、撑拱，门扇绘驱恶辟邪的秦叔宝、尉迟恭画像，“文革”中画像被涂抹，现已模糊不清（图13-4）。距离祠堂前方约六七米处有一幅宽约4米的照壁，照壁内侧绘麒麟吐玉珠图，“文革”中被红卫兵铲除。外侧绘有一幅近2米直径的红色圆形图，像一个红太阳，据说是古时有举人之类功名的人家才有资格绘此图形。据《南川县志》（民国版）卷十一“列传”记载，“王氏系乡首族，前辈多习弓马，应武试庠者满门，累世业儒者亦彬彬，奕康（指房主）弱冠入武学……”由此分析，王家绘此红色圆形图，意在表示家族文武俱全，功名满门（图13-5）。乡土建筑在大门前或者进门后设照壁很普遍，但王家祠堂在照壁上绘“红太阳”图形笔者还是第一次看到。

图13-4 王家祠堂八字形大门。

图13-5 王家祠堂绘有红色圆形图案的照壁。

王家祠堂内部格局和族规石碑

王家祠堂为四合院布局，由牌坊式大朝门、戏楼、正厅、左右厢房和天井组成。戏楼面阔9.75米，进深6.5米，歇山顶，屋顶飞檐比一般民居显得更加夸张生动，屋顶呈优雅的圆弧形，凌空欲飞的戗脊上作灰塑瓷片饰物（图13-6）。戏楼檐下斜撑、垂花柱、额枋均雕刻戏曲人物故事，戏楼下是空高2.8米的过道。四合院天井进深7.8米，宽8.4米，左右两侧厢房前各留0.7米的通道。厢房为悬山顶、穿斗抬梁结构、夯土墙，右厢房一半房屋已经消失，左厢房进深达到11米，两坡水悬山顶则达十七八米，在一般乡土建筑中很少见到。由于跨度大，为使厢房采光通风，瓦屋顶上面开了许多既可通气采光又可防雨的天窗，构成了一道独特的乡土

图13-6 屋顶凌空欲飞的戗脊。

民居屋顶风景（图13-7）。紧靠左厢房背面，依附着土墙搭建了一些泥土房和砖房。祠堂正厅在天井之上，有5步石阶，正厅面阔三间、进深近10米，原有6根石柱，过去是王氏家族聚会、祭祀和进行各种宗族活动的厅堂，可惜正厅已被拆除，仅剩几个雕花柱础散落在地面（图13-8）。

在王家祠堂发现两座石碑，一座石碑位于东厢房角落，为家族族规，落款时间是光绪二十八年（1902年），字迹清晰；另一座石碑在村民搭建的厨房里，被灶台遮挡一部分，内容是祠堂管理规定，由于烟熏火燎，加之人为破坏，此碑字迹已模糊不清（图13-9）。

现将王家祠堂族规照录如下：

房族无力嫁娶者，祠中酌量资助，不可故为吝惜，亦不得任意多与，准以称情为贵；

房族耕田无押佃者，祠中许借铜钱，多寡不拘，均可不加利息，只宜还头，勿得暗行索利；

每年焚献，该座祠人经理，不得坐视不顾，亦不得借祠妄费，以致有名无实；

香灯用费，该经祠人办理，不得诿为不知，以渎神灵；

坐居祠堂，务须公正无私之人坐理。如祠宇朽

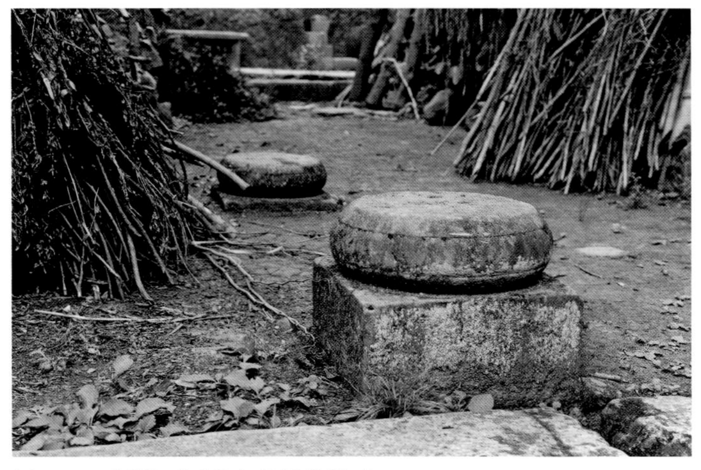

图13-8　祠堂正厅残存的雕花柱础。

坏，必宜培修悉，该坐祠者料理，不得置之不顾，亦不得妄报分文。族中年迈无依及孤寡贫弱者，随分量给。无力葬埋者，给棺一合，钱一串；

祠中钱谷，悉该总首掌管，值年经理不得一人擅专，恐有侵蚀。账目务宜交递时，凭族算明，悉行交清，勿得稍存在手滋混蔽；

凡族中子弟不敬长上，下恤孤寡，以少凌长，以强欺弱，悖逆乱伦，偷乖品行者，悉宜凭族重责不贷；

凡族中子弟岁时祭祀，均宜各整衣冠入祠陪祭，方不失为祭礼祖德。

各款规条，阖族子孙，俱宜一体遵行，恪守宗

图13-7 祠堂厢房瓦屋顶通气采光孔。

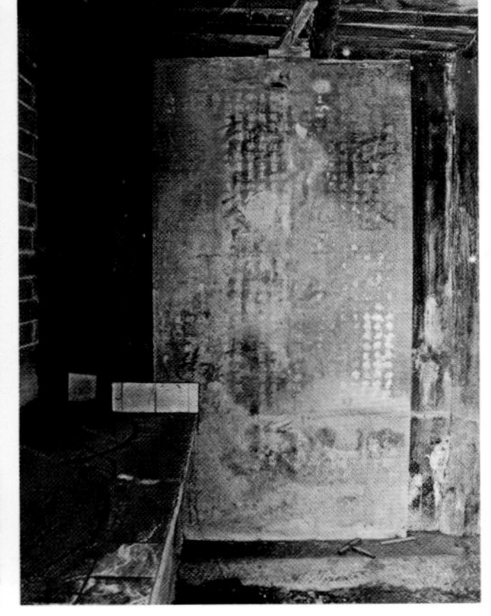

图13-9 王家祠堂保留的两座石碑。

法，如不秉遵，小则凭族理斥，大则家法有惩，决不宽恕。

祖修宗祠嗣孙奕康 李氏

（以下有字派共31人，略去）

大清龙飞光绪二十八年岁次钟月中浣谨镌

王家祠堂族规石碑落有“祖修宗祠嗣孙奕康”，时间是光绪二十八年（1902年）。奕康是祖修宗祠的嗣孙辈，说明祠堂建造的时间还要更早，如果奕康的祖父辈按50年前来计算，祠堂建造年代大致应在1850年，即道光末年至同治初年之间，距今已有140多年历史。

碉楼雄姿

王家祠堂最引人注目的建筑是一座高18米，进深7米，面宽9米的土碉楼（图13-10）。碉楼紧邻祠堂西面，距离祠堂厢房外墙仅3.3米。碉楼四角中一角向外突出1米，形成一处2.7米见方的瞭望台。碉楼基座用条石砌垒，墙体用泥土夯筑，土墙厚度0.52米。碉楼共5层，第四层内高3.2米，四面开木窗，顶层阁楼内高4.2米，各层不同方向开有内大外小、呈扁长方形漏斗状的射击孔。碉楼屋顶为歇山式，两重檐，四角起翘，造型生动。碉楼第三层墙壁四面设有宽约1米的挑廊，廊道已毁，仅剩少量挑出的木架（图13-11）。阁楼正脊上写有：“中华民国九年一月二号，王庆生、王懋昌、王继泽等建修；已未十一月中浣宗祠五房庆生、懋昌、世均、继泽、少哲各助谷十石”，正脊正中题“千秋永固，百代常新”8个大字。从题字可知碉楼建成于1920年1月，王氏家族5人为建碉楼共捐助粮食50石。碉楼里现住有兄弟俩，兄长莫国定、68岁，兄弟莫国木、65岁，碉楼在土改时由他们父亲莫泽南分得。父亲早已去世，兄弟两家共7人，现只有3个老人居住在碉楼里。

图13-10 王家祠堂土碉楼。

上下碉楼的楼梯设在2.7米见方的瞭望台内，瞭望台内空狭小，楼梯呈螺旋状转折。登上碉楼向下观望，只见王家祠堂楼阁重叠，飞檐起伏，雕梁

图13-11 碉楼墙壁挑廊残存的木架。

图13-12 从碉楼俯瞰王家祠堂。

画栋，鳌鱼飞天，戏楼歇山顶四角飞檐和屋顶形成的弧形线条生动优美、引人入胜（图13-12）。

曾为革命英雄，又成匪首的王懋迁

民国时期，王氏家族出了一个赫赫有名的人物王懋迁。王懋迁生于光绪十九年（1893年），南川石溪乡高房村人，青少年时期在重庆府立中学读书，后在四川省县训所峨眉山军训团毕业。王懋迁曾参加中国同盟会、中国国民党（左派），一生担任职务甚多，主要职务有国民党（左派）南川县党部监察委员、南川县东西北联团办事处主任、东西北联团干部学校校长、石溪乡联保主任、南川第三高等小学（设在现石溪乡仁寿阁）校长、酉阳县龚滩区区长、南川县参议员等。民国十五年（1926年），中共南川支部在石溪乡仁寿阁创办东西北联团干部学校，培训农民武装干部，王懋迁任校长。1927年1月，东西北联团联合涪陵四镇乡联团督察长李蔚如，率领农民武装3000人攻打南川县城，王懋迁参加了这次军事行动。1927年正月七日，国民党部队派兵分三路进攻石牛溪（现石溪乡），捉拿农民武装暴动首领王懋迁，王家庄园被焚，仅祠堂幸存。革命失利后，王懋迁隐蔽于涪陵、重庆等地，与中共组织失去联系，后回乡里，以行医为业。解放初，王懋迁纠集土匪叛乱，任土匪司令，与谢怀德、王邦君、唐茂国等率土匪攻打大观区人民政府。1950年4月土匪叛乱被平息，王懋迁在一处岩洞里被擒，后被县政府判处死刑。

亟待维修的王家祠堂

土改后，王家祠堂分给8户农民，现祠堂和碉楼里还居住有几家人，青壮年早已外出打工，留在家里只有几个耄耋老人。老人们至今还在烧柴火，祠堂内外到处堆满柴禾，给祠堂安全带来隐患。由于人为破坏和自然损毁，王家祠堂部分房屋木壁改为砖墙，戏楼木结构糟朽严重，右厢房大部分损毁，正厅全部消失，戏楼雕花构件在“文革”“破四旧、立四新”中被红卫兵破坏。老人们给我讲，当年红卫兵来到祠堂，能砸的就砸，砸不到的，就用长杆子去捅，有的红卫兵上到瓦房顶，用竹竿横扫雕花和脊饰，红卫兵没有破坏完的，公社革委会又通知农民自己去铲除。尽管笔者亲身经历过文化大革命，但每当一次又一次看到和听到这些疯狂愚昧和匪夷所思的故事，仍然会一次又一次感到愤慨、悲哀和难受。“文革”十年浩劫是中华民族的深重灾难，造成的文化损失和缺失，几十年也无法恢复，有的甚至永远不可能挽回。悲呼哀哉，但愿这样的故事不再发生和重演。

类似王家祠堂这样的民间传统建筑，如果没有人去关心、呵护、维护，没有当地百姓的自觉和政府部门的有效管理和投入，过不了多久，本文开头提到的德星垣庄园的命运，可能就是今后王家祠堂的归途。

王家祠堂有160年以上历史，尽管损坏严重，但基本格局尚存，碉楼特色突出，具有较高建筑价值和研究价值，应该妥善加以保护维修，让其建筑本体和承载的历史文化信息能够得到永续传承。

江津区四面山镇会龙庄（王家大院）

会龙庄又名王家大院，位于国家级风景名胜区四面山和中国历史文化名镇中山镇之间，距江津城区约85公里。会龙庄原属江津县柏林区双凤乡，后属傅家乡。撤区并乡后，双凤乡、傅家乡建制撤销，两乡并入柏林镇，双凤乡改为双凤村。2008年，为依托四面山风景区发展旅游经济，江津区以四面山镇为中心成立四面山风景区管委会，双凤村从柏林镇划入四面山镇，会龙庄因此也纳入四面山镇和四面山风景区管委会管辖范围。双凤村与四面山接壤，幅员43平方公里，户籍人口10469人，大部分人外出打工，在乡实际人口不到4000人，属人口密度很低的山区乡村。

会龙庄深藏于双凤深山老林之中，长期以来不为人知，近十年来，会龙庄才逐步浮出世面，而且名气越来越大，引起各方关注。经笔者多次考证，在重庆民间现存庄园大院中，会龙庄堪称保存最完好、规模最宏伟、建造也极有特色的一座典型清代地主庄园（图14-1）。

图14-1 修复后的会龙庄前厅和前院坝。

五次探访会龙庄

由于会龙庄有许多值得考证研究之处和不解之谜，我曾先后5次到会龙庄考察。会龙庄投资人沈小东、项目经理陈会伦（现任双凤村党委书记）与我一直保持着联系。第一次到会龙庄是在2000年8月13日，当时我正在做《重庆古镇》一书的田野考察，江津县双凤乡也在考察安排之列。双凤乡是偏僻的高山小乡，全乡当时只有8200人。从主城出发，到中山镇前行十几公里后，有一处岔路分道去双凤乡（又名马家坪）。上山道路弯曲陡峭、路况很差，一路颠簸，6公里山路车行约半个多小时。双凤乡海拔950米左右，沿途群峰叠嶂，森林茂密，云雾缭绕，空气清新，使人心旷神怡。时值盛夏，山上气温比山下要凉爽得多。到达乡场，双凤乡党委书记杨世富热情地接待了我。在参观了几百米长的双凤老街后，杨书记陪同我到距离乡政府约1公里处的会龙庄考察，这是我第一次到会龙庄。

过了六七年之后，重庆各家媒体对会龙庄作了报道，中央电视台、中新社、凤凰卫视、《中国旅游》、《世界民间建筑》等媒体也进行了宣传报道，会龙庄一时声名鹊起，到会龙庄参观的人逐步增多。由于一些宣传带有不少传说和渲染成分，更增添了会龙庄的传奇色彩。

因一段时间对会龙庄的宣传沸沸扬扬，以至于市委宣传部主要领导也在刊登有会龙庄报道的报纸上签署意见，要求江津区提出保护方案、市文广局组织专家给予咨询指导，并要求我和三峡博物馆馆长王川平一起到会龙庄考察。为此，市文广局于2007年11月8日邀请笔者同重庆大学教授杨嵩林、市文物考古所研究员林必忠、三峡博物馆研究员柳春明一起到会龙庄作专题考察，市文广局副总工程师吴涛和文物处处长吴渝萍同行。江津区文广局、文管所，柏林镇文化站干部都来到会龙庄，与庄园主人沈小东一起，就会龙庄的文物保护、旅游开发、建筑修复等方面进行了研讨。2008年7月25日，笔者随同市委宣传部主要领导到会龙庄考察调研。2009年10月18日，笔者再次到会龙庄，对庄园进行了拍摄和测量。

尽管多次到会龙庄，但在正式撰写文章时，面对会龙庄庞大的建筑体量和复杂的布局，我仍然有一种不知从何下笔的困惑。本着严谨的学术研究态度，2012年9月7日，我第5次来到会龙庄。在庄园女主人刘忠梅（沈小东夫人）陪同下，我对庄园里里外外再次进行了观察、拍摄、测量，并向当地老乡详细询问了一些问题。通过多次对会龙庄的考证研究，查阅相关资料，拜访知情老人，希望对会龙庄能够有一个较为真实的描述和准确的评价。

浩大而漫长的修建工程

据有关资料记载，会龙庄由王氏家族从嘉庆七年（1802年）始建，到民国二十七年（1938年）部分重建，先后由六代人不断修缮、维修和扩建、重建而成。2005年，在会龙庄修缮施工中，施工队在庄园正面左侧发掘出一座石旗台，上面题有“道光壬午年”，壬午年是道光二年（1822年），这是一个非常重要的发现，证明了会龙庄始建于1822年之前（图14－2）。会龙庄碉楼主檩题写有“中华民国念七年七月十二日经始，中华民国念八年五月二十五日觳立”，和“经修王泽生、王开发，木工高利贞，石工龚海三，土工王二和同建”（图14－3），这里的“念”是“廿”的大写，即碉楼建造于中华民国二十七年（1938年）七月十二日，竣工于民国二十八年（1939年）五月二十五日。过去有的报道把“念”所代表的“廿”去掉，时间算成是民国七年（1918年），实在是一大误导。

图14－2 施工发掘出的石旗台成为会龙庄建造年代最重要的见证。

会龙庄建造年代从嘉庆七年（1802年）到民国

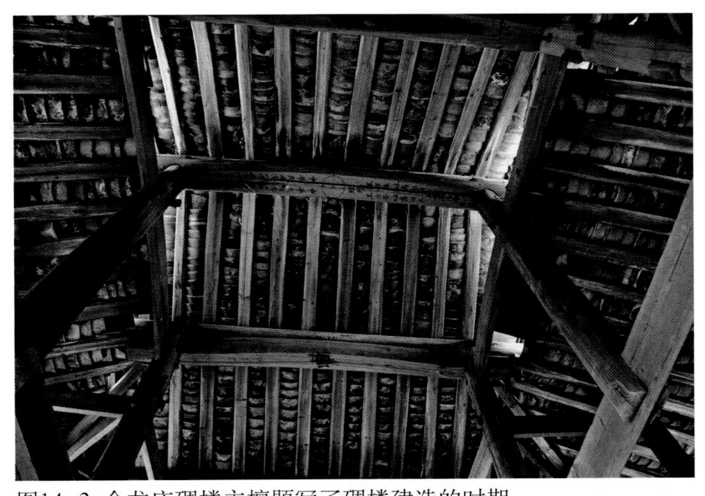
图14－3 会龙庄碉楼主檩题写了碉楼建造的时期。

二十八年（1939年），历经六七代人，时间跨度达136年漫长过程，笔者认为也是正常的。实际上，中国民间建筑都有一个不断修缮、扩建、重建的过程。由于中国民间建筑多以木结构或土木结构为主，往往难以防御火灾、水灾、虫害、兵燹和自然损毁，因此屡建屡毁、屡毁屡建的情况非常普遍。例如重庆湖广会馆，上世纪40年代著名学者窦季良先生在其《同乡组织之研究》一书中考证该会馆始建于康乾时期，我在2004年至2005年主持湖广会馆修复时，现场出土了乾隆十五年（1750年）的太极图石碑，在主脊梁发现“嘉庆丁丑岁孟春月穀旦立，光绪已丑岁黄州阖府重建”题字，在另一处又发现有“楚省两湖十府士商捐资公建，大清道光丙午岁孟夏月穀旦”题字，因此，重庆湖广会馆从康乾时期始建，到嘉庆、道光、光绪等时期都作过修复或重建，前后时间跨度达200多年。

扑朔迷离的王氏家族

关于庄园来历的传说众多，使人感到扑朔迷离。一说是明惠帝朱允炆逃难入蜀，在川黔边界偏僻之处修建的行宫；二说是贪官和珅私下修建的乡间豪宅，后被嘉庆皇帝查处，豪宅被其王姓卫士鸠占鹊巢；三说是王家先祖在明代为官，因官场争斗，为躲避祸乱，举家迁至双凤，在深山老林中修建造了府邸；四说是王家先祖押送装载皇家宝物的船只，翻船失职，恐被惩处，遂将尚存珍宝变卖，在此修建了这座庄园；还有一说是宅院主人原是一叫花子，从贵州一路讨口来到凤场，定居下来后靠赌博发了大财，遂置田买地，后来花巨资建造了这座豪华的庄园。

至今为止，尽管王家后人还有一些健在，但很少有人能够把王家在清代和民国时期的家族历史和庄园建造的过程说清楚。庄园现主人沈小东给我讲，为了搞清楚会龙庄的来龙去脉，他请当地老人、各方知情人士，包括王家尚在的佣人、佃户等，先后召开了6次座谈会，虽然也厘清了一些历史，但很多问题还是说法不一，甚至相互矛盾，至今仍然留下不少历史谜团。

据柏林镇旅游资源开发公司会龙庄项目经理陈作论介绍，他曾经在王家后裔王永臣（70多岁）、王永林家藏的族谱中，查到关于王氏家族来江津的一些记载：说是王家原籍山西太原祁县，乾隆年间，王氏先祖王天祥触犯大清律令，面临灭门之灾，王天祥携带妻儿老小和财宝逃亡出京，一路颠沛流离，经湖北入四川，最后来到江津县落脚。王天祥及后辈王仕元两代人韬光养晦，不敢显露财富，到其孙辈王财美时，才把积存的财宝拿出来做生意，因此祖业得到振兴，至嘉庆七年（1802年），王家才聚集财力修建会龙庄。但是，后来又发现这个王氏族谱并非会龙庄这支王家的族谱，而且沈小东告诉过我，他曾经专门到山西太原一带，通过各种途径去探寻王家祖脉，但仍然没有查到任何有用的资料。

比较普遍的一种说法是：王氏先祖原籍湖北麻城县孝感乡，清代四辈担任押运使，在一次押运途中将财宝丢失，为避免朝廷问罪，株连九族，先辈王仕文安排家眷向西逃难，自己则留在家里顶罪；王妻有孕在身，在几名贴心随从的保护下，和家人从湖北一路风尘来到江津双凤，生下儿子王文杰，这才在双凤安家。经过艰苦创业，王家渐渐发迹，拥有良田万顷，在贵州习水，四川合江、綦江和江津李市等地都有王家田地，收租上万石。除此之外，王家还经营食盐贩运、纺织印染、典当店铺等营生，在当地富甲一方，权倾一时，声名显赫，号称“王半县”。

据说会龙庄过去保留有康熙御题的“祖德留芳”匾额，还有乾隆、嘉庆皇帝的圣旨以及达官显贵、骚人墨客题写的牌匾、字画。如果真是如此，王家先祖声名的显赫和地位的的尊崇就非同一般。

迄今为止，对于王氏家族和会龙庄的历史考证、发掘及系统研究仍然缺乏，特别是真实可靠的史料还远远不够。

“西南第一庄”

在笔者考察过的清代至民国时期的庄园大院中，从占地规模、建筑面积、建造档次、保存完好程度等方面来看，会龙庄都堪称重庆第一，一些专家学者和媒体更是将其称为“西南第一庄”（图14-4）。江津双凤地处山区，地势崎岖，既不临水道，亦无棉、麻、烟、盐、矿等特产，至今也是一个并不富庶的乡场。在信息闭塞、经济落后、交通不便的山区，出现会龙庄这样规模浩大、制式宏阔、华贵典雅的古建筑群，既令人叹为观止，也感到有些疑惑不解。目前有一种解释笔者认为似在情理之中：明清时期，从贵州习水到江津、重庆一带，有一条古驿道必须经过双凤场，因此双凤场当年也是商贾往来、店铺云集的繁盛之地，出现会龙庄这种规模档次的庄园，也有着当时的经济基础和历史条件。

古人曰：“宅者人之本，人以宅为家。宅安，即家代吉昌；若不安，即门族衰微”。作为大家豪宅，为图家道昌盛，会龙庄对宅基地的风水格局非常考究，在寻龙觅砂、观水点穴方面下了极大功夫。从现场观察，会龙庄坐西南向东北，左有青龙山，右有白虎山，前方地势开阔、居高临下，远处朝山龙骧虎峙、气势磅礴、逶迤连绵，背后主山

图14-4 被称为“西南第一庄”的会龙庄古建筑群。

（靠山）树林繁茂、秀丽多姿。凤场乡地处大娄山北翼余脉山脊，晴朗时可遥望贵州习水群山。当地民间流传，因庄园后有龙脊山脉，前方到二郎的大路弯曲如游龙，二龙相会于宅院，会龙庄因此得名。当地老人们讲，会龙庄一带过去遍布贞楠（又称金丝楠木）、香樟、银杏、杉树、松树，仅珍贵的金丝楠木就有上万棵。解放后，民生轮船公司、成渝铁路需要的木料都到此采伐。1958年大炼钢铁，兴修水库，此地森林又遭到肆意破坏。农业学大寨热潮中，为扩大耕地，古树名木再次遭到毁坏。至今庄园入口坡地处仅剩几十棵贞楠树，庄园前还有一棵两人合抱的银杏树。

会龙庄布局为复式四合院，采取中轴线对称手法，纵向三重堂沿中轴线贯穿，横向三重天井向两侧延伸，总占地面积约2万平方米，建筑面积约5300平方米。庄园过去有18个天井，16座院落，202间房屋，328根石柱，308道门，899个窗户。笔者在现场观察，庄园现在实有14个天井、10座院落、50多间房屋（图14-5），内院层层递进，门庭深幽（图14-6）。当地老人回忆，庄园外面还有牌坊式大朝门一座，朝门门框刻“千古宫墙日祥云照耀，万方礼乐太和元气流”门联，上世纪50年代初期朝门被拆除。

庄园内有一座大戏台，由12根石柱支撑，6根方形柱、6根园形柱，石柱最高达9.4米（图14-7）。戏台面阔9米、进深4.6米、内空高3.5米，戏台两侧有宽大的耳房，既作进入戏台的通道，又是演出时化装、休息之处，平时则用于堆放节日庆典用的物件。戏楼檐枋、额枋、穿枋、垂花柱、撑拱、雀替、栏板等构件做有精美的镏金雕花，可惜在“文革”时期遭严重破坏，现在几乎找不到一处完整的雕花构件。

穿过戏楼之下空高2.8米的过道，上3步石阶，来到会龙庄最大的中庭天井。中庭天井进深20米，面阔18.5米，铺地石料规矩整齐、密实平整，石料长达两米多，至今地面未出现起翘、凸凹、断裂等现象（图14-8）。据住在会龙庄附近的李同中（66

图14-5 会龙庄众多天井院落。

图14-6 庄园内院层层递进，门庭深幽。

图14-7 会龙庄大戏台。

岁）讲，他父亲李和清（1986年过世）曾亲眼看到工匠们翻修地面的情况：为保证院坝平整和排水通畅，铺地石板之下全部用木炭铺底；为做到石板之间结合密实，工匠们将两块需拼接的石板相互用水反复磨合，一直磨到石板边口光滑平顺，拼合后中间不透光线为止。

中庭大天井之下有两处长方形小天井，标高低于大天井约0.7米，与大天井呈“品”字形，暗寓“官品”之意。中庭两侧厢房各用5根方形石柱支撑，厢房分上下两层，上层进深3.3米，作为书房和观看戏曲演出贵客席位等用途，下层全部开敞，成为一条进深4.7米宽的廊道。

庄园排水系统通畅，从未出现积水现象。据沈小东介绍，在整修庄园下水系统时，发现排水沟槽内部呈螺旋状，2012年北京电视台到会龙庄采访拍摄后，专门把下水道照片送故宫博物院。据博物院专家考证，会龙庄下水道的作法与故宫下水道工艺相似。专家解释，螺旋状排水管使水流在管内旋转，既可加快排水速度，又增加了污水自净能力。

图14-8 中庭天井铺地石料规矩整齐，密实平整，至今完好如初。

穿过中庭天井进入庄园中堂，中堂地势比前院稍高，需上5步石梯，是会龙庄保留最完好的建筑。中堂正前方开6扇大门，后面为8扇屏风，屏风两边有耳门进出中堂。中堂面阔约15米，进深8.5米，空高8米，4根直径0.6米、高5.8米的粗大石柱支撑整个屋顶。柱础直径0.93米，表面雕刻莲叶、动物、云纹、松树、房舍、万字纹等图形（图14-9）。中堂屋顶为三架梁，用料粗大，梁架均施重色彩绘，6座驼峰将屋顶重量均匀分布在梁架上。文化大革命中，驼峰被学校用泥土涂抹覆盖，因而逃脱厄运，清除泥土后，6座驼峰得以显露，成为整个庄园未遭“破四旧”损毁的木雕精品（图14-10）。

从中堂穿过天井，上3步台阶进入正堂。正堂面阔三间，进深9米，内空高7.2米，明间宽约6米，前有1.5米高的石柱和木栏板。正堂是悬挂祖宗牌位、祭祀先祖和神灵之地，地位应不逊于其他

图14-9 体量硕大、雕工精湛的柱础。

图14-10 中堂梁架、驼峰保留完好的彩绘和木雕。

房屋，但会龙庄正堂规制略显小气，内部用料和装饰档次也不高。其原因有一种说法：因庄园建造宏阔奢靡，且立有皇家才能有的华表，被当地一秀才以举报要挟，为避免灾祸，庄园主人只有将正堂降低7尺，并拆除华表。关于华表，笔者在下面有自己的解释，但正堂与整个建筑群似不相称，其原因还有待进一步考证。

庄园华表之谜

中堂与后堂之间天井有4座大石墩，呈正方形分布，间距为6.7米。石墩直径0.83米，上圆下方，表面已严重风化，雕刻模糊不清。当地村民记得石墩雕刻有“渔、樵、耕、读”四景，现在只有一座石墩刻画的“渔”景依稀可辨，上面雕有垂钓的渔夫和小船。人们一直认为这4座石墩是庄园主人修建的华表底座，且对华表来历有这样的解说：王家家业传到曾孙王雅常手里，已是良田万顷、财宝无数，达到鼎盛时期，在天高皇帝远的山区，不啻为一方土皇帝。于是王雅常欲望膨胀，令工匠在中庭之后的天井修建4座华表，并将大堂加高，以显示王家的尊严地位。没想到被人举报，为避免惹上灾祸，王雅常将大堂降低7尺，华表不敢再建，留下这4个石墩。

笔者认为这完全是一个传说，4个石墩实际上是民间建筑抱厅的柱础（图14-11）。在笔者考察过不少乡土建筑中，都有在庭园中修建抱厅的作法。抱厅又称为花厅、铆厅、凉厅子，主要用于接待贵客、休闲纳凉，同时也有很好的景观装饰效果，在民间风水中还有天地合一、聚气通风之说。重庆湖广会馆中的齐安公所修建有抱厅；江津中山镇龙塘庄园（余家大院）天井正中也遗留下来4个间距为5.8米的抱厅柱础，因上世纪60年代公社革委会建办公室需要木料，抱厅被拆除，剩下4个孤立的柱础。会龙庄抱厅为什么没有建完？或者是已经建成，但为什么又被拆除？这倒是一个谜。

鸳鸯亭

鸳鸯亭无疑是会龙庄一处画龙点睛、锦上添花之笔（图14-12）。从抱厅遗址东行，穿过一处天井，再过一座厢房，就来到鸳鸯亭。鸳鸯亭建在一处天井里，天井面阔15米，进深8.7米，天井中有长9米、宽6.5米的水池，池边有石栏，一座石桥拱似一轮弯月横跨水池，拱桥上有一座方形亭子，被称为鸳鸯亭。鸳鸯亭原有两层，后被拆了一层。鸳鸯亭小巧玲珑，青瓦坡顶，檐下四方饰券棚，颇具江南水乡小桥流水之韵味。小亭内空2.7米，两边设0.9米高的木栏板，在此可凭栏望鱼观花、闲聊品茗。鸳鸯亭檐下挂有牌匾，上书行草“鸳

图14-11 抱厅留下的4 座柱础石墩。

图14-12 鸳鸯亭成为会龙庄锦上添花之笔。

鸯亭”3字，落款是“戊子春”。查清道光八年（1828年）、光绪十四年（1888年）都是戊子年，究竟是道光八年，还是是光绪十四年，还需作进一步考证。

细看桥拱两侧各有一碗口大小水孔，水从拱孔中自然往复流动，池水常年满盈，天旱不枯，大雨不溢，使人叹为奇观。拱桥内还有一个不为人知的秘密：拱桥内部留有较大的空间，桥面有一块活动石板，遇有紧急情况，家眷揭开石板即可进入桥身内部隐藏。

从中堂天井旁往里走，经过几重院落登上绣楼，此楼原为会龙庄女眷居所，二楼全部为木墙、木地板，绣楼一面墙壁中有夹墙，夹墙全部连通，平时用来珍藏贵重之物，如遇不测，女眷和老人小孩可进入夹墙暂时躲避。

固若金汤的防护设施

会龙庄的安全防护设施极为严密，设有内外两道围墙和几座碉楼。外围墙形如城墙，墙体用条石砌筑，中间用块石和泥土填埋，厚度2米左右，总长约2000米。内围墙略呈正方形，将大院围合。内围墙四角建有四座碉楼，居高临下护卫规模浩大的庄园。上世纪60年代农业学大寨，大搞农田基本建设，会龙庄围墙和碉楼被拆除，石料用去修了水库。当地村民建房修猪圈，也在会龙庄拆取石料砖块。至今残存的内院石墙高5米，厚0.53米，碉楼还存两座，一大一小，大碉楼位于庄园重要位置，成为会龙庄醒目的视觉中心，小碉楼位于庄园进口处，建造较为简单，高3层，现有一户村民居住。

民国时期，庄园拥有100多条枪，庄园设有武馆，家丁平日在武馆练拳习武。沈小东告诉我，一次在油漆施工中，工人发现一棵木柱树疤有些松动，抽出树疤，发现里面有一个小孔，孔里裹着一个纸团，掏出来一看，是几张领取枪支、子弹外出的路条。民国十年（1921年）九月十二日，匪首曹天全率领土匪攻打凤场和会龙庄，遭到训练有素的家丁顽强抵抗，庄园围墙碉楼坚固，粮草、弹药充足，土匪围了3天3夜后弹尽粮绝，只有撤退，凤场和庄园免遭劫难。解放初期，解放军部队进入四面山剿匪，团部曾驻扎会龙庄。

在重庆现存土碉楼中，会龙庄大碉楼堪称是最高的一座。碉楼边长7米，呈正方形，共6层，通高38米，外有三重瓦檐，顶部为歇山式瓦屋顶。从庄园进入碉楼有3米高基座，上19步石阶，通过一座石门才能进入碉楼内部。碉楼下部是2.9米高条石墙，上面为土墙，厚度0.53米。石门门楣阴刻“绿堃亭”3个大字，“文革”中题刻被损毁，字体已模糊不清。进入碉楼，沿着陡峭的木楼梯逐层盘旋而上到达碉楼顶层，进入高4.8米的瞭望哨楼。哨楼四面空透，在此可俯瞰整个庄园和四周景色。碉楼各层木地板都铺一层泥土，即可将木地板隔离，起到防火作用，又可降低走动时的抖动和声音。

笔者早些年到庄园考察时，碉楼还保留原样，土墙表面石灰部分脱落，墙身有一些裂纹和风雨冲刷的迹印，倒显得斑驳厚重。在庄园整体修缮工程中，碉楼被粉刷一新，墙身雪白，如新修一般，反而丢失了碉楼的历史痕迹和沧桑感（图14–13）。在历史文物建筑修复中，由于一些项目业主、施工

图14–13 修复后的会龙庄大碉楼。

队伍缺乏对历史文物建筑修复“原真性、可识别性、可逆性”以及“修旧如旧，修旧如故”等理念、原则的认识和理解，不少历史建筑修复后面貌焕然一新，反而丧失了历史的沧桑感和厚重感，造成了历史信息的丢失和破坏。这些常见的问题和现象需要我们加以重视和必要的引导。

凋敝衰败的下庄园

历史上王氏家族修建了会龙庄、仰天窝、后山坪、浑水塘、老房子等几处庄园，会龙庄（也称上庄园）保存较完好，仰天窝被土匪烧毁，还留有基础遗址，其他庄园大都损毁严重。离会龙庄约800米有一处下庄园，俗称“老房子”，下庄园也是一处规模巨大，具有完整规制和防护设施的大院。大院有巍峨的碉楼、高大的围墙、森严的朝门、精湛的木雕和石雕，房屋有数十间。解放后，下庄园分给十几户农民。下庄园尚存一座土木结构、穿斗青瓦的院落，有几户村民在里居住（图14−14）。经过几十年使用，现在的下庄园已是面目全非，院落荒芜破败，雕花残缺损毁，到处是断垣残壁（图14−15）。笔者徜徉在冷寂破败的下庄园，面对一片凋零破败、残砖破瓦，感到非常惋惜。在多年田野考察中，每当看到珍贵的历史建筑因我们的愚昧、无知、麻木而变得衰落破败、满目疮痍，笔者都有一种愤懑无奈的情绪和痛心疾首的难受。

图14−14 下庄园尚存的木结构院落。

图14−15 荒芜破败、断垣残壁的下庄园。

会龙庄新庄主

解放后，包括会龙庄末代庄主王开荣在内的7人被镇压，庄园被没收。上世纪50年代，乡公所、粮站、学校都设在庄园，庄园前半部分改作粮仓，后半部分改作双凤小学和双凤中学，学校规模最大时有30多个班，师生达1000人。1990年会龙庄被公布为江津县文物保护单位，1997年双凤小学搬走，2002年，双凤中学搬出，同年粮仓也撤离，之后会龙庄一直闲置。2009年，会龙庄被公布为重庆市文物保护单位。

由于长期风吹雨打、白蚁侵害等自然因素和人为破坏，会龙庄受到不同程度的损毁。庄园房屋部分檩子、椽子受潮腐朽，白蚁腐蚀严重；屋面封檐板和大部分瓦头脱落，屋面局部塌陷，戏台、厢房、碉楼多处房屋木板壁、楼板开裂，门窗毁坏严重；“文革”期间“破四旧”，庄园遭到肆无忌惮的破坏，许多珍贵的木雕构件被拆除后一把火烧掉，没有烧掉的雕花构件在戏台下堆了一屋子；学校使用期间，对房屋进行了部分改造，一些木结构房屋被砖墙取代；学校用拆下来的匾额、门扇、梁柱和雕花构件改作桌椅板凳，据说一块康熙时期的“祖德流芳”匾额被改作了8张课桌的桌面；附近村民到庄园里将雕花石料搬去建房、修猪圈屡见不鲜。凡此种种，使人触目惊心、心痛不已。

重庆的古建筑有一个最大的天敌，那就是白蚁，民间俗称涨水蛾。白蚁繁殖能力特别强，对木质结构的破坏极其严重，如重庆湖广会馆修复前，戏楼的雕花撑拱被白蚁蛀空后，只剩下一张皮，一只手轻轻就可以提起来。会龙庄不少珍贵木构件遭受白蚁损毁的情况也很严重，以至于修复时不得不整体更换。还有一种专门钻木料的黑虫，这种黑虫钻进木料后会在里面转弯，钻出的洞口大的近1厘米，弄得木柱百孔千疮。笔者曾接到过沈小东的电话询问，还专门请市文物考古所的专业技术人员到现场查看，研究处理这种虫害的办法。

2001年，时年40岁的沈小东与傅家乡政府签订了经营会龙庄协议，由沈小东成立会龙庄旅游资源开发有限公司，出资对会龙庄进行修缮，并开发旅游。沈小东，江津人氏，8岁开始学习国画，师从著名国画家阎松父，后考入四川美术学院1987级绘画专业，毕业后当过《中国市容报》美术编辑，后回江津创办企业，从事广告、装饰设计及施工。因爱好历史文化和古建筑，他对会龙庄情有独钟，接手庄园后，开始将大把大把的钱丢进会龙庄，以至于家人和朋友都不理解，说他是疯子。从2002年至2004年，会龙庄旅游资源开发有限公司开始整治会龙庄外环境，2005年开始对会龙庄进行整体修缮，其间，沈小东事无巨细、亲历亲为，以至于漆工、画工、木工、泥瓦工无所不会。2008年，修复工程基本完成，耗资数百万，其中仅恢复雕梁画栋，就耗费油漆约40吨。

沈小东从2001年接手会龙庄，至今已13个年头，2014年沈小东53岁，会龙庄确实耗费了他大量精力和心血，但是他仍然无怨无悔。他说过一段话：“会龙庄王氏家族后人对我说，感谢你，把家族记忆和老房子留了下来，你积了德，那一刻，我想哭，我觉得我所有的努力，都值了！”这确实是他发自内心的肺腑之言。

会龙庄建筑规模巨大，保存相对完好，建筑制式独特，历史底蕴厚重，在重庆乡土建筑中首屈一指。迄今为止，对会龙庄的研究尚未取得突破性成就，还有许多不解之谜和历史需要去搜集、去发现、去研究。如果说会龙庄是一座阿里巴巴宝库，那么发掘开启这座宝库将会在重庆的人文历史、社会科学、民间建造技术等方面取得令人瞩目的研究成果。前两年，云阳县旅游局委托南京大学遗产研究院对重庆云阳县彭氏宗祠进行了为时1个月的考察研究，已取得重要研究成果。笔者设想，如果能够由市文物局或者江津区政府牵头，组织重庆市相关院校和专家学者，集中一段时间对会龙庄进行深入研究考证，相信也会取得重要的研究成果。

另外，沈小东作为个体，尽管付出了不少心血和努力，但是面对会龙庄庞大的建筑体量和深厚的历史文化，在维护、管理、经营、维修、技术、研究等诸多方面仍然感到力不从心。因此，对下一步庄园的管理运行方式，以及如何对沈小东给予更多帮助扶持指导，也建议有关部门深入探讨研究。

江津区塘河镇孙家祠堂（庭重祠）

祠堂是宗族文化的产物，而对巴渝宗族文化的发扬光大更多来自于各地移民。江津历史上是移民大县，在明清两次大规模“湖广填四川”中接纳了来自湖南、湖北、江西、广东、福建等省的大批移民。几百年来，以血缘为纽带的宗族文化在江津异常发达，为寻根、祭祖、联谊、旺族而修建的宗族祠堂遍及江津城乡。据《江津县志》记载，上世纪50年代，江津县李市镇有宗祠52座，仅李市镇沙坝村就有宝善祠、汝龙祠、八房祠、位安祠、会麟祠、吴氏祠、水龙祠、兆甲祠、仲书祠、刁氏祠10座宗祠。从50年代至今短短几十年，遍及巴渝乡镇村庄的宗族祠堂现已所剩无几。

笔者考察过不少宗族祠堂，深深被其建造艺术和展现的浓郁地域文化所震撼和折服，从而对祠堂特有的文化价值和建筑价值产生了浓厚的研究兴趣。在重庆范围内的宗族祠堂中，江津区塘河镇孙家祠堂（庭重祠）是保留相对较完好的一处。无论是从建筑规模、建筑结构形式、建造水平，或是从历史积淀和建筑环境风水等方面综合评价，孙家祠堂都堪称重庆移民宗祠中的代表之作（图15–1）。

图15–1 青山环抱的孙家祠堂。

关于宗祠文化

宗祠文化是中国封建社会的产物，由族人集资建造的宗族祠堂几乎遍布全国城乡，特别是中国南方地区尤甚。祠堂以家族血缘为纽带，以地方姓氏为单位，传承着一个家族的伦理道德、宗族文化和行为规范，为聚会、议事、祭祖、敬神、娱乐、接待、兴学、办理婚丧寿喜等需要提供了重要的活动场所。由同族集资建造的祠堂建筑，如同西方的教堂、东南亚的寺庙，往往成为当地最豪华壮丽的建筑。建造祠堂花费的银两、耗费的时间精力也常常令人难以想象。

为维系宗族活动和祠堂修缮的需要，家族成员要向祠堂捐献田产，大的宗祠，如江津李市镇周氏祠有祠堂田产800余石（当地折算每石约470斤稻谷），小的分祠、支祠则有田产数十石、上百石不等。建造祠堂需要的土地，也往往由族人自发捐献或者利用原有的房屋改扩建。

族人推举的祠长（族长）一般由宗族中辈分高、有权势和威信的人士担任，主要负责掌握祠产，决定族中重大事宜，主持祠堂大祭活动，处理族中违背族规或纠纷等事务；祠堂会首一般采取轮值制，主要负责主持祠堂日常事务，有的祠堂还会另推一人执掌账务，向族长、会首负责。宗祠制定有严厉的族规家法，族长在家族中拥有至高无上的权力，族人若有违规越轨行为，族长可以处予鞭笞、惩罚、责令悔改，严重者甚至会根据族规遭到令其自尽或被捆绑投河等极端处置。

在漫长的历史长河中，祠堂成为族权和神权交织的中心，延续着家乡、地域的文化传统，成为同姓同宗家族的精神依托。宗祠文化对维系地方社会稳定，规范伦理道德，教育儿孙成才，保证家族兴旺起到极大的影响和作用，特别在中国南方乡村和偏远地区，这种影响和作用更加明显。祠堂建筑往往耗资巨大，建造时间长，在建造过程中汇集了民间各地能工巧匠，充分展现了建造者和匠人们丰富的想象力和创造力，成为中国乡土建筑的精品和传统建筑的精华。

民国后期，祠堂文化的影响开始逐步减弱，至上世纪50年代初，根据1950年6月30日施行的《中华人民共和国土地改革法》第二章第三条“征收祠堂、庙宇、寺院、教学、学校和团体在农村中的土地及其他公地”的规定，祠堂田产、公地、房产基本被没收，祠堂房屋有的分给农民居住，有的改成粮站、粮库，有的改办学校，有的成为乡政府、区公所办公之处。祠堂失去了经济基础，宗祠机构纷纷解体，宗祠文化逐渐消亡。几十年来，祠堂建筑一直被作为没有价值的封建糟粕，毫无节制地受到自然和人为的摧毁破坏。到现在开始意识到需要保护和传承时，完好无损的祠堂已所剩无几。

祠堂文化固然有其封建、严酷、偏执、落后的一面，但是，任何在特定历史阶段发生和存在的历史文化现象，都应该作为我们研究、探讨的对象，而祠堂建筑作为中国民间乡土建筑的一个特殊分支，更应该给予保护和传承。

祠堂变成养鸭场

孙家祠堂位于江津区塘河镇五燕村，距江津城区43公里，距塘河镇3.5公里。祠堂建于光绪十八年（1892年），系江西孙氏移民家族修建的宗族祠堂。我第一次到孙家祠堂的时间在10多年前，记得当时进入孙家祠后简直无法下脚，因为祠堂已经变成了一座养鸭场，一家农户在祠堂里喂养了大群鸭子，遍地都是鸭子和鸭屎，臭气熏人。当天天气也不好，大致看了一下就匆匆离去，很是扫兴。

2005年11月13日，我同重庆市文物局副总工程师吴涛第二次到孙家祠堂。那时去塘河镇的路还没有修好，当天下雨，道路泥泞不堪，早晨7点从重庆出发，上午11点过才到塘河镇。从塘河镇到孙家祠堂要经一条弯道多、路况差的山坡路。塘河镇党委书记李勇、副镇长龙凤蓉陪同我们一起去孙家祠堂。进入祠堂，发现上次我提了意见后，祠堂里的鸭群没有了，但仍有村民在祠堂里晾晒红苕藤和农作物，由于鲜有人来，地面长满了青苔，又湿又滑。当天又是阴天，重庆一年大部分时间都是这种灰蒙蒙的阴霾天气，仍然没有拍出理想的照片。

2009年10月17日，是一个难得的多云天气，恰逢又是星期六，我一早从家里出发，约两个半小时赶到塘河镇。镇党委书记牟仲全和文化站站长罗江荣在塘河镇迎接我，一起去孙家祠堂。塘河镇在2007年5月被公布为第三批中国历史文化名镇，镇领导知道我要到塘河，也想借此机会与我商讨一下塘河镇的风貌整治和旅游发展。中午，出现了重庆少见的蓝天白云，孙家祠堂宽阔的月台和气势的山门在蓝天下显得亮丽炫目。兴致顿时高涨，抓紧时间在孙家祠堂拍摄了不少照片。

2012年5月16日，我到塘河镇参观清源宫修复工程，借此机会再次考察了孙家祠堂。清源宫历史悠久，据《江津乡土志·寺观》记载，清源宫始建于明正德五年（1510年），清代历朝至民国时期曾经多次复建、维修。清源宫过去一直是塘河小学在使用，塘河镇升格为中国历史文化名镇后，镇政府下决心搬迁了小学，投资几百万对清源宫进行修复。修复工程设计、施工由重庆大明仿古建筑园林工程有限公司承担，公司总经理郭克平是重庆历史文化名城专委会委员，他邀请我去参观指导正在修复中的清源宫。参观清源宫后，塘河镇新任党委书记邹锦辉、人大陶主任、镇党委宣传委员曹宇陪同我再次到孙家祠堂考察。

规模巨大的孙家祠堂

孙家祠堂为两进四合院落布局，制式严谨，古朴典雅，规模宏大。从大门方向进入，分别是月台、戏楼、大天井、前厅、前厅厢房、中院、小天井、后厅、后厅厢房。祠堂现已得到较好的保护，有专人管理，平时锁着，镇里有通知，管护的村民就来开门。虽然没有资金进行维修，但祠堂内打扫得干干净净，建筑结构状况也没有恶化。

祠堂大朝门外有一处半圆形月台，宽阔的月台和气势的山门、高墙，给人以强烈的视觉震撼（图15—2）。月台视野开阔，周边山峦叠嶂、溪流环绕、阡陌纵横，晴朗时可远眺滚子坪森林风光（图15—3）。孙氏先祖对祠堂风水极为考究，请风水师反复考察择位，最后选择到这块风水宝地。

图15—3 从月台可远眺滚子坪森林风光。

从月台上11级石阶到大朝门，朝门前原有一对石狮，可惜在“文革”中被砸毁。进入朝门是祠堂的戏楼（图15—4），戏楼为歇山顶，由14根直径约0.4米的石柱承载，最长的石柱一根高达9米（图15—5）。戏台宽8米，进深8米，主檩题有“大民国壬申年仲冬月吉旦”字样，壬申年是民国十二年，说明戏楼重建于1923年。

戏楼与前厅之间的院坝面积约200平方米，由

图15—2 孙家祠堂宽阔的月台和气势的山门。

图15—4 孙家祠堂戏楼。

图15-5 戏楼和厢房承重石柱，最长石柱达9米。

图15-7 前厅厢房上层宽阔的空间。

于巴渝地区多为山地，用地条件较差，200平方米的院坝在重庆现有祠堂中算是相当大的了。祠堂前厅为六柱五开间，硬山屋顶，两侧为四重檐风火山墙，山墙顶部飞檐翘角，绘有彩色山花图案（图15-6）。前厅主檩上题写“木工王在文、石工孙共文”。窗花为万字纹格式，制作细腻，但格扇已损毁过半。前厅脊顶用琉璃瓦作装饰，保存尚完好。学校使用祠堂办学期间，前厅墙体部分被改为红砖。前厅厢房为两层，下层空透，上层内部宽阔，逢有戏班子到祠堂演出，厢房上层是贵客和长辈们观看戏曲的席位（图15-7）。

祠堂后厅为硬山屋顶、穿斗抬梁结构、四柱三开间，面阔16.5米、进深7.8米、内空高8.4米，明间面阔6米（图15-8）。后厅主檩上题写“皇清光绪壬辰季冬上浣立”和“孙隆绍、孙隆燧监修，孙隆耀、孙隆然等同协修，孙隆丞出梁壹株”字样。光绪壬辰年是光绪十八年（1892年），题刻标明了祠堂修建的年

图15-6 孙家祠堂前厅和宽阔的院坝。

图15–8 孙家祠堂后厅。

图15–10 祠堂屋顶排水沟和排水孔。

图15–9 造型优美的“观音兜”风火山墙。

图15–11 祠堂院坝用200多块石料铺成，至今地面平整严实如初。

代。后厅两侧山墙为造型优美的“观音兜”式风火山墙（图15–9）。

孙家祠堂屋顶排水考虑周到，设置有专门的排水沟和排水孔，排水孔做工一丝不苟，孔洞上下墙面均绘有线条流畅的彩绘（图15–10）。遍布祠堂的各种精致木雕、石雕、贴金工艺和彩绘，传达了丰富的文化内涵和寓意，显示了孙氏家族的聪明才智和对祠堂高档次、高品质的追求。

大量使用体量硕大的整块条石和石柱，是孙家祠堂一大特色。祠堂许多主柱都用整体石料加工而成。祠堂共有石质立柱约60根，最长有9米之高；祠堂大天井院坝铺砌用了200多块3米长、0.37米宽的巨型条石；从院坝到前厅的石梯全部用5米长、0.4米宽、0.23米厚的整条石料。一块石梯重1000多公斤，而戏楼9米石柱一根重量近2000公斤，分别需要十几人、20几人从远处石厂抬来，还得保证不断裂。在当时没有载重车辆、没有吊车、全靠人工运输的条件下，不知道需要花费多少力气和功夫（图15–11）！孙氏家族为显示家族实力，炫耀门庭，光宗耀祖，建造祠堂确实是不惜重金和代价。

解放后，孙家祠堂改作竹林村小学，后又开办中学。按此处地名，学校被称为五燕小学、五燕中学。2003年学校迁出后，祠堂至今一直空置。

风格迥异的风火山墙

孙家祠堂在吸取川东民居建筑风格同时，通过

图15–12 孙家祠堂代表不同地域风格的两种风火山墙。

风火山墙的形式变化，延续了移民原发地的建筑风格。在庭重祠可以发现一个有趣的现象，即在同一座祠堂出现两种风格迥异的风火山墙（图15–12）。风火山墙既有防止火灾蔓延的功能，又有重要的装饰效果，因此中国民间建筑特别重视展现风火山墙的艺术造型风格。孙家祠堂有两种风火山墙形式，一种是平脊、重檐马头墙，另一种是马鞍形，俗称“观音兜”、“猫拱背”的弧形山墙。前几次到庭重祠，笔者对出现两种山墙形式感到奇怪和不解，后来查孙氏家族移民原发地，才找到了答案。孙氏先祖原籍江西省吉安府太和县，明初“湖广填四川”由江西迁湖北麻城。在清初至清中叶的第二次“湖广填四川”移民浪潮中，孙氏先祖举家迁往四川重庆府巴县，后定居江津塘河。孙氏家族在江西、湖广、四川三地都留下了生存繁衍的足迹和根基，最终在重庆府江津县塘河乡五燕村插占为业，落脚生根。当他们在修建祭拜祖先的宗祠时，为了既尊崇湖北麻城的先祖，又不忘追忆缅怀更加久远的江西吉安府太和县先祖，在建造祠堂时采用了不同风格的风火山墙形式，一种是湖广一带流行的观音兜式弧形风火山墙，一种是江西一带通常采用的平脊重檐风火山墙，因此形成两种风格不同的风火山墙交相辉映的景象。这种现象笔者在其他一些宗祠建筑和民居中也时有发现。重庆本土建筑一般并没有平脊重檐或者马鞍形风火山墙，这些形式的风火山墙大都是移民文化的产物。因此，通过观察一处民间建筑的风火山墙形式，基本就可以判断出房屋建造者最早的移民籍贯和历史渊源。

晚清名门望族孙朝珑

塘河镇于清乾隆四十七年(1784年)建场，塘河场有一条河流，呈“几”字形绕场而过，故称几江，几江可通长江。塘河场因水而兴，舟来船往，商贸繁荣，物资贸易交流覆盖合江、纳溪、泸州等地，成为方圆几十里重要的水码头和场镇。清代后期，塘河场有孙、王、陈三大家族，几大家族在乡间建造了不少庄园、祠堂和支祠。

据民国二十五年修编的《孙氏家乘》记载，孙氏先祖原籍江西省吉安府太和县，明初“湖广填四川”大移民中由江西迁湖北麻城孝感乡，清初迁四川巴县磁溪镇，世居于磁溪镇的经界漕、黄土坎、康生坝等地。其后，孙氏一支族人由巴县迁居江津县思善里二甲百节滩（现石门镇河口村），后又迁江津县思善里十都二甲（现江津塘河五燕村）。入川四世祖孙武（号序元）生有6子，长子朝里，次子朝瑄，三子朝珠，四子朝琚，五子朝珑，六子朝玲。6个儿子成人后分为六大房，成为当时江津名闻遐迩的大家望族。《孙氏家乘》有“六房衣食颇充，人丁渐繁”的记载。六大房中的第五房、入川五世祖孙朝珑是当时江津塘河孙氏家族最兴旺的一房，在江津商界和教育界有较高的地位和影响。庭重祠由孙朝珑孙辈孙隆绍、孙隆燧、孙隆耀、孙隆然等于光绪十八年（1892年）主持监修、协修。因五世祖孙朝珑号庭重，故祠堂命名为“庭重祠”。

民国时期，庭重祠曾用于兴办学校，民国二十五年（1936年）纂修《孙氏家乘》有如下记载：“……入民国后，津人多以祠款倡办学校，不落人后，庭重祠是其一也。考其地当吾之西南隅，界连合邑大小二漕，崇山峻岭，交通素称不便，风气闭塞，异于他区。乡中学子恒苦无学之所，裔孙等矜怜学子，乃以祠款就祠设立高小一所，年费千余金。自立案开学以来，凡有数载，男女生先后受益者数百人。校有校董会，以审其经费之盈辍，有校长以慑其教务之进行，一切规模尚称严肃。”

残存的孙家庄园

在庭重祠方圆几公里之内，至今还有一些散落残存的孙氏家族院落。距离庭重祠约100米有一座孙家庄园，地名叫大竹林，是孙氏家族建造的一处大院。孙家庄园过去是一座功能齐全、规模宏大的建筑群。庄园面前为一片开阔地，背靠山坡，地势前低后高，周边苍松翠柏，风水环境极佳。庄园过去有两重围墙，还有碉楼防护，现均已损毁消失，仅存部分围墙残壁。庄园房屋用一至两米高的条石作墙基，墙体是农村传统的泥土墙，这种土墙就地取材，室内冬暖夏凉，只要建造工艺到位，保存几十年、上百年都没有问题。庄园最显目的建筑是一座5层高土坯结构楼房，土坯建筑建造到5层楼的高度，至今没有倾斜垮塌，可见当时建造工艺之高超。进入内院有一座石朝门，朝门题刻在“文革”中被铲得面目全非，但在下联落款处，镏金的“朱熹”两个字清晰可辨。朱熹是南宋著名理学家、思想家、哲学家、教育家、诗人、闽学派的代表人物，是孔子、孟子以来最杰出儒学大师之一。孙家用朱熹的治家格言作为楹联题刻，反映了孙氏家族治家治学的高雅品味和境界。

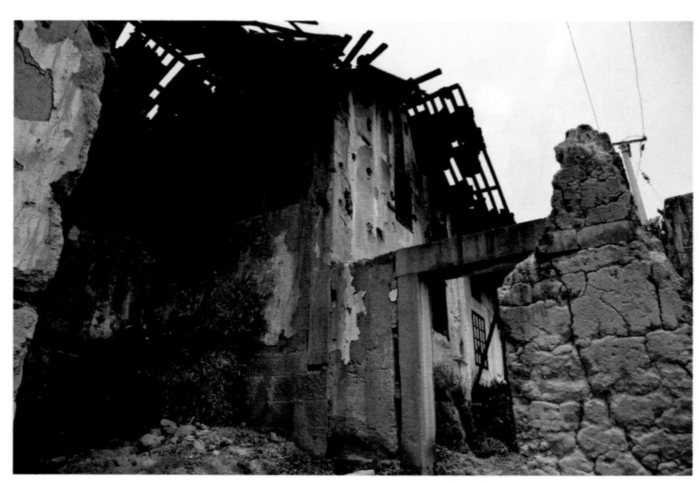

图15–13 曾经辉煌的孙家庄园已是人去楼空，萧条破败。

2005年我去考察时，孙家庄园土坯楼房结构还基本完好，只是内部木楼辐、木楼板大部分损坏或被拆去派了其他用途。这次去看，由于屋顶漏雨，房屋损毁得更厉害，周边围墙垮塌殆尽，除了房屋残存的雕花镏金木构件还在显示着庄园当年的辉煌显赫外，整个庄园已人去楼空，萧条破败，百年辉煌的孙家庄园，已经悄声无息地走向了生命的终结（图15–13）。而在庄园一壁墙上，还赫然悬挂着一块“重庆市优秀近现代建筑”的牌子。看来，保护名录牌并没有成为这些历史建筑的“免死金牌”，人为损毁、自然坍塌的事件依然在不停上演。踯躅在败落的孙家庄园，笔者的感受是：痛心疾首，无可奈何。

孙家祠堂的建筑规模、建造风格、工艺水平和保存完好程度，在重庆市尚存祠堂中内屈指可数。2008年，重庆市政府公布第一批共98处优秀近现代建筑，经笔者推荐和专家评审，孙家祠堂位列其中。之后，又经笔者力荐和专家评审，2009年2月15日，重庆市人民政府公布孙家祠堂为重庆市文物保护单位。

听闻塘河镇政府已经将孙家祠堂交给一家投资商进行修缮和开发利用。笔者希望，对孙家祠堂的开发利用一定要慎之又慎，千万不要仓促上马、急功近利、无知蛮干，以避免对这处珍贵的文物建筑造成不可挽回的伤害破坏。

江津区塘河镇石龙门庄园（陈宝善庄园）

早就听闻塘河镇石龙门庄园历史悠久，规模巨大，气势非凡，虽然我曾多次到塘河镇作历史文化名镇方面的考察和咨询，但因石龙门庄园与镇上还有一些距离，每次任务完成就匆匆离去，一直没有时间去看石龙门庄园。2009年10月17日，我第一次到石龙门庄园考察。来到庄园后山，穿过一片茂密的竹林俯瞰，只见风火山墙此起彼伏，灰瓦屋顶接连成片，众多天井穿插其间，场景蔚为壮观（图16–1）。本拟采访一下陈家后人、76岁的陈洪佑，但镇上的同志告诉我，老人家记性已经很差，说话还有些颠三倒四，虽然见了陈洪佑一面，也不好向他过多询问。当天因天气原因，拍摄效果不甚理想。

为了弥补这次考察留下的遗憾，2012年5月16日，趁着天气晴朗，我第二次到塘河镇石龙门庄园。从重庆出发，上高速公路，车行50分钟到达江津区白沙镇。从白沙到塘河的高速公路正在修建，需要走19公里路况很差的老路，半个多小时后才到塘河镇到石龙门庄园的下道口。这是一条乡村小路，因前几天下雨，路面泥泞不堪，轿车打滑，无法前行。正在进退两难之际，发现后面跟来一辆越野车，原来是塘河镇党委书记邹锦辉和镇人大陶主任、镇党委宣传委员曹宇闻讯赶来迎接我。

换乘越野车，越过烂泥路后，一条石板小道在左侧路边浓密的树林中出现，下车进入小道前行约200米，就到了塘河镇石龙村二社的石龙门庄园。

图16–1 从背山竹林中拍摄石龙门庄园。

气势豪华的古庄园

石龙门庄园最早建造年代可追溯到清乾隆时期。1993年编撰的《江津县志》记载："石龙门庄园位于塘河乡石龙村，是江津县大地主大盐商陈宝善的庄园，系清末民初逐步扩大建成。庄园坐西朝东，回廊式布局，总占地面积13200平方米。筑三重围墙，设三道朝门。有中堂、正厅、四面厅、客厅、绣楼、学校、柴房、马房、厨房、碉楼等，大小房屋达400余间。另有天井18个及花园、水池、林地等。庄园雕梁画栋，曲径回廊，花木成荫。庄园外有长200米，宽7米的跑马道。”

石龙门庄园坐落在一处山凹，面向一片水田，周边森林茂密，山峦起伏，环境幽静。当年庄园内外设三重围墙，开三道朝门，庞大的庄园占了整整一个山头。三重围墙第一道土围墙沿山头半山腰修建，第二道围墙绕庄园外围修建，第三道石墙紧邻房屋修建。最外围的土墙公社化时期被毁掉，改作了农地和林地，第二、第三道围墙还残存部分段落。紧靠石围墙外有一条石板路，过去是白沙到合江的官道，至今石板路还残存一些段落（图16－2）。从庄园正面上9步台阶进入第一道朝门（已毁），朝门前有一座半圆形月台，月台条石护

图16－2 庄园围墙外的石板路过去是从白沙到合江的官道。

栏做工精细。进入二道朝门要再上19步台阶，二道朝门现已消失。

现存石龙门庄园以抱厅为中心，有一条大致的建筑中轴线，但庄园东西两侧并不完全对称。

图16－3 山墙面出挑木廊，作法别致新颖。

西面有一座3层高房屋，与之对称的东面没有相应建筑，而是一段几十米长，约3米高的石墙和石护栏。第二进院落东西两侧部分建筑也不对称。过去石龙门庄园庭院深深、穿堂叠殿，建筑鳞次栉比、珠联璧合，现在布局似乎变得零散、错乱。石龙门庄园这种布局状况，笔者分析主要有几个原因：一是庄园历史上有不断的改建、扩建；二是陈宝善两个儿子分家后，按照中轴线各占一厢，之后他们按照自己的需要和爱好，对老房进行了部分变动；三是几十年来庄园房屋拆除损毁严重，原貌已经部分丧失、改变。

庄园西面第一座房屋引人注目，这是一座3层高砖木结构房屋，有前后两道风火山墙。从砖墙墙缝上看，前一道风火山墙是依附于后面墙体添加的，添加山墙与后面山墙保持一样的制式规格和彩画纹饰。前面山墙别出心裁在墙面挑出一座木廊，形成一处视野开阔、可凭栏眺望景致的阳台。这种在风火山墙加挑楼的作法大胆而巧妙，在重庆乡土建筑中笔者还是第一次见到（图16–3）。

石龙门庄园殿堂雕龙刻凤，镏金溢彩，山花彩绘琳琅满目，精致的石雕、砖雕、木雕、彩绘遍布庭院，可惜现在损毁殆尽，仅在庄园部分房屋还可以看到一些残存的雕花门窗、彩绘图案雕花构件（图16–4、图16–5、图16–6）。

庄园排水系统设计建造周全，排水沟全部用大块青石砌筑，最长一块青石长达4.7米。排水沟做工精细，排水通畅，条石相拼密实，接缝处几乎滴水不漏，从未出现积水现象。庄园的排水系统相互连接，地下埋有暗沟，雨水和生活污水排入到庄园外的低洼处，再流入溪河。

位于庄园中心的抱厅是整个庄园的公共活动空间，抱厅空间高大，面积约200多平方米，是陈家聚会和议事的主要场所，也是宴请客人的大客厅。抱厅用8根5米多高的整条石柱支撑，石柱上为五架梁，檩子下有三榀梁架和驼峰（图16–7）。从高处向下眺望，抱厅两壁巍峨的拱形风火山墙分外醒目（图16–8）。

图16–4 庄园房屋墙面花窗和木雕。

图16–5 象征吉祥如意的雕花木栏板。

图16–6 庄园厢房二层廊道栏板彩绘。

图16-7 抱厅梁架和驼峰。

图16-8 抱厅两壁马鞍形风火山墙。

无独有偶，石龙门庄园风火山墙同孙家祠堂一样，也呈现两种风格，一种是大抱厅两壁弧形山墙，另一种是前院西侧两壁三重檐马头墙。塘河镇两处清代建筑都出现风格迥异的风火山墙，除了见证其先祖有江西和湖广移民背景外，在巴渝乡土建筑风格特色方面是否还有其他原因，值得更深入的探讨。

陈宝善其人

石龙门庄园历经清嘉庆、道光、咸丰、同治几个朝代，经多次培修、改建、重建，至光绪年间传到陈宝善。陈宝善对庄园进行了改建、完善、扩建，达到了陈氏家族的鼎盛时期。陈宝善去世后，由儿子陈鼎臣、陈兴臣继承庄园和家业。因庄园所在山岩像龙门，小地名叫石龙门，陈宝善庄园亦称石龙门庄园。

陈宝善（1861—1925），江津县塘河场人，先祖为湖南移民。光绪三年（1877年），官府在江津县白沙设“官运盐务分局”，负责收购各盐灶生产的食盐，然后以官运方式运到各经销点，后来官运取消，改为商贩自由贩运。陈宝善与官府关系密切，利用市场变化的机会，在白沙码头承销江津岸盐，其子陈鼎臣在江津长江沿岸场镇开设了十大盐店，设总店于白沙。食盐交易使陈家获得了丰厚利润，聚财发家后，陈宝善广置良田，田产达1.37万石（按照当地折算方式，相当于约300万公斤谷子），成为江津巨富，号称“陈半县”。 作为江津著名乡绅，陈宝善曾向江津聚奎书院捐助白银1000两。清宣统元年（1909年），陈宝善儿子陈鼎臣、陈兴臣筹集白银10万两，与陈廷萃等在江津县城创办了重庆第一家私营银行“晋丰储蓄兼殖业银行”，将陈家产业扩大到金融业。

陈家虽居于乡间僻壤，但并不影响他们对现代生活享受的追求，石龙门庄园在北侧小山腰建有跑马道，庄园里还有网球场、逍遥宫、花园、戏楼。陈家养有两个戏班子，重金聘请名角，每逢节庆假日、红白喜事均有演出。为了护卫庄园，陈家拥有家丁近百人，配有长枪短枪。陈家养狗近百条，人称“百狗同槽”。极盛时期，庄园的丫鬟、奶妈、女佣就有几十人。

陈家后人的回忆

2013年2月27日，利用到塘河镇参加沿河风貌整治方案评审会的机会，笔者第三次来到塘河镇石龙门庄园。在庄园又遇到陈洪佑老人，陈家后人至今还在庄园居住的，仅他一人。陈洪佑已79岁了，

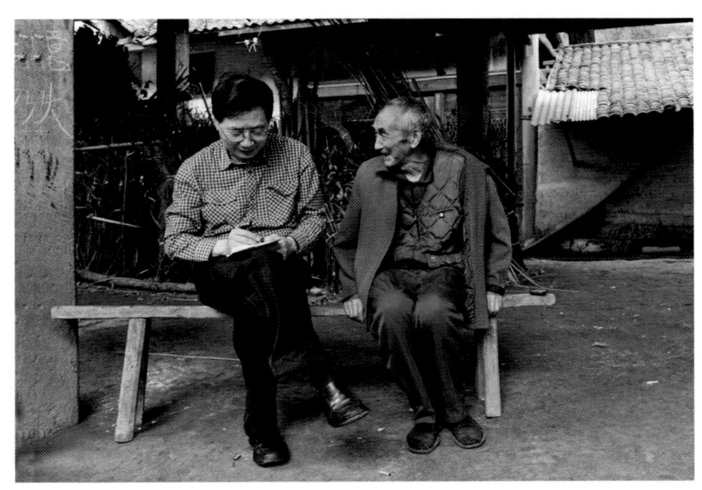

图16–9 在庄园采访陈洪佑老人。

刚一见面，我还没认出他，他却一下子认出了我，说我前几年来过。与陈洪佑坐下来交谈，发现他记忆力并不差，过去许多事情他记得一清二楚（图16–9）。解放时陈洪佑十七八岁，虽未划为地主，但地主狗崽子的名分却伴随了他大半辈子。由于家庭出身不好，陈洪佑一直未能成家，至今孤身一人居住在石龙门庄园的柴房里。柴房位于庄园入口石板路旁，极为简陋，梁架已有些歪闪。陈洪佑告诉我，去年刮大风下暴雨，房屋差点垮塌，他半夜跑出来，不敢回屋，一直等到天亮。

据陈洪佑介绍，解放前，陈家有陈秉文、陈述文、陈蔚文几兄弟和叔伯、子女几十人居住在庄园和陈家祠堂（又称三楠祠）周边房屋。陈洪佑印象很深的是庄园挂有许多牌匾，他记得庄园厅堂里挂有一块清代雍正四年的匾额。如果陈洪佑记忆属实，那么有两种推测：一是石龙门庄园在清雍正四年（1726年）前就存在，其历史就更为久远；二是庄园仍始建于乾隆年间，只是祖上留下的匾额悬挂于庄园内。

解放后，石龙门庄园被分给20多户农民居住。公社化时期，塘河公社石龙门生产大队四小队、五小队差不多有一半社员都居住在庄园里。如今，偌大的庄园里只剩下十几个老人，其他人全部外出打工去了。

庄园三大谜团

至今为止，石龙门庄园还有许多未解之谜需要去考证、解读。除笔者所关心的陈家历史和庄园建造过程外，庄园还有三大谜团至今尚无人能说清楚。这三大谜团一是庄园究竟有多少扇门，二是庄园的小姐楼会发出阵阵艾子香味，三是庄园天井石板里隐藏着能预知天气变化的犀牛图形。《重庆晚报》2009年9月28日在“地理周刊——巴渝探秘”栏目，用一个版面刊登了“江津石龙门庄园三大谜团”的文章，更增添了人们对石龙门庄园的神秘感和悬念。为此，笔者2013年2月27日到庄园考察时，专门与陈洪佑和村支部书记周德海一起作了现场考证。

庄园究竟有多少扇门？据陈洪佑老人讲，确实没有人数清楚。实际上，民间庄园天井多、房屋多，门更多，不像现在的住宅，房间一般从独立的门进出。乡间大户人家建造的房屋往往有多个院落，需要形成相对独立的生活居住空间；作为几世同堂的大家族，也需要成为有机统一的整体，便于各院落和功能房屋之间隔而不断、相互连通、进出方便；还要有利于院落之间形成穿堂风，保证空气

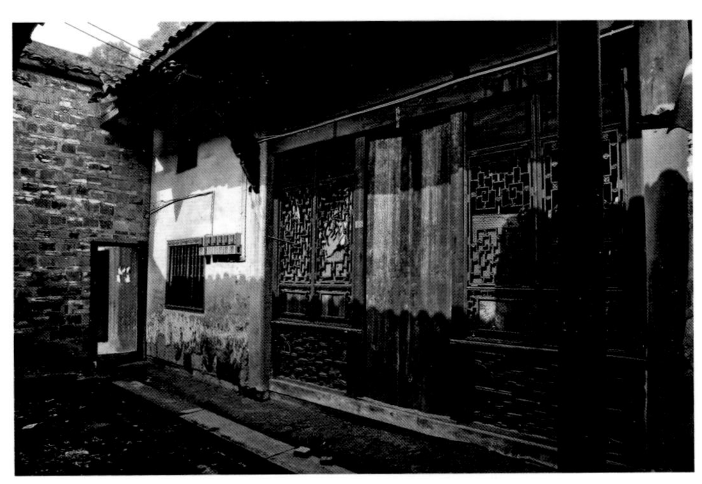

图16–10 庄园院落和房屋之间隔而不断，相互连通。

流通和遮风避雨。因此，巴渝民居院落内的交通组织严谨有序，廊道与天井纵横交错、四通八达、往还回复，从一处门进入，再穿出可以不重复地走完所有的房屋，院落和房屋之间隔而不断，故石龙门庄园有“走遍院子不湿脚”的说法（图16−10）。所以一座大型庄园，究竟要开多少道门，还真不好说清楚。笔者考察过湖北省利川市柏杨坝镇全国文物保护单位——大水井庄园（又称李家大院），庄园院落套院落，房屋接房屋，一间一间地串通，我从一处房屋进入，马上就会看到另一处门，进进出出，像迷魂阵一样，不知不觉就几乎就把所有房屋都走完。石龙门庄园的房屋也是纵横交错，相互串通，环环相扣，穿绕其间，真还有一种找不着北的感觉。门扇多是肯定的，但真要认真数，也还是能够数清楚的。

小姐楼发出的阵阵艾子香味是怎么一回事？小姐楼位于庄园东面最高处，一楼一底，过去是陈家小姐住所，解放后房屋分给村民杨学林。杨学林已去世几年，儿女外出打工，妻子白锡林回老家河北去了，平时无人居住，只有春节才回来团聚，大门被一把铁锁锁住，无法进入一探究竟。小姐楼里有解放后分的几件雕花牙床、柜子、梳妆柜等老家具。小姐楼屋顶漏雨严重，室内简陋，只有青砖外墙还基本保持原状。当地村民讲，从小姐楼路过，会闻到一股淡淡的艾子香味。庄园并没有种艾子，香味从何而来？陈洪佑带笔者在周围转了一圈，微风吹来，是感觉到有一股淡淡的味道，有点像炊烟味，又有一些蒿草味，甚至于还感到有一点新鲜的牛粪味。小姐楼周边植物茂密，究竟是什么植物的味道，真还有些迷茫。

庄园天井石板里隐藏着一头能够预知天气变化的犀牛？当地传说大凡天气发生变化，特别是久旱之后天气突变，或者连绵阴雨后放晴，天井石板会若隐若现出现一头酷似犀牛的图形。犀牛先是出现身子，然后是头、角和四条腿，说得活灵活现、神乎其神。笔者在现场察看，正堂前确实有一块石地坝，中间的铺地石板宽1.9米，长4.8米，分为9块，村民传说的犀牛就出现在这9块石板上。其实，青石板吸水性强，天气发生变化，空气中水分、湿度也会变化，青石板密度不一，吸水性有强有弱，出现一些像某种动物或者其他图形是有可能的，就看你自己去怎样想象了。

除了这三大谜团之外，石龙门庄园还有一个鲜为人知的秘密——庄园土墙里埋藏有鸦片！上世纪80年代，在庄园居住的村民李泽文的猪圈土墙被猪拱出一个洞，可能是因为老土墙里含有硝盐，平时猪喜欢用嘴去拱土墙，天长日久，就拱出了这个洞。李泽文平时也不在意，一次偶然发现洞里显露出像坛子的东西，他把洞淘大后，赫然露出两个坛子，把坛子取出揭开封口一看，居然是两罐鸦片，称后有14斤2两。发现意外的浮财，李泽文喜出望外，他不动声色，先把鸦片隐藏起来。过了一段时间之后，求财心切的他居然伙同另一人把鸦片拿到市中区解放碑国泰电影院一带兜售，不料被公安局便衣当场抓获，两人均以贩卖毒品罪被判刑。陈洪佑告诉笔者，他曾祖父就抽鸦片，为了不易被人发现，又可长期存储，曾祖父曾把一些鸦片装入陶罐埋入土墙。但时隔上百年后，土墙里居然还发现有鸦片，笔者大胆地猜想，既然因为猪拱墙偶然发现了鸦片，那么，这座庞大的庄园是否还埋藏着鸦片甚至金银财宝？

亟待抢救的庄园

多年来，石龙门庄园一直未进行过维修，更谈不上保护，村民对房屋随意改建、搭建，原有格局遭到破坏（图16−11）。数十年风雨侵蚀及虫害影响，“文革”期间又饱受摧残，庄园房屋和内部构件损毁破坏严重。不少老墙垮塌、屋顶漏雨、梁

图16–11 庄园房屋部分被改建，原有格局遭到破坏。

图16–12 庄园老墙垮塌，天井院坝杂草丛生，到处是残砖破瓦。

架腐朽，断垣残壁上长满青苔，一些天井院坝杂草丛生，到处是残砖破瓦，无法下脚（图16–12）。昔日18个天井，数百间房屋，镏金溢彩，雕梁画栋的壮观景象今日面目全非，令人扼腕叹息。据陈洪佑介绍，现有庄园面积还不到原来的一半，从现场看，庄园中轴线东侧房屋尽管也破损垮塌严重，但基本格局还在，而西侧房屋已消失约三分之二，剩下的房屋和山墙已经残缺不全，庄园背面山坡上的碉楼完全消失。村民们讲，石龙门庄园山头过去满是粗大的楠树、香樟树、荔枝树，可惜在上世纪50年代修建成渝铁路时被大量砍伐，现在还有少量楠树和香樟树，树径在三四十厘米。

陈氏家族建造的宗族祠堂位于石龙门庄园附近的楠树林中，祠堂有3棵巨大的楠树，因此亦称“三楠祠”。解放初期，陈家祠堂还非常完整，后来陈家祠堂被改为小学使用。由于长期没有得到修缮维护，祠堂成为危房，小学搬出。现在祠堂已被整体拆除，原地新建了几座砖混结构房屋，搞起了农家乐。

石龙门庄园整体规模宏大，结构布局独特，雕刻精美，历史悠久，具有浓郁的地方特色。尽管庄园损毁非常严重，2009年，在笔者和其他专家力推下，石龙门庄园被公布为重庆市文物保护单位。目前石龙门庄园损毁还在加速，特别是部分土墙已经松动、错位，一旦再遇暴雨，可能会导致相连的墙体和房屋整体垮塌。庄园建筑和环境每况愈下，濒临整体消亡。为了挽救这座庄园，笔者呼吁市文物局和区政府紧急安排部分资金，首先用于庄园解危，防止庄园结构状况继续恶化。建议委托专业设计单位编制保护利用方案，还可结合塘河古镇旅游发展规划，引进民间资金，实施保护性利用，既使庄园延年益寿，又可推动当地旅游业发展。

2013年2月27日，我在塘河镇与新任镇党委书记李艳和镇长邱永齐见面，给他们提出了以上建议。他们告诉我已经有这方面的考虑，并正在积极争取得到各方面支持，推进有关工作。

江津区蔡家镇吴家河嘴碉楼

2012年9月7日，江津区中山镇文化站站长刘栋林陪同我到会龙庄考察，下午同车返回。途中他给我讲到，江津蔡家镇有一座吴家河嘴碉楼，就在公路旁边，如果有时间可以去看一下。快到中山镇，我发现离公路不远处有一座重檐顶土碉楼，此时已到下午6点，碉楼土墙在夕阳下变成耀眼的深红色（图17-1），刘栋林告诉我，这就是吴家河嘴碉楼。我们立即停下车，快步跑到碉楼对面一处坡地拍摄碉楼景色。本想进入碉楼考察，但由于时间已晚，还要赶回重庆，遂带着一些遗憾离开。

回家查看拍摄效果，感到这座碉楼的重檐和檐下三角形雕花撑拱还很有特色，于是决定抽时间再次前往详细考察。2013年4月7日，事先与江津区文管所所长张亮联系好，上午8时从渝北人和出发，1小时45分钟后到达吴家河嘴碉楼所在地江津区蔡家镇石佛村。蔡家镇文化站站长张晓凤、石佛村支部书记王淳友已在现场等候，不一会，张亮也开车赶到碉楼。

图17-1 夕阳下的吴家河嘴碉楼。

凋敝衰败的吴家庄园

吴家河嘴碉楼所在地小地名叫吴家河嘴，属蔡家镇石佛村五社。进入碉楼，发现内部保存相当完整，还有人在碉楼里居住。询问后得知，解放前这里是一座大庄园，庄园主人姓吴，解放后土改时碉楼分给张德辉和张国全两兄弟。张德辉去世后，现由张德辉3个儿子张国富、张国强、张国超3家人共同所有。张国富、张国强已带着家人外出打工，只有张国超一家人还住在碉楼里。

吴家河嘴碉楼位于规模浩大的吴家庄园内，由于几十年自然损坏和人为拆除损毁，吴家庄园残缺不齐，面目全非，在现场已经无法准确判断出庄园原有布局和规模。从遗留的老房子来看，大致可看出庄园是一座不对称的建筑群，除碉楼外，庄园还保留有5座土墙房屋，1座带挑楼和走廊的土木结构房屋，1处天井，

图17–2 吴家庄园残留的格局。

图17–3 带土家木楼风格的房屋。

图17–4 吴家庄园大朝门。

几壁残墙（图17–2）。其中3座房屋南北向布置，3座房屋东西向布置。带挑楼和走廊的房屋造型很有特色，甚至还带一些土家木楼风格，房屋东西向布置，与庄园整体呈垂直状，高两层、悬山顶、土木结构。房屋二楼悬挑出约1米的内阳台，外墙木板壁、开花窗，二楼另一面是长长的廊道，雕花栏杆，廊道和屋檐之间作有半圆形装饰，室内开一座圆形木门进出，木门两侧配有花窗。这些类似土家风格的建造工艺和手法，增添了房屋的雅致和情趣（图17–3）。

庄园大门开在北面，前面有7步石阶，大门为双开门，两侧有格扇（图17–4）。从庄园现有格局分析，大门前还应有一道围墙和石朝门，但在现场没有发现朝门和围墙的遗址，估计已被损毁拆除。庄园里有一处天井院坝，上面长满青苔，由于一些房屋已经垮塌或被拆除，天井四合院变为一处不完整的三合院。

重檐加彩绘撑拱的土碉楼

蔡家镇地处江津南部山区，接近贵州，这一带风俗习惯和乡土建筑风格与江津北部的丘陵地带有些不同。清时期，蔡家镇曾一度设为县治，管辖江津南部的广袤山区。蔡家镇乡间有不少大户人家建造的豪宅大院和碉楼，现在保留下来还有好几处，吴家河嘴碉楼是其中较有特色的一处。

吴家河嘴碉楼坐北向南，夯土结构，条石基础，四楼一底，四坡面屋顶，青瓦屋面。碉楼面阔10.5米，进深6.6米，占地面积约70平方米，土墙下部分厚度0.48米，上部分厚度0.38米，外墙条石基础高2.7米。碉楼共4层，通高16.35米。进入碉楼大门要上2.7米高石阶，石阶宽0.88米，顺着条石基础修建。碉楼石框门用0.46米见方的整块条石建造，门前有一块长1.4米，宽1.18米的小台面，双扇木门厚9厘米。

图17-5 吴家庄园碉楼虽然已风化斑驳，依然显得挺拔雄伟。

站在院里观望，碉楼上部土墙已风化斑驳，但条石基座牢固如初，依然显得挺拔雄伟（图17-5）。进入碉楼，笔者差点一头碰到墙壁上，定睛一看，才发现迎面还有一壁坚实的土墙，这壁土墙厚0.4米，与大门距离仅0.98米，细看土墙正对大门低处，有一个极不显眼的射击孔，如果土匪闯入，从土墙暗处迎面射来的子弹，将给进犯者猝不及防的打击，这种防御考虑真还极富想象力。

图17-6 碉楼内部木结构尚为完好。

碉楼内部结构完整，木楼辐、木楼板虽被油烟熏成黑色，但还十分坚固。楼辐设置密实，每隔0.5米就有一根直径约20厘米的木梁（图17-6）。碉楼每层设有活动盖板，平时开启，土匪万一攻入时盖下，可延长抵抗时间，等待外部增援。碉楼每层四个方向开有内大外小，呈漏斗状的石质射击孔。有意思的是，吴家河嘴碉楼还别出心裁地在二层、三层设置了双扇石板窗，石板窗宽约0.7米，高约1米，用8厘米厚的石板作窗户，平时开启，遇有土匪攻打，关上石板窗，可以有效地抵挡外来的

图17-7 碉楼内设置的石板窗。

图17-8 碉楼主檩题有建造年代的落款。

射击（图17-7）。

碉楼顶层内部净空高达5米，梁架完整。顶层原来有一层阁楼，开有一座老虎窗，后来阁楼木板被拆走，顶层变成空高5米大空间，正好可测量室内空间尺寸。室内面阔8.6米，进深5.8米，一层室内面积为50平方米。顶层主梁上题有两行毛笔小楷，写有“民国拾年岁次辛酉中历仲冬初八日吉立”，可知此碉楼建于中华民国十年，即1921年，距今已经有90多年历史（图17-8）。

吴家河嘴碉楼外墙重檐和彩绘撑拱很有特色，为碉楼外观增色不少。碉楼除了顶部四坡面屋顶和屋檐外，在第三层四周加了一道腰檐，顶层屋檐和三层腰檐下均用直角三角形木架支撑檐檩，三角形

图17-9 吴家河嘴碉楼彩绘撑拱和窗台。

木板上作有雕花装饰。除此之外，碉楼顶层南北两面每扇窗户下方都有一座圆形雕花柱，柱面作窗户的挑台面板，这种装饰手法在重庆其他碉楼中还很少见（图17-9）。碉楼表面石灰层已显斑驳脱落，封檐板和挑檐下的望板也腐朽不堪，屋顶盖瓦部分破烂。好在碉楼一直有人居住，对破烂瓦片随时进行清理修补，碉楼内部漏雨情况尚不严重。否则，这种土墙碉楼很可能会因屋顶漏雨，遇到特大暴雨而发生整体坍塌。

考察完吴家河嘴碉楼后，蔡家镇文化站站长张晓凤告诉我，蔡家镇还发现几座碉楼，距离吴家河嘴不远的王家庄园就有一座。看看还有时间，于是请张站长带我们顺便去看一下这座碉楼。王家庄园碉楼距离吴家河嘴碉楼约1公里，老地名叫紫云乡凤台村五社，现在改为石佛村五社，过去是大地主王辅仁庄园建造的碉楼。王家庄园碉楼占地面积比吴家河嘴碉楼还要大，保存也很完好，里面住有人家，但此碉楼只有两层，外形不如吴家河嘴碉楼有特色。

庄园主人往事

笔者在现场采访了一位叫任清财的老人，老人83岁，1952年迁到石佛村五社，住在吴家庄园旁。

图17-10 在现场采访83岁的任清财老人。

任清财1953年当兵参加抗美援朝，1957年复员回乡，略知道一些吴家的情况（图17-10）。

吴家庄园解放前的主人叫吴南村，吴南村有两个儿子，老大吴亚东，曾任国民党江津县李市乡党部书记，老二吴亚林，解放前在外读书。吴家养有家丁，拥有枪支弹药，还有一支当地农民称为“格蚤龙”的冲锋枪和一门用青冈树作炮筒的土炮。碉楼里存储了大量鹅卵石，如有土匪进攻，可居高临下抛扔鹅卵石打击进犯者。任清财老人说，过去碉楼比现在更漂亮，遇有重要节庆，碉楼四角会悬吊大红灯笼，老远的地方都可以看见。吴家庄园范围很大，外面建有围墙，内有几道朝门。由于几十年毁厉害，现已看不出庄园当年的规模了。

吴南村过去收有300多石田租，也有说是1000石田租，在50里外的三河乡也有吴家的土地。吴南村非常节俭吝啬，善于精打细算，被人们称为“吴二青冈”，意思是说他像青冈一样硬，不好商量通融。解放后，吴南村、吴亚东、吴亚林父子3人被镇压，吴南村被镇压时已70多岁。任清财老人讲，吴亚林的儿子还在，叫吴胜杰（音），大约70岁，曾经在成都水电局工作。

解放后，吴家庄园被没收，分配给十几家农民居住。张德辉和张国全两兄弟分得了碉楼，他们去世后，现为张德辉3个儿子所有。

从重庆到江津四面山旅游，公路要经过吴家河嘴碉楼，碉楼距离国家级历史文化名镇中山镇也很近，如果此碉楼和残存的庄园能够得到妥善的修复和适度的开发，还可以成为四面山大旅游景区中的一处特色乡土民居旅游点。

江津区中山镇龙塘庄园（余家大院）

2000年8月13日，我第一次到中山镇考察。参观三合场老街之后，顺便去看了距离镇里不远的龙塘庄园。那时中山镇名气还不大，老街里游人稀少，临街店铺转让几万元也没人买，而现在已涨到几十万。因当时还有其他安排，我在龙塘庄园呆的时间很短，但庄园宏大的规模和漂亮的彩绘驼峰给我留下深刻印象。

中山镇老地名三合场，坐落于笋溪河畔，场镇依山傍水，河畔翠竹葱茏，河谷怪石嶙峋，风光秀丽多姿。三合场最早又叫龙洞场，距今已有840多年历史。清光绪壬辰年（1892年），龙洞场、老场、马桑垭合并成一个场，故得名“三合场”（图18–1）。由于靠近合江、綦江等县，又有笋溪河水运之便，各种物资汇集于此，通过水路和陆路运至江津、重庆、合江、綦江等地，三合场因此成为商贸繁荣的水陆码头。中山镇有众多庄园，据调查，镇域内至今尚存龙塘庄园、枣子坪庄园、白鹤林庄园、朱家嘴庄园、两河口庄园、沙榜上庄园、斑竹林庄园、四面厅庄园、瓦屋头庄园、贺家庄园、赵家坝庄园、大地坝庄园、塘口头庄园等十几处庄

图18–1 笋溪河畔三合场（古称龙洞场）。

园。其中龙塘庄园（又名余家大院）是距离中山镇老街最近，也是最有特色的一处庄园。

中山镇文化奇人刘栋林

说到中山镇，不能不提到被称为中山镇文化奇人的刘栋林。刘栋林是中山镇文化站站长，前几年，因中山镇申报国家历史文化名镇和风貌整治、旅游开发，笔者与镇党委书记程纵挺和刘栋林经常见面。刘栋林在中山镇文化站工作十几年，陪同了几任书记、镇长，他一直在不遗余力地宣传、推介中山镇。中山镇名气的提高和人气的飙升，程纵挺书记和刘栋林功不可没。

刘栋林是一个热心人，也是一个性情中人，他知识面广，勤学好记，对中山古镇和庄园历史典故烂熟于心，只要你愿意听，他可以不歇气地给你讲上几个小时。近年来被媒体传播得人人皆知的“爱情天梯”故事，最早就是刘栋林发掘出来的。故事主人公徐朝清年轻守寡，后遇到比她小10岁的刘国江，两人一见钟情，不离不舍，坚持相爱。由于女大男小的年龄差距和徐朝清的寡妇身份，难免遭遇闲言碎语和世人的偏见，双方家庭也不同意这门婚事。为躲避世俗，争取自由，他俩离家出走，隐居深山数十载，相濡以沫、互敬互爱，过着清贫的日子。为让妻子徐朝清下山方便，刘国江在险峻陡峭、沟壑纵横的大山中开凿石梯，栉风沐雨，年复一年，竟凿出石梯6000余级，演绎了一段旷世奇缘。如果没有人发现并发掘，他们的绝世爱情本来会默默无闻地深藏于大山之中，直至他们离开人世。是刘栋林一次带驴友上山时，偶然发现了生活在深山老林中的两夫妻，之后，凭着他的敏锐和宣传，最后才引起人们的关注。由于刘栋林做事为人太执着，甚至不管对方是否愿意听，是否相信他讲的是真的，他都会不厌其烦地给你讲，而且一讲就没有完，以至于镇上的人开玩笑叫他“刘莽子”（“莽”有傻、直、急之意）。刘栋林的坚持与执着换来了意想不到的结果，到后来，“爱情天梯”故事被国内外数十家媒体争先宣传报道，还被拍成电视、电影搬上了屏幕、银幕，以至于现在经成为了中山镇最出名、最引人前往追寻的由头之一。

我几次到中山镇，3次到龙塘庄园，每次刘栋林都要给我介绍一些新的情况和故事，到龙塘庄园考察，也少不了他的陪同讲解。在准备撰写龙塘庄园文章时，为进一步深入了解庄园建筑特色和历史底蕴，我于2012年9月6日下午再次到中山镇，准备次日去龙塘庄园考察。当晚住宿三合场“聚贤楼”，与刘栋林聊到很晚。第二天一早，同刘栋林一起到龙塘庄园考察。

几十座驼峰流光溢彩

龙塘庄园建于清末民初，位于龙塘村三社，为余姓大户所建，因地名叫龙塘，庄园也被称为龙塘庄园。龙塘庄园距三合场老街约2公里，坐落在一片斜向延伸的整体山岩中部，正面开阔，居高临下，背面是一座叫转龙湾的山坡（图18—2）。庄园背山建有文昌宫，宫内粗大的石柱、木柱一人抱不下来，可惜现在仅存遗址。龙塘庄园由围墙、朝门、虎皮门、戏楼、印合坝、天井、鱼池、花园、碉楼、花厅、走廊、碾槽、烫房、铆厅等建筑物、构筑物和场地组成，占地面积约8100平方米，建筑面积4160平方米，过去有大小房屋95间。庄园为复合四合院布局，分上、中、下三院，随地形逐级向上。解放后几十年来，庄园先后被改作多种用途，部分院落被改建，部分房屋被拆除，现存庄园规模已远不如旧。

庄园头道朝门前有一座高2米、半径7.7米的半圆形月台（图18—3），从月台上3步台阶进入庄园八字形大朝门。头道朝门之后是二道朝门（图18—4），之间有一处进深8.2米、宽6米的甬道，

图18–2 龙塘庄园坐落在一处呈缓坡状的整体山岩中部。

甬道后有一座长条形天井，进深约6米，面阔近20米，厢房位于天井左右。从天井上7级台阶，进入二道朝门后又有一处宽5.5米、进深7.6米的甬道，

图18–3 庄园宽阔的正面和半圆形月台。

甬道内空高达7.2米（图18–5），两侧厢房被改建成竹夹壁房屋。通过甬道上3步台阶，就进入庄园四合院大天井。大天井进深9米，宽28米，天井两侧厢房进深9.5米，内空高7.7米。

庄园正房位于二道朝门内，面阔五间，两侧耳房面阔各三间（图18–6）。正房和耳房有廊道相连，廊道立柱与屋顶檩子通过3根长短不等的横梁连接。正房为五架梁，梁下设6座驼峰。庄园驼峰还保留有几十座之多，之所以能保存至今，全靠村民在“文革”中将驼峰用泥土涂抹，才使之免遭劫难。驼峰用深浮雕手法雕刻各种吉祥物件，计有摇钱树、花卉、万字纹、香炉、宝瓶，花鸟鱼虫、吉祥杂宝，以及象征福禄寿喜的蝙蝠、鹿子、麒麟、

图18–4 庄园头道朝门和二道朝门。

喜鹊等等。驼峰雕刻艺术高超，图案布局严谨饱满、线形复杂、雕工精湛，图案突出部分饰以金箔，至今依然镏金溢彩、栩栩如生（图18–7）。庄园还有部分驼峰表面泥土未去掉，无法欣赏它们的风采。

图18–5 两道朝门之间的甬道。

图18–6 二道朝门内的正房。

图18–7 梁架驼峰雕工精湛，镏金溢彩。

龙塘庄园所有檩子绘满色彩斑斓的彩画，没有彩绘的檩子则是后来被更换过的。正中主檩绘有两条腾云驾雾的龙，中间是红蓝两色太极图，彩绘线条镏金熠熠发光、鲜艳夺目（图18–8）。

庄园保留有几十米土围墙，墙高3米、厚0.4米，底部用条石作基础，墙体用泥土夯筑，顶上用片石作盖（图18–9）。庄园后面围墙内有一大片土地，足有几千平方米，过去是果园菜地和一些辅助用房。现在除竹林杂树和一座残破的更夫房外，已

图18–8 正厅主檩色彩艳丽的彩绘图案。

图18–9 庄园残存的土围墙。

成一片荒地。杂草竹林里散落着一些墓冢，不知是余家的祖坟还是后来的墓葬。庄园碉楼、戏楼、鱼池、花园已毁，5层高的碉楼位于庄园西侧，现仅存一楼一底遗址。

消失的花厅

正房与厢房之中的大天井遗留有4座柱础，相互间距为5.8米，柱础为六边形，搁置木柱的表面直径约40厘米，这里原为一座花厅（亦称抱厅、铆厅、凉亭子、干天井），是主人接待贵客的地方。据当地村民讲，庄园花厅非常漂亮，有格扇花窗、雕花构件、美人靠，加上顶部阁楼有3层高，形式

图18–10 后天井花厅遗址。

像一座亭亭玉立的楼阁。使人痛心的是，上世纪60年代中期，公社修建办公室需要木料，派人来将花厅拆除，木料悉数运走，仅剩下这4座孤零的柱础（图18–10）。

在庭院修建花厅的做法，一般多见于大户人家建造的大院。花厅一般正对朝门，背靠堂屋，内部敞亮，造型小巧精致，设有美人靠、梯步和雕花图案，排气通风效果良好，具有明显的装饰和实用效果。巴渝地区气候炎热多雨，相对开敞的花厅既作家人平时休闲纳凉之处，也作接待贵客的场所。民间大院后庭天井位于庄园、宅院中心，坐拥整个院落，是整座大院位置最为重要之处，在此修建花厅，也有体现纳气聚合、天地合一的风水意图。

庄园主人传奇

笔者在现场采访了居住在庄园里的李何氏、官炳华、陈德英几位老人，老人们对余家往事记忆犹新，告诉了笔者许多在资料里无法查到的历史故事（图18–11）。

庄园主人余世海出生于清末，自幼家境贫穷。成人后，余世海靠挑担卖油为生，后来自己经营油坊，还把生意做到了贵州一带。民国初年，余世海当上十二都都正（民国初期沿袭清代都团制，都下

图18−11 在庄园采访几位老人。

设团，团下设保，保下设甲），相当于现在的乡镇长一职。余世海发迹致富后，从三合场大户王家买入大量土地，新修油房，扩大产业，并动工修建余家庄园。庄园经历3年时间，于民国初完工。庄园竣工本是一件大喜事，结果出了意想不到的事情：庄园建成后，余世海设宴招待客人，由于操劳过度，饮酒过多，不幸猝死，喜事变成了丧事。余世海死后，浩大的余家庄园工程欠下不少债务，到余家要债的人络绎不绝，搞得余家焦头烂额，一筹莫展。后来通过关系疏通到县政府，县里出面发了通告，才使逼债的人停息下来。

余世海有3个儿子，大儿子叫余少林，又名余百遐，二儿子叫余少谦，老三因病早年去世。余世海过世后，由余少林、余少谦继承家业，兄弟俩和衷共济，一直没有分家。余家有600多石田租，余少林在三合场街上开有茶楼，余少谦在街上开有当铺，家业得以振兴发达。余少林、余少谦长得高大肥胖，人称余大胖子、余二胖子。余少林在1921年任团练局副局长，后又任局长（民国中期改都团制为团总制，相当于现在的乡镇长）。余家当时拥有一个班家丁，配有长枪短枪。余少林1932年卸任，1948年死于直肠癌，终年48岁。

余少林究竟有多胖，说出来使人不相信，当地老人讲余大胖子体重竟达300多斤。有趣的是，余少林只生女不生儿，余少谦只生儿不生女，余少林生了6个姑娘，余少谦生了6个儿子。余少林、余少谦重视对儿女的教育，余家子女大多在解放前外出读书，后来都在重庆、成都、江津等地参加了革命工作。老人们讲，解放后余家后人回来过两次，余少林三女儿像她父亲一样长得高大健壮，村里人称她余三娘。余三娘解放前外出读书，解放后在四川大邑县公安局工作，上世纪80年代回老家，给乡亲们带了一些礼物，还专门去看望了从小带她长大的长工袁义成。2006年，余家后人再次回到龙塘庄园，余三娘女儿已有五六十岁，他们找到中山镇领导，希望能把庄园买回去，以了结余家族人怀念祖屋的夙愿，但因各种原因未能谈成。

庄园更夫袁义成

老人们还给笔者讲到余家一个小人物，他就是庄园更夫袁义成，这个小人物的命运使人唏嘘不已。袁义成在余家是服侍主人最久的长工，他对主人忠心耿耿，终身未娶。如果从阶级成分来看，袁义成是一个比较复杂的人物，他既是余家家丁和余大胖子的贴身保镖，同时又是长工、兼作更夫。余少林对袁义成信任有加、视如知己，进进出出带着他。袁义成背着盒子枪，紧随余大胖子，也曾威风一时。袁义成特别喜欢孩子，余家的姑娘、儿子不少是他带大，孩子们与他的感情很深。一直到解放后，余家儿女和孙辈、曾孙辈还关心惦记着他，回乡都会去看望他，带给他不少礼物。余大胖子1948年去世后，袁义成如丧考妣，悲伤不已，茶饭不思，人也变得沉默寡言。听到老人们的讲述，笔者脑海里不禁浮现出著名作家陈忠实小说《白鹿原》（已改编成电影上映）里主人白嘉轩与长工鹿三的关系：白嘉轩与鹿三亲密无间，白嘉轩儿子认鹿三作干爹，鹿三儿子拜白嘉轩为义父，白嘉轩与鹿三

图18—12 庄园后院的更夫房。

共用一个铜盆洗脸，平时形如手足，共同下地劳作。余大胖子和长工袁义成的关系与之何其相似乃尔，这可能是人性的强大和魅力吧，人性和阶级性之间似乎并没有不可逾越的壕沟。

解放后土改划阶级成分，虽然袁义成给余大胖子当过保镖，背过枪，说得不好听就是地主狗腿子，但袁义成为人厚道，没有仗势欺人，没有一分田地，又有长工、更夫的身份，所以被划为雇农，这在当时以阶级成分决定一切的年代，算是农村最好的成分了。住在余家大院的几位老人们给笔者讲，解放后，袁义成依然孤身一人，居住在庄园简陋的更夫房里（图18—12）。晚年的袁义成生活孤单、性格孤僻，时常追忆往事，思念主人，在庄园居住的人夜间经常会听到从更夫房里发出呜呜的哭啼声。余家大院后园野草萋萋，荒冢林立，月黑风高，袁义成悲怆凄凉的哭声在夜间传出，听起使人发瘆。前几年，袁义成悄声无息死在更夫房，终年89岁。

解放后，余家大院被没收，余少谦因为担任过国民党参议员，公审后被押到三合乡河坝枪毙。余家大院被收为公产，先后作过小学、民办中学、十六区区公所和三合公社、三合乡政府办公等用途。乡政府于上世纪80年代搬到三合场后，部分房间分给几户农民居住，部分房间办起了敬老院。敬老院的老人们在庄园后院园子种蔬菜、栽果树，当年敬老院在四合院中庭栽下的黄桷兰，如今树干已有海碗粗，花开时节香味扑鼻。敬老院院长过去曾酿过酒，于是在庄园里重操旧业，办起酿酒房，用粮食酿造江津白酒出售。敬老院停办后，房屋闲置，酿酒用的石缸和灶房至今还留在庄园里。庄园现居住有6户村民，户口上有20多人，实际只有73岁的李何氏（娘家名何君惠）、78岁的官炳华、69岁的陈德英等几个空巢老人住在庄园里。

听刘栋林讲，已经有一些老板到龙塘庄园考察，准备出钱将庄园买下后进行改造，作为私家会所，据说其中一家与镇政府已经谈得很深。由于涉及到一些具体问题，比如道路修建、环境整治、水电接入、污水处理、村民搬迁等，一时半会也不可能定下来。笔者认为，不管采取什么方式，对这座建于清末民初，具有较高建筑价值和历史文化价值的庄园一定要妥善保护，千万不要因为商业性开发而伤害丢失了这座庄园的历史原貌和历史信息。

江津区白沙镇王政平民居(八角洋楼)

江津区白沙镇是重庆抗战遗址较为集中地之一。重庆现存395处抗战遗址，主要集中在“一岛”、“三山”、“三坝”。一岛即渝中半岛，三山即歌乐山、南山、缙云山，三坝即沙坪坝、江津白沙坝、北碚夏坝。本篇介绍的白沙镇王政平民居，在抗战时曾作国民政府教育部白沙第八中山中学，因而被列为重庆抗战遗址。白沙镇拥有挂牌保护的抗战文化遗址计20处，包括夏公馆（川军抗日名将夏仲实旧居，又称德庐）、国民政府审计部、国立编译馆、国民政府中央图书馆、“七七抗战”纪念堂、第二陆军医院、陆军第16军后方医院、四川省立女子师范学院旧址、鹤年堂（位于聚奎书院内，抗战时期被称为“川东第一大礼堂”）、张爷庙（抗战时期曾作为东北流亡学生安置学校，还被用于临时收治抗战负伤士兵）以及抗战时期宋美龄创办的白沙新运纺织厂等等。

白沙镇抗战遗址建筑相当部分具有中西合璧折中主义风格，这些建筑雍容华贵，典雅别致，在通风、采光、工艺、雕塑和外部造型等方面吸纳了西方建筑的优点，打破了传统建筑的封闭内向，体现了以表现空间意境为主的审美观念，反映了20世纪初期中国建筑的创新和开放。

图19–1 雅致隽秀的八角洋楼。

折中主义建筑的一枝奇葩

前几年，在白沙镇申报国家历史文化名镇前后，受白沙镇党委书记秦敏邀请，笔者曾多次到白沙。因八角洋楼隔白沙老街还有一些距离，一直没有时间专门安排去参观考察，但在白沙镇制作的宣传画册上，这座小巧玲珑的洋楼给我留下非常深刻的印象。2012年5月16日，在白沙镇文化站站长王顺琴陪同下，我终于来到八角洋楼考察。王顺琴是一位精干、敬业、热情的女同志，从事乡镇文化工作多年，对白沙的历史和文物情况非常熟悉，一路上给我介绍了不少情况。

王政平洋楼位于白沙镇红花店村二社的红豆树，这里原是江津区白沙镇红豆树农场，距离白沙镇城区约2.5公里。洋房坐北朝南，东、南、北三面是农田，北面隔着农田有一座大池塘，西面紧靠川江汽车制造厂。

八角洋楼建于民国时期，为典型中西合璧折中主义风格（图19–1）。洋楼墙体用青砖砌成，部分青砖上印有“政平置”字样，房屋面宽38米、进深14米、通高约12米，到八角攒尖顶顶部高度达到18米。洋楼占地面积728平方米，建筑面积1075平方米，两层高，局部3层。洋楼正面两层开有10个窗户，下层为方形，上层为圆弧形，正面右壁开两个椭圆形窗。不同式样窗户的相互搭配，丰富了建筑立面效果，使洋楼显得更加灵活飘逸，美观耐看。大门为六合门，开设在房子正中，用6扇可收缩折叠的木门组合而成，总宽4.8米。洋楼屋顶为四坡面屋顶，上面开老虎窗和壁炉排烟道，屋顶正脊按中式建筑风格造型，用灰塑加彩绘的手法美化了屋顶视觉效果，过道和室内天花均作灰塑图案（图19–2）。由于年久失修，八角洋楼已成危房，部分外廊坍塌，楼梯摇摇欲坠，天花板灰板条部分散架，抹灰脱落，8根青砖立柱垮塌1根。

八角洋楼建筑具有两大特色，一是正面的8根仿罗马柱式圆形砖柱，二是两座八角攒尖屋顶。8根圆形立柱分为4组，每2根一组，前后布置，间距约1米，立柱直径约0.4米，正中两柱间距稍宽一些。立柱用青砖砌成圆形，表面作水刷石，水刷石表面饰以花纹图案，柱础、柱帽表面作装饰造型（图19–3）。两座八角攒尖屋顶一前一后，前面较低，后面较高，高差约6米。前面八角屋顶为小青瓦，屋檐平直，后面八角攒尖顶檐口起翘；前面八角屋顶下开4个窗户，窗楣为圆拱形，后面八角顶屋檐下施以券棚，下面是一座空透的观景亭。观景亭用8根罗马柱支撑，表面作水刷石，柱帽为大白菜图案。观景亭栏杆采用西式花纹和花瓶图案，表面也饰以水刷石。两个八角形屋顶一前一后、一低一高、一静一动、一实一虚，使房屋天际线变得起伏有致、趣味盎然（图19–4）。在洋楼最高处的八角亭接待客人，把酒临风，品茗闲谈，别有一番风味和景致。

图19–2 洋楼室内天花图案灰塑。

图19–3 八角洋楼仿罗马柱式砖柱。

图19–4 两座八角攒尖亭起伏有致，趣味横生。

八角洋楼有一层地下室，面积与上面楼层差不多，地下室通过地面条石墙基上的采光孔采光，排水通风系统考虑周全，进入地下室并不感到潮湿阴暗（图19–5）。

八角洋楼建造者匠心独具，小小的建筑雅致隽秀，充满了巧妙的构思和灵气。洋楼美妙的构图，精致的比例，完美的空间组合，无不给人以美的享受。在白沙抗战遗址中，八角洋楼堪称折中主义建筑中的一枝奇葩（图19–6）。

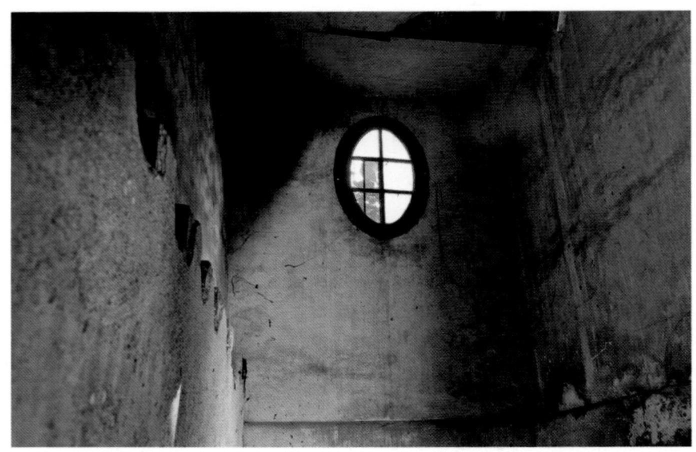

图19–5 八角洋楼地下室。

关于洋楼主人

洋楼主人王政平生于晚清，出生在白沙红豆树。王政平有两个夫人，是同胞姐妹，人称赵大小姐、赵二小姐。赵家俩姐妹是大家闺秀，毕业于女子师范校，知书识礼，相貌美丽端庄，两个夫人分别住在两个公馆。赵大小姐已去世，赵二小姐（昵称小妹）赵克岚已80多岁，现居上海。王政平有4兄妹，大哥王子余当年也建造了一座非常漂亮的西式建筑，称为王家花园，可惜在建白沙工业园区时被拆除。弟弟王辉油已去世，还有一个妹妹与丈夫郑合林开办了一座织布厂。两个外侄曾在当年宋美龄创办的白沙新运纺织厂上班，舅弟赵克文解放前投资金融，开办银行。

图19–6 匠心独具的设计使洋楼充满了灵气，堪称折中主义建筑中的一枝奇葩。

王政平是白沙著名实业家，早年开办纱厂，兼做食盐生意，还与外商合作经营桐油行。王政平曾任重庆亚西实业银行（位于市中区打铜街）总经理。亚西实业银行是一家川帮银行，1930年1月创办于重庆，1931年2月在上海汉口路成立分行。亚西实业银行在白沙设立有办事处，位置在现在的白沙酱园厂。王政平在上海也开办有自己的公司，解放后，王政平在上海的资产被公私合营。1952年“三反五反”运动中，王政平在上海跳楼自杀。

王政平投资经营范围涉及金融、纺织、食盐、桐油等行业和中外合资企业，远在上海也有投资，建造的八角洋楼在建筑风格上独树一帜。王政平是民国时期江津著名实业家，王政平家族的历史实际上也是江津和白沙近现代工业、商业和金融业历史的缩影。可惜现在对王政平及其家族历史的了解极少，建议江津区和白沙镇组织人员设法采访王家后人和知情人士，充实发生在洋楼里不为人知的往事，丰富白沙抗战文化和历史文化的内涵。

流亡学生学校

抗战时期，沦陷区流亡学生纷纷辗转来到重庆，国民政府教育部在重庆附近乡镇创办了10余所中山中学，专门接纳这些外省流亡重庆的学生。流亡学生通过统一考试后再分配到各个学校，学校实行公费教育，伙食费、学杂费均由政府负担。王政平于1939年将洋楼和周边房屋慷慨捐出，支持国民政府教育部开办教育部战区教师第三服务团附设第八中山中学班，使部分流亡学生得以在白沙静心学习。八角洋楼除留3间房屋作王政平家人住宿外，其余房屋全部让出作教师宿舍和学校办公室，教室分布于洋楼周边平房。白沙第八中山中学校长吴子我是一位学识渊博的知识女性，由教育部战区教师第三服务团委派。当时学校设有初中、高中，初中招收4个班，高中招收3个班，每班学生40人左右。

1940年到1943年3年间，红豆树学校建立后又经两次变革。1941年秋改为国立第十七中学女子分校，1942年3月国民政府教育部将国立第十七中学女子分校并入女子师范学院，红豆树原址改为女子师范学院的附属中学。附中校长仍由吴子我担任，学校设高中、初中各6个班，只招女生。据1943年10月统计，学校共有学生540人，其中初中297人、高中243人、教职员51人。1951年，学校迁往重庆北碚。

女子师范学院附属中学治学严谨，教师勤勉务实，学生学习勤奋、生活简朴，读书风气浓厚。学校开设的课程有国文、公民、数学（包括代数、三角、几何）、地理、历史、物理、化学、英语、体育、唱歌、劳作、美术等。学校经常组织学生开展各种活动，包括歌咏队、话剧队、壁报队、国语英语演讲比赛等。由于学校校舍窘迫，活动场地少，师生们在校园内的楠木林砌石垒土，搭建露天剧台演话剧，搞演讲比赛等各种活动。学校每年6月25日搞一次校庆活动，据当年在学校读过书的老人回忆，校庆活动时师生们排演戏剧，演出的节目有《棠棣之花》、《孔雀胆》、《红楼梦》、《飘》等话剧。学校还组织学生参加校外活动，如1942年白沙学生运动会，音乐促进会组织的白沙万人大合唱，白沙地区中学生作文比赛、演讲比赛，抗日捐献大会等等。抗战时期的白沙红豆树学校为国家培养了不少栋梁之材。

校长吴子我毕业于中山大学法律系，她气质儒雅、才华横溢，治学有方、校规甚严，如规定学生一个月只准到白沙街上一次，星期天只能在校内搞活动，休息时只有去柑子林散步，去河边洗衣服，到沙滩玩耍，看江边帆船。吴子我37岁时和一位研究法律的学者结婚，新婚之时，《白沙日报》为此刊登新闻消息，标题是“铁树开花，红豆公主下嫁”。1944年初，吴子我辞去校长职务。

1944年春天开始，刘英舜女士（广东人）从东南亚国家留学回来，担任国立女子师范学院附中校长。刘英舜是学教育的，专业素质高，对学生循循善诱，因材施教。教务主任黄求恩（广东人）是地下党员，和重庆《新华日报》报社、八路军办事处有密切联系，他担任地理课老师，经常利用课堂讲国内外形势，讲抗日救亡运动，教育学生为民族利益而斗争。

学校教师多为外地流亡来川的文化人，师资力量不菲，可谓群贤荟萃。当时聘请的著名教员有碧野（青年作家，后成为中国现代著名作家）、张弓（又名李赛凤，青年诗人，担任国文课教员）、刘维诚（担任历史课教员），以及周锺灵、朱金声、侯锡忠等名师，解放后这些学者大都在南京、上海的大学担任教授。教务主任黄求恩1945年离开学校到泰国办华侨报，解放后在福建省一个专区担任地委书记。

老人们的回忆

在红豆树学校毕业的学生如今尚在者已是古稀老人。当年的学生沈淑均老人在一篇回忆录中写道："那时候，烽火满天，我从南京西去重庆，在离重庆270里的一个小镇上念初中。小镇紧邻长江，名曰白沙，别看小镇只有两排房屋低矮的土街，却是抗战时期大后方的一个文化重镇，全国仅有的一座国立编译馆就迁来这里，还有两所高等学校和上十所中学。海内外知名的曹靖华、李霁野、台静农、胡小石、梁园东、谢循初等一大批学者都在镇上工作过。出小镇沿长江上行5里，便到了我的校园，那地方有个美丽的名字，叫做红豆树。……学校是借用的一座川盐富商别墅，园里四季花香不断，校园东面生长着一片楠木树，还有两棵躯干高大、树叶如盖的红豆树。同学们大多来自日寇占领的沦陷区，操着上海、南京、哈尔滨、郑州、武汉各种口音。……当时办学条件很艰苦，但学生们学习都很努力，每天晚上，没有教师的督促，教室里却十分安静，烟火缭绕的桐油灯下，同学们在聚精会神地整理笔记、看书、做习题。"

曾在红豆树学校当过教员的碧野先生在回忆录中写道："……学校是一座地主庄园，在长江边，有香楠耸天，四季花开，其间有一棵红豆树，所以这处庄园也取名叫红豆树。红豆树门前有一个湖，水绕湖心亭，湖边遍植翠柏和鲜花。……白沙女子师范学院附中的学生们大都是被爱国心所驱使，从沦陷区投奔到祖国大后方来的，有的姑娘举目无亲，在困苦中求学，有的连买支铅笔的钱都没有，更说不上穿戴了，不少姑娘就是穿着缝缝补补的衣服过日子的。……我被聘为语文教员，教毕业班，学生对我都很好。我眼看姑娘们就要走出校门，投入社会，前途莫测，她们随时都有被豺狼吞噬的可能，为了祝愿她们走向战斗的道路，我写了一篇散文，题为《奔流》，描写在黎明鸟的声声催促下，山涧汇入小溪，小溪汇入江河，江河汇入大海，以含蓄的笔调鼓励她们勇敢地走向新的生活。"

看了老人们的这些回忆，不禁对当年在极为艰苦的条件下，红豆树学校师生们吃着粗茶淡饭，穿着补巴衣裳，在拥挤简陋的房屋辛勤教学、勤奋学习的情景有了更多的缅怀和敬意。

八角洋楼的命运

解放初期，红豆树学校还延续办了一段时间，后来搬迁到北碚。之后八角洋楼被收为公房，由江津县农业局管理。县农业局在这里建立了江津县红豆树农场，八角洋楼作为农场的畜牧兽医学校。后来学校停办，房屋被分配给农场职工居住。由于长期失修，洋楼损毁严重，职工开始陆续搬出。现在还有两户职工仍然居住在八角洋楼里。

几十年来，八角洋楼不仅没有得到任何保护，甚至连基本的维护修缮也没有，最后成为整体危房（图19－7）。八角洋楼周边还有不少宅院，当年是白沙第八中山中学和国立女子师范学院附中办学的校舍，后来被拆的拆，毁的毁，现已全部消失，唯有洋楼还孤零地留在红豆树。

八角洋楼后面堡坎上方是川江汽车制造厂，

图19–7 八角洋楼损毁垮塌严重。

图19–8 与川江汽车制造厂一墙相隔的八角洋楼。

即原江津汽车配件厂，该厂现已搬迁到新的工业园区，厂区里只有留守人员。川江汽车制造厂与八角洋楼之间的堡坎高约5米，洋楼与堡坎相隔仅有几米，八角洋楼与川江汽车厂一墙相隔（图19–8）。汽车制造厂搭建了一片片蓝色屋顶的厂房，对八角洋楼原有环境造成很大影响。

鉴于八角洋楼的建筑艺术价值和历史文化价值，建议加强保护，并进行抢救性维修，否则，该建筑的损毁还会加剧甚至垮塌，过几年我们可能再也看不到这座精美别致的小洋楼。在撰写王政平民居文章时，笔者感到王政平是民国时期一位不同寻常的人物，可以发掘出许多精彩的故事，只是手头掌握的资料太少，写起来有些捉襟见肘，希望江津区文物管理部门能够设法补充丰满这一段历史。

江津区支坪镇马家洋房

马家洋房原属江津县仁沱区真武乡（旧称真武场），现属江津区支坪镇。真武场前临綦江河，背靠龙门槽山脉，距支坪镇约4公里，因有真武庙而得名。真武场是移民之乡，这里居民祖辈多为“湖广填四川”移民后裔，尤以湖广移民和江西、广东、福建客家移民居多，至今当地还有一些老人能讲客家话。真武场历史悠久，人文积淀深厚，旧时“九宫十八庙”一应俱全，现尚存万寿宫、天后宫、禹王宫、南华宫、三元庙、灵官寺等宫庙遗迹（图20–1）。

2004年6月19日，应镇政府之邀，我第一次到真武场考察老街和几座宫庙，之后参观了马家洋房。当时马家大院已变成酿造厂，大门悬挂“重庆亨通食品有限公司生产基地”和“重庆何福记调味品研究所”两块牌子，院子里堆满坛坛罐罐，空气中弥漫着浓郁的豆瓣香味。

时隔8年之后，在江津区文管所所长张亮、支坪街道综合文化站站长夏雪岗和真武场社区党委书记黄昌荣陪同下，我于2012年9月6日再次来到马家洋房考察。

洋房图纸取自于武汉洋人使馆

马家洋房是在原“万全恒号”锅厂旧址上建造的，万全恒号始创于清代，老厂在四川五通桥，由马家与陕西商人共同投资修建。后因业务扩大，加之在真武场龙门山发现煤矿和铁矿，于是马家在真武场开设“万全恒锅号”分厂。万全恒锅号并不生产一般家用铁锅，而是专门生产熬制“锅巴盐”的铁锅，当地称这种锅为“大黄锅”。万全恒锅号生产的大黄锅可以熬制1000斤盐卤，而当时自贡盐灶铁锅只能熬制四五百斤盐卤，因此很受各家盐灶欢迎。马家在自贡拥有三口大盐井，采取半机械化方式制盐，这种关系加大了锅厂在自贡的影响力，以至于万全恒锅号成为当时全川有名的特制大黄锅锅厂。

马家在真武场还开设有一座

图20–1 真武场万寿宫、南华宫遗址。

碗厂，历史更为悠久，至清末已有上百年历史。为提高产品质量，马家引进江西景德镇的陶瓷工艺，在江津德感坝建立了陶瓷技工学校，聘请江西景德镇技师讲授陶瓷制作工艺和烧窑技术。真武场碗厂生产的产品质量因此得到进一步提高，深受商家和用户喜爱，产品畅销各地，品牌驰名巴蜀。抗战胜利后，陶瓷技工学校迁重庆沙坪坝。

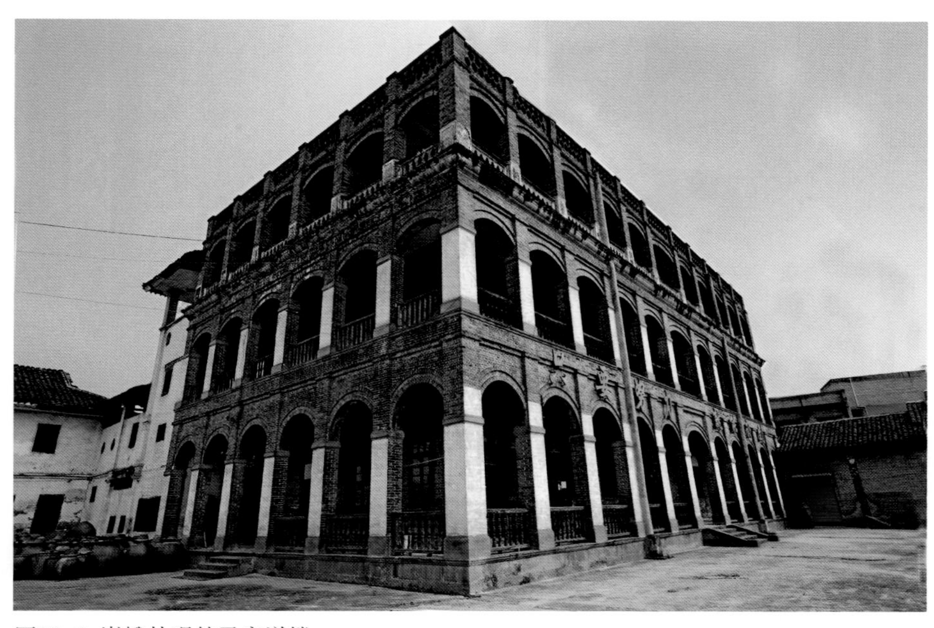

图20-2 巍峨壮观的马家洋楼。

马家经营范围除碗厂和锅厂外，还涉及食盐贩运和洋油、洋碱、洋布、洋火等洋货买卖。经销获得的丰厚利润，使马家成为当地首屈一指、家财万贯的富豪。清末时期，政治时局变幻莫测，土匪肆虐乡里，马家深感忧虑，于是聚会商议，一致动议建造豪宅，把钱财变成不动产，这在时局动荡之际可能是最好的选择。为了取得不同凡响、光宗耀祖的效果，马家决定建造一座西式风格洋楼。马氏家族留洋者甚多，通过关系在武汉洋人使馆获得设计图纸，又结合当地环境地貌、建造工艺、建筑材料，最后形成这座洋房的设计建造风格。

经马家与众股东商议，决定将万全恒锅号迁回五通桥，利用工厂原址建造洋房。洋房于光绪三十四年（1908年）开始修建，至民国二年（1913年）建成这座巍峨壮观的洋楼，前后历时5年时间（图20-2）。为给洋房取名，主持建造洋房的马绍常请本家德高望重的族人，郑重其事会商洋房名字。最后由马氏族长、92岁高龄的马云寿（字介梅）一锤定音，给洋房子取了一个儒雅含蓄的名字——“磐阿洋房”。据马家后人解释，“磐”意味着大楼坚如磐石，“阿”既是英文字母的第一个“A”字，可理解为“Number One”（第一），又暗喻着秦朝的阿房宫，据说还与佛教的阿弥陀佛有着某种联系。

“临江阁楼似透峨”

除巍峨壮观的洋房外，马家大院还建造了成片的库房，用于储存食盐和各种洋货（图20-3）。马家大院过去设有两道朝门，可惜现在均已损毁。头道朝门开在外围墙，朝门门洞见方一丈，双扇大门用3寸厚柏木制作，门额上书“马家洋房”4个大字，造型古朴端庄，厚重威严。二道朝门设在洋房

图20-3 用于储存食盐和各种洋货的库房。

正面石阶之上，重檐牌楼式样，檐下作斗拱，双开镂空雕花梨木大门，门额题“磐阿”2字。大院围墙高4米，下半部分用条石砌垒，上半部分用泥土夯筑，至今尚为完好（图20–4）。

洋房高4层（不含阁楼），青瓦坡屋顶，面阔28米、进深15米，地基高出地面约3米。正面12根砖柱，侧面7根砖柱，砖柱有石作腰线，两柱之间作砖拱，各层有四面连通的廊道（图20–5）。洋楼每层有7个房间，门、窗和木栏杆作西式雕花，室内天花作灰塑装饰图案。窗户设内外两层，外层为木质百叶窗，内层安装彩色压花玻璃，木质百叶窗关闭后可遮蔽阳光，开启后光线从彩色玻璃透入，呈现出五彩缤纷的色彩，使人赏心悦目。

洋楼后有一座绣楼，依附于主楼修建，绣楼有独立楼梯上下，过去是马家女眷做女红、读书、聊天、观赏花园景色的地方（图20–6）。登上洋房屋顶向西望去，只见万寿宫、天上宫殿宇层层叠叠；向南望，清澈的綦江河两岸翠竹成林，巨大的黄葛树冠遮天蔽日。洋楼有一处后院和后花园，后院房屋为一楼一底砖木结构，共7间，后花园呈长方形，面宽23米，进深9.7米。后花园有一座长方形观赏水池和几座鹅卵石砌面的花池，花园过去四季鲜花姹紫嫣红，香飘庭院（图20–7）。

1913年洋房建成后，豪华壮观的楼房惊艳四方，轰动一时，马家的声望和事业也如日中天，达到顶峰。众多地方官僚、士绅贤达以能进入这座豪华大楼里做客、休闲、开会为炫耀风光之事。民国二十三年（1934年），一位友人到马家洋房拜访，因主人外出未遇，留下了“赞真武磐阿马氏洋房”七律诗句一首，内容为：“舟子争传汉福波，临江阁楼似透峨。马氏五常多苏秀，云台八将导仙河。古树盘根知静洁，参天带色应磐阿。集临胜地难逢友，劳从僰水犯仙差。”（注：诗中的“僰水”系綦江河的古名）。

图20–5 洋房各层四面连通的廊道。

图20–6 依附于主楼修建的绣楼。

图20–4 马家大院围墙至今保留完好。

马家洋房过去曾经驻扎过部队。抗战时期重庆成为陪都，为拱卫陪都南大门，国民政府派一个师驻扎真武场，马家让出洋楼给驻军作师部。师长姓王，白天在洋楼处理公务，晚上过河到对岸的学校休息。

马家洋房包括阁楼原为5层、坡屋顶，现在变

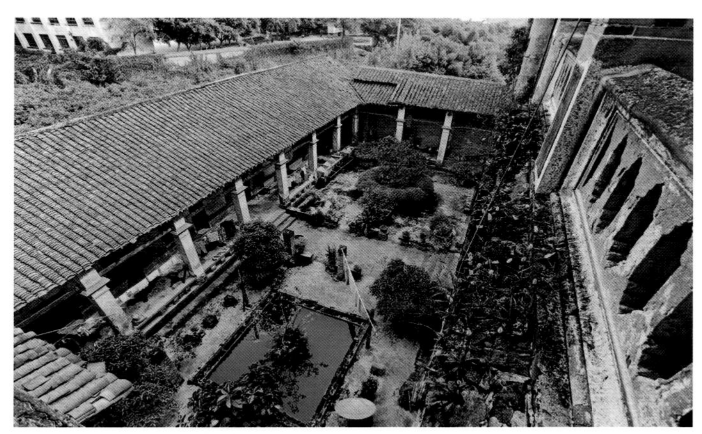
图20–7 马家洋房后院和后花园。

为3层、平屋顶（图20–8）。洋房变矮的原因说起来有些荒唐：1958年全民大炼钢铁，需要大批木料烧成木炭炼铁，为响应“超英赶美”的号召，头脑疯狂的人们看中了马家洋楼的上好木料，可惜典雅漂亮的洋楼被拆除两层，拆下的木料烧成木炭，运到“鸡窝炉”化为灰烬。至今为止，真武场的老人们说起这件事还摇头叹息。

作为一方望族，马家在真武场修建了马氏宗祠和天上宫、文庙、字库塔、望乡台等建筑。望乡台表示对原籍福建长汀四堡乡的怀念，建在龙门槽山，现存遗址。天上宫尚存，文庙在1958年大炼钢铁时期被拆除。马氏宗祠建在真武场龙门槽山上，于马氏家族先祖德胜公60大寿时开始建造，内分两级台阶布局，有精致的戏楼、厢房和厅堂，现整体已毁，仅存地基遗址。龙门槽山地形似一条龙脉，两边山峦连绵不断，中间平缓开阔，被视为风水宝

图20–8 原为5层、坡屋顶的马家洋房变为现在的3层、平屋顶。

地。马家先祖移民入川，选择了龙门槽山插占为业，落脚生根。至今在真武场龙门槽山梨树湾一带，还有不少马姓人家。

洋房抗洪水的秘密

马家洋房紧邻綦江河建造，房屋底层标高低于綦江河特大水位，长江发大水，綦江河随之猛涨，马家大院也屡次被淹（图20–9）。据史料记载，近百年来长江有3次特大洪水，一次是光绪三十一年（1905年），一次是1981年夏季，一次是2012年7月23日，每次洪水马家大院院坝和石梯都被水淹。2012年7月23日的特大洪水比光绪三十一年洪水还高出0.23米，马家洋房底层也进了水。

图20–9 马家洋房紧邻綦江河建造，在洋楼可观望綦江河风光。

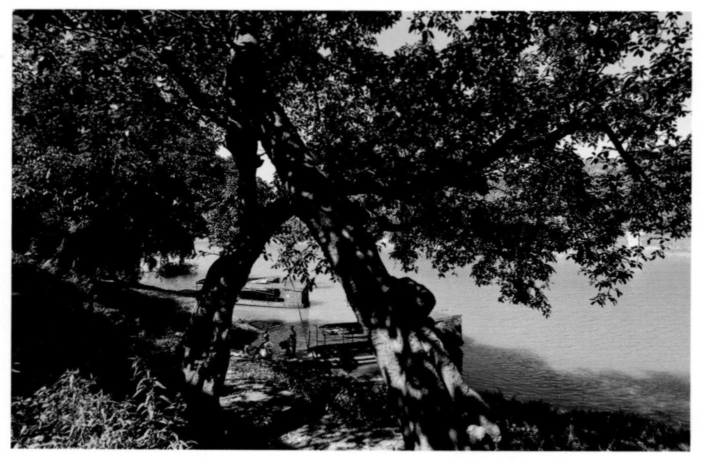

图20–10 当年马家所栽黄葛树如今树大根深、枝叶繁茂。

尽管多次被洪水淹没浸泡，但笔者在现场查看，未发现洋楼基础有松动下塌的迹象，墙体也没有裂缝。是什么原因使房屋岿然不动呢？原来，马家在建房前已有周到的考虑。马家洋房距綦江河只有几十米，围墙大门出来就到河边，河岸极易发生滑坡、塌陷，危及岸边房屋安全。为加固河岸边坡，在綦江枯水期，马家组织人力沿岸从河底向上砌筑条石，并在河岸栽植了100多棵大黄葛树，从而有效稳固了河岸边坡基础，减弱了洪水对河岸的冲刷。黄葛树是马家在被誉为黄葛树之乡的五通桥购买，经岷江、长江、綦江水路运至真武场栽植。黄葛树根系发达，岩石缝也可钻进去，具有很好的护土作用。解放后几十年，黄葛树逐年减少，至今尚存40棵，最近支坪镇在申报国家历史文化名街时，把这40棵古树列为真武场特色自然景观上报（图20–10）。

马家洋房百年岿然不动还有一个鲜为人知的秘密。真武场有个老木匠，已去世多年，去世时有一百零几岁高龄，老木匠曾经给场上的张泽南（87岁，土改时期当过贫协主任）讲，他少年时在马家当学徒，亲眼看见马家洋房在深挖基坑逐层夯实后，将数千斤焦炭埋进基坑，上面再用条石作墙基。焦炭具有很好的防水和滤水作用，使地基不至于因水浸泡而发生泥土流动滑移，从而有效保证了大楼基础的稳固。

马家兴衰史

为寻访马家洋房历史和家族的变故兴衰，笔者设法联系上马家后人何继西和马大森。何继西，63岁，母亲马志鸿，外公马云龙，外曾祖父马绍融；马大森，64岁，过去在真武场教书，现已退休，父亲马云赅（号字怀）。何继西多年来一直在寻找、调查、整理关于马家的历史材料，他给笔者提供了

图20—11 与马志鸿儿子何继西交谈。

不少揭秘马家历史的信息（图20—11）。

马家祖籍福建长汀县四堡乡，先祖德盛公于康熙五十二年（1713年）移民入川，落业在真武场龙门槽。福建长汀县四堡乡刻版印刷业发达，读书识字人家很多。马家移民入川后，继承崇尚文化教育传统，家族弘扬知书识礼、耕读传家的家风，留学英国、法国、德国、日本的子弟不在少数，还出了不少知名人物。

马家以马绍常（号季良）时期最为辉煌，同时也在马绍常时期从巅峰滑向低谷。马绍常是马家入川始祖德盛公第七代孙，生于清同治六年（1867年），卒于1923年。马绍常祖辈、父辈都从事瓷器制造、铁锅制造和食盐生产、贩运等生意。马绍常有马绍虞（号辅卿）、马绍融（号蹈和）3兄弟。马绍虞娶了几房太太，子女较多；马绍融生有马凤翔、马云龙、马云赅、马钟辉、马钟弟5个儿子，马凤翔过继给了马绍常。

何继西母亲马志鸿生于1915年，是马云龙大女儿，毕业于江津县白沙师范学校，后被推荐到国立女子师范学校培训；父亲何民中就读于西南农业大学、南京中央大学，毕业后分配到南京国民党中央机关工作，父亲与母亲在南京结婚。解放前何民中曾任北碚代理县长，后离职教书。解放后在璧山、梁平教书，后调万县农学院。1957年何民中被打为大右派，送劳教3年，全家被遣返回真武场。何继西父亲死于1961年大饥荒，母亲靠代课微薄收入和两个弟弟马育信、马育弟的资助，含辛茹苦把子女拉扯成人。马育信是部队转业干部，时任仁沱医院院长；马育弟时为中央乐团任首席大提琴家，著名艺术家，与中央乐团著名指挥家李德伦齐名。

据马家后人讲，上世纪20年代，贺龙曾在马家洋房居住3个月，后被密报，官府派兵捉拿，贺龙逃到龙门槽山上躲了一段时期后离开真武场。马绍常隔房兄弟马绍援（号辅臣）1930年至1932年曾任共产党江津县县委书记。马家还资助过四川学子出国留学，1919年6月陈毅、聂荣臻等60余人赴法国勤工俭学，1920年8月邓小平等16人赴法国勤工俭学，其中不少江津籍学子得到马家资助。

马绍常于1923年突然死亡，时年56岁，此时马家已经从辉煌走向败落。至今为止，马家的败落还是一个未解之谜。马家败落有几种说法，一说是马家后人染上鸦片瘾，导致家道衰败；又说是马家树大招风，引起别人嫉恨，马绍常被人诬陷犯了通匪罪身陷囹圄，导致家道一蹶不振。马绍常死亡原因，说是因他做了一笔惊天动地的大买卖失利后，伤心忧郁，吞金自杀。据马家后人讲，这笔大买卖还真有其事。上世纪20年代，中国社会处于军阀割据混战时期，马绍常与江津驻军一位本家师长马昆山合作，通过国民政府外务部门官员支持，从欧洲国家购买了一批机床设备，准备在江津开设兵工厂。机床设备远渡重洋，从上海入关，由长江经南京、武汉运至宜昌，再转船过三峡，马师长专门派兵沿途押运。当船只进入三峡后，遭到当地武装袭击，满载货物的运输船被击沉于江底。此事给马绍常难以承受的打击，但是否之后就吞金自杀还缺乏确凿的依据。

马绍常死后，家业传给过继儿子马凤翔。马凤翔曾任重庆合川税务局局长，因马绍常去世，家里无人主事，马凤翔遂回家主持家业。此时马家风光不再，除了大院洋楼，只能勉强维持生计了。

笔者在真武场听当地村民讲过马家二小姐的故事，说是马二小姐跟一个长工私奔，触犯马家祠堂戒律，后来被双双沉江。马二小姐确有其人，但村民讲的故事只是传说。马二小姐是马志鸿妹妹，叫马志清，是马云龙的8个子女之一。因马二小姐聪明伶俐、乖巧漂亮，深得父亲马云龙和爷爷马绍融喜爱。马二小姐性格开朗，结识了一个当地教书的周平中，很快处于热恋之中。马家是书香门第，遵循族规，教育子女甚严，加之周家与声名显赫、财大气粗的马家门不当户不对，马家不认可这门婚姻。但马二小姐执意要嫁周平中，之后他们结合，生了一个女儿叫周帮利。马云龙和马绍融见马志清在外生活拮据，心生怜悯，最后也同意她回到大院。但马二小姐性格刚强，始终没有再回马家大院。马二小姐的女儿周帮利至今尚在，已是70多岁的老人了。

马绍融儿子马凤翔在解放前去世，留下两房太太。两个太太娘家都是殷实人家，嫁到马家时各自带有几十亩田租的嫁妆，在土改中两个女人被划为地主，马家的房屋契约被工作组追出来后烧毁。马绍虞解放后将家产商号悉数捐出，以民族资本家和开明士绅的身份当上自贡市政协副主席，上世纪70年代去世，享年97岁。

马家子女解放前大多外出读书、工作，有的到了国外。马氏家族分支较多，真武场马家在北京、上海、攀枝花、重庆等地还有后人，远在国外的也不少，其中不乏知名人士、著名学者、高官显贵。

解放初期，土改工作组在马家洋房办培训班，土改结束后，大院改作柑橘收购站。上世纪60年代，驻江津部队每年都驻扎马家大院，在綦江河开展武装泅渡训练。至80年代，柑橘收购站改作仁沱区十一村供销社。1997年，乡政府以47万元价格将马家大院房屋卖给江津县知名商人胡涛，在此开办重庆亨通食品有限公司，大院改作为工厂，生产“红胡桃”牌系列调味品。

马绍融儿子马云赅1957年被打成右派，平反后，从1982年起提出马家大院产权的问题，为此多次上访。马云赅认为，解放后马家主动将大院让出给政府使用，但并未移交房屋产权，因此应该落实政策，退还房产。马云赅1986年去世，时年76岁。之后马云赅儿子马大森和马志鸿儿子何继西等人也继续上访，但终未有结果。20多年来上访形成的材料、复印件、原件、笔录放在家里一大堆，一次家里被盗，小偷翻箱倒柜，资料丢失散落大半，尚存部分资料现存何继西处。

马家洋房现为江津区文物保护单位，2009年1月被公布为重庆市优秀近现代建筑。马家洋房是重庆现存规模较大，保存较完整的中西合璧式建筑之一，具有较高建筑价值和研究价值。由于白蚁侵害，内部木结构状况堪忧，现洋房已基本停止使用。建议对此建筑加强管护，进行必要的维修加固，使之能够延年益寿。

璧山县青杠街道翰林山庄（王家宅）

2013年3月9日，重庆市历史文化名城专业学术委员会组织20多个委员到璧山县参观一座清代建筑——翰林山庄。之前在重庆市“三普”调查资料上，我知道有这样一处建筑，但在璧山县文管所提供的照片上，发现山庄外墙被粉刷一新，白色墙面上还画了一些仿穿斗房的线条，历史建筑原貌遭到伤害，估计建筑内部状况也好不到哪里去。因此在拟定《重庆民居》需实地考察名单时，未将翰林山庄列入。

老朋友刘建业（历史文化名城专委会委员、重庆博建建筑设计有限公司总建筑师）多次给我讲，翰林山庄已经被重庆大圆祥集团公司董事长刘健收购，庄园里收藏了他搜集的不少珍贵文物和古建筑构件，并准备按照历史原貌对山庄进行修复。刘建业正在帮刘健作修复设计方案，希望我抽时间到翰林山庄看一看，因此，才有了3月9日的活动安排。

重识翰林山庄

经成渝高速公路在璧山青杠下道，车行几分钟后进入一条乡村公路，不到10分钟，隔着几片水田，群山环抱下的翰林山庄映入眼帘（图21-1）。进入山庄，经过仔细参观和刘健的介绍，感到翰林山庄还有它的一些特色和价值。

翰林山庄为清代翰林王倬建造，民国时期成为重庆著名药商黄岐生的宅第和开设的“天生元”药号。因老屋主人王倬在清道光年曾擢升翰林，由此庄园被称为翰林山庄、翰林院。在第三次全国文物普查中，璧山县文物部门以“王家宅”名字登录为不可移动文物点。

翰林山庄位于璧山县青杠街道孙河村五组老虎嘴山下，占地近13亩，建筑面积约1300平方米。山庄坐东向西，依山傍水，四周树木苍翠茂密，背后是层峦叠翠、幽谷深壑的金剑山，正面一溜水田清幽静谧、波光潋滟。翰林山庄由一座大三合院、一座小四合院、一处大院坝、一座前花园、一座后花园、两座碉楼、两道朝门组成。山庄周围建有高约4米的夯土围墙，大部分至今还保留原样。门前院坝原为半圆形，被称为月亮坝，现在的地形地貌已

图21-1 群山环抱的翰林山庄。

发生变化。山庄有两道朝门，头道朝门开在偏离山庄中轴线西侧约30多米处围墙上，呈八字形，仿马头墙样式，两边收分，层层叠落。朝门墙面高约6米，面阔近10米，显得宽阔大气，肃穆威严，气势威严。朝门上额题“野庐”2字，为国民政府主席林森到此参观时，应山庄主人黄岐生所邀题写（图21-2）。文化大革命时期，朝门题刻遭到破坏，字迹现已很难辨认。

进入头道朝门是一处宽阔的庭院（图21-3），庭院里有一棵古银杏树，树径约0.8米。当地村民介绍，过去庭园里还有更大的古树，1983年，一家兵工厂拿着采伐手续来将古树砍走，据说是用去作枪支木柄，大树剔下来的枝丫被附近村民搬走打造了好几套家具。这棵侥幸存留下来的银杏树被当地乡民奉为神树，说是可以保佑子女考上大学，常有人进来烧香叩拜，并在墙上题写“傍百年树、读万卷书”条幅。二道朝门开在山庄左侧，门柱题刻楹联为：“斯地溯太原，金马玉堂，昔日曾为翰林府；此业归江夏，迁基换址，今朝改作处士家”，

图21-3 头道朝门内宽阔的庭院。

楹联为黄岐生请著名书法家撰写。石门上方匾匣题“岐轩”2字，灰塑题字，表面用青花瓷片镶嵌（图21-4）。

山庄大三合院两侧厢房进深尺度不小，右侧厢房进深达9.5米，据当地老人介绍，两侧厢房因被改为生产药材的作坊，所以房屋进深比一般厢房大得多。正中庭院面宽22米，进深13.2米，面积近300平方米，房屋围绕庭院布置。三合院前方有一

图21-2 气派威严的八字形大山门。

图21-4 二道朝门匾匣题“岐轩”二字。

图21-5 山庄正房石门题刻和门扇。

座花园，过去建有椭圆形水池，环池有回廊、步道、月亭、假山、奇石及灌木垂柳、名木花草，现仅存一株黄葛树和一块小水塘。三合院正房面阔七间，进深5.7米，正房前宽阔的廊道用6根石柱支撑。明间堂屋为五架梁，面阔5.3米，进深5.7米，内空高7.1米。为增强檩子强度，每根檩子下都附加一根略呈拱形的木梁，称为“背檩”。正房石朝门已显斑驳陆离，门框题“引皇祖三略，为孝子九龄”，题字镌刻清晰，书法苍劲潇洒（图21-5）。“皇祖”系指汉朝张良的师傅，曾授予张良治国谋略；“九龄”是“二十四孝”中的“扇枕温衾”，讲的是东汉时期民间黄家九岁儿子黄香极尽孝道，酷夏时为父亲扇凉枕席，寒冬时用身体为父亲温暖被褥的故事。此楹联为王倬居住时题刻，寓意以张良的谋略和9岁小儿的忠孝作为学习楷模和人生追求。

大三合院北面靠前处有一座绣楼，从庭院旁廊道进出，3层高、歇山顶，3面为土墙，一面用花窗、格扇和木板壁作墙，在庄园中显得灵秀美观、亭亭玉立（图21-6）。

图21-7 小巧精致的凉亭。

小四合院位于左厢房背面，内有长约14米、宽约7米的小天井。天井里有一座六角攒尖顶凉亭，高两层，三面空透，六角形砖柱，小巧精致的凉亭和尺度宜人的空间，使之成为庄园一处优雅的观景和休闲场所（图21-7）。

翰林山庄两侧各建一座3层高碉楼，夯土结构，东面一座为四角攒尖顶，西面一座为歇山顶（图21-8）。翰林山庄现有建筑除正房是清代晚期

图21-6 灵秀美观、亭亭玉立的绣楼。

图21-8 夯土结构、歇山顶碉楼。

修建外，其他房屋在民国时期和解放后作过改建。上世纪60年代山庄改作敬老院，敬老院在庭院前新建了一排房屋，使三合院变成四合院。2002年山庄改为农家乐，内部又有一些改造。

翰林山庄的风水玄机

人居风水环境是中国古代宅基地选择的重要因素，先祖们认为，荣华富贵、家道兴衰、驱灾避难、吉祥安康、多子多福、五子登科等良好愿望，都与宅基地的风水选择有关。因此，民间凡建造宅第，特别是乡间大户人家，对风水环境都不敢掉以轻心。王家宅建造前，请风水师对宅基地风水环境作了详细观察分析，最终择定的宅址风水玄机无处不在，使人深切感受到古人择址的良苦用心和深谋远虑。

翰林山庄背后是苍莽绵亘的缙云山脉，宅基地背面是挺拔高耸、层峦叠翠的帽形山体，山上有一块凸出的巨石，形如一只坐卧的老虎，跃跃欲跳，活灵活现，被称为“老虎岩”、“虎跳石”，此山得名“虎岩山”（图21－9）。山岭上有一座天灯寺，始建于明初，又名圣灯寺，古时称为圣灯岩，寺庙与老虎岩相邻。相传半夜时，山岩有灯形光芒四射，夺目耀眼，故寺庙题有“危峦石火辟何年，

图21－9 翰林山庄背山形如卧虎的巨石。

变幻如荧照大千”诗句。至今在天灯寺的山崖上，还有不少摩崖石刻。

笔者与当地一些村民聊天，他们从长辈那里听到过对翰林山庄风水玄机的一些说法：从远处看，翰林山庄背山层层叠叠，前后达5重之多，故有“五重山，出文官”之说；山脉属相有金木水火土五行，故曰“金星连火星，后人有孝心”；虎岩山

图21－10 环境宜人、风光优美的翰林山庄。

山形厚重、宽阔肥壮，象征着“肥山厚园，世代相连”；宅后山体有左右两座被称为耳门山的山体，有“左右耳门山，必定出高官”的预兆；山庄前面是大片良田，一股从虎岩山流下的溪水，如玉带环

绕山庄而过，寓意“面前有玉水，财运富贵起”；正面远处案山形似笔架文案，被称为文案山，又有“前山有文案，当官可独断”的说法。

不管当地村民怎样形容描述，在现场看，翰林山庄环境宜人，青峰叠翠，风光优美，确实不啻为一块风水宝地（图21–10）。

山庄主人王倬的传奇人生

据《璧山县志》记载，翰林山庄为清朝翰林王倬所建。王倬，璧山来凤天德村人，字朝杰，号虎岩、让生，后更名朝旃，生于嘉庆十二年（1807年），卒于同治八年（1869年）。王倬自幼聪颖好学，少年得志。清道光八年（1828年）戊子，王倬中举人，道光十二年（1832年）取恩科进士，入翰林院为庶吉士。之后王倬出任地方官吏，历任山西太原、太平，湖北汉川、当阳、远安、麻城等地知县。后因直言犯上，被定下罪名，充军到漠北黄龙寨长达8年。期满后，王倬更名朝旃，再次赴试，又取翰林，成为少有的“双翰林”。同治二年（1863年），王倬回到璧山幽居虎岩山下，同治八年（1869年）卒于此院。

王倬自幼熟读儒家之书，精诗词，善楷行草书，尤擅“飞白”，书法自成一家。王倬一生著作颇丰，留有《成都旅行书怀》、《孟子集锦》、《槐阶课律》等文集，由于年代久远，作品大多散佚不存。王倬回到璧山后，热心弘扬儒家之学。同治四年（1865年），王倬受县知事寇用平之邀，参与修撰《璧山县志》。同治五年（1866年），璧山重修大成殿，王倬欣然命笔，作《重修大成殿碑记》，此碑现立于璧山大成殿右耳房前，碑中“风雨飘零，丹漆漫灭，岌岌乎有不可终日之势”等诗句，透露出他踌躇满志的情怀。王倬所作《成都旅次书怀排律六十韵》、《无疆先生六十寿序》等诗文现在尚存。在璧山县城南门外有一座魁星楼（今璧山县罐头厂处，已毁），正门一副石刻楹联为王倬所书，楹联内容为：“剑壁重重，四面山悬龙虎榜；油溪泼泼，一条水入凤凰池。”璧山县中学有王倬题写的“儿时潜修”牌匾，现已毁。

王倬仅有一独子，曾作广西思恩知县，不幸早逝。王倬去世后，翰林院由王倬侄辈享有。在距离翰林山庄约几百米的地方，还有一处王家大院，据说为王倬家族后人修建。民国时期，此大院主人叫王永康，是当地有名的大地主，解放后被镇压。璧山县青杠街道孙河村五组还有不少王姓人家，只是相隔多代，族谱失传，与王倬的关系和辈分就分不清楚了。

民国传奇人物黄岐生

翰林山庄除因王倬而出名外，民国时期重庆著名药商黄岐生为山庄增添不少风采，也留下一些悬念。璧山县文管所关于翰林山庄和黄岐生只有简约的资料。笔者在翰林山庄采访了村里77岁的胡素卿和91岁的邓光连老人，还专门请大圆祥集团公司董事长刘健安排召开了一次座谈会（图21–11），大致了解到关于翰林山庄和黄岐生的一些零星往事。

黄岐生自幼家境贫困，成人后精明能干，靠卖针头麻线为生，勤俭节约，集腋成裘。大致在民国初年，黄岐生开始生产专治小儿肠胃病的药丸，

图21–11 请当地老人在翰林山庄座谈。笔者右面第一人为刘健。

后来又生产金灵丹、戒烟丸等药品。由于药品疗效好，生意越做越大。抗战时期，黄岐生生产的药品更为畅销，以至于国民政府主席林森亲自到此参观，并应黄岐生之邀为大院题名“野庐”。一座乡间庄园，权高位重的高官能够到此一坐，并题写庐名，说明黄岐生当时名气和面子确实非同一般。黄岐生也因此如鱼得水，声誉和事业如日中天。

老人们介绍，本地人李明中解放前在黄家作掌柜，熟知黄家情况，可惜前几年已经去世。笔者只有拜托刘健继续寻找黄家后人，以尽可能还原黄岐生和翰林山庄民国时期这段历史。

经刘健多方探寻，终于联系上一位远在外省的黄岐生后人，对黄岐生身世有了以下一些补充。

黄岐生谱名黄学彬，号子云，光绪三年（1877年）生于璧山县丁家坳石河大桥坎上张家屋基，后迁凤驿天灯寺坎下（图21–12）。黄岐生原配李氏生于光绪元年（1875年），生一子诗雅，3岁时母子不幸病逝。后继张氏生于光绪十八年（1892年），生一女月藩两岁时病逝，张氏殁于民国三十七年（1948年），葬于野庐下花园月池旁。黄学彬胞弟黄学礼，号庆云，生于光绪十年（1884年）。黄氏兄弟年幼丧父，成年后外出谋生，在重庆师从名医顾湘泉，出师后自立门户。民国二年（1913年），黄氏兄弟在市中区邹容路附近开设“天生元”药号。黄氏兄弟凭借诚信公道，行医有德，生意日渐兴旺，生产药品行销全国。3年后，黄氏兄弟将药号增资扩建为“天生元仁丹”总发行公司，在成都东大街、泸州、遵义、贵阳各地开设分号，还经营印刷、旅馆、茶楼等。黄岐生后人提供了一个天生元印章的复印件，上面刻有“重庆商业场、天生元盖章、仁丹总发行”字样。重庆商业场始建于民国三年（1914年），由重庆市总商会出面集资购地建造，范围包括了重庆城“下半城”原重庆府署、西大街、西二街、西三街、西四街一带，商业场中心在西大街。商业场建成后，原设于三忠祠（清代巴县文庙、城隍庙附近，现解放东路上洪学巷一带）的重庆总商会迁驻商业场。当时重庆商业场是重庆最繁华、规模最大的商业中心，黄氏兄弟能够在寸土寸金的商业场开设号口，说明其实力非同一般。上世纪30年代，黄岐生病魔缠身，退出商界回乡养老闲居，药行等业务交由胞弟黄庆云经营。回乡后，黄岐生与黄庆云协商，于民国二十一年（1932年）出资从王倬后人手里将翰林山庄旧宅买下，之后聘请风水师择日重修宅院。在改建翰林府邸时，保留了大院主体、堂屋、东西厢房旧貌。大院正厅门口悬挂“江夏流芳”，堂内正上方悬“三七家风”横匾，后院山坡建“听涛亭”，当地乡民亦称此庄园为“黄家花园”。

图21–12 黄岐生照片（黄岐生后人提供）。

黄岐生和黄庆云秉持祖训家风，宽厚待人，诚信仁义，善待乡里，乐善好施。民国二十九年（1940年），黄岐生病逝，终年63岁，葬于来凤乡天灯村楠木沟。解放后，黄庆云进入当地卫生协会，在乡间行医多年，直至垂暮。黄庆云于1963年病故，享年79岁，葬于来凤孙家桥邹家大院背后。

山庄新主人

解放后，翰林山庄收归国有，改办为小学，上世纪60年代作粮站，后来又办敬老院。据村里77岁的胡素卿老人讲，她出生于1937年，17岁入团、18岁入党，一直担任大队妇女主任，过去大队开会大都在山庄正房堂屋召开，那时大院金碧辉煌，到处是雕梁画栋，进入大院都有一种敬畏感。2002年，因敬老院涉及“金融三乱”，集资款无法偿还，政府将山庄拍卖偿付集资款，当地一位叫陈德彬的老师与他在国外留学的儿子筹资将山庄买下开办农家乐。

2012年3月，重庆大圆祥集团公司董事长刘健（重庆历史文化名城专委会委员）经过多次考察和商谈，从陈老师手里买下了山庄。刘健对历史建筑情有独钟，长期执着于对本土传统建筑的研究和民间文物、传统建筑构件的搜集。他计划用多年收集的各种乡土建筑构件，按照山庄历史原貌，对这座老宅进行修复整治，并在此开办一座民间博物馆。刘健的想法得到璧山县政府的肯定和支持，公司已同璧山县政府签订了协议。2013年3月9日我去考察时，翰林山庄院子里到处摆满了收藏品，包括各种石碑、石像、石刻、匾额、建筑装饰构件、明清家具，其中不乏珍品和孤品，令人大开眼界、赞叹不已（图21－13）。

刘健更多收藏品堆放在璧山县城里，过去听说在重庆民间收藏家中，刘健是收藏巴蜀乡土建筑构件第一人，已有近20年的收藏经历。笔者在璧山县城看到他搜集的各种物品堆满好几间宽大的楼房，感到果然是名不虚传。长期艰苦的搜集耗费了刘健巨大的精力和资金，但他现在藏品的价值已经无法估量。刘健还在璧山青杠乡下花重金收购了一座民国时期有名的“重庆天福制碗厂”（解放后更名为“璧山县地方国营瓷厂”，前几年破产），占地数十亩，与翰林山庄距离仅两三公里。笔者和其他专家一起到现场考察了这处民国时期的工业遗址，发现天福碗厂历史遗存非常丰富，高大的烟囱和宽阔明亮的大跨度车间给人以丰富的想象空间，近在咫尺的金剑山环境秀美、山势嵯峨，给碗厂提供了美好的环境，如果在保护碗厂历史原貌的基础上加以创意设计改造，必将有很高的开发利用价值。

图21－13 刘健在翰林山庄摆放的部分收藏品。

对刘健开办民间博物馆，重庆市文物局给予大力支持，已批准授名为“重庆大圆祥博物馆”。前不久，重庆市文物局组织专家召开了重庆大圆祥博物馆专家评审会。刘健收购的天福碗厂现在已开始对破旧的车间厂房进行维修整理，部分文物展品已进入工厂摆放陈列。为支撑文化事业的持续发展，刘健还成立了重庆大圆祥文化发展有限公司。祝愿刘健的事业能够成功，也祝愿古老的翰林山庄得以传承延续，再现新的辉煌。

潼南县双江镇田坝大院（杨氏民居）

2000年4月15日，我到潼南县双江镇考察，顺便参观了包括田坝大院在内的几处大院，这些院落都是潼南当年名闻遐迩的杨氏家族留下的豪宅大院。当时田坝大院还未作维修，几进院落天井长满青苔杂草，一些藤蔓植物爬上山墙，根须深入墙体砖缝中生长，砖墙被崩裂出一些深深的裂缝。庭院幽深的田坝大院虽然荒凉冷落，但依然显露着大户人家富贵豪华的底蕴和气势。

2013年4月8日，笔者再次来到双江镇考察田坝大院和长滩子大院。为拍摄大院全貌，事先与潼南县杨尚昆故里管理处联系，在他们的大力协助下，潼南县市政委专门调来一台带伸缩臂的工程车，我站进工程车伸缩臂的小斗，升到十几米高空，居高临下拍摄了田坝大院和长滩子大院恢宏壮观的景象（图22–1）。

重庆第一个列入全国文物保护单位的民居建筑

潼南双江杨氏家族富甲一方、四代饱学、人才辈出、世代相传，是潼南声名远扬的大家望族。双江镇众多豪宅大院多为杨氏家族建造，历尽几十年风雨磨难，至今还较完整保留下来了田坝大院、长滩子大院、邮政局大院、源泰和大院、兴隆街大院、禹王宫、杨氏宗祠（永绥祠）、永绥祠小学等多处历史建筑，这种情况在重庆可以说绝无仅有。田坝大院先后居住了杨家四代人，孕育了一大批在中国近现代历史上灿若星辰的杰出人物。

图22–1 恢宏壮观的田坝大院。

田坝大院由杨氏入川始祖第六代杨守鲁于光绪四年（1878年）建造。大院气势恢宏，布局严谨，门庭深幽（图22–2）。中国建筑界泰斗梁思成先生称杨氏民居为“民族建筑的瑰宝”。解放后，大院被收为国有，成为解放军某部营房。上世纪80年代初部队搬走后，大院由双江镇派出所与镇政府使用。1986年，杨氏民居被公布为重庆市重

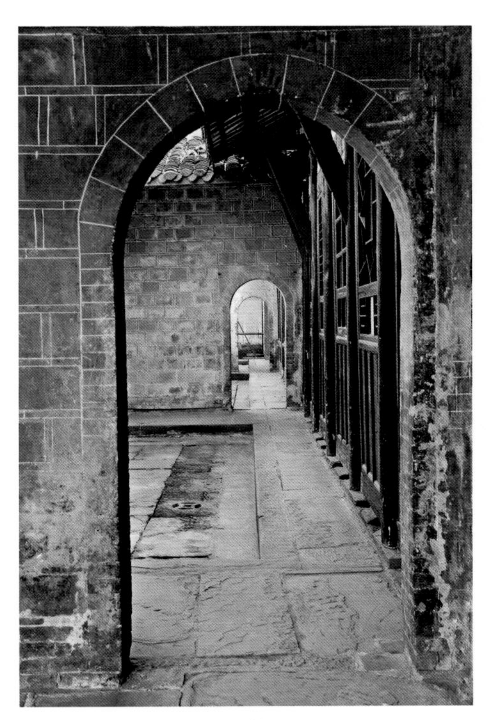
图22–2 门庭深幽的院落。

点文物保护单位。2000年，重庆歌乐山“红岩魂”展览在全国巡展结束后载誉归来，经市里批准，决定“红岩魂”展览落户潼南双江田坝大院，作为长期展出场地。“红岩魂”展览关闭后，大院交由潼南县文管所管理。之后，市文物局和潼南县投入资金，对田坝大院进行了一次较为彻底的维修。

田坝大院是潼南近现代历史的见证，加之双江杨氏家族所处的社会地位和影响，2005年，国务院公布田坝大院为中国第六批全国文物保护单位，田坝大院因此成为重庆市第一个列入国家级文物保护单位的乡土民居建筑。

杨氏先祖杨守鲁

《杨氏族谱》记载：“吾族系出弘农华阴，后迁江西泰和，复由泰和迁湖南辰溪。前清康熙三十五年，光基公始携四子由辰溪五都一甲之黄溪迁四川遂宁蓬溪所属之姬家坝、双江镇等处焉。民国初划遂（遂宁）南蓬（蓬溪）东地，设治潼南，吾族遂为潼南县人。”族谱中提到的“弘农”系古郡名，当时所辖范围大致在河南省的黄河南、陕西洛水至丹江流域一带；华阴在陕西省东部，是著名西岳华山所在县。

田坝大院主人杨守鲁是入川始祖杨光基第六代孙，也是原国家主席杨尚昆的堂伯。杨守鲁祖父杨世绥生有7个儿子，分别是杨传文、杨传魁、杨传德、杨传绪、杨传经、杨传习、杨传鼎。清同治六年（1867年）初，杨世绥去世，大家庭解体，7个儿子分家。当时杨世绥拥有万亩田产、10余座大院和双江场上的商铺数十通。分家时，除留下祠堂和办学田产外，7个儿子每房分得田产千亩、大院一座。杨家7房在双江声名远扬，当地称之为“少七房”。杨守鲁父亲杨传魁为“少七房”中的二房，曾诰授朝议大夫。杨传魁生有8子，杨守鲁为次子，出生于道光三十年（1850年），谱名宣哲。由于五房杨传经膝下无子，杨守鲁被过继到五房。杨传经26岁英年早逝，杨守鲁得以继承五房家产，因此杨守鲁建造的田坝大院亦被称为五房大院。杨守鲁生有2子尚楷、尚模。

杨守鲁在乡下拥有田产1600亩，还兼营食盐生意。光绪二十四年（1898年），杨守鲁以祖父杨世绥创办的“杨三泰”老字号名义，在重庆开设“川源通”字号，经营棉纱匹头、洋广杂货。因资金雄厚，善于经营，在重庆商界声誉颇高。杨守鲁早年考取监生，曾捐五品顶戴，诰封朝议大夫。由于杨守鲁精明能干，声望甚高，曾掌管遂宁县团练保甲地方公务，在协调乡里纠纷、防范兵匪骚扰、举办慈善事业诸方面皆有成就，在乡间威信极高。杨守鲁还促成了一件对潼南影响至今的大事，那就是将潼南设为县治。潼南原分置于四川遂宁、蓬溪两县，本无县治。为有利于社会事务管理和地方经济发展，杨守鲁联合乡绅数十人奔走呼吁，几经周折，历经呈报，历时3年多，终于在民国元年（1912年）二月，四川省府批准将遂宁的下三里，蓬溪的上三里等地划出，建立东安县，民国三年（1914年）更名为潼南县。由于杨守鲁在双江的地位和崇高威望，被杨氏家族拥戴为族长。杨守鲁卒于民国七年（1918年），享年68岁。

豪门大院庭园深深

田坝大院位于双江镇北街入口处，面东北坐西南，原规模占地约50亩，因大院原为一处良田，因此得名田坝大院。田坝大院于光绪四年（1878年）动工，至1890年落成，前后用了12年时间，据说雕刻神龛之类的器具用品又用了3年，故有15年工期之说。大院左倚猴溪，右靠浮溪，前方数百米外是滔滔奔流的涪江，江对面是田畴沃野的姬家坝，大院两侧和后面是平缓的山坡，山坡呈环状，如太师椅将大院围合在中心。大院与周围山水相依相融，体现了民间建筑选址与风水环境的完美协调。

田坝大院为纵向三进，横向三重院落，有大小天井15个，中轴线上开九重大门。整个大院门有108扇、房屋厅堂51间、漏窗300余户。大院空间分隔成数个合院，形成阁中有园，园中有阁，院里有院，门中套门，串联相通，可分可合的布局。田坝大院四周被高大坚固的围墙环抱，围墙高3.6米，厚0.8米（图22-3），墙上开射击孔。出于风水方面的考虑，大朝门开在围墙西侧，且有意向内倾斜了一个角度（图22-4）。大院进深90余米、面宽32米、后院面宽增加至62米，西有配院，前有

图22-3 高大坚固的后墙。

图22-4 开在围墙西侧的大朝门。

庭园，占地面积约5400平方米，建筑面积2600平方米。进入大院，给人一种墙高院深、庭廊重重、深不可测、浑朴含韵的感受。几进院落和两翼展开的布局，创造出安宁静穆的优雅环境，既满足了封建大家庭生活起居的需要，又维护了长幼有序、尊卑有礼、内外有别的礼制秩序和家庭伦理需求。什么叫豪门望族，什么是重门深院，到了双江的田坝大院，你就会有深切的感受。

一般所谓“重门深院”大致指两进以上，或者横向建有附院的庄园大院。在巴渝乡土民居中，纵向三进院落属于很高的制式，一般为富商巨贾、绅粮大户、行帮会首或者返乡官宦建造。杨守鲁曾捐五品顶戴，诰封朝议大夫，在清代森严的府邸建造等级规定中，使他可以采用较高规制建造宅第。

纵向两进院落从前至后一般分为前厅（亦称门厅、下厅、轿厅），中厅（亦称正厅、过厅、穿堂），后厅（亦称堂屋、上厅、上房）；纵向三进院落从前到后则分为前厅（亦称门厅、轿厅、过厅、下厅），正厅（亦称中厅、中堂、穿堂），上厅（亦称堂屋、后厅、正堂），后厅（亦称后堂、后室、祖堂）。各地称谓有一些不同，但意思大致差不多。

从田坝大院侧面大朝门进入大院，有一处长

32米、宽7米的长条形院坝，院坝正中有一座高 2 米、宽1.2米照壁，照壁用青花瓷片砌 1 米见方的“福”字。进入大院二道朝门，穿过宽约5米的甬道，端头是一座宽阔的门厅（图22—5）。跨过门厅双扇黑漆大门，进入到第一重天井，天井进深6.2米，面宽约22米，左右各有1株高约10米的百年腊梅，据说为杨守鲁当年亲手所栽。

从天井进入过厅，过厅面积约300平方米，平时主要作为接待客人、洽谈事务的客厅使用。过厅之后是中天井，进深约8米，面宽约14米，内有两株百年葡萄树。葡萄树枝盘龙虬须、铺满庭园，阳光透过浓密的叶片洒在天井，斑驳的阴影给庭园带来了丝丝凉意（图22—6）。中天井两侧厢房作书房，每间面积约50平方米，书房之外还配有舒适宜人的小花园。从中天井进入中堂屋，杨守鲁两个儿子杨尚楷与杨尚模各住中堂屋左右的套房。

后天井面积约60平方米，空间小巧玲珑，内植两株葡萄，也是枝叶满庭、苍翠茂密。后厅五开间，明间作祭祀先祖、悬挂先祖和神灵牌位的堂屋，次间是长辈住房，稍间分两层，上有阁楼，为女眷住宿之处，亦称绣房、小姐楼。上阁楼的木梯仅0.7米宽，与地面呈45度角，楼梯间之下巧妙地设置了一处供女眷沐浴的小房间，内置一座高约0.9米的洗浴木桶（图22—7）。

田坝大院后花园非常宽阔，面宽62米，从后花园可进入外侧偏房。偏房是下人居住之处，与正房之间有高墙隔离，形成“尊卑分等，贵贱分级，内外有别”的封建礼制格局（图22—8）。一些辅助用

图22—5 进入大院的甬道，端头是一座宽阔的门厅。

图22—7 阁楼木梯下设置的女眷沐浴小房间。

图22—6 两株百年葡萄树盘龙虬须、铺满庭园。

图22—8 天井高墙外下人居住的偏房。

房也设在偏房，如厨房、库房、洗衣房等。

大院房屋驼峰、雀替、垂花、撑舫等构件和木窗雕刻花式千姿百态、精巧玲珑，图案纹饰无一雷同（图22–9）。正堂外廊立柱斜撑上的“双狮戏绣球”与“双狮解佩”镂空雕刻是其中的精品。窗户图案反映了双喜相连、万年流福、五谷丰登等吉祥福庆内容。大院屋脊用灰塑飞禽走兽、祥云瑞草、葫芦宝瓶作装饰，两端正吻有鱼尾翘卷（图22–10）。大院左右两侧长达90米的风火山墙逶迤连绵、起伏曲折、飘逸优雅，传承了湖广移民建筑的风格特色（图22–11）。

图22–9 过厅梁架彩绘和雕花驼峰。

图22–10 葫芦宝瓶脊饰。

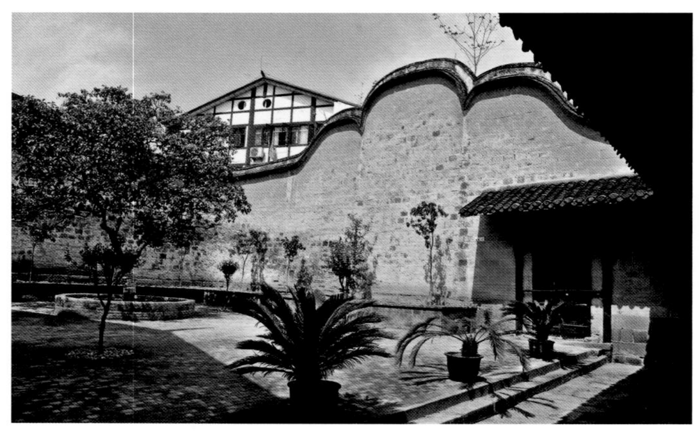
图22–11 大院风火山墙传承了湖广移民建筑风格特色。

层出叠现的名人志士

杨守鲁任杨氏家族族长期间，分家时力排众议，提取了2000亩田产和8栋临街商铺作为宗祠祠产。祠产除作为每年祭祀活动费用外，还用于开办永绥祠小学，本族人上大学或留洋深造也可由祠产给以资助。由于重视教育，杨家世代孕育出一辈又一辈的名人志士。仅从五四运动到新中国成立的30多年时间，双江杨氏家族就有30多人远渡重洋，到英国、法国、德国、美国、日本、苏联等国家求学深造，在国内重庆、成都、上海、北京等地读书的不计其数。杨氏家族涌现的杰出人物灿若星辰，如革命志士杨闇公，原国家主席杨尚昆，中国人民解放军上将杨白冰，被胡适称为“当今李清照”的女诗人陶香九（杨守鲁长媳），法学博士杨肇熉，法学博士杨肇焗，教育家、土木建筑家杨肇辉，物理学家、翻译家杨肇嫌，哲学家、翻译家杨先堉，英语教授、翻译家杨先琇，民国才女杨肇芷，潼南教育事业的拓荒者杨鼎新，如此等等，不胜枚举。

田坝大院历史文化底蕴深厚，具有很高建筑艺术价值，堪称重庆不可多得的清代民居经典。田坝大院100多年来孕育了大批学识渊博、彪炳世间的人才，被誉为“四代饱学”之家。近年来，不少专家学者到大院考察，一些电影和电视剧在此选址拍摄，田坝大院将会受到社会越来越多的关注。

潼南县双江镇长滩子大院

长滩子大院位于重庆潼南县双江镇长滩子村，建于清同治年间，1907年8月3日，原国家主席杨尚昆出生于此。2007年8月3日是杨尚昆同志诞辰100周年纪念日，中央同意举行杨尚昆同志诞辰100周年纪念活动，并将修复杨尚昆故居作为活动内容之一。为此，重庆市委于2005年9月成立了以邢元敏副书记为组长的纪念活动领导小组。2005年9月17日，在领导小组召开第一次会议上，确定由我担任杨尚昆故居修复工程总协调人，具体负责长滩子大院的拆迁、规划、设计、施工等工作。至此，我开始了与这座清代大院长达两年时间的近距离接触。

破败衰落的长滩子大院

接受任务后，2005年10月9日，我第一次到长滩子大院现场考察。到现场后，发现周边村民修建的房屋几乎把长滩子大院遮挡得严严实实，大院垮塌损毁严重，一些老房被改为猪圈、牛圈，天井到处长满杂草荆棘和小树，部分房屋梁柱倾斜、檩子腐朽损坏、屋顶瓦片脱落漏雨，排水系统基本被堵塞。整个大院处于风雨飘摇、凋敝破败、脏乱无序的状况（图23–1）。

上世纪50年代，长滩子大院为部队使用，部队迁出后，村民开始搬进大院，最多时大院居住了50多户村民。由于房屋漏雨，墙体保护垮塌，近几年住户陆续搬出，我到现场察看时，还有7户村民居住在危房里。面对大院如此状况，以至于先前到大院考察过的市领导已考虑将大院全部拆除，然后在原址重新建造一座杨尚昆纪念馆。

尽管长滩子大院现状已破旧不堪，但我仔细查看后，发现大院一大六小7个天井的格局依旧保留原状，山墙和脊饰部分尚存，部分梁架、门窗、驼峰、雀替、撑拱基本完好，雕花异常精美。当时我刚主持完成了重庆湖广会馆修复工程，湖广会馆修复前也是衰败破烂、损毁严重。但经过22个月精心修复，濒临消亡的湖广会馆终于起死回生，还成功申报为国家文物保护单位。长滩子大院始建于同治初年，距今已有140多年历史，如果拆除重建，对历史建筑本体会带来伤筋动骨的损害，所有历史信息将丧失殆尽。结合重庆湖广会馆修复的经验，为

图23–1 修复前的长滩子大院。

最大限度保护长滩子大院历史原真性，我向市领导建议，通过修复整治方式来还原大院历史原貌。市领导最后采纳了我的意见。

大院风水格局和寓意丰富的精美木雕

长滩子大院始建于清同治元年（1862年）。大院门前约百米处有一条被称为猴溪的小河，因河水冲刷成滩，故地名为“长滩子”，大院因此得名。大院正面有3座呈“品”字形布局的圆形小山峦，突兀于猴溪河边，故有“一品当朝，玉带缠腰”的说法，寓意在此建造宅第，家族将会仕途兴旺。大院背面山岗叫月亮山，前面“品”字形山峦与月亮山遥相呼应，称为“三星拱月”。大院与前方山峦之间是大片良田，院后是一座呈弧形的山坡，山坡树木茂密，竹林青翠，形似一把太师椅，给大院提供了安稳妥帖的依靠和“至乐寄山林”的生活意境。

长滩子大院是杨尚昆曾祖父杨世绥建造的老屋。杨世绥曾诰封为通奉大夫，官从三品，大院遵循三品通奉大夫府邸规制设计建造。长滩子大院共有7座天井，正中为一进院落，由中轴线向两翼展开，横向两侧各分布3座与中轴线平行的长条形小天井，形成横向三座院落（图23–2）。大院面宽66.5米，进深41.5米，占地约8000平方米，建筑面积2850平方米。正中大天井宽17米，进深12米，是大院起承转合的主要开敞空间。左右两侧小天井宽2.8米、长8.9米，小天井四合院檐下分别有“福、禄、寿、喜”4个灰塑大字。大院39间房屋围合大天井和6座小天井均衡布置。大院前厅面阔五间27米，进深11.5米，后厅面阔五间26.7米，进深11米，后厅前有宽阔的券棚廊道（图23–3）。大院正面左右两壁山墙面宽各20米，优美的山墙脊顶传承了湖广移民地域风格，成为大院醒目靓丽的风景线

图23–2 长滩子大院天井院落。

（图23–4）。从正面看去，大院天际线起伏跌宕，错落有致，舒展流畅，给人以愉悦的视觉享受。

大院正面横向开3座大门，前厅正中开六合门，左右山墙各开一座宽1.5米、拱形顶的小门。大院南北外侧各有一处侧院，作为下人居住和辅助用房。南面辟有一处小巧玲珑的花园，花园布局雅致，别有风味（图23–5）。大院围墙前原有一座轿厅，是主人和贵客下轿上轿之处，后来连同围墙被拆除。大院前原有几棵3人合抱的古柏树，在上世纪60年代被砍伐。

长滩子大院木雕、灰塑构思独特，做工精细，形象惟妙惟肖，寓意丰富，使人叹为观止。脊顶中堆、平脊、翘脊均有各种花鸟鱼虫和人物兽物图案灰塑，表面贴青花碎瓷片（图23–6）。远处看去，飞檐翘脊此起彼伏，蔚为壮观。檐下、柱间的驼峰、撑拱、雀替、挂落、垂花、牛腿以及门窗格扇雕刻细致入微，雕刻手法用浅浮雕、深浮雕和圆雕，雕刻内容有喜鹊、蝙蝠、瑞鹿、山羊、螃蟹等动物，佛手、仙桃、石榴等水果，牡丹、芍药、青松、翠竹等花卉植物，还有暗八仙、文房四宝、戏曲人物等。长滩子大院雕刻琳琅满目，内含丰富寓意，堪称巴渝民居建筑中的雕饰奇葩（图23–7）。

大院正厅门窗分上下两格，下面可开启，上面为固定式。这种门窗做法在巴渝民居中较为普遍，一般宅第在较高墙面开设大门或高窗，为体现大气，往往将上部也作成与门、窗浑然一体的网格雕花，只是一般不能开启，称为横批。窗棂和大门多用龟背锦、冰凌纹、万字纹、方格纹、亚字纹、如意纹等图形，或者交叉使用，如方格套龟背锦，万字格嵌花，相互组合、嵌套，衍生出复杂多变的图案。因蝙蝠代表福气，在民间窗棂和大门中使用非常普遍，长滩子大院窗棂大量采用各种形状的蝙蝠图案，形成既美观又有丰富内涵寓意的观赏面。

正堂前原有一“四世三公”牌匾，左右悬挂

图23–3 正厅前宽阔的券棚廊道。

图23–4 长滩子大院风火山墙造型传承了湖广移民建筑特色。

图23–5 小巧玲珑的边庭花园。

“雄著经、慎著史，赫赫文章传世骥；汉时相、宋时将，堂堂姓氏炳人间”楹联。杨家历史上出过不少杰出人物，包括汉代的杨震、杨雄，宋代的杨家

图23-6 造型独特、寓意丰富的脊顶中堆。

将，他们都是中国历史上彪炳千秋的人物。杨家后人以此为荣，历代祭奠缅怀，传承至今。

大院前厅门额过去悬挂“四知堂”匾额，大院亦称“四知堂”。“四知堂”来源于杨家先祖杨震的一个故事。杨震是东汉著名清官，官至宰相，杨震任东郡太守时，荆州县令王密夜间求见，怀揣十金赠之。杨震曰：“故人知君，君不知故人，何也？”王密曰：“半夜无知者。”杨震斥曰：“天知，地知，子知，吾知，何谓无知者？”王密羞愧而退，“四知”后来传为佳话。杨家悬挂“四知堂”匾额，意在告诫家族子弟严于律己，公正廉洁，清白传家。

图23-7 丰富多彩的木雕堪称巴渝民居建筑雕饰奇葩。

长滩子大院建筑设计构思独特，格局自成一家，堪称西南传统民居精美之作，上世纪50年代曾被建筑界泰斗梁思成誉为中国传统民居不可多得之精品。

杨氏家族

据《杨氏家谱》记载，杨氏祖籍江西省吉安府泰和县，后迁居湖南辰溪。清康熙时期，先祖杨光基从湖南辰溪举家迁徙入川，成为双江杨氏家族入川始祖。乾隆年间，杨氏家族居住于涪江河对岸姬家坝一带。

双江镇位于涪江之滨，不仅是川中和小川北古道交会点，还是“日载千帆货，夜泊万客舟”的水码头。经三代人艰辛创业，集腋成裘，杨家成为远近闻名的名门望户。杨世绥最先在双江场镇经营杂货，后利用涪江航运从事米粮生意，把本地大米及农作物运往重庆等地，从外地运回布匹百货，后来又做食盐买卖，成为“杨三泰”商号及“川源通”盐号有名的大老板。

杨世绥发迹后大兴土木，建造宅院。在考察多处宅基地风水后，杨世绥发现长滩子风水极佳，与场镇距离又近，是经商兼居家的理想之地，于是决定在长滩子修建府邸。杨世绥为他7个儿子在双江各造一座宅院，大部分保留至今，被称为“少七房”。杨世绥崇尚耕读传家，重视教育，长滩子大院里过去悬挂有“耕读传家”和“耕读传家远，诗书继世长”等牌匾楹联。杨世绥聘请名师，让儿子科考进仕。为提高杨家社会地位，还花钱为儿子捐爵位，几个儿子诰封有资政大夫、朝议大夫、通奉大夫等，杨尚昆祖父杨传鼎被诰封为朝议大夫。

杨世绥于同治七年（1868年）去世，田地家产分给7个儿子，长滩子大院分给二房杨传魁，也就是杨尚昆的祖父。同治末年，杨尚昆祖父与父亲杨宣永搬到镇上“邮政大院”居住。杨宣永夫人邱氏怀孕后回到长滩子大院，于1907年8月3日在大院后厅靠正堂次间诞下杨尚昆。

凤凰涅槃，旧居再生

笔者领受杨尚昆故居修复工程任务后，选择了重庆市建筑科学研究院为项目代理业主并兼作监理单位，由敬晓红总负责；选择重庆大学建筑设计院作修复设计单位，由龙彬教授牵头；为保证修复质量和传统工艺的延续，选择了承担过重庆湖广会馆修复工程的北京房修第二古代建筑工程公司作为旧居修复施工单位，现场由项目经理叶乐亭负责。2006年2月26日上午，杨尚昆故居修复工程在长滩子现场举行开工仪式，至2007年5月31日建成开放，历时15个月。在此期间，我先后19次到现场，当时去潼南没有高速公路，从城里出发到双江镇约需两个半小时。我在现场同承担修复工程的代建、设计、监理、施工单位以及潼南县委、县政府、双江镇有关负责人一起，精心组织、精心设计、精心施工，严把质量关，使修复工程顺利推进。

为确保历史建筑物的原真性、可识别性、可读性，决定旧居修复按照原结构形式、原工艺、原材料、原尺寸进行修复，原则上不作大面积落架。对影响结构安全、糟朽严重的大木构件进行局部修补更换；对木柱下脚糟朽，不能保证结构安全的，采用传统墩接工艺并用铁件加固；对缺失的石地面、石台阶、石柱础、石堡坎，按原貌使用当地石材更换、修补（图23–8）。

大院原有雕刻工艺考究，式样复杂，施工单位分析了原雕刻的纹饰、内容、尺寸、工艺，调集能工巧匠，确保雕刻按原样修复或重新制作。原木构件漆饰脱落、老化，修复时采用大漆腻子、成品大漆，保证漆饰达到规整、平滑、表面感观美观的效果。对轩棚、天花、吊顶、楼板等特殊部位先作面层处理后分遍涂饰，一些部位作退光、压光、仿旧处理。对雕刻构件采用传统贴金工艺恢复，并做仿旧处理。原屋面脊饰残缺，饰样模糊不清，通过对现存遗迹样式、纹饰的辨认，按原工艺、原材料、原手法恢复脊饰、中花及飞吻，既保留了原工艺特点，又符合当地民俗风格。

图23–8 修复中的长滩子大院。

图23–9 修复后的长滩子大院展露容颜，再现历史风采。

修复工程还对大木构件、木基层、楼板、地面、石堡坎做了防虫、防腐处理；对原排水系统进行发掘、清理、疏通、整修，新增天井排水沟和正堂后檐排水沟，使整个建筑排水系统更为完善，彻底解决了排水不畅的问题。

由于旧居修复工程准确把握并贯彻了以上修复理念，从工艺、用材、施工等方面严格把关，修复工程最终达到了预期效果，成为继重庆湖广会馆之后重庆市文物建筑修复又一成功案例。

2007年1月17日，修复效果已见端倪，原中国人民解放军上将、中央军委秘书长、87岁的杨白冰（族谱名尚正）到大院视察。杨白冰少年时期对大院留有深刻的印象，前些年还回来看过，笔者陪同他参观并介绍了修复工程情况。看到昔日凋零破败的长滩子大院恢复旧貌，而且完全保留原有格局，老人家异常兴奋，连声称赞，一边参观一边给我们讲了大院过去的一些故事。

2007年5月31日，修复后的长滩子大院展露容颜，再现历史风采（图23–9）。市委副书记邢元敏等领导来到现场参加了修复工程竣工仪式，100多名少先队员列队欢迎，彩旗飞扬，人们喜笑颜开，争相称赞。

2007年7月25日，重庆市委、市政府在潼南杨尚昆旧居隆重举行杨尚昆同志铜像揭幕暨生平业绩展览开展仪式。中央政治局委员、重庆市委书记汪洋，市委、市人大、市政府、市政协有关领导，中央有关部门领导，廖伯康、聂荣贵等老同志代表，重庆市有关部门和潼南县四大班子负责人，杨尚昆同志亲属，各界群众代表等共约300人参加了仪式。杨绍明代表杨尚昆同志亲属发言，他高度赞赏了杨尚昆故居修复工程取得的效果，对故居修复工程的组织领导者表示衷心的感谢。

长滩子大院作为我继重庆湖广会馆之后主持的又一重点历史建筑修复工程，最终取得圆满成功，既感兴奋自豪，也为修复过程中的曲折、艰辛而感慨良多。

长滩子大院从濒临损毁消失的命运中得到新生，它是非常幸运的，但并不是所有乡土建筑和文物建筑都有这样的幸运，它们中相当部分还继续处于损毁破坏甚至于消亡之中。对这些不可再生的历史建筑遗产，应该引起我们足够的重视，应通过各种途径争取资金，使之逐步得到保护和修复。

【渝东北】

NORTHEAST CHONGQING

丰都县董家镇杜宜清庄园

丰都县董家镇彭家坝村有一座著名的地主庄园，它就是建于上世纪40年代的杜宜清庄园。杜宜清庄园制式宏伟、建造考究，特别是那两座遥相呼应、伟岸挺拔的碉楼，更增添了庄园的气势和威严（图24–1）。庄园主人杜宜清在抗战时期捐房办学，在偏僻的乡村修建防空洞；作为开明士绅，临解放时却在碉楼里悬梁自尽。这些扑朔迷离的故事和历史，使这座庄园在重庆乡土民居中显得更为神秘和引人注目。

2012年8月13日，我与丰都县文管所所长刘萍联系好，准备当天去董家镇考察杜宜清庄园，因董家镇距丰都县城很远，刘萍给董家镇党委宣传委员古方生联系上，请他陪同我去考察庄园。从重庆北部新区人和上高速，在丰都县新立收费站下道，为赶时间，我沿途问路，经丰都同德场到关圣场的小路去彭家坝村。行至中途，在狭窄的乡村公路与古方生的车迎面相遇，随同他的一位年轻人叫陈家海，22岁，长江师范学院毕业，刚分到彭家坝村作村长助理，随后我们一起来到杜宜清庄园。

初识庄园

杜宜清庄园老地名叫关圣场村六社彭家坝，现

图24–1 杜宜清庄园气势威严、伟岸挺拔、一大一小两座碉楼。

地名为彭家坝村六组。庄园始建于1942年，前后耗时五六年，至1947年才竣工告成。彭家坝一带山梁大多是整体岩石，庄园选择一处缓坡山梁岩体作屋基，在岩体斜坡凿打前低后高几个屋基台阶，碉楼和庄园建筑群分别坐落在不同标高的石质岩基上。庄园四周有两米多高的条石围墙，两座碉楼一南一北，从不同方向拱卫着庄园。

庄园正面是一片开阔的田地，过去办学校时，田地被平出一大块作操场。庄园占地面积3160平方米，建筑面积1360平方米，平面呈长方形，方位大致坐南向北，分大院和小院。大院由两进四合院组成，小院建有马厩、磨房、粮仓、柴房、猪舍和家丁、下人居住的房屋，两座碉楼建在小院范围内。庄园大朝门前有一处进深13米、宽33.5米，面积达435平方米的条石院坝，院坝地面高出操场约3米，两张长满青苔的石板乒乓台还遗留在院坝。

从院坝上11步高台阶，进入庄园大朝门，朝门额头阴刻4个大字，“文革”时期被学校用水泥涂抹，只能看见一个繁写的“宝”字（图24–2）。在庄园修复工程中，施工单位将水泥打掉后，又发现一个“永”，其他2字仍然模糊不清，经专家辨认，大致可以确定为“宝田永裕”4字。前厅面阔三间10.55米，进深二间7.7米，通高14.5米，左右是两座呈方形的内花园。第一座天井两侧厢房面阔三间，宽12.4米，大部分屋顶坍塌，仅剩摇摇欲坠的梁架（图24–3）。

中厅为悬山顶穿斗木结构，面阔五间18米，进深二间6.5米，通高5米。中厅前是一条宽阔的长廊，立有6根大木柱，柱础分3段，底部为六方形、中间为六棱柱、顶部为鼓形，六面雕刻花卉、宝瓶等吉祥图形（图24–4）。中厅明间作为进出上下厅的通道，摆放两张长条石凳，石凳长5.3米、宽0.38米、厚0.25米，表面雕刻波纹形花纹图形（图24–5）。长廊和通道通风效果极佳，随时感到清风徐徐，是家人们夏天休闲纳凉的好地方。

从中厅上3步台阶即到后院，后院占地宽阔，中间是一座大天井，两座水池位于天井左右，水池长4米、宽3.2米、深2米多，四角各有一雕花圆球，水池既作养金鱼种萍莲观赏，又是大院的消防水源。后院房屋损毁更为严重，屋顶基本垮塌，仅存断垣残壁，已无法观其原貌。后院外有几米高的岩石山体，成为庄园又一道保护屏障。

图24–2 庄园前厅和八字朝门。

距离庄园50多米处的山体石壁上开凿有一座防空洞，洞口门匾镌刻两个大字，“文革”中被戳得面目全非，已无法辨认。防空洞内壁用条石砌筑，进深4.4米、宽2.78米、拱高3.12米（图24–6），开有几处采光

图24-3 庄园大部分屋顶坍塌，梁架摇摇欲坠。

图24-4 中厅宽阔的廊道和雕花柱础。

图24-5 摆放在中厅明间通道的长条石凳。

通气孔。笔者感到疑惑的是，在如此偏僻的乡下，有何必要建造防空洞?

当天在庄园考察、测量、拍摄约两个小时。由于天气不太好，加之碉楼被一把大锁关了几年，钥匙不知去向，只拍摄了碉楼外观，无法进入一探究竟，留下一些遗憾。

图24-6 在山体石壁开凿的防空洞。

再探碉楼

为弥补上次考察留下的遗憾，8月19日下午，笔者在石柱黄水结束休假后返重庆，中途在高速路新立收费站下道，先到董家镇住宿，准备第二天再去杜宜清庄园补充考察。当晚住宿董家镇简陋的“周二旅馆”，天气炎热，卧室壁式空调外挂机居然直接挂在卫生间，房间简陋尚可接受，但空调噪声刺耳，一夜没有睡好。次日早晨不到7点，董家镇党政办秘书陈和艳打来电话，镇里安排她负责陪同我去庄园。小陈刚从南充西华师范大学毕业，通过“村官”公招考试，分配到董家镇工作不到2个月。

早上出现重庆难得的晴朗天气，同小陈、驾驶员3人在街上匆匆吃了一碗当地特色煳辣壳小面后立即上路，15分钟后到达目的地。这次为了进入碉楼考察，我已提前给丰都县文管所、董家镇政府作好沟通，他们同意把铁锁砸掉，另外换锁，让我得以进入碉楼。我在碉楼和大院跑上跑下、进进出出，从不同位置、不同角度拍摄。正值夏季酷

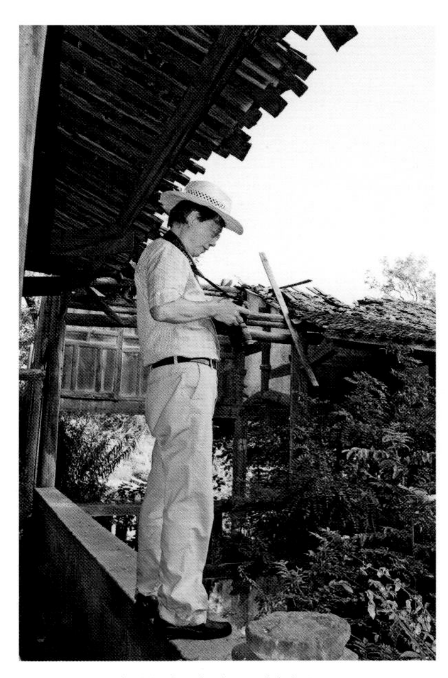
图24—7 在杜宜清庄园拍摄。

暑，早已大汗淋漓、衣裳湿透，但工作起来我就全然不顾（图24—7），弄得陪同的小陈和村支书也只有跟着我东奔西跑。

两座碉楼当地人称之为“大楼子”、“小楼子”。大楼子高大雄伟，顶部建3座瞭望亭，内部开天井，各楼层有回廊环通；小楼子为四角攒尖重檐顶，造型别致，亭亭玉立。

大楼子是庄园最为气势巍峨的建筑，修建花了5年时间，它既是一座具有防御功能的设施，又是一座可供数十人生活居住的石木混合结构房屋（图24—8）。大楼子呈正方形，边长14.1米、通高15.2米、墙体条石厚度0.36米，面阔三间，正面明间4层整体内收2.18米，使建筑平面形成凹形。远远看去，大楼子像是4座碉楼的组合体，近看实为一座整体建筑。大楼子朝门石匾题字在“文革”中被铲除，用石灰涂抹后写了“宿舍”两个大字，另还写有“重庆市丰都县飞龙卫生院巡回医疗队住院部，一九九八年四月十二日”字样（图24—9）。与一般碉楼不同的是，大楼子内有一宽4.33米、进深4.7米的天井，内立两块石匾，上面阴刻“忠”、“孝”两个大字。天井内共4层房屋，每层房屋由1.25米宽的回廊连通，各层房屋面对天井开有窗户（图24—10）。碉楼顶部有一处内阳台，宽4.7米、进深4.86米，地面用厚石板铺装。在屋顶木结构上承载如此大的石板重量，我感到有些玄，但碉楼70年来稳固无虞，说明结构荷载是安全的。第4层房屋面向天井有两根石柱，上面各有一头动物，头朝下、尾朝上，活灵活现、造型生动，形似貔貅，这是乡土建筑常用的驱邪避灾动物，民间俗称“吞口”

图24—8 位于庄园北面的大楼子。

图24—9 曾作学校宿舍和卫生院住院部使用的大楼子。

图24—10 大楼子内部的天井和廊道。

图24—11 大楼子石柱上的驱邪避灾动物。

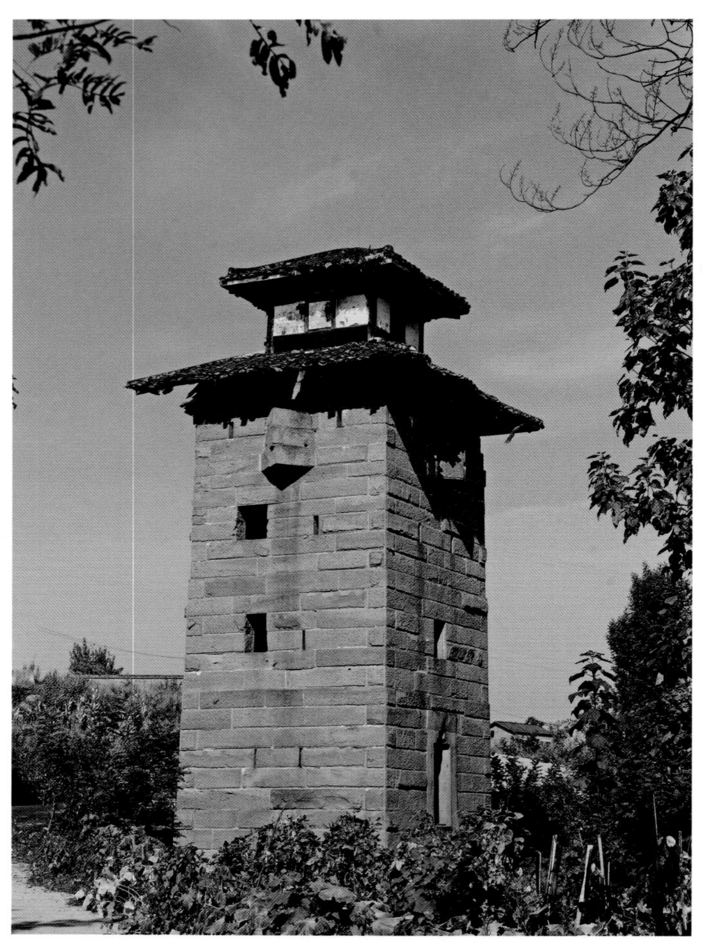
图24—12 位于庄园北面的小楼子。

（图24—11）。大楼子屋顶修建了两座四角攒尖顶瞭望亭和一座长方形瞭望亭，亭子四面安装木板壁，开瞭望窗。

小楼子位于庄园北面，高4层、面宽5.76米、进深5.05米，砌筑碉楼的条石最长达3.26米，楼子高度12.4米（图24—12）。瞭望亭为四角攒尖顶，两重檐，木结构，青瓦屋面，亭子四面开观察窗。靠碉楼上部四周用条石挑出，作有4个呈三角形的构筑物，上面开射击孔，下部镂空，用于扩大观察视野，类似万州一带碉楼的角堡，只是造型要简单许多。小楼子进口被水泥封堵，无法进入观察内部，由于长期没有维护修缮，屋顶木结构和瓦屋顶损坏已非常严重。

重庆碉楼较为集中的地区笔者大都去考察过，如万州区分水镇碉楼群，石柱县悦崃镇、石会乡碉楼群，涪陵区大顺乡碉楼群，等等。在考察过的石质碉楼中，杜宜清庄园的碉楼应该是造型最独特、也是最高的一座。杜宜清庄园碉楼独特的屋顶设计和内部功能布局，使其在重庆民间碉楼中独树一帜，丰富了重庆碉楼的类型分支。

杜氏家族

庄园主人杜宜清祖籍忠县官坝，父亲杜光甫，号茂生。杜家早年家境贫寒，杜光甫成年后到丰都县衙门当差，因聪明伶俐、勤奋好学，从给人家写诉状到小有成就，后来成为一方大地主。杜光甫有5个儿子，杜宜清是老幺，深得其父宠爱。杜宜清从小勤奋好学，从师学医，立志救死扶伤，他一生多行善事，在当地口碑远近闻名。1943年，杜宜清在家开办小学，为纪念其父，以父亲号茂生取名茂生小学，杜宜清聘请侄子杜宇担任校长，在偏僻的乡下教书育人，学校师生最多时有50多人。

在董家镇政府和彭家坝村委会协助下，笔者找到了89岁的杜福德老人。老人家听力已经很差，交流较困难，从断断续续的交谈中，大致了解到一些关于杜家的情况（图24—13）。

杜宜清生于庚子年，即光绪二十六年（1900

图24—13 采访89岁的杜福德老人。右为村文书黄玉明。

年）。杜家有1000石田产（当地每石约400斤黄谷），儿子长大后，田产平均分为5股，每个儿子一股，因老二去世，杜宜清除自有一股外，又多购买一股，故有400石田产。庄园有大小两院，小院有一口大池塘和几棵参天大树，粮仓、磨坊、马厩、厨房、下人居住等用房设在小院。笔者问杜福德老人，杜宜清庄园离丰都县城有几十公里，周边有高山作屏障，有密林作掩护，为什么还要修建防空洞？杜福德老人讲到一个情况：离杜宜清庄园不远的地方，抗战时期确实还落了炸弹，是哪一年记不得了，大致在6月份，日本飞机轰炸重庆返回途中，丢了一颗炸弹到卢家岩，距离杜宜清庄园只有几公里。为什么会在这里丢炸弹呢？老人讲，说是有一个小孩用镜子照太阳，被日本飞机误以为是信号，就把炸弹丢了下来；还有一种说法是日本飞机为了减轻重量，把未投的炸弹随意丢下。当时庄园开办的小学有师生约50人，为防万一，杜宜清下决心在庄园后面岩壁建造了防空洞。笔者又问道，既然杜宜清为人清正，在乡间口碑不错，算是开明士绅，和共产党又有接触，为什么会在临解放时自杀呢？陪同的村文书黄玉明讲：杜宜清大儿子解放前离家出走参加了共产党，据说在临解放时，他给杜宜清寄来一本《中国社会各阶级的分析》，由于国民党的反共宣传和社会上的流言，杜宜清深感恐慌和绝望，1949年腊月，在解放军进攻董家镇的枪炮声中，杜宜清在碉楼里悬梁自尽。

解放后，杜宜清庄园被政府没收，作为飞龙区区公所驻地。1966年，区公所迁到董家乡。大致在1971年到1972年，庄园再次恢复办学，设立飞龙区中学，后改为丰都县第八中学校。1992年拆区并乡建镇，1995年丰都县第八中学迁建到董家镇，撤销高中部，改为丰都县董家镇初级中学校。丰八中搬出后，原址又开办了彭家坝小学，还附带幼儿园，庄园内花园改作幼儿园的儿童园地。房屋成为危房后，2000年前后小学和幼儿园搬出，庄园空置。杜宜清庄园房产现属于县政府，由县文管所管护，县文管所将庄园委托给彭家坝村一个叫张光海的村民负责日常看管。

神秘的皋庐

离杜宜清庄园两三公里外的关圣场兴隆湾还有一座杜宪国庄园，杜宪国是杜宜清的四哥，庄园先于杜宜清庄园修建。杜宪国建造的碉楼与庄园距离约200米。1942年杜宪国病故，碉楼停建，至1948

图24—14 杜宪国庄园碉楼——“皋庐”。

图24—15 杜宪国庄园碉楼“皋庐落成纪序”碑。

年，其夫人继续主持修建，于1949年6月完工，命名为“皋庐”（图24—14）。杜宪国庄园现已毁掉，仅存碉楼。

碉楼坐南朝北，占地面积223平方米，建筑面积189平方米，面阔三间13.35米，进深三间14米，通高13.7米，高4层。碉楼墙体为石质结构，内部为木结构，悬山式屋顶。碉楼大门匾额阴刻行楷“皋庐”2字，额上有忠县黄世礼拜撰的“新建皋庐大厦落成纪序”，落款时间是中华民国三十八年六月，即1949年6月。

碉楼二层房屋朝天井外壁有一块长1丈多的大石碑，上面刻有巴县李伯申拜撰的“皋庐落成纪序”，落款是“中华人民共和国一九四九年菊月”（图24—15）。菊月即阴历九月，换算成公历是1949年10月底至11月中旬，解放军攻打丰都董家镇是1949年腊月十三，换算成公历是1950年1月30日。董家镇当时虽然还没有解放，但中华人民共和国已经建立，国民党地方基层政权实际上已如鸟兽散，估计落款人认为政权更迭已成定局，故以“中华人民共和国一九四九年菊月”作为题刻落款。

“丰八中”往事

董家镇党委宣传委员古方生告诉我，他中学在关圣场丰都第八中学读书。古方生，丰都县明寺镇人，1982年16岁时在丰都县第八中学读高中。据古方生讲，当时高中为两年制，两个年级共4个班，初中6个班，每班约50个学生，教职工有几十人。教职工和住读生住在庄园和碉楼里，男生住小楼子，女生和女教师住大楼子，还有一些教职工住庄园内。学校在庄园外修建了几栋干打垒房屋，作为教室使用。董家镇党委组织委员游华先1986年在丰八中读初中，时隔20多年，对当时的情景还记忆犹新。游华先回忆，由于学校男生多，小楼子住满后，部分安排到大楼子住宿，男生住楼下，女生住楼上。碉楼楼上没有排水管道，女生晚上把洗脚水向天井里倒，男生们没有办法，只有忍气吞声。上世纪70年代是丰八中的兴盛时期，师资力量较强，教师认真教学，学生安心读书，还有一些来自县城和外地的学生都在丰八中读书。80年代后期改革开放之后，由于学校地势偏远，交通不便，生活条件差，教师队伍开始不稳定，学生生源也受到影响。到1995年，学校全部搬迁到董家镇，更名为董家中学。现在的董家中学有塑胶跑道、崭新的教学大楼及教育设施，昔日的关圣场丰八中与现在的董家中学完全不可同日而语。

回到董家镇午餐，与镇长徐承学交谈，方知他原来也是丰八中学生，1976年16岁时进入该校读高中。据徐承学镇长介绍，那时入高中是推荐制，由大队支部书记填写学生现实表现和家庭出身情况，经审核后才能入学。徐承学还记得，学校校长先后有谭志书、张广玉、刘林森、丁方根等。当时生源基本上来自农村，还有垫江、忠县来的学生。学生生活俭朴艰苦，自带粮食和咸菜，到学校蒸饭，炒菜另外买票，蒸一次饭1分钱，买一份肉3毛钱。学校大操场是学生义务劳动挖出来的，师生们还自己开荒种地，解决蔬菜副食品问题。徐镇长回忆，当时的庄园和碉楼完好，几百个学生和教职工都住在庄园和碉楼里。

濒临消亡的庄园

1987年10月，杜宜清庄园被公布为县级文物保护单位，2009年12月被公布为市级文物保护单位，2010年以川东特色防御性合院式民居被公布为重庆市第一批优秀近现代建筑。这样一处极有价值的乡土建筑，仍然面临损毁垮塌的命运。

丰八中搬到镇上后，庄园和碉楼长期无人居住，既没有资金进行维护加固，也无有效的管理手段，一度管护失控，附近村民自由进入庄园拆除木构件，好的木板、柱子拿去修房子、打家具，差的拿去当柴火。由于日晒雨淋、风吹雷击、白蚁蛀蚀，庄园房屋出现大面积垮塌损毁。2010年、2011年特大暴雨加速了房屋的坍塌。笔者在庄园看到的是：院内杂草丛生、蒺藜遍地，一些雀鸟粪便带来的杂树种子在院内落地生根，已经长到几米高，整个院落呈现一派荒凉、破败、颓废的景象。两座碉楼情况也不乐观，内部木结构坍塌，屋顶椽子、木柱腐朽脱落，屋顶瓦片残缺不全，漏雨严重（图24—16）。笔者在丰都县文管所2004年拍摄的照片上，发现庄园房屋还基本完整，院内天井整洁清爽，碉楼屋顶结构也没有大的损坏。不到10年时间，这座1987年就被公布为县级文保单位，之后保护级别晋升为重庆市文物保护单位和优秀近现代建筑的庄园，如今一年不如一年，已经到了风烛残年、岌岌可危的地步，如果再不采取有效措施，过几年就会完全可能成为一片废墟。

在田野考察中，笔者多次目睹一些极有价值的历史建筑濒临消亡或者已经消亡，由于看得太多，已是见惯不惊，甚至近乎麻木。但是，面临杜宜清庄园的命运，笔者不得不再次思考和呼吁：除了一般民众对历史文化遗产的漠然、愚钝和保护意识低下之外，也折射出在社会加速发展、经济实力不断增强、物质生活不断丰富的过程中，我们对历史文化遗产的重视程度并没有得到应有的提升，保护经费、保护责任还未切实落到实处，一些地方管理部门的管理职责、管理手段也还存在某些缺失。

图24—16 杜宜清庄园修复前荒凉破败景象。

不是结局的尾声

2012年8月23日，笔者在市文物局召开的研究渝中区南宋遗址保护评审会上，慎重反映了杜宜清庄园的现状。会议正好由重庆市新任文物局局长幸军主持，幸军过去是市文广局文物处处长，曾在巫山县挂职，8月23日当天刚接到市政府任命书。我向幸军局长提出，杜

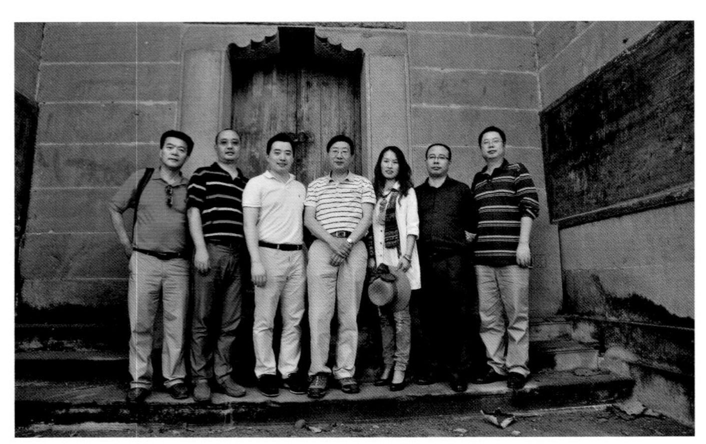

图24—17 检查杜宜清宅院修复工程后在大楼子前留影。左一吴涛，左二周大庆，左三王韬；右一熊子华，右二周登昌，右三刘萍。

宜清庄园和碉楼结构体系复杂，做工精细，展示了当地民间工匠高超的建筑工艺，汇集了川东建筑的风貌特色，承载了厚重的地域文化内涵，也见证了当地社会变革的历史沧桑，挽救杜宜清庄园已经刻不容缓。幸军当即询问文物处，文物处同志告之，2011年暴雨后，丰都县打了紧急报告，市文物局已安排部分资金，委托重庆市文物考古所作杜宜清庄园保护维修设计。正好文物考古所分管副所长袁东山也在会上，我当即询问了保护维修设计进展情况，袁所长表示回去过问一下。8月30日，袁东山所长派人将杜宜清庄园保护维修设计方案文本送给我，我仔细看了一下文本，发现杜宜清庄园的保护修复在2011年12月已经完成设计，但是一直没有进行正式评审。8月31日，我与市文广局副总工程师吴涛联系，建议尽快召开保护修复方案评审会。

经各方努力，市文物局安排落实了杜宜清庄园一期修复资金。2013年6月21日，由丰都县组织完成修复工程招投标，重庆市大明古建筑园林工程有限公司中标，重庆峡江监理公司作为项目监理单位，确定县文管所作为项目业主。2013年7月24日，施工队伍进场开展修复工程。

2013年10月19日，由市文物局组织，我和文物局原副总工程师吴涛作为专家，同重庆市文物局局长助理王韬、文物处处长周大庆、文物处干部熊子华一起到杜宜清庄园现场检查，县文物所所长刘萍、县文广局和董家镇镇长周登昌等负责人都来到现场（图24—17）。一期工程主要对庄园第一进院落进行维修，经过近3个月施工，整体进展速度不错，设计、施工、监理单位对文物建筑修复的理念、原则、方法作了认真研究和妥善处理。我和吴涛提出，在庄园修复工程中一定要尽量保护、保留历史信息，保留历史的原真性，切不可轻易采取落架大修方式，避免对文物建筑伤筋动骨；针对重庆的气候自然特征，要特别注意对木结构的防虫、防潮、防火处理。

目前杜宜清庄园维修仅是一期工程，后院、碉楼的维修也迫在眉睫，还涉及较大的资金需求，笔者殷切希望杜宜清庄园的修复整治工程最后能够有一个较为完整、圆满的结果。

梁平县碧山镇孟浩然故居

2002年9月，我撰写的《重庆古镇》即将出版，为了对重庆古镇作最后的补充考察，9月8日，我同市文物局副总工程师吴涛、渝中区政府秘书韩列松一起，到梁平县袁驿镇考察古镇老街。在考察拍摄了袁驿老街和川渝古驿道之后，顺便去参观了距离袁驿镇约7公里，位于四川大竹县石桥铺镇的国民党将领孟浩然官邸。孟浩然官邸是一座中西合璧风格建筑，两层高，灰色墙面，坡屋顶开有老虎窗和壁炉烟囱，牌楼式大山门设在公馆背面，颇有徽派风韵。解放后孟浩然官邸被没收，改作石桥铺镇政府办公至今。2002年7月16日，孟浩然官邸列入四川省重点文物保护单位，命名为“大竹孟氏公馆”（图25—1）。

四川大竹县石桥铺镇与重庆梁平县碧山镇毗邻，当时不知道碧山镇还有一座孟浩然故居，也无人给我提及。第三次全国文物普查工作结束后，我才在普查资料中看到孟浩然故居照片，其造型奇异的风火山墙当时使我眼睛为之一亮，此类山墙在重庆可谓是独树一格、绝无仅有，于是决定作一次实地考察。

2013年4月23日，出现重庆难得的晴天，早晨出发，两小时后到达梁平县高速公路收费站，县文广局副局长刘原和县文化遗产保护研究中心两位同志已在收费站等待。初听刘原的名字，还以为是男同志，见面才知是一位知性、漂亮的女士。刘原过去在梁平县电视台工作，后调县文广局分管文物工作，她接到市文物局通知，专门带县文化遗产保护研究中心两位专业干部陪同我一起去碧山镇。碧山镇距离梁平县城约60公里，要穿过仁贤、聚奎、屏锦、袁驿4个场镇，中途还要翻越一座明月山。明月山植被茂密，山势嵯峨，沟壑纵横，群峰怪石，沿途优美的风光使人心情愉悦舒畅。山区道路坡度大，弯道极多，约1个半小时才到达碧山镇。镇党委书记杨永洪在镇里迎接我们，随后带我们去距离镇上约2公里的孟浩然故居。刚到故居，梁平县文广局局长向时明也驾车从县里赶来，县文广局对这次考察活动的重视、热情和周到安排，使我很受感动。

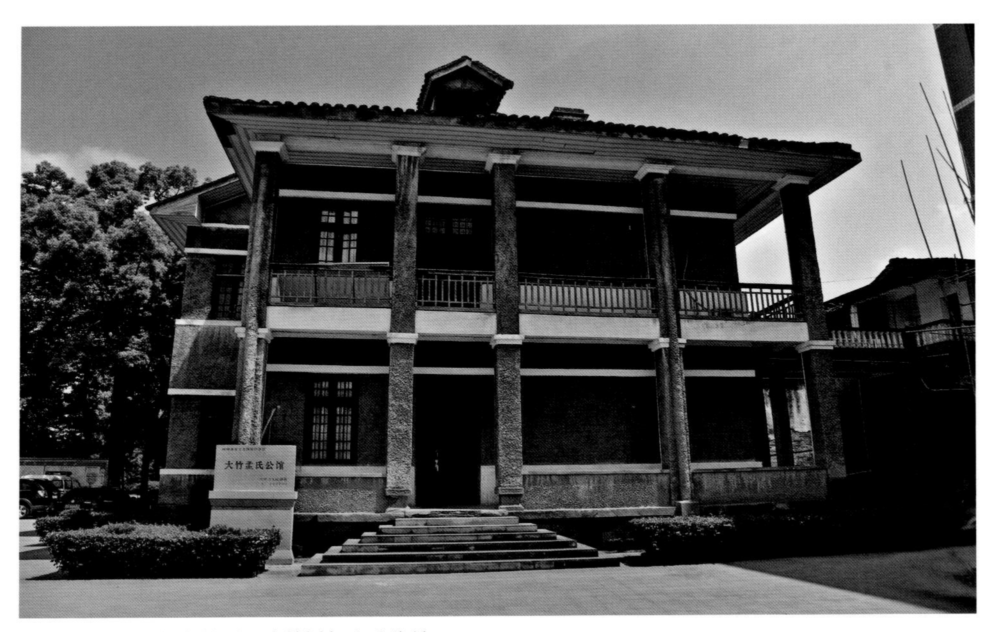

图25—1 四川省大竹县石桥铺镇孟氏公馆。

杨永洪书记给我们介绍，碧山镇有2.6万人口，幅员39平方公里，以平坝和浅丘为主，孟浩然故居所在的碧山镇新元村四组孟家坝也是一块平缓的大坝，水田成片相连，不愧为富裕之乡、膏腴之地。早闻梁平县拥有良田万顷，盛产稻谷，被誉为川东粮仓，到碧山镇和孟家坝看后，感到果真是名不虚传。

典型川东民间富家大院

孟浩然故居始建于民国十二年（1923年），竣工于1929年，历时6年建成。宅院坐东北、朝西南，背面是一片平缓的坡地，林涛竹海、苍翠欲滴；正面田畴沃野，大片水田连绵不断，碧绿的秧苗长势茁壮（图25–2）；远处蓝天下是平缓舒展的小山峦，山峦与水田之间有一条铜钵河，涓涓流水如一条玉带，环绕庄园缓缓而过。

来到庄园前，发现几座新建的砖房将老房遮挡，砖房外墙白色瓷砖岔眼刺目，老房纵向三道朝门现已全部消失，偌大的宅院只剩下一座四合院。四合院横向开三道石框门，正中是大门，左右两侧为耳门，一间紧邻宅院搭建的房屋把西侧山墙遮挡一半（图25–3）。东侧山墙前方新修了一座砖房，好在还留有一些间距，山墙得以显露。看到宅院现状，笔者感到很是遗憾，如果2002年我到袁驿镇时就顺便去考察孟浩然故居，当时的状况肯定比现在要好得多。

图25–2 孟家坝一马平川、连绵不绝的水田。

从遗留的格局来看，孟浩然故居原有两进院落，第一进院落和前厅已消失，天井被后来搭建的房屋占去大部分。中厅前有一道石朝门遗址，是原纵向三道朝门中最后一道，朝门已毁，仅剩一根孤立的石柱。中厅墙面开8扇西洋风格花窗，窗框饰以灰塑戏曲故事。中厅右面房屋大部分被改造损毁，仅剩一壁老墙，正中5.3米宽过道被改建的房屋占去大半，变成一条仅有1米多宽的狭窄巷子。

穿过巷子进入四合院天井，宽阔的天井院坝使院落空间豁然开朗。院坝宽19.5米、进深12.5米，条石地面铺装密实，至今平坦如初，未见错落塌陷（图25–4）。居住在大院里的老乡介绍，院内排水系统良好，就是下大雨暴雨，也不会出现积水现

图25–3 紧靠故居建造的砖房将风火山墙遮挡一半。

图25–4 四合院天井院坝。

图25-5 堂屋格扇木雕戏曲故事。

象。四合院面阔40米、进深35米，占地约1400平方米，正房和两厢为穿斗结构，瓦屋顶，木梁架，梁柱上绘彩绘。原有木壁墙大都被改为砖墙，木柱也变成砖柱。正房面阔五间，进深11米，明间面宽5米、进深8.2米，内空高6.85米，正房前面有2.5米宽的廊道。正房堂屋6扇老门格扇雕有牡丹、石榴、寿桃等图形，寓意吉祥富贵、多子多福、长寿百岁。格扇下有4幅戏曲故事木雕，人物形象栩栩如生，尚基本保留原貌（图25-5）。左右厢房各三开间，进深达9.3米，厢房廊道与正房廊道连通，形成遮风避雨的通廊。

独特的风火山墙

孟浩然故居最富特色的是两壁风火山墙。此山墙与一般山墙迥然不同，既不像徽派、客家的马头墙，也不似湖广一带的弧形山墙，而是自创一格、独出心裁，大胆地在墙脊上作起伏凹凸变化，使墙面变得更加遒劲生动，别具风采（图25-6）。山墙开有两个方窗，上方窗楣为圆拱，正中偏上开一座圆形镂刻花窗。

风火墙山花灰塑浮雕琳琅满目，做工细腻精湛，题材内容丰富多彩。西面山墙被紧靠故居修建的房屋遮挡一半，东面山墙除人为损坏、自然风化损毁脱落部分外，山花图形整体基本完好。细细观察，山墙浮雕有人物、花卉、山水、亭阁、鸟兽和各种吉祥图纹，山墙脊顶塑有5个宝瓶，右边山墙脊顶端部塑一座脚踏圆球、长鼻向上、头部仰天的大象，甚为生动有趣（图25-7）。山墙开设的圆窗、方窗框都饰以灰塑图案，工艺精巧细腻，一丝不苟，既美化了窗框，又寄寓了丰富的寓意和象征。山墙向内的墙面装饰稍为简约，色彩淡雅，

图25-6 孟浩然故居别具风采的风火山墙。

图25–7 山墙脊顶灰塑大象。

图25–8 风火山墙内墙面素绘图纹装饰。

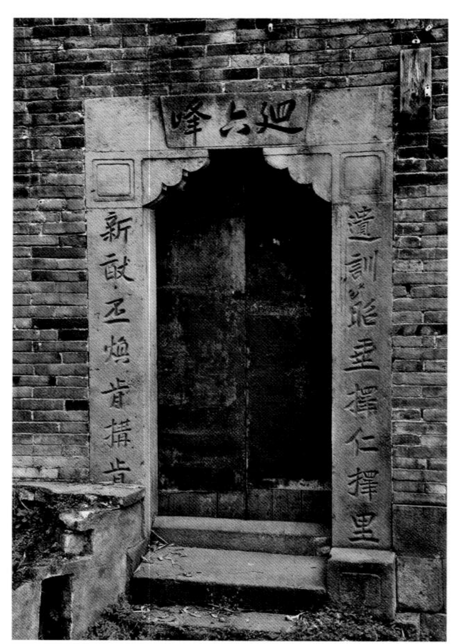

图25–9 右门门框楹联题刻。

没有灰塑浮雕，以素绘花草、果品、吉祥图纹为主（图25–8）。

东西两侧山墙靠端部各开有一道石框小门，双扇木门用铁皮包裹，西门横额题“开三径”，门框题刻“间挂笏挹西山爽气，三吟诗绍东野家声”；东门横额题“迴六峰”，门框楹联为“遗训昭垂择仁择里，新亩丕焕肯构肯□”（图25–9）。西面门框上方雕有两个圆形图案，东面门框雕有两个方形图案，东西相互对应，寓意天圆地方、天地合一。

孟浩然逸事

孟浩然，梁平县碧山乡新河村人，名正光，字青云，生于光绪二十二年（1896年）。孟浩然少时学过裁缝，后弃艺从戎。1926年，孟浩然在国民党第七师随军学校毕业，1932年至1934年历任排长、营长，后任刘湘部第三混成旅旅长。军阀混战时期，孟浩然曾在湖北宜昌与唐生智部和贺龙部作战；第二次国内革命战争时期，在通江、南江、巴中等地与张国焘、陈昌浩、徐向前率领的红四方面军作战。1938年，孟浩然任国民党第三战区第二十三集团军第一百四十五师少将师长，率部出川抗日，转战安徽、江西、浙江一带，官至第五十军副军长。抗战中，孟浩然奋勇抗敌，靠前指挥，腿部受伤。抗战胜利后，孟浩然被调到南京中央训练团受训1年，升任国民党中央军事委员会中将参议。1946年时值抗战结束后裁军，一生戎马倥偬，战功卓著，时年50岁的孟浩然，因文化水平低，加之派系之争而黯然退役返乡。1947年，孟浩然在家乡参加竞选国民代表大会代表，得票甚多，但未当选。1947年至1949年期间，孟浩然曾多次保护中共地下党员和家属，阻止国民党部队清乡，力保一方平安。1948年孟浩然出任大竹、渠县、梁山（现梁平县）、垫江、长寿清剿指挥部副指挥长。大竹、梁平解放前夕，国民党国防部命令孟浩然和范绍增成立“挺进军”，组织部队打游击，妄图作垂死挣扎。孟浩然看清形势，表面响应蒋介石，实则保护地方，暗中作起义投诚准备。1949年2月24日，孟浩然在渠县三汇镇率部起义。之后起义部队驻大

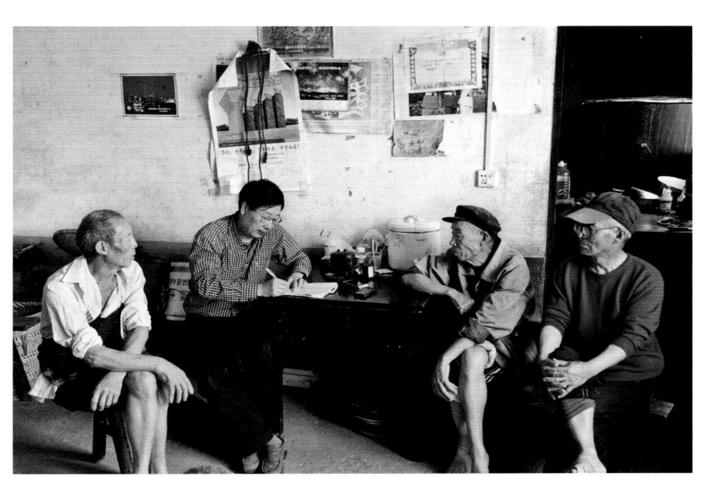
图25–10 在现场采访孟家坝几位老人。

竹、梁平边界，在防止国民党溃军和土匪骚扰，保护一方安宁发挥了积极作用。1950年，起义部队接受改编。随后，孟浩然进入设在重庆歌乐山的中国人民解放军西南军区高级研修班第三部学习，1950年9月亡故。

笔者采访了孟家坝两位老人，一个叫孟邦文，74岁，父亲孟安良当过孟浩然的警卫员；另一位叫孟善道，76岁，父亲孟正宇与孟浩然同字辈（孟浩然名正光），是孟浩然的隔房兄弟（图25–10）。回碧山镇午餐时，镇文化站站长徐善林也给笔者讲了一些他从爷爷那里听到的故事。

孟浩然家庭兄弟姊妹多，家境贫穷，孟父靠挑木炭维持一家生活，母亲到一家刘姓大户作佣人以补贴家用。后迫于生计，父亲上山当了土匪，被官兵抓获后，在双河口枭首示众。孟浩然豪爽侠义，为人低调，在乡间乐善好施，当时在梁山、大竹一带流行着两句民谚："大竹清河场的饭吃不得，梁山石桥铺的梦做不得"，这里的"饭"指范绍增，"梦"指孟浩然，可见范绍增、孟浩然在当地名气和影响之大之广。1946年孟浩然回到家乡后，见乡里一些孤寡老人生活困难，便在三民乡、石桥铺一带义养100多名孤寡老人，每人每月发大米36斤、油1斤、盐1斤，对孟家的佃户也减收租谷。孟浩然还出资修建了从孟家坝到乡场的石板道路，在铜钵河设义渡，颇得百姓赞誉。孟浩然回乡时带有随身部队，在狭窄的石板道上遇到行人，会主动停下来让道。梁平县有一个土匪头目张文钦，绰号张莽子，在梁（梁山）、竹（大竹）、达（达县）、垫（垫江）打家劫舍、杀人放火、强占妇女、无恶不作，但慑于孟浩然的影响和威信，张莽子从来不敢到孟家坝骚扰。孟浩然母亲过世，在家举办丧事，乡邻乡亲都来祭拜，孟家不收礼物钱财，还让乡亲们好吃好喝。徐善林回忆，他少年时见过孟浩然三太太，当时已经有六十来岁，头发向后绾成发髻，小脚，知书识礼，为人谦和，很有气质。

解放前孟家有田租约2800石，孟善道介绍，当地1亩为3石，1石为150斤谷子，按此计算，孟家的田租约为42万斤黄谷。"石"（读dàn）的度量在康熙字典中解释为："三十斤为钧，四钧为一石"，即120斤为1石。但在农村中，"石"的概念各地均有不同，没有一个统一衡量标准，有以10亩为1石，也有以1亩为1石。1石折合的市斤数，在不同的地方有不同的说法，有300斤为1石，也有350斤、400斤乃至500斤为1石的说法，此外还有"大石"和"小石"之分。笔者在农村田野考察中，曾多次问过一些老人，竟然没有一个人能够把"石"

图25–11 孟浩然。

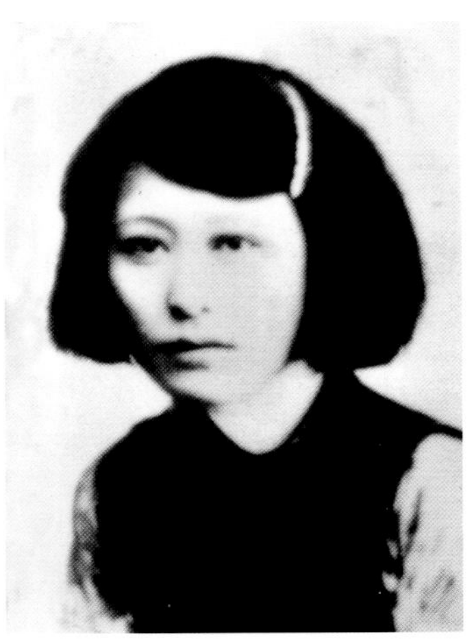
图25–12 孟浩然二太太。

图25－13 孟浩然故居周边杂乱无章地修建了不少砖瓦房，给故居环境带来了很大的伤害。

的概念说得准确清楚。所以，至今为止，究竟把1石折算为多少斤，以此来准确估计不同地区地主们的财富，还真是一件难事。

孟浩然娶有三房太太，正房姓王，二房姓李，三房于1997年病逝，当地村民保留有孟浩然和二太太的照片（图25－11、图25－12）。据村民介绍，孟浩然女儿现居住在四川省大竹县县城，儿子、儿媳病逝；两个孙子一个在四川小金县教书，一个在湖北省武汉市工作。

解放后，孟浩然庄园闲置，周边的农民修建房屋、牛圈、猪圈都到宅院拆取木料、青砖、条石，庄园背面的碉楼也被蚕食拆除，最后拆得不剩一砖一瓦。长期以来，孟浩然故居没有得到有效的保护和维修，任其遭受人为破坏和自然损毁，仅存的四合院梁柱倾斜，白蚁危害严重，墙体出现裂缝，亟待维修抢救。孟浩然故居周边杂乱无章地修建了不少砖瓦房，给故居环境带来了很大的伤害（图25－13）。村民们还告诉笔者一个情况，上世纪50年代，孟浩然故居安置了一批长寿狮子滩水电站搬迁移民。1954年，由苏联援建的重庆长寿狮子滩水电站开始兴建，这是我国第一个五年计划期间最大的水电工程项目之一，于1957年建成。建设期间，周恩来、朱德、李富春、李先念先后亲临视察。建电站涉及到大批移民安置，梁平县碧山镇地势平坦、土地肥沃，成为长寿狮子滩水电站移民安置区域之一。除了新建移民安置房外，闲置的孟家庄园被让出来，安置了11户长寿狮子滩移民。现在孟家老宅院里登记的户籍人口约50人，平时只有3户共5个老人在家。孟家坝现有村民约200人，多数人外出务工，部分老人在家从事竹篾加工业。

2009年1月，孟浩然故居被公布为重庆市首批优秀近现代建筑，2011年被公布为梁平县文物保护单位。孟浩然作为重庆籍出川抗日、为国负伤的国民党高级将领，至今还缺乏对他全面深入的研究和评价，现有的资料也非常简略。建议当地政府和市县文物管理部门重视对这一处名人故居的维护和历史发掘工作，有条件的时候，不妨在这里建立孟浩然故居纪念馆，甚至还可考虑在此设立川军出川抗战历史陈列馆。

忠县洋渡镇秦家上祠堂

2001年3月30日，我到忠县洋渡镇考察，借此机会参观了慕名已久的秦家上祠堂。当时从忠县到洋渡没有现在这样方便，坐车要两个多小时，坐船反而要快得多。我和市文物局副总工程师吴涛、渝中区政府秘书韩列松、广厦一建二公司经理尹应先一行4人，早上在县委招待所匆匆吃了早饭，叫了一辆长安车，10元钱送到忠县三码头，乘坐早晨7:20的快艇，约45分钟到达洋渡镇。忠县文管所所长曾先龙提前到了洋渡镇，一早就在码头迎候我们。曾先龙1969年到忠县农村当了4年“知青”，后来调到县里，一直在县文管所工作。

从洋渡镇到秦家上祠堂约8公里土路，没有班车，好在洋渡镇派出所一位叫谭逢凌的民警非常热情，他帮忙联系了一辆长安两用车，并自告奋勇开一辆摩托车在前面带路。

巾帼英雄秦良玉家族后裔所建祠堂

秦家祠堂始建于清初，为名闻遐迩的巾帼英雄秦良玉家族后裔所建。秦良玉（1574—1648），忠县秦家坝人，中国正史（明史，卷二百七十列传第一百五十八《秦良玉传》）唯一记载的具有崇高爱国主义精神和民族气节的巾帼英雄。与秦良玉和秦氏家族有关的遗址，一处是位于重庆石柱县三河乡鸭庄村迴龙山上的秦良玉陵园，另一处就是位于重庆忠县洋渡镇上祠村一社的秦家上祠堂。秦家祠堂分上祠堂、中祠堂、下祠堂，由秦家三兄弟分别建造，中祠堂、下祠堂已毁，现仅存建在一处坡地上的秦家上祠堂（图26–1）。

图26–1 建在坡地上的秦家上祠堂。

秦家上祠堂正厅保留有4块石碑，分别是《祭田四界碑》、《修建祠堂碑》、《光前裕后碑》、《永立成宪碑》。石碑上半部分字迹清晰，下半部分由于受潮侵蚀，字迹模糊不清。《祭田四界碑》立碑时间是“大清乾隆壬午岁季夏月立”；《修建祠堂碑》上面刻有两个时间，一个是“大清乾隆壬午岁季夏月立”，一个是“道光六年三月”，此碑应该是

图26—2 秦家上祠堂保留的祭田四界碑、修建祠堂碑。

道光六年三月复立；《光前裕后》为“嘉庆十九年岁次甲所立”；《永立成宪碑》立于道光时期。碑刻记录了祠堂建造年代，捐款人名字，祠堂翻修记录，祠堂祭田边界线，祠堂族规条款等，具有珍贵的历史价值（图26—2）。

据以上碑刻记载，秦家先祖安思公由楚入蜀，秦家祠堂于清康熙年间始建，乾隆二十七年（1762年）复建，嘉庆十九年（1814年）培修，道光年间又重建。道光年间的修建工程量较大，从道光十六年兴工至二十三年告竣，前后历时8年，共修建正殿三间，下厅五间，左右厢房十八间，朝门两间，总共用钱四千余金。

秦家上祠堂占地约6亩，坐北朝南，前面开阔，后面是一处小山包，祠堂依坡顺势呈台阶式修建，前后形成五六个台阶。祠堂面宽44米，进深约68米，三进院落，复合四合院形式布局，共有24间房屋。祠堂为砖木结构，房屋、院墙和房基大部分用青砖砌筑，正厅有6根条石柱，其余为木柱。秦家上祠堂拥有10壁高大的风火山墙，这在现存巴渝乡土建筑中已很少见。正面两壁风火山墙为弧形，正厅两壁风火山墙为三重檐五滴水，厢房6壁风火山墙为两重檐三滴水，山墙脊下绘有娟秀灵动图形丰富的各式山花彩绘（图26—3）。此起彼伏、风格各异的风火山墙相互辉映，为祠堂增添风采，构成一道亮丽的风景线（图26—4）。

巴渝乡土建筑多建于丘陵山地，一般都利用地形分阶逐级向上，形成层层递进、逐次变化、整齐有序、立面丰富的建筑空间形态，成为巴渝山地建筑主要特色之一。秦家上祠堂也是这种典型山地建筑布局形式（图26—5）。

祠堂第一个台阶是一块宽阔的院坝，面积约1000平方米，是秦氏家族举办大型祭祀庆典活动之

图26—3 山墙脊下娟秀灵动、式样丰富的彩绘。

图26–4 此起彼伏的风火山墙构成祠堂亮丽的风景线。

图26–5 秦家上祠堂顺应地形建造，构成山地建筑丰富的空间形态。

地，后被学校改成为学生活动的大操场。从院坝上17级陡峭的台阶到月台，台阶每步高达24厘米。月台高出院坝约4米，是祠堂第二个台阶，有两个直径0.8米的圆形石墩，是原来插旗用的石座（图26–6）。月台进深9.3米、宽40余米，呈半圆形。东西两侧围墙分别开高2.5米、宽1.5米的石朝门。

牌坊式大山门位于第二个台阶，四柱三开间，面宽约8米、高约6米，尖顶，顶部刷红色。牌坊中间开一拱门，高3.1米、阔1.57米。山门前置两个安放石狮的石墩，石狮已不见踪影。进入山门，发现门后有一对抱鼓石，高达3.1米，上面刻有飘逸娟秀的花草图案（图26–7）。

第三级台地是一处条石铺地的院坝，进深约9米，两侧是厢房，这是祠堂第一进院落（图

图26–6 月台上残存的插旗石座。

26–8）。再上12步石阶进入第四级台地，这是一座进深为6.55米的中厅，六柱五开间，明间宽4.7米。

过中厅来到一处进深8.62米、宽30米的条形院坝，这里是祠堂第二进院落和正厅（图26–9）。比较特别的是，正厅前有一座高1米多、进深5.4米、呈八字形的平台，平台上原有一座塔形建筑，现仅存基座。从《秦氏家谱》中查到，此塔叫八卦厅，共两层，顶部为八角攒尖顶。正厅为四柱三开间，明间面宽8.7米，正厅空间高大，内空高9米，内有6根断面为八角形的石柱。为防风化，石柱用麻、糯米、石灰、土漆等材料作保护面层，由于保护工艺到位，至今石柱还牢固如初。正厅左右两侧开有边门，通向天井和下人住的偏房。正厅背面过去是祠堂的

图26–7 山门后刻有卷草图案的抱鼓石。

图26–8 秦家上祠堂第一进院落。

图26–9 秦家上祠堂第二进院落。

后花园，进入观看，发现已是一片荒芜。

《秦氏家乘》

秦家上祠堂、中祠堂、下祠堂分别编有族谱。民国二十九年（1940年）编撰的秦家上祠堂《秦氏家乘》保留在洋渡镇上祠村村长秦祥光手里，族谱是秦祥光伯父秦仕斌传给他的，秦仕斌2009年病逝，享年84岁。秦家中祠堂族谱保留在上祠村支部书记秦大金手里，秦家下祠堂族谱不知去向。两部珍贵的族谱为我们了解秦氏家族和祠堂历史提供了重要的史料。

《秦氏家乘》记载，民国二十八年（1939年）春，忠县、丰都、石柱三县秦氏家族绅耆（“耆”指60岁以上的老人）召开会议，决定成立三县秦氏修谱委员会，公推德高望重的秦山高任修谱委员会主席，农历三月二十八日开展工作，分头推进，次年夏六月全谱告成。在修谱凡例中写道：“吾族家乘自元迄今，支派绵达八世祖，始修族谱，虽屡经补修，恒虞里漏，今范围渐广，不必沿袭旧例，惟取材于旧谱，而余采访事实，力加考证编入。”在续修《秦氏家乘》序言中，有“出自楚忠州之裔，代有哲人明末秦良玉，以土司妇破贼有大功，盖虽妇人、女子亦卓有忠孝之性”的描述。这次编撰的族谱卷帙浩繁，工程浩大，从汉代秦氏一直罗列到民国时期，共20余本，具有重要的研究价值。

民国二十八年由秦山高主持修编的《秦氏家乘》用文言文，生僻字多，且未断句，阅读起来较费力。笔者仔细阅读后，大致掌握到秦氏家族和祠堂以下一些重要史料。

秦氏家族入川始祖为秦安司，自元代由楚入蜀，居住绍庆路之黔江。秦安司有两个儿子秦国龙、秦国宝。明初，明太祖朱元璋派将军凉国公带兵南征，扫除元朝残余势力。凉国公途经湖广九溪，听闻秦国龙在当地很有势力，能安抚一方平安，遂委任他为唐崖长官，秦国宝担任管理千夫的小官吏。黔江与湖北毗邻，家谱中提到的“湖广九溪”与“绍庆路之黔江”或为同一地方，或者相距不远。后秦氏家族又迁居至彭水计义乡。秦国宝两个儿子秦良、秦恭认为黔江、彭水偏僻贫穷，商议后一起迁居到忠县、丰都一带。之后秦氏家族辛勤耕作，生息繁衍，宗族绵延几百年，子孙遍布全川。其间，修族谱、建祠堂、置田地、兴学堂，代代相传、发扬光大。

秦氏宗祠始建于乾隆年间，秦人让、秦□升（字迹不清，以“□”代替）提议修建祠堂，并带头捐出田产，遍查各处山川地形选址择地，最后选择中一处风水吉地。秦氏家族纷纷捐田出钱，不遗余力，创建祠堂。祠堂建成后规模较小，十六世祖秦泽普、秦宗孔对祠堂进行了修缮扩建。嘉庆十六年（1811年），经秦氏家族合议，决定就现有规模再行扩大。家族中地位较高的秦元升带头捐赠祠堂左面地块作为旧祠扩建之用，秦禄安将左偏房上下土地、秦占元将自家部分土地一并捐出。筹备工作完成后，开始聚集木料砖石，由秦泽普负责，尽心竭力监理建造。扩建工程历时6年，建成后祠堂屋宇焕然一新，整体形象和功能大为改观。这次大规模扩建工程共计修建正殿3间、后堂3间、前厅1间、八卦亭1处、大门2座、左右厢房18间。由于工程量浩大，砖土木石用量和费用支出增加数倍，共花费银两五千余缗（缗，古时穿铜钱用的绳子）。祠堂工程竣工后，前来参观者络绎不绝，秦氏各族闻风而动，遂又兴起建造支祠之风。

根据留存石碑记载，秦家扩建祠堂时间是道光年，耗时8年；而家谱记载是嘉庆年间扩建，耗时6年，两个时间记载有明显出入。笔者分析认为，要么是石碑的记载有误，要么是家谱记载有误；也还有一种解释，是否扩建了两次，即嘉庆年间一次，道光年间又扩建了一次，这段历史的真相还需要再作考证核实。

上祠村村长秦祥光将他保存的《秦氏家乘》带到祠堂，我们在现场翻阅查看（图26—10），发现一幅秦家祠堂平面布置图（图26—11），与现有建筑对比，祠堂院坝东侧原来还有一座圆形攒尖顶亭子，祠堂山门形式与现在不一样。族谱图上山门是悬山顶，瓦屋面，呈八字形，屋顶作脊饰和中堆；而现在山门是砖墙，顶部为尖顶，墙体上部分涂红色，上面塑3颗五星，墙面写“上祠堂学校”，整体带一些西式风格。经询问当地村民，得知在上世纪50年代祠堂改为学校后，对山门作了改造，当时中国建筑正在模仿学习苏联老大哥，因此山门牌坊改造式样模仿了苏式风格（图26—12）。

图26—10 在现场查看秦家上祠堂《秦氏家乘》。

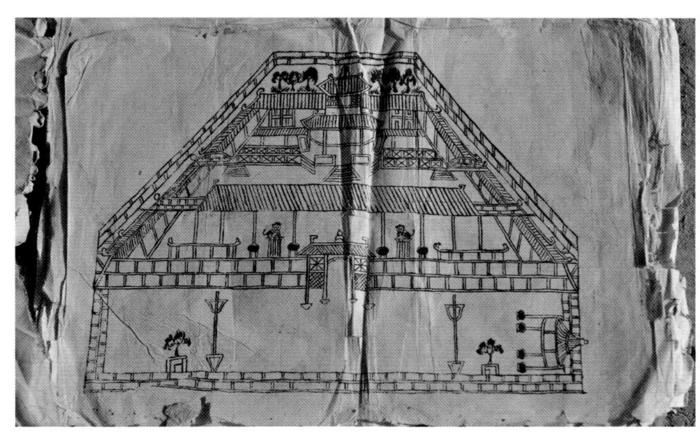

图26—11《秦氏家乘》绘制的秦家上祠堂布置图。

图26—12 祠堂改为学校后，仿照苏式风格对山门作了改造。

修建祠堂碑

秦家祠堂内保留了几块石碑，由于年久失修，碑文斑驳，原文多有散佚风化，无法全部识别。为了给有兴趣的学者和读者研究提供参考，现将清乾隆二十七年壬午岁（1762年）刻制的《修建祠堂碑》碑文刊载如下，无法识别的字用“□”代替。

窃闻水源木，本物识。从来祖德，宗功人推。自始先圣之制祠也，虑椒蕃枝蔓，传世既远，诘以世派，而不知□……□承，尝而□识，是以小加大、少凌擦长，孝子悌弟之行，缺如也。宁独春露秋霜，无以动悽怆之感乎？吾家，鄢郢人也，其来蜀也，自安思公，弟兄七人，始安思公居黔江绍庆路，馀各霸于九溪乐郊之适，不爰得我所乎？惟安思公英明磊落，嗣起者又有国龙、国宝五人，……温良恭俭让……□皆垂名当世，积德累功，虽忠丰异籍，咸为迈种之英，我良祖传及景斌、景星，而景斌阀阅子中，得中远、中迪、中……嗣□。瑀玺二祖，屈指数百余年，而子孙繁昌，支分派别不可胜记，惧其远而世紊，僭越生也，因而置祭田立祭□……□大宗□……□老老幼幼，惶惶乎典则□则非田也。让不胜目，击心伤□向本□……□之志控経公廷，历更二主乃得田归，祭祀典复，□其间之甘苦，备当错节盘根，敢自以为成劳乎？不缵先绪，不□……□不光□……□烈且□贤孙□□废□衰，亦思以友孝之风□兹来许尔，已今已合族损赀事告，行列有征，堂则巍然，以妥先灵祭□尔荐□……□香□……□春露秋霜，人知报本，孝子悌弟，家有醇风，即百世不迁可也，爰志所田，勒之贞珉，后有作者，更从尔光大之□……□可以鉴□……□之（英）也夫。

清乾隆壬午岁季夏月立 吉旦

风雨飘摇的秦家祠堂

解放后，秦家祠堂改作为蒲家乡上祠堂小学，房屋成为危房后学校搬出，现已无人使用。由于“文革”时期“破四旧”，加上年久失修，祠堂房屋构件部分损坏，门窗、墙体、屋面损毁严重，石雕、木雕多有破坏。笔者2001年3月第一次到秦家上祠堂考察，2009年8月20日第二次到秦家上祠堂，时隔8年多，发现房屋损毁状况明显加剧，当时笔者就预料，如不加以有效维护，发生进一步损毁甚至大面积垮塌是早迟的事情。

不幸而言中的是，2012年6月21日晚，忠县境内发生强降雨，秦家上祠堂发生大面积垮塌。之后，县文管所工作人员对垮塌的文物构件进行了简易清理，洋渡镇政府安装了大门，对后门进行封堵，安排了看护人员，防止闲杂人员入内。

2013年10月9日，笔者在忠县文物局局长陈云华、副局长丁少华、原文物所老所长曾先龙、文物科科长曾艳陪同下，一起到现场考察（图26-13）。这次到现场，发现祠堂垮塌损坏程度远远超出我的预料：祠堂中厅、正厅和厢房屋顶大部分损毁，特别是正厅屋顶垮塌最为厉害，建筑木结构脱榫、断榫，梁、檩错位、断裂、垮塌，屋面青瓦垮落一地，厢房石雕窗花脱落，原来基本完整的风火山墙和内部墙体部分倒塌。忠县文物局的同志介绍，房屋垮塌后，他们即组织人员对现场废墟进行清理，但垮塌时间已过1年多，遍地瓦砾才刚清理完，摇

图26-13 在现场考察合影。左一曾先龙，左二丁少华，右一曾艳，右二陈云华。

摇欲坠的屋顶和梁架、砖墙尚未处理，仍然存在险情和继续垮塌损毁的隐患（图26—14）。笔者了解到，秦家上祠堂修缮项目已经纳入三峡工程文物保护后续项目，立项、可研、立项批复、可研批复及测绘等工作已完成，重庆大学规划与设计研究院受委托，已经编制了保护修复的方案。秦氏宗祠既然已经列入三峡后续保护的重要文物建筑项目，本应加快推进，但项目修缮审批程序缓慢，没有人专办督促，后续工作推进不力，致使修复工程迟迟未予进行。笔者认为，这恐怕也是导致秦家上祠堂遇到自然灾害损毁垮塌的一个重要主观原因。

这次到秦家上祠堂，上祠村村长秦祥光带我去看了中祠堂遗址（图26—15）。中祠堂房屋已被改造新建，仅存祠堂围墙基础遗址，新建房屋条石墙利用了部分老房石墙。房屋周边散落着4座雕花柱础（图26—16），在猪圈里还发现了两块被改作猪圈栏板的“修建祠堂捐资碑”，碑首题写“万裔流芳”，碑文镌刻了捐资人名单和捐资数额（图26—17）。

图26—14 秦家上祠堂大面积垮塌后经过清理的现场。

图26—15 与上祠村村长秦祥光在秦家中祠堂遗址留影。

图26—16 秦家中祠堂散落的雕花柱础。

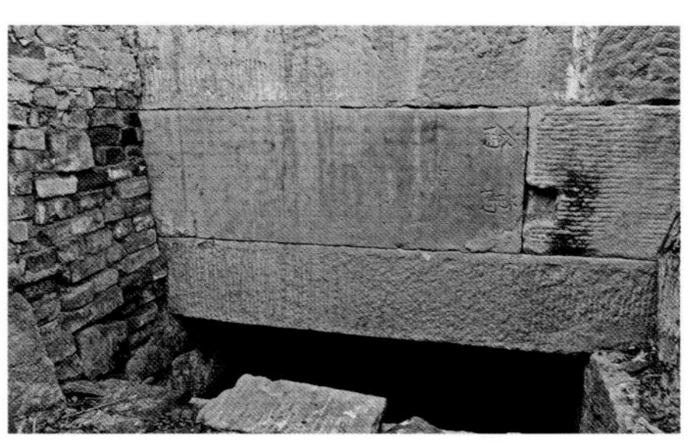
图26—17 秦家中祠堂《修建祠堂捐资碑》被改作猪圈栏板。

在重庆目前发现的宗族祠堂中，通过综合比较，笔者将3座祠堂排在前列，即忠县秦家上祠堂、云阳县彭家祠堂、江津区孙家祠堂。3座祠堂各有特色，从建筑面积来看，秦家上祠堂应为最大的一座。秦家祠堂历史悠久，人文积淀深厚，木雕、石雕、彩绘装饰内容丰富、工艺精湛，10壁风火山墙此起彼伏、形态各异，具有很高的历史价值、艺术价值和建筑价值，对我们了解研究清代川东民间建筑艺术、民俗文化、宗祠文化极有意义。但愿秦家上祠堂整体修复工程能够早日动工。

开县渠口镇平浪箭楼（余氏宗祠）

2012年秋季，似乎因闰月关系，重庆天气有些反常，雨水特别多，10月1日出了一天太阳，之后几乎天天有雨。我原计划在2012年基本完成对重庆优秀乡土民居的田野考察，之后再集中力量从事文案工作，看来因为天气的原因要落空。2012年10月29日查天气预报，惊喜地发现重庆万州一带从30日起会出现几天连续晴天和多云气候，于是立即通过市文物局将我早已拟定的考察日程发到开县、万州、云阳、奉节4个区县的文管所。

2012年10月29日下午出发，先去开县。晚餐时与重庆考古研究所几位同志同桌，因开县两个开发区在施工中发现几处战国墓葬，他们来开展前期工作。考古所几位都不是考古专业科班出身，但他们对考古情有独钟，经过严格的考核来到考古工作岗位。我告诉他们，我本科也不是学历史专业，但我投入了大量时间和精力去学习、研究、考察、实践，现在对巴渝本土建筑历史文化研究方面也算是小有成就，关键不是学历和文凭，而在于长期的学习和实践。

次日上午8点，同开县文管所副所长李欣、文物专干陈彤一起去开县渠口镇考察平浪箭楼。车刚开出县城，重庆秋天难得的太阳破云而出。从开县城里到平浪箭楼过去只要半个小时，因彭溪河水位上升，老路被淹，须沿着河边蜿蜒的山路绕一个大圈，迂回到平浪箭楼。三峡水库蓄水达到175米后，流经开县城区的彭溪河变成一座大湖，烟波浩渺的湖面给县城增添了灵动的气息和美丽的景观。出县城约45分钟，转过一座山头，矗立山顶的箭楼映入眼目，在早晨的阳光下显得分外醒目（图27-1）。又转了几个大弯，我们来到平浪箭楼山头脚下。

图27-1 矗立在山顶的平浪箭楼。

箭楼雄姿

平浪箭楼位于开县渠口镇剑阁楼村（原名平浪村）

五社，建于清咸丰四年（1854年）。箭楼位于山丘顶部，后依白岩山，前临澎溪河。从山下到箭楼要爬一段陡峭的坡，有一段完全是泥土路，爬上山时已是气喘吁吁，但见挺拔伟岸的箭楼就在眼前，清晨的阳光照射在箭楼石壁，箭楼被抹上一层绚丽色彩（图27–2），爬山的疲劳顿时消失。来到箭楼，发现里面还居住有两个老人，经询问，两个老人是一对夫妻，男的叫余贤刚、76岁，女的叫谭有莲、71岁。余贤刚父亲余国志是本地人，解放前有少量田土，解放后土改成分定为自耕农。余贤刚夫妇有两个儿子，大的50多岁，三峡移民到合川区道角镇，现在广东打工，一家3口已迁广东居住；小儿子40多岁，在万州区工地上开挖掘机，只有他们两个老人闲居在家。见有客来，老人家热情地拿凳子、端茶水，还要留我们吃饭，我们感谢后，和余贤刚老人在箭楼前留影（图27–3）。

平浪箭楼是余氏家族修建的宗族祠堂，因位于渠口镇平浪村，祠堂外部造型类似箭楼，开县文管所以平浪箭楼名称登录，现为县级文物保护单位。

图27–2 清晨的阳光照射在箭楼石壁，给箭楼抹上一层绚丽的色彩。

图27–3 和余贤刚老人在箭楼前留影。右一李欣，左一陈彤。

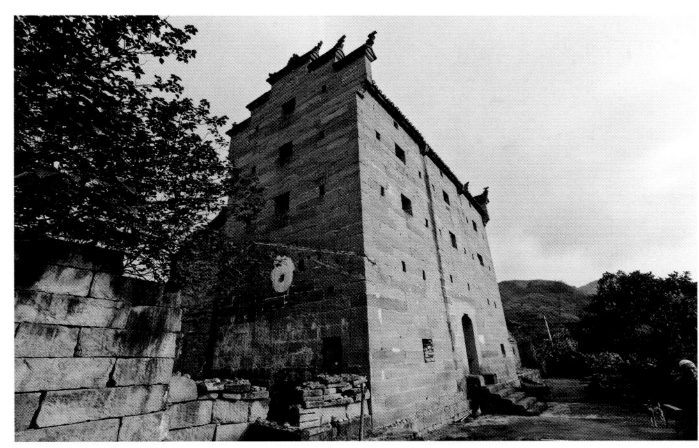
图27–4 余氏宗祠建在险峻山头，具有很强防御功能。

按照建筑类型，平浪箭楼应叫余家祠堂更为准确，但既已命名，加之祠堂按照箭楼形式建造，称之为箭楼也有道理，因此本章仍以平浪箭楼作叙述。

平浪箭楼地名余家坝，因有余氏家族在此地居住而得名。建造祠堂的余家是当地大地主，余家坝土地大部分为余姓地主拥有。余氏宗祠选址在险峻的山头，在兵荒马乱、土匪猖獗的年月，是考虑到既可作为余氏家族聚会、议事和祭拜活动的宗族祠堂，又可将祠堂兼作余氏家人防范兵匪的箭楼和山寨（图27–4）。

箭楼坐西向东，前面有一块长条形院坝，院坝长约26米，宽6米，四周有条石围墙，围墙之下是陡峭的山崖。山崖下彭溪河江水碧绿、水面平静、雾气氤氲。过去彭溪河枯水时期只是一条小小的溪流，现成为一条宽阔的大江，从开县可乘坐快艇直达箭楼山下江边临时码头。平浪箭楼占地面积约380平方米，面阔三间14米，进深6.1米，通高13.3米，4层楼，建筑面积210平方米。箭楼墙体用长形条石叠砌而成，历尽100多年风雨，坚硬的石料至今看不出风化痕迹。箭楼内部为木结构，硬山顶，小青瓦盖顶。箭楼两壁风火山墙为三重檐五滴水形式，墙脊顶两端檐口起翘，正中用石头雕塑一座宝瓶，两侧用图纹装饰，三重飞檐端部石雕是头朝下，尾朝天，动态十足的鱼（图27–5）。从风火山墙造型来看，余家先祖应是来自江西一带的移民。

箭楼石壁镶嵌一匾额，阴刻“余氏祠堂”4个大字。大门前有5级石梯道，石门为0.52米见方的条石，门框刻有对仗工整对联一副，上联是：“居狮子牛角之间，砺山带河俨然维藩维翰”，下联是：“坐马蹬猴崕而上，奸人暴客自尔莫往莫来”。门框横梁上正中阴刻“固于金城”4字，两边镌刻：“地吉山高势耸然，长城万里并流传；龙狮象马相依护，保命安全乐永年”，落款“大清咸丰四年岁次甲寅冬季月下浣建修谷日吉旦立”。咸丰四年为1854年，说明祠堂建成至今已近160年。对联题刻内容将祠堂风水环境作了惟妙惟肖的刻画和形容，细细观看，周边大山确实有的像雄狮，有的似牛角，有的如骏马，有的如猴子观山，有的似瑞龙起舞。余家祖先修建宗族祠堂时，在选择风水环境方面确实下了一番功夫。

平浪箭楼具有很强的防御功能，箭楼地势险要，四周均是陡坡，只有一条狭窄的石梯上到箭楼。箭楼入口建有围墙，开一处宽仅0.8米的小寨门，此门一关，土匪就就很难攻入，原有石寨门已被拆除（图27–6）。箭楼各层四周开瞭望窗和射击孔，箭楼外院坝还安置一门铁炮，土匪要攻打防护森严的余氏宗祠绝非易事。解放后，铁炮被搬走，送进铁匠铺打了农具。

图27–5 山墙脊顶鳌尖石雕造形。

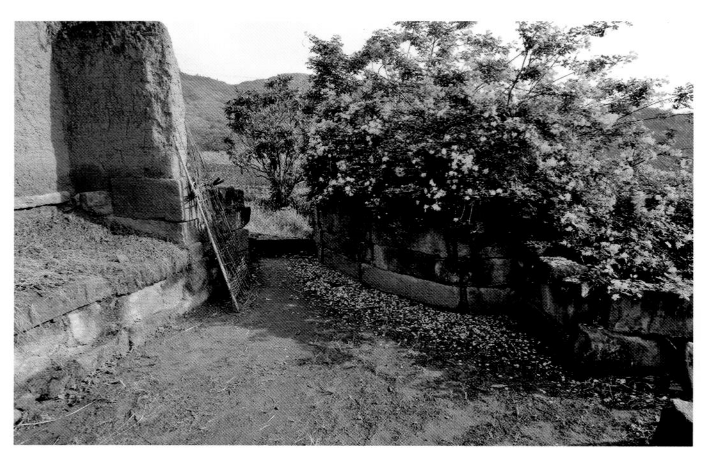
图27–6 祠堂外墙狭窄的入口。

箭楼几乎毁于一旦

笔者在现场向余贤刚夫妇询问关于余氏宗祠过去的故事（图27–7）。据余贤刚夫妇介绍，临解放时，祠堂已闲置凋敝，只有一个孤老人在祠堂里照看。解放后，祠堂分给农民余贤辉居住，余贤辉夫妇在祠堂育下4个儿子余作知、余作民、余作南、余作献。余贤辉去世后，房子由余作民居住。2007年三峡移民中，因余作民田土在水位淹没线之下，被移民搬迁到外地，房子空置出来。这本是一个将平浪箭楼收回开县文物部门管理的极好机会，但恰逢该村村民余贤刚房屋附近山体发生滑坡，为解决

图27–7 向余贤刚夫妇了解余氏宗祠过去的故事。

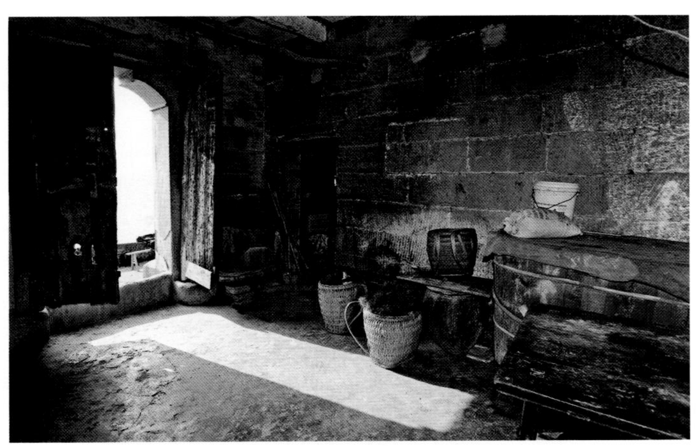
图27–8 余贤刚夫妇在祠堂里已住了好几年。

余贤刚的困难，村里同意将箭楼给余贤刚临时居住，这一住到现在已有五六年（图27–8）。

文化大革命中，造反派认为余氏宗祠是“四旧”，准备组织人员打砸宗祠，但因余家坝大部分人姓余，相互之间多有亲戚关系，余家后人有不少在当地作生产队长、大队书记，客观上对保护宗祠起到一些作用，宗祠才幸免于难。

上世纪70年代，云阳县修建小江电站，又有人打上平浪箭楼的主意，想把箭楼坚固的石料和完好的木料拆除，用去修建电站，后因各种原因未能如愿，这又是一件幸事。平浪箭楼历经几十年风雨未遭损毁，至今箭楼结构完好，完整保留的题刻给我们留下了余家祠堂重要的历史信息。

图27–9 祠堂楼辐楼板被拆走，内部空空如也。

2007年余作民搬迁后，箭楼4层楼房楼辐、檩子、铺地木板大部分被拆走卖掉，致使箭楼内部空空如也，仅余几根木柱（图27–9）。余贤辉搬到箭楼居住后，在箭楼两侧搭建了两间房屋，并在箭楼后墙处延伸添建了砖瓦结构偏房3间，箭楼里的木地板部分被改成了水泥隔层。

三峡移民搬迁前，箭楼周边的林地被开垦为耕地，三峡移民后，周边耕地已作为退耕还林进行控制，仅几年时间，箭楼坡地栽植的树木已经成林。由于山路崎岖，交通不便，加上知名度还不大，平浪箭楼鲜有人前往参观。第三次全国文物普查后，平浪箭楼于2011年3月24日被公布为县级文物保护单位。

平浪箭楼将祠堂、碉楼、山寨3种功能聚集一体，它既是一处宗族祠堂，又是一座坚固的碉楼，同时也是一处易守难攻的山寨。在重庆现存为数不多的箭楼式祠堂中，平浪箭楼具有较高的文物保护价值。三峡大坝蓄水到175米后，从开县彭溪河乘船可抵达箭楼山下临时码头，箭楼周围山清水秀、植被茂密，加上厚重的人文历史资源，今后可考虑将这里开发成一处历史文物旅游参观点。

开县中和镇余家大院

2012年10月30日上午，我完成对平浪箭楼的考察拍摄后，开县文管所所长王永威打来电话，告知他已在县城定好餐馆，挽留我到县城午餐。多年来，我到区县、乡镇考察古镇和乡土建筑，最怕的就是当地为尽主人之谊而安排的午餐，因为一顿饭往往要花掉一两个小时，对我的考察安排和行程会带来影响；而且从礼貌角度还得按时到场，不能让主人久等，就不得不放弃正在现场的考察和拍摄。因此，我一般情况下尽量不去惊动地方，坚持在小地方简单午餐，以保证我的考察计划能够顺利完成。对王所长的盛情婉言谢绝后，我们驱车穿过县城，直接赶到中和镇。在中和镇街上一家路边店，我与文管所李欣、陈彤和驾驶员4人一起，只用20分钟、几十元钱就解决了午餐。之后，趁着阳光明媚，抓紧时间赶到中和镇白果村三组的余家大院。

扑朔迷离的余家大院

余家大院建于清代末期，是一座具有鲜明地方特色的乡土民居（图28–1）。当地村民介绍，大院原主人并不姓余，而是姓王，王家将大院卖给一个叫陈启扬的人，陈家后来又把大院卖给当地余姓袍哥大爷。而据余家大院主人第四代嫡孙女余启杰回忆，祖屋是她高祖父余天师和祖父余席林建造，推算起来，老屋已有100多年的历史。这两种说法有一些矛盾，大院的始建人和始建年代变得扑朔迷离，有待于进一步考证，也可能是余家接手后又进行过大规模的维修扩建。过去乡间庄园大院先后易主并不鲜见，如云阳南溪镇的郭家大院最早属于邱家，后来卖给王家，再后才转给郭家；石柱县石家乡安桥村姚家大院，在光绪年间已经转卖给王家，现在仍然叫姚家大院。老屋改名换姓后，新的主人对大院进行维修、扩建乃至于拆除重建也是常有之事。

图28–1 具有鲜明川东民居特色的余家大院。

上世纪40年代，余家已开始败落，余家老爷在解放前去世。与多数乡间大户人家一样，余家后人解放前大多脱离家庭，有的外出读书，有的进城工作，有的出国留学，有的参加革命，至今余家还有不少后人散布在国内国外。当地村民讲，临解放时，偌大的院落里只住有一个寡妇和一个单身老人。余家为何败落的原因说法很多，有说是余家龙脉被仇人挖掉，因而破了风水，家道一蹶不振；也有说当年野猫横行，周边池塘的鱼被野猫吃光，而“余”与“鱼”谐音，余家因此再也无法振兴。这当然只是一些传说。纵观中国农村，封建大家庭因各种原因败落的例子数不胜数，遇到天灾、兵燹、匪乱、绑票、官司、冤案、疾病、吸食鸦片等等因素，就是家底殷实的大户人家，都有可能将祖业毁掉，甚至变得一贫如洗。

艳丽夺目的山花彩绘

余家大院小地名叫黑洞子，大院坐西朝东，背依缓坡，东临映阳河，正前方是大片良田，大院周边有围墙维护。围墙大致呈方形，面宽65.4米，进深49.5米，墙高2.5米到3米不等，底部为条石基础，上部用土坯墙，总围合面积3237平方米。由于多年损毁，围墙现已残缺不齐，仅在正面还保留有一些段落。与大多乡土建筑类似，余家大院正门前有一处半圆形月台，半径约4米，一条老石板路从月台前通向远处（图28–2）。月台内有两壁土坯墙，呈八字形向外伸出，土坯墙高3米、宽4米，下部是1米高的条石，上部为土坯砌筑，墙体与大院围墙相连。八字形墙上过去有题字，“文革”中被石灰涂抹，尚存的灰塑图案、雕花石柱、万字纹花格砖、盖瓦和残存的瓷片饰物，显现着老屋悠久的历史。八字墙背面被隔成房屋，进入房屋，发现墙背面写有“凤起蛟龙”4个大字，另一壁墙无法进入，不知对仗文字内容如何，从“凤起蛟龙”分析，应是对宅第风水的描述。

从月台上石梯进入朝门，朝门额上原有题字，“文革”中被铲除。进入朝门是一座戏楼，紧邻两侧有耳房，解放后余家大院改作粮站，戏楼和耳房被拆除，原地修建了粮站办公房和职工住宅。厢房已消失，加上原来的天井，形成一块宽约58米、进深约14米的混凝土大院坝（图28–3）。

余家院子整体布局为“一正六横八天井”，即1座正房、6条横向廊道、8个天井，原有房屋80多间，房屋通过廊道、天井相互贯通。大院东西两座四合院悬山屋顶与正房屋顶垂直，檐下山墙对称开有两个圆形、两个长方形的花窗。正房地面高出院坝约1米，一楼一底，面阔七间50米，进深两间10米，通高5米，正房前有宽1.4米的廊道。余家大院改作粮站后，正屋被全部拆除，改建成一楼一底砖

图28–2 半月形月台与八字形大朝门。

图28–3 余家大院四合院天井变成混凝土院坝。

图28–4 色彩斑斓的彩绘山花。

结构房屋。正房前天井面阔8.6米，进深9.35米。东西两厢四合院各开一座石门，西边石门额头镌刻“春里恋”3字，门框石柱题刻“室求幽静器求雅，宾尚朴诚语尚清”楹联，东边石门镌刻“秋鹿鸣”，石柱楹联在“破四旧”中被铲除，已无法辨认字迹。

余家大院最为出彩的是山墙彩绘山花。大院几壁山墙窗花、门楣绘满色彩鲜艳的彩绘，内容有花草、水果、人物、动物、山水、吉祥图案、神话传说、戏曲故事等，彩绘琳琅满目，美不胜收，为大院增色不少。乡间建筑不少都会在山墙上作素色或彩绘山花，但像余家大院这样题材丰富、色彩斑斓、艺术高超且保存完好的彩绘还真不多见（图28–4）。文化大革命中，粮站用石灰将所有彩绘图案涂抹，起到掩盖、保护彩绘的作用。“文革”结束后，粮站将石灰铲掉，彩绘露出真容。虽历经百年风雨侵蚀，余家大院彩绘至今色彩鲜明，画笔清晰如初，成为重庆乡土民居山花彩绘不可多得的上乘之作。

风姿绰约、小巧灵秀的箭楼

余家大院西北角立有一座正方形箭楼，边长5.5米，砖木结构、硬山屋顶、小青瓦屋面，底座为2.5米高的条石，上部为青砖砌筑。箭楼顶部两壁半圆形“观音兜”风火山墙弧线优美，鲜明醒目、引人入胜，成为整个大院的视觉中心，这种

图28-5 造型优美的箭楼成为大院显目的视觉中心。

"观音兜"风火山墙昭示着大院主人先祖来自湖广一带（图28-5）。箭楼底层与大院西侧四合院紧密相连，石门框双扇木门用铁皮包裹，由于箭楼已成危房，铁门被一把钥匙紧锁。我叫村民打开铁门，踩着歪斜的木梯，小心翼翼登上岌岌可危的箭楼。箭楼共4层，顶部还有一层阁楼，正面和背面每层开两个窗，但未见射击孔，从楼梯向上，每层有一块盖板遮盖。木梁和楼板残缺不齐，楼顶天花抹灰开始掉落，如果再逢连续大雨，箭楼内部极有可能整体垮塌（图28-6）。

除两壁优美的风火山墙外，箭楼顶部彩绘、瓷片、灰塑、花砖装饰造型和装饰工艺亦十分考究，做工细腻精湛。顶部檐下有9个兽首状装饰斗拱，风火山墙及檐下有花卉、祥云、图案及戏曲故事彩绘。由于长年失修，斗拱和彩绘破损不齐，箭楼顶部座灰脱落，瓦片破损，墙缝长满杂草，甚至还从

图28-6 箭楼内部损毁严重，已成整体危房。

图28-7 树根在箭楼砖缝中生长，顶部面临坍塌危险。

缝中长出几棵小树（图28−7）。由于树根在砖缝里生长，箭楼顶部的损毁还在继续加剧。

像白果村余家大院这种形式独特的箭楼，至今在中和镇还保留有几座，如建于清代中叶，通高19米的凤顶村凤顶箭楼；建于清代中叶，通高18米的袁坪村袁家坪箭楼等，这些箭楼的形状制式与白果村余家大院箭楼相差无几。开县中和镇的箭楼形态别具一格，自成一家，成为巴渝民间碉楼中一种特殊类型和分支，其建造风格形成的原因和过程，值得进一步考证和研究。

大院被改作中和粮站

余家大院解放后改作中和粮站，如今院子大门上还镶“中和粮站”4个大字。中和过去是一个区，管辖三江、三合、玉和、金山几个乡，中和粮站负责几个乡的粮食统购统销。粮站退休老职工、75岁的苟绍恒至今住在大院里。苟绍恒曾在辽宁当过防化兵，1978年转业分配到中和粮站工作，老伴吴洪池77岁，过去也在粮站工作。苟绍恒热心地给我介绍了一些粮站过去的情况（图28−8）。

中和粮站进入大院后，将正房和东西两座四合院改作粮仓，前面的戏楼和耳房改作粮食收购和销售处。由于粮食收购量增大，粮站将正房拆除，重新修建了一座两层砖房，又把戏楼拆除修建了两层楼的职工宿舍。1995年粮站搬迁到中和镇街上，1999年粮食购销体制改革，中和粮站撤销。粮站撤销后处理固定资产，通过拍卖，粮站职工苟绍恒、陈四本两人以总价5.9万元获得余家大院5亩地上约1500平方米房屋的使用权，当时签订的协议是两人出资5.9万元，租用房屋50年。后来余家大院房屋产权改为出让，产权归属苟绍恒、陈四本。大院现居住有苟、陈两家人和一些亲戚，多余房屋出租，共有20多人居住在大院里。

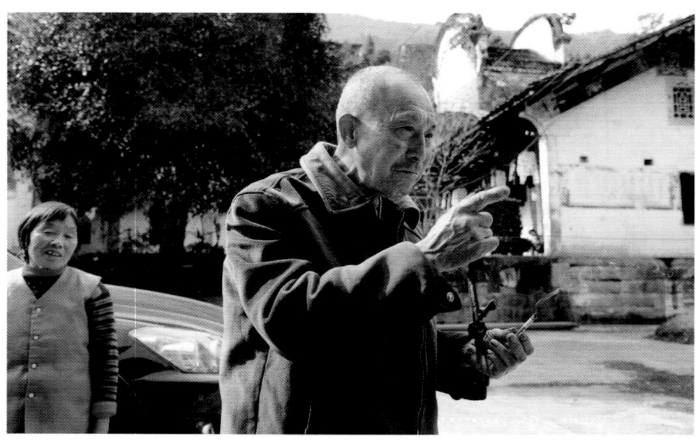

图28−8 苟绍恒老人给笔者介绍余家大院和粮站过去的情况。

余家大院建筑规模较大，山花彩绘丰富多彩、色彩绚丽、保留完好，箭楼小巧玲珑、造型独特，属典型移民风格民居院落。余家大院为研究清代民居类型提供了可贵的实物资料，2011年3月24日，余家院子被公布为开县文物保护单位。笔者建议，有条件时应对余家大院按照历史原貌进行修复，今后可能会成为开县一处很有特色的乡土建筑旅游参观点。

万州区分水镇谭家楼子

2009年8月中旬，正是重庆酷暑季节，17日至22日，我安排了几天公休假，到涪陵、江津、丰都、万州4个区县，对近10个优秀乡土民居作专题考察。这期间，重庆第三次全国文物普查进入田野考察最后阶段，作为国家文物局和重庆市文物局“三普”专家组成员，我利用这次到区县考察的机会，与所到区县文广局、文管所和乡镇文化站的干部进行了深入接触和交谈，了解到基层“三普”任务的繁重和艰苦。集中抽调参与“三普”工作的人员冬迎严寒，夏冒酷暑，逐乡、逐村、逐社推进，进行拉网式普查，发现筛选出一批有价值的乡土建筑。笔者掌握到的乡土民居名录，不少得益于各区县“三普”调查的成果。

2009年8月20日上午完成对忠县永丰镇龚家院子的考察后，下午即赶到万州区分水镇。分水镇地处铁峰山脉，由原培文、大兴、三正、三元、黄泥、分水6个乡镇合并而成，幅员面积221平方公里，人口超过10万人。分水所处地域群山莽莽，沟壑纵横，森林密布，过去是土匪聚集出没之地，为防范土匪，民间建造了数量众多的碉楼。至今为止，万州区保存碉楼总数30多座，其中分水镇域内就有10来座，谭家楼子是其中外形保留较为完好的一处。晚上住宿分水镇一家简陋的小旅馆，第二天一早出发去八角村谭家楼子。从镇里到八角村的乡村土路正在进行硬化改造，沿途都在施工，一路颠簸，差不多两小时才到达八角村。

三面绝壁的谭家楼子

谭家楼子原属培文镇龚山村，现为分水镇八角村二社。穿过一片浓密的树林，来到一处三面悬崖陡壁，一面是山脊小道的开阔地，气势壮观、颇具意大利古城堡遗风的谭家楼子一下子扑入我的眼帘（图29–1）。

谭家楼子是龚姓家族为防白莲教骚扰侵犯而修建的城堡式碉楼，山堡叫龚家山，故山寨称“龚家山寨子”，后成为谭氏家族防范土匪的碉楼，改称谭家楼子。当地称碉楼为“楼子”，亦称寨楼、箭楼，而一些具有碉楼形态和功能的宗族祠堂和庄园也被称为楼子，如万州分水刘家祠堂被称为刘家楼子，万州太安镇司南祠（丁家祠堂）被称为丁家楼子。白莲教起义发生于清嘉庆元年(1796年)至九年(1804年)，又称“川楚白莲教起义”，战火蔓延川、陕、鄂三省。据《分水志》记载，清嘉庆三年(1798年)，白莲教地方头领王三槐、郭长俊、五一凯率众在梁山(梁平)、万县培文等地起乱，攻城夺地，与清军拉锯作战。5月初，清军马统带率5000余官军与白莲教在分水一带交战，战况异常惨烈。白莲教起义被镇压后，乡间匪患一直没有停息，在此期间，为防兵匪而建造的碉楼、寨堡层出不穷。

谭家楼子位于龚家山顶，坐西北朝东南，东对山脊小道，西面为绝壁，北面为老井沟，南为尖山嘴，四周是大片茂密的松林，仅一条小路可以到达碉楼（图29–2）。过去楼子周边有一些民居建筑，现已全部损毁，仅存孑然孤立的碉楼。碉楼用当地石料砌筑，这种石材标号极高，非常坚硬，上百年也毫无风化痕迹。碉楼高12.8米、长15米、宽14米，占地面积560平方米，建筑面积380平方米，原为三楼一底。

谭家楼子前方是一块半圆形月台，碉楼底楼侧面开一石门，进入此门后又有一道较小的石门，

图29–1 气势壮观，颇具古堡遗风的谭家楼子。

两道石门相互呈垂直状。通过第二道石门有一个直角弯，转过弯是一坡陡峭石梯，两个直角弯的转折布局，有效增强了碉楼防范能力。上碉楼的石梯共13步，两边是笔直高耸的城墙，石梯成为一处狭窄的甬道（图29–3）。从石梯上到二层，出现一块平地，碉楼第一层在平地之下，第二层坐落

图29–2 碉楼三面是茂密的松林和山崖，仅正面一条小道可以到达。

图29–3 高耸的石墙使石梯成为狭窄的甬道。

图29-4 仅存四面空壁的谭家楼子。

在平地上。碉楼墙体厚0.48米，通高8.8米，内部楼辐、楼板、檩条均已损毁，仅存四面空壁（图29-4）。依附着碉楼内外石墙搭建了几处土坯房屋，部分坍塌，部分还有人居住（图29-5）。其中一间房屋放置一口大石缸，可盛38挑水，作碉楼生活和消防储水之用。

从碉楼留下的各种迹印和凹痕来看，谭家楼子过去共4层，进深15米，面阔13.4米，内有一大两小3个天井和十几间房屋，碉楼顶部设箭垛和瞭望台，还在楼上木梁之上用石板铺砌了一块晒坝。

据现场查勘和当地村民介绍，最早的碉楼原来两面临崖，为加强防范、不留死角，谭家后来依附于碉楼石墙加建了一座不规则的建筑，与原有碉楼形成一个整体，从而使碉楼三面临崖，只在正前方留一条通道。碉楼后面有一块进深约5米的平地，下面是悬崖陡壁，临崖探望，深不见底，令人心惊胆寒（图29-6）。为加强防范，碉楼里安有牛儿炮（一种土炮），在一些低

图29-5 依附碉楼石墙修建的几座土坯房。

图29-6 碉楼下是深不见底的悬崖。

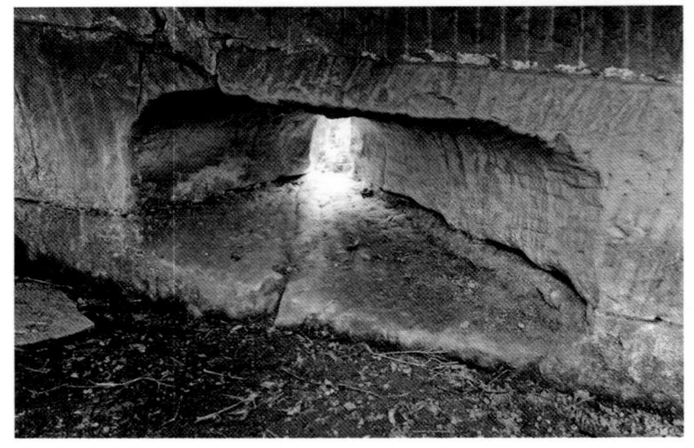
图29-7 无处不在的隐蔽射击孔。

矮之处设置了隐蔽的射击孔，专打土匪腿部，被称为“扫脚炮”（图29－7）。当地土匪流传着一段顺口溜：“刘家楼子一锅烟，金家楼子一脚尖，谭家楼子要半天。”意思是刘家楼子地势较平坦，只要一锅烟工夫就可以攻破；金家楼子无险可守，一脚尖就可踢开；而谭家楼子地势险要，易守难攻，要半天工夫才能拿下来。实际上，这些楼子笔者都去看过，要攻打下来并非易事，顺口溜只是一种比较和形容而已。

当地老人讲，民国时期分水一带土匪有几股，势力最大的是以刘老七、刘老八为首的土匪。刘老七、刘老八多次攻打谭家楼子，还放火烧楼，但均未奏效，至今楼子还留下火烧的痕迹。刘老七、刘老八攻楼不成，设法绑架了谭家大老爷和谭家一个媳妇，要挟索取赎金。谭家无可奈何，救人要紧，遂想方设法凑够赎金。但待赎金送去，土匪已经撕票，媳妇也被土匪强奸凌辱，谭家抬回来的是谭大老爷的尸体和奄奄一息、衣衫不整的女人。

孤独的碉楼居住者

解放后，谭家楼子人去楼空。1958年至1959年“大跃进”时期，万县分水区供销社培文分社在培文乡郎家坝开办扎花厂，建厂需要木料，谭家楼子几层楼的楼辐、楼板、檩子、梁架被供销社全部拆走，内部木结构荡然无存，碉楼变成一座空楼。

2009年8月20日笔者第一次到谭家楼子考察时，碉楼里居住了一个叫谭常梅的老太婆，谭老太当时72岁，身材瘦弱矮小，但精神矍铄，身子骨还不错。谭老太介绍，她丈夫叫廖天均，70岁，原住瓦厂湾，“大跃进”时期家里房子被拆，木料用去炼钢铁，廖天均当时在村办食堂当事务长，一家人就住在食堂里。当时上面头脑发热，宣布农村跨入共产主义，吃饭不要钱，村村办食堂吃大锅饭，农民家锅灶必须停火，不从就派民兵砸毁锅灶。开始公共食堂让大家敞开肚子吃，以为吃完了上面会调拨粮食。不久粮食告罄，农村出现大规模饥荒，1962年食堂停办。食堂关闭后，廖天均回到龚山村，由于老房已被拆除，一家人无家可归，廖天均想到了荒废的谭家楼子，于是搬到楼子里安家。他们先后在楼子里搭建了7间房屋，夫妇俩在楼子生活起居，生儿育女，一住就是40多年。谭常梅生了4个儿女，3女1男，儿子现在忠县当包工头，丈夫在忠县帮儿子做工，3个女儿一个嫁到附近农村，一个在万州打工，一个在培文镇街上卖蛋糕。谭老太告诉我，他们一家6口每人有8分地，共4.8亩，谭老太一人在家种2亩地，其他土地撂荒，丈夫有时也回来帮忙。碉楼里没有水，谭老太用一根长胶管从附近山坡把水引入碉楼，解决了生活用水问题。谭家楼子建在偏僻的山脊，周边是悬崖密林，晚上月黑风高，还常有雷电风雨和野兽出没，一个弱小老太婆孤身一人常年居住在空旷的碉楼里，真还有些胆量。

谭氏家族

2012年11月4日，在分水镇社会事务办公室副主任朗明彬陪同下，笔者再次到谭家楼子考察。八角村村委会主任魏泽海带我到谭家楼子，正好廖天均也回到楼子。廖天均出生于1939年，妻子谭常梅出生于1937年，比他大两岁。笔者在现场再次测量了一些数据（图29－8），之后与廖天均和魏泽海坐下来摆谈，了解到一些情况（图29－9）。返回分水镇，到镇办公室查看了《分水志》。回到家里，对采访文字和资料经过整理，写好了关于谭家楼子和谭氏家族往事的文稿。之后，一直感到心里不踏实，我对谭家楼子的了解还非常肤浅，甚至可能有误，而历史的描述必须真实可靠，我一定要设法找到谭家后人，对文稿进行认证和修改。

经多方辗转联系，笔者终于在2013年11月11日，与远在四川广汉的谭家后人周玉茹联系上。周玉茹是谭家老二谭久安的四太太，现已85岁，思维

图29－8 在现场测量碉楼内部尺寸数据。

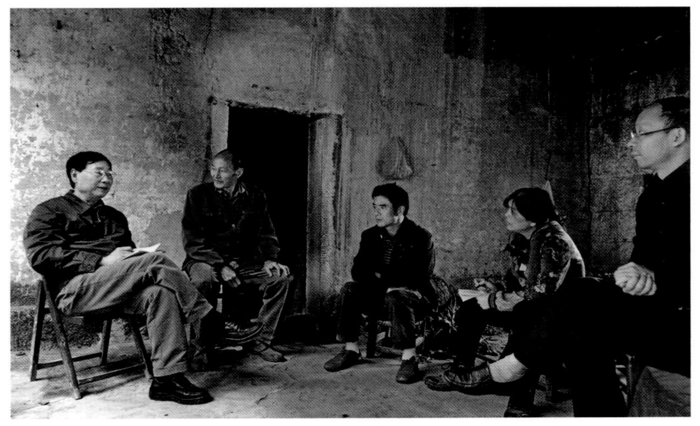

图29－9 与廖天均（左二）和村长魏泽海（左三）在碉楼廖天均家里交谈。

甚为清晰。在与周玉茹老人近一小时通话中，对谭家历史有了进一步了解，而且也纠正了一些不实的传说。

谭家是一个大家族，谭大老爷有3个儿子，老大谭荣之、老二谭久安（又名谭如新）、老三谭读生。谭大老爷去世后，3个儿子各分得200石田产（当地合稻谷约10万斤）。老大谭荣之解放前病逝，老三谭读生解放后被划为大地主，1958年病死。老二谭久安早年外出，被认为是谭家最有出息的人。

谭久安1929年离家到日本求学，毕业于日本士官学校，1931年回国后，在张自忠部下作过参谋长和军法处长。谭久安在家乡娶有4房太太，大太太周素君是广汉人，称大周妹；二太太贾玉华也是广汉人；三太太刘玉辉是湖南人；四太太周玉茹是梁平人，人称小周妹。谭久安有一个姓刘的同学是广汉人，大太太、二太太系刘姓同学介绍。大太太周素君出生于广汉门厅显赫、无人不知的周府，是知书识礼的大家闺秀，而谭久安是留洋学生，官至处长，可谓门当户对。三太太刘玉辉是谭久安部队驻扎在湖南时认识的。四太太周玉茹嫁到谭家时年仅19岁，到谭家不到几个月，万县就迎来解放。

临解放时，谭久安见国民党大势已去，回家把家产、谷子、田土卖掉，一家人准备逃到广汉。周素君、贾玉华、周玉茹3人同意跟随谭久安到广汉，而三太太刘玉辉坚决不离开老家，反复劝说无果，谭久安给刘玉辉留下20石田租，然后携带家小去了广汉。

解放后，万县有关部门多次到广汉调查谭久安。因谭久安在老家已无田地，够不上地主，加之谭久安过去不抽烟、不喝酒、不打牌、不吸鸦片，在家乡口碑还不错，被关了几个月后，又放了出来。谭久安在广汉参加集体运输队，靠拉板车维持一家生计。1959年饥荒来临，谭久安因缺乏食物营

养，一身浮肿，住进广汉水肿医院。此时应念了一句老话：福不双降，祸不单行，谭久安的工资和饭票在医院里被小偷扒窃，当时的工资和饭票比什么都重要，谭久安伤心欲绝，病情加重，不久撒手人寰。丈夫去世后，小周妹周玉茹含辛茹苦把几个子女抚养成人。2000年，72岁的周玉茹带家小十几人到谭家楼子探望祖屋，他们在楼子前合影留念。看到凋敝破败的祖屋，追忆往事，一家人感叹万千，唏嘘不已。

大太太周素君前几年过世，还有女儿在南京，二太太贾玉华健在，已近90岁。三太太刘玉辉临解放时没有跟着谭久安到广汉，解放后留在乡里，成分被划为地主。作为大户人家太太，刘玉辉在乡下算是风姿绰约的女人，人也还年轻，土改中，乡里一个叫陈道荣的退伍军人看上了她。刘玉辉作为地主婆，平时走路都得低着头，日子过得很艰难，一个当过解放军的男人能够不嫌弃她，她也心满意足了，两人在土改后结了婚。陈道荣在解放军部队呆过，区公所准备提拔他当乡武装部部长，但同时附带一个条件，就是必须与地主婆刘玉辉离婚，否则就不考虑提拔。当时的乡武装部部长是一个令人艳羡的职位，但陈道荣还算是有担当的男人，他知道如果与刘玉辉离婚，等于是要了她的命，于是答复上面的领导：要老婆，不当武装部部长。陈道荣失去这次提拔的机会再也不能翻身，默默无闻在农村务农。几十年无休止的运动，他俩少不了受到歧视和冲击。2011年，80多岁的陈道荣和刘玉辉相继溘然长逝。

2012年11月4日笔者第二次到谭家楼子，从68岁的村党委书记周国文那里听到刘玉辉的故事，当时感到非常惋惜。2009年8月20日我第一次到谭家楼子时，刘玉辉和陈道荣都健在，如果知道他俩的故事，我肯定会去采访，说不定会获得不少珍贵的历史信息。随着他们的去世，一段历史也同时消亡，惋惜之余，我对口述历史采访搜集的紧迫性有了更为深刻的认识。

谭家大院和谭氏宗祠

2012年11月4日在谭家楼子作考察拍摄后，八角村党委书记周国文陪同我在原培文镇街上午餐。我向他询问谭家过去的情况，周书记告诉我，谭家还有一座大院和一座祠堂遗址。听到这个信息我喜出望外，上次考察谭家楼子我就问过村民，谭家大院和祠堂还是否存在，但无人知晓。于是决定午餐后即到现场考察。

谭家大院就在培文村公路旁，上世纪末修公路，大院房屋大部分被拆除，仅剩的一两间瓦房湮没在新建砖混结构房屋之中，昔日辉煌壮观的景象已荡然无存。谭家祠堂早已损毁，问了一些村民都不知道祠堂在何处。根据周书记说的大致方向，我和同行的李文平、计本泉气喘吁吁爬上一座山坡，在坡上挖地的村民告诉我们，谭家祠堂还要再向上走。在根本无路的山坡上，经过狭窄的田坎和刺笼杂树，再穿过一片浓密的竹林来到一块开阔地，谭家祠堂的废墟呈现在眼前。祠堂现场一片狼藉，只剩断垣残壁、断砖破瓦（图29－10）。从残存的地基来看，谭家祠堂占地范围大致有2000平方米，建在半山腰一处坡地，坡地前面是堡坎石梯，后面是

图29－10 谭家祠堂废墟。

图29–11 湮没在树林中的谭家楼子。

岩坡挡墙。笔者在现场发现一座直径75厘米的雕花柱础，根据柱础尺寸，大致可以判断出柱础上面木柱的直径应在40到50厘米。一般乡土建筑，包括庄园、祠堂、会馆等，大厅承重立柱直径一般在35厘米左右，超过40厘米直径的柱子规格就算大的了，重庆湖广会馆中禹王宫大殿最粗的木柱直径为48厘米。从谭家祠堂立柱的尺寸，可以想见殿堂当年之规模。曾经辉煌壮观的谭家祠堂什么时候被毁？为什么被毁？笔者不得而知。在浓密阴森的树丛和竹林中，传来几声乌鸦呱呱叫声，祠堂遗址显得冷落寂静，甚至有些阴森，使人不寒而栗。透过竹林遥望远处山顶，可以看到湮没在树林中的谭家楼子顶部（图29–11）。作为一处曾经完整的典型封建家族建筑群，山下的谭家大院和半山坡上的谭氏宗祠生命已经终结，面对祠堂遗址废墟，我默默无声地伫立良久。

2006年7月，谭家楼子被公布为万州区文物保护单位，2009年8月笔者到现场考察后，在第二批重庆市级文物保护单位申报中推荐了谭家楼子，经专家评审，市文物局申报，市政府于2009年12月公布谭家楼子为市级文物保护单位。

2012年，万州区文管所委托重庆市文物考古所对谭家楼子进行测绘，编制修缮方案。由于对类似楼子的修复和利用还没有更多的实际经验和案例，笔者认为，谭家楼子修缮方案应该组织专家进行认真审查，待方案成熟、意见统一后再作修复，千万不要因仓促动工而丧失这座历史建筑的原真性和历史信息。根据笔者的意见，重庆市文物局、市文物考古所、万州区文管所召开了一次方案讨论会，我提出了一些修改、深化的具体建议。如果谭家楼子修复工程动工，我将会再次到现场检查指导。

谭家楼子、谭家庄园、谭氏宗祠交织跌宕着浩瀚如烟的往事和深厚的历史信息，而目前了解到的资料还非常匮乏，建议万州区文管所组织力量，再作认真搜集、考证和研究，尽可能使这段缥缈如烟、若即若离的历史能够逐渐厘清和再现。

万州区分水镇刘家祠堂（刘家楼子）

2009年8月21日，我在万州区分水镇八角村谭家楼子考察拍摄后，接着去考察同在八角村的刘家祠堂。从谭家楼子出来，由八角村村委会主任魏泽海带路，过几百米田坎路，跨一条乡村公路，再穿行几道狭窄的田坎和茂密的竹林之后，遮掩在树木竹林中的刘家祠堂彩绘双坡山墙凸显在我们眼前（图30–1）。

刘家祠堂与谭家楼子直线距离不到1000米，过去属万县培文乡龚山村九组，上世纪90年代撤区并乡建镇，培文乡被撤销，龚山村和附近的八角村、向庙村3个村合并为一个村，现在的新地名叫分水镇八角村二组。由于刘家祠堂按照碉楼制式建造，外墙高大坚固，设有观察窗、射击孔，具有很强的防御功能，因此亦被称为“刘家楼子”。

图30–1 刘家祠堂西侧双坡山墙。

祠堂曾经的辉煌

刘家祠堂始建于清道光二十六年（1846年），中途因故停工几年，咸丰元年复工，咸丰二年（1852年）竣工，前后用了6年时间。刘家祠堂坐东北朝西南，四合院布局，硬山式青瓦屋面，面阔约28米，进深约23米。祠堂内部房屋因解放后作过改造，有的一楼一底，有的两楼一底，通高6.6米到9米不等。相比已公布为重庆市文物保护单位的谭家楼子，刘家祠堂规模还要大得多，占地面积和建筑面积差不多相当于谭家楼子的两倍（图30–2）。

刘家祠堂西侧山墙长20多米，双坡硬山顶，下面三分之二是条石墙，上面三分之一是砖墙，山墙檐下绘彩色山花，墙上开10个窗、两座门，整个山墙给人以巍峨壮观、威严气派的感觉。

图30–2 气势壮观，规模宏大的刘家祠堂。

祠堂正面牌楼式大山门前有17步台阶，从下向上望去，牌楼高高在上，色彩艳丽、雕饰丰富、挺拔庄重（图30–3）。牌楼自上而下分为3部分，最上是一块横匾，石灰作底，表面涂红，用浅蓝色翠花瓷片在红色灰底上镶嵌斗大“泽绍涧松”4字。横匾四周作有花卉、祥云、动物等装饰图案，“文革”中图案被泥灰涂抹，后将泥灰剔除干净，精致细腻图案才显现毕露。牌楼中部是一块青石门匾，

图30–3 色彩艳丽、雕饰丰富的祠堂牌楼。

图30–4 位于高处的石雕在“文革”时期也被损毁。

图30–5 戏楼已全部垮塌，仅存几根摇摇欲坠的柱子。

竖向阴刻“刘氏祠”3字，石匾用镂刻石雕环绕，上方雕9个古代人物，可惜“文革”中遭到破坏，人物形态毁得已无法辨认，两侧石雕更是被榔头钢钎戳毁得一塌糊涂。再下是石朝门，门框宽1.4米、高2.5米，门楣镌刻“亲睦风规”4字，门框楹联为“存宗祀于墉深□□，保子孙以必世百年”。刘家楼子牌楼山门是祠堂装饰和雕刻最精彩的部分，堪称艺术珍品，可惜毁坏严重，包括位置很高的石雕彩绘，在疯狂的“文革”时期，也被造反派搭设高架损毁大部，真令人心痛不已（图30–4）。

进入祠堂大门是一座戏楼，戏台离地面2.8米，面宽约5米，进深达8米。笔者于2009年8月去考察祠堂时，发现戏楼屋顶部分垮塌，部分摇摇欲坠，戏楼雕花柱础上还残存着几根柱子（图30–5）。祠堂中间大天井宽9.3米、进深7.2米，前厅、后厅和两侧厢房垮塌损毁严重。院内散落的石柱础形态各异，一般分3段，下为基座，中为八角形雕花，上为圆形承台。

超强的防御功能

在匪患严重的山区，刘家祠堂对防御功能作了极为周密的考虑，具有很强的防守自卫能力。祠堂正面开阔，视野良好，背面是一壁悬崖，向下观看深不见底，四壁坚固高大的围墙将祠堂围合得严严实实（图30–6）。围墙分3段，下段石基座高3.3米，中段是4米多高的石墙，再上是3米高砖墙，总高达11米，条石厚度约0.4米，石墙四面开设花窗、观察窗、射击孔，花窗形式各异，雕刻细腻（图30–7）。除正面大山门外，西侧开两座小门，门扇用坚实杂木制作，厚10厘米，表面用铁皮包裹，门扇后有横竖几根抵门杠。整个祠堂建造坚固，居高临下，易守难攻，固若金汤。

祠堂厢房壁上有两块石碑，其中《修建祠堂碑》碑文记载有：“道光二十六年，合族议修

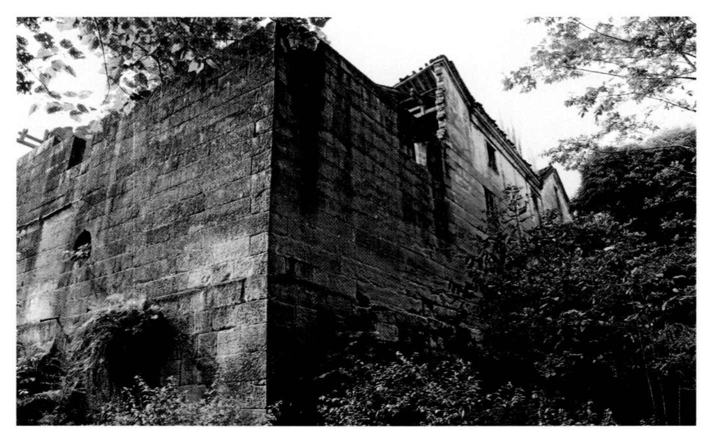

图30-6 四壁坚固高大的围墙将祠堂围合。

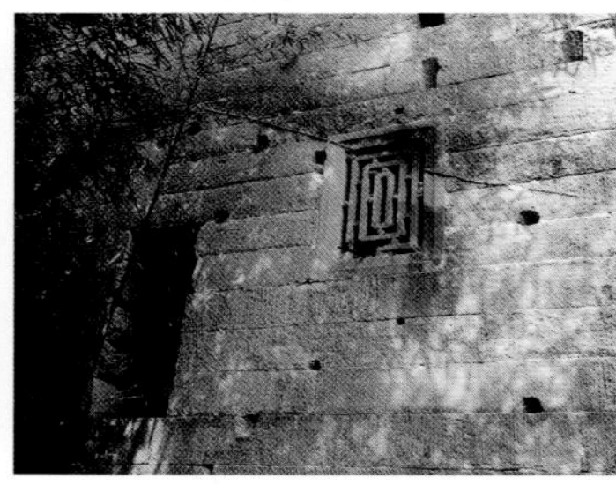

图30-7 石墙开设的花窗形式各异，雕刻细腻。

宗祠，相其基址，度其形势，层弯耸翠，彩彻云衢”；“其墙垣如苞桑之固厚，其土宇若磐石之安。宗祠存之，绥百福以无疆，子孙保之求万年”；“起工修砌地台，高一丈、长八丈、阔七丈，尚留余地，以作固守。”碑文记载的地台高一丈、长八丈、阔七丈，即台地高3.33米、进深26.67米、面阔23.33米。

刘家祠碑记

刘家祠堂保留有3块石碑，一块是《修建祠堂碑》，记载了修建祠堂由来，由36世孙刘文王敬书；一块是《家训碑》，镌刻于咸丰二年（1852年）；一块是《修祠捐资碑》，记载了祠堂修建过程。这3块石碑均用当地坚硬的火成岩石板雕打，镶嵌在前厅和后厅墙上，至今字迹清晰（图30-8）。兹将碑文记录如下，以便读者通过碑文进一步了解祠堂的历史，无法辨认的字用“□”代替。修建祠堂碑碑文如下：

尝考家礼，君子将营宫室，必先立祠堂，是祠堂之立也。一则奉祀先灵，一则和睦宗族。故书曰：以亲九族，九族即睦，是帝尧首以睦族示教也。礼曰：尊祖故敬宗，敬宗故收族。明人道：必以睦族为重也。要之睦族，必先立祠，有明征也矣。若吾族在于湖广，祠宇即立，谱碟兼修，世系断至唐朝，齿录首夫原陛。犹水之有源，木之有本，斯故无容赘述焉。

溯夫先皇乾隆年间，自祖锡谱公、锡诗公、锡读公，三公协心，同抵于蜀。惜于诗公汗迹无嗣，而终为谱公生伯父泽伦泽伍兄弟两人，读公只生吾父泽儒一人而已。彼时同心戮力，式好无犹，克勤克俭，家道渐兴。及至乾隆三十六年落业，兹居益昌。乃后是以创业□统，为可继也。洎（洎，误，应为洎）至嘉庆五年，吾父吾伯，析居各□。嘉庆十年，始兴清明会三大股品，出钱共计三十串，外有公典，价钱百余，均入会内，收息营放，以为后日修祠之费耳。积而至道光二十六年，合族议修宗祠，相其基址，度其形势，层弯耸翠，彩彻云衢，此乃文珩、文琪所受分之业地界也。于是伯仲叔侄同为商筹，将老宅朝门屋基左掉其地界，又酌议清明会上，当找补出钱十千文整。四至界畔，前齐田坎，后齐大崖，左右齐仓坎，两边狭处，任其铺砌，勿得阻挡。众上人入祠粮三合，凡我族中有籍无籍，以便考试，世远年湮，永定章程。是岁八月之朔，起工修砌地台，高一丈、长八丈、阔七丈，

图30—8 刘家祠堂修建祠堂碑、家训碑文。

尚留余地，以作固守。原议定公修祠屋三间，又派十一股，各捐修屋一间，合成四水归池。周边走楼，上下左右，阶檐巷子，天井疏楼，尽归祠堂，俱不得徒占便宜，漫为搪塞。维时地台将成，岁聿云暮，遂已而缓厥功焉。不意一缓数载，前此兴其事者且就木矣。今咸丰元年，岁猗大有，早夜思维，时弗可失，聚族商量，复行修祠，仍照前辙，众皆乐从。功程浩大，难以落成。越咸丰二年鸠工，未尝废弛。卒欲求高，其墙垣如苞桑之固厚，其土宇若磐石之安。宗祠存之，绥百福以无疆；子孙保之，求万年于勿替。从之，而功成告竣，爰志其始终，以为之序。

石碑镌刻家族排行字辈如下：

晓天锡泽秉文光，奎壁连成钦大章，盛世衣冠储国彦，熙朝礼乐发书香，敦忠尚义声名远，守正怀方福禄长，恢烈培元金象王，基钟湘楚庆云阳。

另有家训小引，碑文如下：

赋于天者虽无善恶之殊，成于人者，实有贤否之别。那得家弦户诵，尽是明理之人，况族广人繁，散若棋布，语齐语楚，习俗各别，苟无训条，以一心志，将渐摩无由，愚顽莫化。又安望其为忠臣、为孝子，兴仁兴让，而共推为盛明昌大之族乎。爰作家训，以告族人。

嗣孙业儒龙门秉桐谨识

三十六世嗣孙文王敬书

从《修建祠堂碑》可以了解到，刘氏先祖系乾隆时期湖广移民，入川始祖为刘锡谱、刘锡诗、刘锡读兄弟3人。经刘氏阖族同心协力、艰苦奋斗、克勤克俭，家道逐步兴盛。嘉庆十年（1805年），刘氏家族集资银钱三十串，加上借出的银两集中作为家族财产经营收息，作为以后修建祠堂的经费。至道光二十六年（1846年），阖族商议修建宗祠，请风水先生测量地形，选择建祠基址，最后在刘文珩、刘文琪两人的地界确定了祠堂位置。为建造祠堂，刘氏家族又酌议出资钱十千文整。动工后，中途又停工数载，后于咸丰元年（1851年）复工，咸丰二年竣工。

立于咸丰二年（1852年）仲秋月的家训碑碑文如下：

父母之恩，昊天罔极。人子欲报答于万一，不必尚虚文，也不必拘隆养也。但婉容愉色，下气柔声，推爱子之心以爱父母，则孝矣。不然虽日用三牲，犹为不孝之子。

弟兄乃分形同气之人，务要兄友弟恭，兄宽弟忍，有无相济，忧乐相共。勿阋墙至衅，手足分离。彼听妇言而乖骨肉，因财产而同气者，反不如孤持之为愈。

夫妇人伦之始，闺门万化之，原其綦重也，可诟谇时闻哉。愿我宗亲男正乎外，女正乎内，夫为倡，妇为随，如古琴而鼓瑟。古云夫妇和而后家道成，试看夫妇不和之家，其能成者有几？

长幼之节并重，五伦年长以倍，则父事之，十年以长则兄事之，五年以长则肩随之。凡我族中子弟，于先生长者之前，当循循自下隅坐，随行切勿以贤智先人，而蹈傲慢不恭之咎。

职业，乃治生常道，一夫不耕，或受之饥，一女不织，或受之寒。诗云：昼出耘田夜积麻。又曰：才了蚕桑又插田。男女职业情景，宛然一家之中，男要勤耕贸，女要勤绩纺，勿辞劳就逸，游手好闲，至家田终替。

诗书，乃随身之宝，至贵之阶也。古人云：三日不读书，则口生荆棘。凡我族中子弟，当惜寸阴，焚膏油以继晷，无玩日而竭时。既饱乎经纶，纵功名未就，终亦超群脱俗。况昔人映雪读书，曾拜三公。可见功名富贵，未始不自勤苦中得来。

人生德业，端自弟子始。谚云：桑条必从小。盖夫兄之教不先，则子弟之率不谨矣。所以古人自七岁以致十年，教数教让教诗书，射御出入，言行不必宽假也。即女子稍长，亦当使其娴保姆训习，内则妇德妇言，妇工妇容，罔弗教训，若一味姑息，则男不知礼仪，女不晓规矩，其咎将安哉？

九族之亲，与我同厥根原也，且可以服分亲疏，视同陌路哉？昔范文正公尝置义田，以济同族，亲亲之谊蔼如也，我族人虽不能效古先哲，亦当以情相接，以恩相联。《诗》不云乎，且无他人，不如我同姓。明训俱在，盍三复之。

词讼乃覆身亡家事也，《朱子家训》有云，居家戒争讼，讼则终。《易卦》亦云，以讼受服，亦不足敬圣贤之。欲无讼也，何拳拳哉？我族人勿恃财，勿使气。凡事饶一着，让三分，则讼端自息矣。

人生有子，万事足矣。或四十无嗣，可以娶妾。又曰：有侄不为，孤我族人，有子媳嗟鲜终者，慎勿恁意接抱，恐其异姓乱宗，无违此议。至若族广人繁，愚顽莫化，嗜酒悖乱，詈骂尊长，儿有乖伦，常者宜重责罚，不可姑息。

清明祭祀，轮流承办。《朱子家训》有云：祖宗虽远，祭祀不可不诚，诚足以展孝思也。每逢清明节，务要统令族人，各坟拜扫，后设祠祭，中元天腊不当，如是耶。

祠堂修建已毕，虽各有房一间，原以壮宗祠之观瞻，亦以避匪徒之猖獗。非其人不容栖迟也，非其时不得托处也。倘擅自移居，许族人合议，对祖责遂，即当承平。需人祀事，务要品行端方老成练达，方不至轻漫先灵，庶乎可矣。

三十六世嗣孙孙文友敬书

皇亲咸丰二年岁次壬子仲秋月

秦家上祠堂还保留有一块修祠捐资碑，碑文叙述了建祠过程，上面镌刻了59人的捐赠名单，碑文如下：

从来独木难支大厦，众志易为成城哉！是言也。即如我族议修祠宇，曰乃祖乃父创业艰难，生未受其益，没须享其祭祠建，宜亟亟也。但专靠三大股、清明会所积之资，恐不能济用，因又派十一股，各出钱十余串，相为补助焉，于是请匠师李登和等，从起工以至落成三载功成，大小耗费，亦大自十累百，自百累千，此持各项匠师修费尔，尚有各股小工，约而计之，数千有奇。缴费在所不计，工价在所不算，砖瓦树木，凑成不惜。际斯时也，经斯事也，尽兴竭力，不敢告劳，左拂右营，不遑言瘁。甚至路之远者，闻信必踊跃而来，居之近者，鸣金皆奋迅而至，卒未尝故为迟缓，以扩乃功也。盖欲其聿观，厥成孝思，由此而展雍睦，自斯而昭，继继承承，福延百代，绵绵翼翼，庆溢千秋，此非犹独不之□，乃若众志之成也。爰以勒石

图30−9 昔日辉煌壮观的刘家祠堂已是风烛残年，剩下一座空壳。

刊碑，名列于左。

阖族齿录。

以下共五十九人（姓名略）。

祠堂绝唱

由于风吹雨打、虫蛀灾害、人为破坏、多年失修等原因，刘家祠堂在上世纪90年代就成为危房。从2004年开始，居住在祠堂的7户村民陆续搬迁，2008年最后一户搬出。

2012年11月4日，笔者再次来到刘家祠堂，相距上次已有3年零3个月，原以为刘家祠堂会得到妥善保护，至少房屋状况不至于进一步恶化。但当我进入祠堂后，惊讶地发现祠堂基本上只剩下一座空壳，院内大部分房屋已经坍塌，遍地是瓦砾、泥土、残砖、朽木，剩下的房屋摇摇欲坠，残缺的土墙倾斜，随时有倒塌的可能（图30−9）。笔者小心翼翼进入祠堂，踩着瓦砾深一脚，浅一脚，简直无法找到一处可以落脚的地方。踟蹰在冷落萧瑟、空空如也的祠堂，面对残壁断垣、凄凄荒草，心里感到怅然若失。

这次到刘家祠堂，发现修祠捐资碑还镶嵌在后厅摇摇欲坠的土墙里，而修建祠堂碑和家训碑两块珍贵的石碑已不见踪影。笔者还以为是被万州区文管所收藏，后来打电话给万州区文管所询问，文管所解释刘家楼子属一般不可移动文物点，平时由乡镇文化站管理，区文管所没有收集这两块石碑，文管所没有收藏，那无疑是被文物贩子盗走了。

刘家祠堂耗费巨资，于道光二十六年（1846年）动工，历时6年建成，昔日规模浩大、建造壮美的祠堂，时至今日沦落到如此尴尬败落境况。没有人去关心它，没有人感到惋惜，也没有人会感到良心上、责任上的过不去。这座承载着厚重宗族文化和清代建筑艺术精华的宗族祠堂在我们眼皮下悄声无息、无可奈何地走向了生命的风烛残年。

刘家祠堂既是一座制式完整的封建宗族祠堂，又是一座功能齐全，具有很强防御功能的碉楼。其宏大的规模，坚固的石结构墙体，精美的雕刻彩绘，深厚的文化积淀，堪为民间乡土建筑的活化石。尽管祠堂内部已经完全坍塌败落，但其外墙骨架尚存，祠堂还有挽救修复的可能。笔者建议将刘家祠堂升格为市级文物保护单位，以便调动市区两级的经费和力量，给予妥善保护，目前特别要做好遮盖防雨，防止墙体继续垮塌。笔者祈愿，下一次再到刘家祠堂，希望看到的不是一处全部消失的建筑遗迹。

万州区长岭镇良公祠

重庆的8月是一年中最热的季节，也是重庆难有的晴天季节，要拍好乡土民居照片，就得在此季节冒着酷暑到乡下。2009年8月中旬，我到万州一带考察民居，事先与万州区博物馆馆长岳宗英联系，她安排文物保护部袁兴华负责协助我完成在万州的考察任务。袁兴华是文管所老同志，有多年田野考察经验，一路上给我介绍了不少情况。按原定计划，8月22日上午去考察万州太安镇凤凰村丁家楼子，途中袁兴华给我讲，去凤凰村路上有一座叫“良公祠”的清代建筑，建议我去看一看。事先我并不知道这处建筑，当然也未列入考察计划，由于老袁的介绍，又是顺路，于是同意先去看一下，这一看，还为重庆增加了一处市级文物保护单位。

宽阔气势的良公祠大院

良公祠位于万州区长岭镇凉水村二组，距离万州城区约20多公里，距凉水老场约1公里。良公祠坐落于一处巨大的岩体缓坡，坐南朝北，背靠老君山，面临郭家坝，背面青山苍松翠柏，三面石岩形成太师椅环抱风水格局（图31–1）。

良公祠曾为北伐名将张冲的祖屋。张氏先祖原籍江西武宁县，明洪武二年（1369年）由湖北麻城孝感乡移民入川，后定居万县凉水乡。良公祠由张元堂、张维高、张焕堂等张氏族人于清嘉庆元年（1796年）动工兴建，嘉庆七年（1802年）竣工告成，前后历时7年，耗银3000两。

张冲爷爷张升初进士及第，官至中宪通议大夫（四品官衔）。张冲父亲张开相，字子良，曾考取贡生，后任里甲团总。张开相在乡里敬老怜贫、体恤百姓、造桥修路、造福乡梓，深得地方乡绅百姓拥戴，被尊称为贡大老爷、“悦亲公”。贡大老爷事迹被夔州府奏请朝廷，获得皇封“良公”褒奖称号，良公祠称谓由此得名。

良公祠为回廊式四合院，正中前后两殿，两侧为厢房，现有5个天井，3座院落，大小房屋40余间，占地约2800平方米，建筑面积约2000平方米。由于历史上受到部分改建和破坏，良公祠平面布局不完全对称，正院为一进四合院，东面有两处小院落，西边院落已经消失。

良公祠正面墙体高约10米，面阔近30米，显得宽阔气势（图31–2）。墙体用青砖砌筑，2米多高

图31–1 处于太师椅环抱风水格局中的良公祠。

图31–2 宽阔气势的良公祠牌楼和山墙。

条石墙基，之上是砖墙。山门为三重檐牌坊式，通高约13米，比地面高出9步石阶，山门石阶两旁各立一座石狮，左右两根冲天石柱与墙体附在一体，显得极有气势。4根石柱将山门墙面分成3个立面，每个立面都有精美的山水、云彩、飞鹤、花卉、人物石雕。石朝门高3米、宽1.27米，门框门联为四川大书法家赵尚辅所书，上联为“孝友为行世载其德”，下联为“社稷出重绥御有□”，横批“缵花鸿绪”。朝门上方有一石匾，四周云纹环绕，雕吉祥兽物，石匾正中为“良公祠”3个青花瓷片镶嵌大字，石匾之上又有几幅石雕。良公祠外墙嵌有“福、禄、寿、喜” 4座花窗，还有不少方形、圆形石雕花窗分布在祠堂内外墙上（图31－3）。

良公祠修复前，墙壁全部写满大跃进时期和“文革”时期标语，由于时期不同，标语一层盖一层，后来清理了3层石灰覆盖层后，原来的老砖墙才得以显露。

良公祠前厅面阔三间32.6米，进深8.7米，明间面宽17米，内空高达10米，两边耳房面宽7.8米（图31－4）。前厅梁架14座驼峰分为两组，每组7座，上下4层，逐层叠落，将屋顶重量分散到梁架上。驼峰雕刻细腻，线条流畅，层次丰富（图31－5）。前厅正中有6扇雕花屏风门，两侧开耳

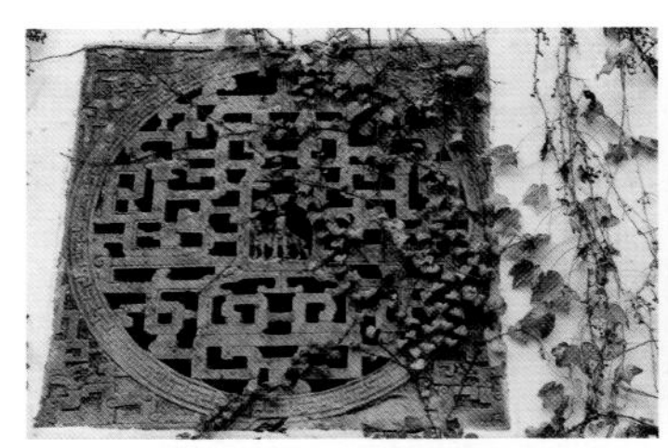

图31－3 石雕花窗。

图31－4 良公祠前厅。

图31－5 前厅层次丰富、雕刻细腻的驼峰。

门，从耳门进出四合院大天井。

大天井长15.2米、宽14米，青石板铺地，天井里摆放两口石质消防水缸，容积足有3个多立方米。东西厢房为两层，面阔三间，正中明间敞开，分别通向两侧天井和侧院，厢房上层木栏板作有精美雕花（图31－6）。正厅面阔五间32米，进深14米，前设7步高石阶，左右各有长3米、高1.1米的石栏板，石栏板上雕刻三国戏曲故事和莲花、鹿子、吊钟等画面，莲花寓意“一路清廉（莲）”，鹿子和吊钟寓意“终（钟）生受禄（鹿）”（图31－7）。正厅前过廊宽2.2米，上方挂一块匾额，上书“栋宇流辉”，落款为“光绪戊子岁十月中浣吉旦立”。正厅明间作祭祀先祖和神灵的堂屋，原

图31−6 东西厢房雕刻精美的门扇、挂落、栏板。

图31−7 后厅前石栏板浮雕。

图31−8 东面侧院悬山顶牌坊式大门。

摆放神龛、牌座和牌匾，解放后被白羊区政府搬去作了办公家具。

良公祠东西两面各有一座侧院，西面侧院已毁，东面侧院尚存，侧院天井周边十几间房屋主要作厨房、轿房、磨房和佣人居住等用途。东侧院有一座砖石结构牌坊大门，牌坊顶部为歇山式样，精巧砌筑的青砖顶增加了牌坊的美感，门框、雀替、横枋满布石雕砖雕（图31−8）。

良公祠大院外面东侧有一壁长达几十米的条石墙基，过去是张家休闲品茶的亭阁和长廊，现在被一些杂乱无章的砖房和土坯房占据，至今条石墙基还完好如初。

北伐名将张冲

良公祠是北伐名将张冲故居。清末民初，万县凉水乡张氏家族在下川东地区（清代夔州府，后指原万县专区管辖范围）声名显赫。张家与另外两家权倾一时、家财万贯的大户有姻亲关系，一家是云阳县里市乡（现凤鸣镇）的彭家，一家是湖北利川大水井（原属奉节县管辖）的李家。这几家大户家底殷实，良田万顷，朝里有人做官，在乡间有钱有势。他们建造的庄园极其豪华，家眷生活阔绰奢靡。张冲娶了云阳里市乡彭家13岁大女儿为妻，彭姓女子因病去世后，彭家又将小女嫁到张家，小女到张家后一连生了10个子女（图31−9）。

《万县志》第三十篇“人物”，关于张冲的生平有如下记载。

张冲（1887—1937），字亚光，万县凉水乡人，清末四川选送留日求学少年，张冲名列其中。张冲爷爷张升初进士及第，父亲张开相考取贡生。张升初和张开相非常重视对后代的教育，张冲兄弟有的留学德国，有的留学英国。张冲赴日本后就读于日本商船学院和日本海军学校，在日本加入孙中山创建的同盟会。1911年辛亥革命爆发后张冲回国，从军于沪军都督陈其美部。因作战勇敢，屡建奇功，升任海军陆战队队长。1912年，熊克武奉孙中山之命，组织蜀军回川，张冲随之先后出任蜀军

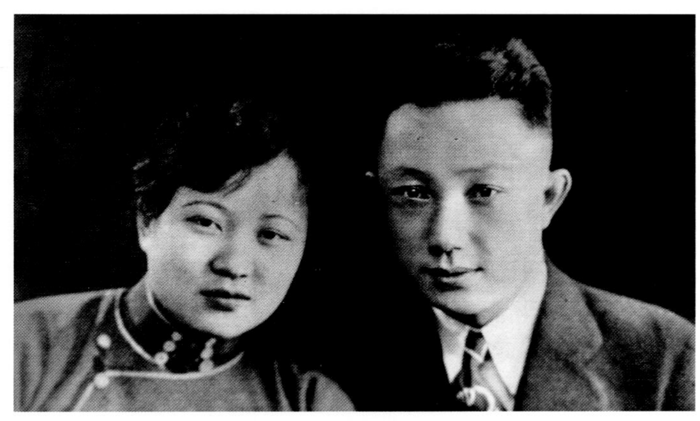

图31—9 张冲夫妇合影照（张亚光提供）。

营长、军械处长。1918年，孙中山任命熊克武为四川督军，张冲任督军署副官长兼警卫团长，后升任第二混成旅旅长。该旅第一团团长刘伯承极具指挥天才，善用夜袭战术，屡战屡胜，闻名全军，张冲对刘伯承非常器重，相互关系密切。1923年，刘湘、杨森受北洋军阀吴佩孚之命，合击熊克武，熊克武放弃重庆，兵分3路进攻成都。张冲负责中路进攻，攻打四川各县及成都，战功卓著。孙中山闻讯，特从广东寄出亲笔信嘉勉张冲，并手令张冲为第三师师长（未就职）。后因熊克武被蒋介石秘密逮捕囚禁，战事失利，张冲在四川已无立脚之地，遂逃亡上海。后来张冲去广州定居，先后在陈济棠、李宗仁部下任职，官至中将。1937年"七七事变"爆发，全国抗战，张冲携家小回四川。其间，刘湘曾任他为川康绥靖公署中将，张冲未出任。张冲返川途中患病，回万县医治无效，于1937年8月20日在万县陈家坝病故，卒年50岁。

张冲14岁离家，父母一直居住在良公祠。张冲母亲70岁寿辰时，张冲回乡祝寿，时为张冲部下的刘伯承随同张冲到万县凉水乡良公祠祝寿，为张冲母亲题写了贺联。原凉水乡供销社张主任（现年80多岁）还记得刘伯承题送的贺联内容是"国正人心顺，官清民自安；妻贤夫祸少，子孝母心宽"。贺联曾题写在良公祠墙上，现已消失，贺联也不知去向。

张冲大哥张瑞谦，字陆阶，曾任里甲团总云安知事，43岁去世。张冲弟弟张瑞让，号义直，省立师范学校毕业，川军讲武堂肄业，曾任川军混成旅营长。

临解放时张家已经败落，家道败落的原因说法很多，有说是张家后人染上了鸦片瘾，使张家昔日辉煌成为过眼云烟；张家败落在当地还流传着一个离奇的传说：张家先祖为选择祖屋建造地址，请风水师从湖北七曜山开始，沿路寻龙觅砂，观水查穴，历尽艰辛来到凉水乡老君山，见这里山清水秀，风水极佳，遂将张家祖屋选址定下。良公祠建造完成后，风水师在张家定居下来。后来张家果然家道昌盛，张冲又当上大官，但张家把风水师当作推磨打杂、无事不干的下人指使，风水师徒弟知道此事后气愤不过，便使了法，把张家在高洞子溪流的龙脉用大石锁住，张家于是开始败落。这当然只是当地乡民的一种传说，不过也说明张家宅院在风水选择所下功夫之深。

张冲子女至今还有几人在世，张冲大女儿张继英解放后在八一电影制片厂当会计，据说还健在。小女儿张继康年近80，住在重庆永川区，曾同丈夫携子女和女婿、媳妇到良公祠看望祖屋。张冲儿子张继逵写过一篇"我父亲张冲的一生"，对张冲参加革命、随蜀军回川、参加上海革命、援鄂之役、打败杨森、寓居上海等身世作了回忆和介绍。

张亚光与良公祠

解放后，良公祠被政府没收改作粮站，张家财产分给农民。至今当地乡间还散落着一些张家的物品，如凉水乡一村民家有个茶盘，上刻"良公祠"三字，一家村民有张雕花牙床，床上刻有"良公"二字。2004年粮站停办，良公祠租给村民作养鸡场。2007年10月粮站改制，为解决职工医保等费用，经万州区国资委同意拍卖良公祠，由白羊粮站主持资产拍卖，最后以13万元价格卖出。

通过司法拍卖获得良公祠的人叫张亚光，2009年8月笔者到良公祠采访时，张亚光58岁。巧合的是，良公祠过去主人张冲字亚光，与通过拍卖获得良公祠的张亚光同名。笔者两次到良公祠考察时，张亚光都给我说，这可能是命中注定他与此宅有着不解之缘。

张亚光父亲张会云，河北涿州人，毕业于江西庐山军官学校，曾在抗日名将宋哲元部下任连长，参加过台儿庄战役和武汉大会战。武汉大会战中张会云受伤，被送至万州陆军医院治疗养伤，养伤期间认识了张亚光母亲王玉莲。王玉莲是云阳县盘石人，家里做米粮生意。张会云伤好后同王玉莲结婚，婚后育有6个子女，5男1女，张亚光排行老三。解放后，父亲成分被定为伪军官，一家人住在万县米花街，父亲在搬运队当工人，拉板车、抬货物、做重活。2009年父亲去世，终年93岁。

由于张亚光父亲的伪军官身份，几个子女学习成长受到一些影响，张亚光读完小学就辍学，当过木匠，办过沙发厂，开过酒店。作木匠期间，他接触到一些古建筑、古家具，产生了收集民间雕花建筑构件和旧家具的浓厚兴趣爱好。他足迹遍及三峡库区被淹没的城乡，到处寻访收购雕花构件和古家具。在买下良公祠前，他收集的物品已经堆满了房屋。买下良公祠后，张亚光对古建筑的爱好和痴迷更是一发不可收拾。因良公祠过去改作粮站，原有结构和布局被部分改建，加之多年失修，损毁严重，为潜下心来修复破旧残缺的良公祠，张亚光干脆将万州城里的房产和开办的公司酒店转给他人，以便集中精力修复良公祠。对于张亚光此举，有人说他不务正业，有人说他走火入魔，甚至于夫人也和他差点闹到离婚的地步。但张亚光依然无怨无悔，一头埋进良公祠，从2007年12月起，开始了他对良公祠漫长的维修工程。

夜宿良公祠

2012年10月30日，笔者再次来到良公祠，此时，昔日蓬头垢面、破旧不堪的大院，已按照修旧如故的原则恢复了历史真容（图31–10）。因笔者多次向外推荐宣传良公祠，并积极推荐将其升格为市级文物保护单位，与我重逢，张亚光非常高兴，连声称我是他的恩人。下午考察拍摄良公祠后，区博物馆馆长岳宗英打来电话，告知已在万州城区为我预

图31–10 按照修旧如故原则恢复历史真容的良公祠。

订宾馆，并安排到万州城区晚餐。为第二天考察顺路，加之张亚光一再挽留，我决定当晚在良公祠晚餐并住宿。见我执意留在良公祠，热情的岳馆长专门乘车从城里赶来，张亚光为我们准备了丰盛可口的农家晚餐。

当晚与张亚光在灯下交谈，才知道他买下大院后遇到许多意想不到的麻烦和问题，修复过程殚精竭虑，历经千辛万苦，但至今房屋产权还未办到名下。笔者曾主持过重庆湖广会馆、潼南县双江镇“四知堂”和重庆人民大礼堂等古建筑和历史建筑的修复工程，深知古建筑修复工程的复杂和巨大的修复成本。笔者主持的项目都是政府投资，拥有资金保证和专业团队，而张亚光只身一人，还得不到家庭的理解和社会的支持，他又当设计师又当工匠，其难度和付出可想而知。2008年10月，张亚光在现场搭梯子上院墙时，土墙突然垮塌，他随着倒塌的土墙一起摔到地上，好在老天护佑，倒下的墙体没有砸在他身上，如果被墙体砸中，轻则伤筋动骨，重则甚至丢命。

入夜休息，发现良公祠所有客房都摆放了张亚光搜集的雕花老牙床。平时看了不少老牙床，但真正在老牙床上睡觉，有生以来还是第一次。老牙床睡上去感到床板硬、床板冰冷、床铺狭小，加之房间空敞阴冷，甚至于联想到古老的牙床还不知道过去发生有什么故事，一夜没有睡好。

次日凌晨，张亚光和夫人郭遂碧早已为我们煮好香喷喷的阴米稀饭，我和万州区文管所文物保护部主任周启荣，加上驾驶员3人将一大钵阴米稀饭吃得干干净净。听张亚光介绍，才知道将糯米做成阴米是相当麻烦的事。做阴米要先把糯米泡一周，其间不断换水，待糯米泡软后再蒸熟，然后慢慢阴干，煮食时加以枸杞、红枣、芝麻、桂花、苡仁、冰糖、鸡蛋，微火慢熬，这样做出来的阴米稀饭当然味道香甜滑润，口感极好。对主人家的热情款待，我们一再道谢。上午与张亚光告别，临走前与张亚光夫妇在良公祠合影留念（图31－11）。

图31－11 与张亚光夫妇在良公祠留影。

2009年9月市文物局主持评选重庆直辖后第二批市级文物保护单位，笔者向市文物局推荐了良公祠，在召开的专家评审会上，笔者介绍了良公祠的建筑价值和张亚光投资修复古建筑的义举。2009年12月，市政府公布重庆市第二批市级文物保护单位名单，良公祠从一般文物点直接升格为直辖市级文物保护单位。

张亚光修复古建筑的事迹得到一些媒体的关注和报道，市区文物部门、万州区政府对他给予了关心支持。尽管面临不少困难，张亚光还是不会放弃，他准备将良公祠原有的亭阁、长廊等建筑物、构筑物修复，并继续收藏民间建筑构件，收集张冲家族历史资料，编撰历史文献，将良公祠办成一座富有特色的民俗博物馆。2013年12月18日，重庆市文物局正式批复同意建立“重庆市万州区良公祠民俗博物馆”，这是万州区第一家获批的民间私人博物馆。祝愿张亚光的事业能够获得更大的成功。

万州区梨树乡李家院子

2012年10月30日下午，我在万州长岭镇良公祠考察，当晚住宿良公祠。第二天一早，同万州区文管所文物保护部主任周启荣一起去万州梨树乡李家院子。从良公祠出发，约一个半小时到达梨树乡，乡文化服务中心主任何渝在乡政府等候。梨树乡位于万州城区东南方向，幅员面积51平方公里，人口约7000人，地形为重丘山区，森林覆盖率达70%以上，属万州偏远贫困乡。李家院子位于梨树乡河马村三组，小地名大坳。上山道路曲折陡峭，沿途沟壑纵横，森林茂密，风光旖旎。车子在山顶一块小平地停下，我们下车穿行几道田坎来到李家院子。

传承十代的李氏家族

李家大院始建于清同治时期，由李家第7代先祖李钊良所修，位于海拔约1000米的山顶（图32—1）。在第三次全国文物普查中，李家院子被发现，之后登录为万州区不可移动文物点。偌大的院子现在只有59岁的河马村支部书记李家奇和妻子两人居住。事先乡里给李家奇打了电话，李家奇和妻子热情地接待了我们。

图32—1 位于海拔1000米山顶的李家院子。

李家奇珍藏有祖上传下来的《李氏族谱》，家谱共十几本，已破旧发黄，边角损坏残缺。据族谱记载，李家大房李国朝生于康熙甲寅年（康熙十三年，1674年）正月十二日，在万县六甲李家湾出生。康熙四十一年（1702年），李国朝落业万州河马乡瓦柴溪，乾隆丁巳年（乾隆二年，1737年）九月二十八日戌时在杨柳湾告终，葬于毓国门首菜园。从李国朝开始至今，李家有“国、毓、宗、先、德、元、良、永、世、家、文、光、天、启、圣”15个字辈，李家奇是李家第10代。由于《李氏族谱》丢失了最重要的第一本“总述篇”，李家祖籍和移民入川时间尚无法考证。

李家奇珍藏有几个祖传清代瓷碗，瓷碗底部落有“乾隆”、“道光”字样。我们细细把玩品味，感觉瓷碗瓷面细腻，彩色琉璃色彩艳丽，画面花卉蔬果栩栩如生。李家院子是曾祖父李钊良传下的祖屋，已有上百年历史。民国时期，祖屋传到李家

图32-2 独居群山之中的李家大院。

奇祖父李永碧手里。祖父于1958年去世，房屋由儿子李世勋继承，李世勋1996年去世，终年73岁。李世勋夫妇育有李家奇兄妹6人。李家奇姐姐和两个妹妹出嫁，房屋由老大李家智、老二李家明和老三李家奇3兄弟共同所有。3兄弟家庭共有15人，李家智、李家明外出打工，子女都在外工作，老屋只有李家奇和夫人罗秀山两人居住。

李家奇听父亲讲，民国时期李家办有铁厂，还开设有土法制造枪支和银元的作坊。李家制造的枪支可装5发子弹，1支枪可以换70升粮食（约合250斤大米）。在《李氏族谱》中，有“六甲铁厂湾李家坝”的记载，时间在雍正壬午年。查雍正时期没有壬午年，雍正前后只有康熙四十一年（1702年）和乾隆二十七年（1762年）有壬午年，可能是族谱中的笔误。这说明在雍正前后，李家坝一带就有土法炼铁和制造铁器的历史。

李家湾山上保留有李家9代先祖坟墓，李家奇带我们到山上观看了李家先祖坟茔。在笔者考察过的乡间大家族中，至今保存有两代、三代家族墓葬的已经很少，李家先祖9代墓葬均存，实属罕见。其原因可能是李家湾山高路遥，极少有盗墓者光顾，再加之李家后人精心守护祖墓，世代相传，才使祖坟得以保存至今。

土家与移民建筑的完美结合

李家院子屋基前是一片斜坡地，有几片水田和菜地，坡下是深谷和溪流，远处群山龙盘虎踞，莽莽苍苍，背面山坡林木浓郁，西面一条弯曲的小道通向山下的梨树乡场。大院独居群山之中，周边没有任何房屋，显得空旷孤立，这里植被茂盛、空气清新，倒是一方难得的净土（图32-2）。

梨树乡与鄂西恩施利川接壤，历史上属土家文化覆盖范围，梨树乡邻近有几个土家族乡，分别是地宝土家族乡、清水土家族乡和恒合土家族乡。梨树乡是历史上湖广移民入川经由路之一，这一带乡土建筑中既有不少土家干栏式民居，也有一些带外来移民风格的建筑，李家大院就是土家民居与移民风格结合的一座典型乡土建筑。

李家大院建筑面积约800平方米，砖木结构，中轴线左右对称布局，由一座长条形正房和4座与正房垂直的吊脚楼组成（图32-3）。大院周边原有青砖围墙，上世纪60年代被拆除。房屋顺应地形，分两个台阶，正房在上，吊脚楼在下，东西两侧各开一座石朝门，正面有一座木质门楼，门楼外有17步陡峭的石梯。四座吊脚楼为典型土家干栏式民居式样，但布局又不完全同于一般土家民居。土家民居较普遍的“U”形布局是一正两横，即在正房两侧伸出两座吊脚楼，亦称“双吊”式、“三合水”，李家大院打破了这种规制，在正房前伸出4座相互平行、与正屋垂直的吊脚楼。四座吊脚楼建

图32-3 正房伸出4座吊脚楼，形成独特的民居形式。

在高高的堡坎上，屋基比正屋低一个台阶。吊脚楼之间留出的间距把正房前院坝分为一大两小3处院坝。大院坝为条石地面，面宽11.7米、进深5米，从院坝正中上9步石梯到正房过道，院坝外侧石栏杆大部已毁，两个小院坝分布在两侧，平时作堆放杂物、农具和制作竹木用具的场地，西面院坝改作了猪圈。吊脚楼山墙面有6根立柱，一般穿斗房侧面立柱多为单数，因李家大院吊脚楼二层出挑形成廊道，减少了一根立柱，故成双数柱（图32-4）。

大院正房为青瓦硬山屋面，穿斗式梁架，九开间。传统民居开间一般为三开间、五开间、七开间，像李家大院这种九开间的还较为少见。正房明间为堂屋，次间、稍间均为居室，每间进深4.8米，面阔4.7米，内空高7米，9间房屋总长达48米，前有2.4米宽的廊道（图32-5）。正房两侧风火山墙为三重檐五滴水形式，山墙正脊作灰塑，两端飞檐造型生动，檐下山墙绘蝙蝠、花纹、吉祥杂宝等彩色图形，色彩至今鲜艳如新。房屋柱础、花窗、驼峰、雀替和挂落等构件都雕刻有象征吉祥如意的图案（图32-6、图32-7）。李家大院山墙造型带有江西一带客家移民风格，由此分析李家祖籍应是江西移民，或由江西填湖广、湖广再填四川。笔者询问李家奇，得知李家祖籍果然是江西，具体是江西哪个县，因家谱第一本丢失，已无从知晓。李家奇听他父亲讲过，李家祖籍江西，先祖从江西迁湖北利川，再从利川迁移到万州梨树乡李家湾。根据众多史料和家谱记载，江西移民不少是先迁湖广，后又移民四川，即史书和家谱中通常记载的“江西填湖广、湖广填四川”。

李家奇还告诉笔者一个信息：万州梨树乡河马

图32-4 李家大院吊脚楼造型。

图32-5 九开间正房，前有宽阔的廊道。

图32-6 残存的雕花窗和驼峰、挂落。

村李家与湖北利川柏杨坝镇的李家有姻亲关系。柏杨坝过去属四川奉节县管辖，后来划归湖北利川，柏杨坝大水井李家是名贯川鄂交界地区的大户人家。大水井李家庄园规模极大，称为大水井庄园，已被公布为国家文物保护单位。笔者曾到大水井庄园考察过，李家在当地家财万贯、门厅显赫。过去姻亲要门当户对，梨树乡李家能和大水井李家结亲，说明梨树乡河马村的李家当年地位和财富也非同一般。

图32-7 雕花柱础。

我在李家大院考察、拍摄、测量、查看家谱，不知不觉就到了中午。热情的主人早就杀了一只老母鸡，加上自家熏的老腊肉，炖上一锅味道鲜美的土鸡腊肉汤，还炒了不少可口的农家菜。梨树乡党委书记张书林、乡人大主任兼纪委书记郎玉平、乡

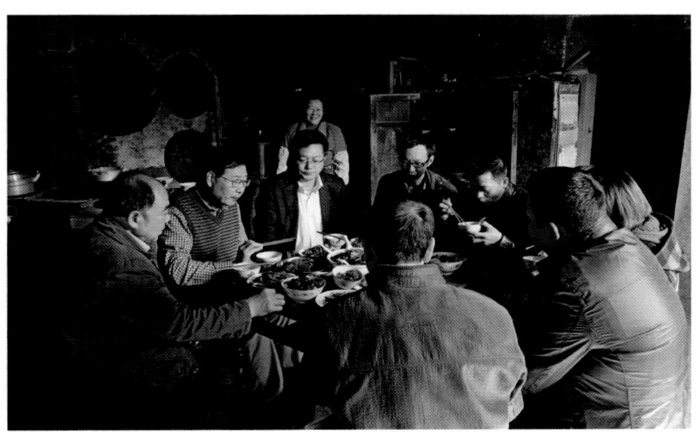

图32-8 李家奇和妻子为我们准备了美味可口的农家菜肴。

宣传委员黄秀珍、组织委员陈国锋、乡文化中心文化干部向小路等也赶上山来与我见面，乡里的干部如此淳朴热情，令我非常感动。农家菜肴为我最爱，加之忙了半天，肚子早就饿了，感到美味可口，吃得非常开心（图32-8）。乡党委书记张书林告诉我，梨树乡地广人稀，森林溪谷风景资源丰富，自然风光保留着原始风貌，乡里有一处叫潭獐峡的风景区景观非常奇特，还处于待开发的状况，乡里也希望能对李家大院进行整治修复，作为一处历史人文景观，丰富梨树乡的旅游资源。

沉痛的补记

我在李家院子拍摄考察，查看家谱，对李家奇进行采访（图32-9），回家后完成了“万州区梨树乡李家院子”文稿。为了再次核实包括李家院子在内的万州区乡土民居一些资料，2013年9月22日，我给万州区博物馆馆长岳忠英通电话，结果岳馆长告诉我一个出乎意外的噩耗——李家大院前不久已经毁于一场大火！当时我几乎不敢相信自己的耳朵，时隔不到一年，在李家大院考察的景象还历历在目：一横四纵的特殊建筑格局，遒劲的风火山墙，珍藏的家谱，乾隆时期的瓷碗……怎么一下子就没有了？毫不夸张地说，我当时的感觉就像是听到一个身体健康、正当壮年的亲人或者非常熟悉的朋友突然去世的消息。

图32-9 与李家奇在老屋里交谈。

之后，我打电话给李家奇，李家奇在电话里告诉了当时的情景。2013年6月27日晚上，李家奇和妻子罗秀山参加舅子的丧事，大概晚上9点半，突然有人跑来告诉他，家里失火了！舅子家离李家大院直线距离并不远，但要翻山越岭，有几条深沟，步行要1个多小时。待李家奇气喘吁吁、汗水淋漓赶回家里，熊熊大火还在燃烧，房子已被烧掉一大半。山里没有消防设施，就是有，木结构房屋一旦烧起来几乎无法扑救。大火一直烧到夜间12点过，李家奇眼睁睁地看着百年祖屋在烈火中化为灰烬。事后，万州区公安消防介入调查，由于现场没有任何痕迹，无法判断失火原因。李家奇告诉笔者，家里没有明火，电线也没有问题，究竟是什么原因失火，至今还是一个谜。百年老房和家谱、古瓷器等东西都被烧掉，李家奇只有搬到兄弟家临时居住，据说当地民政部门同意补助一点钱，让李家奇在原处重新修建房屋。

李家大院已不可能再生，想不到本文竟成为李家大院的绝唱哀歌。本来我已写好了一段对李家大院下一步的评价和建议，大院虽被烧毁，还是用这段文字作为本篇的结束语吧：

“李家大院建筑特色突出,房屋结构完整，仅前院围墙被拆除，木质窗花、驼峰、挂落、柱础雕花和风火山墙彩绘保存较好；特别是该大院对土家民居传统的几种组合形式有了创新。因此，对这处堪称巴渝民居活化石的典型乡土建筑，建议引起文化、文物、建设等管理部门的重视，可以考虑将其升格为市级文物保护单位，对大院进行必要的维修整治，使其延年益寿，传承后人。”

万州区太安镇司南祠（丁氏宗祠）

2009年8月22日，万州区文管所文物保护部袁兴华陪同我一起，到万州区太安镇凤凰社区五组考察司南祠。司南祠又称丁氏宗祠，由丁氏家族先祖丁杰主持建造，于道光二十七年（1847年）竣工。丁杰号司南，故祠堂亦称司南祠。从地形地貌、建筑布局、建筑特色等方面来看，司南祠既是一座规制严密的宗族祠堂，更像是一座森严壁垒、易守难攻的寨堡。

层层设防的宗族祠堂

司南祠坐落在凤凰山脉九里山一座险峻的山峰顶部，坐东朝西，三边是悬崖，一边为陡坡，只有一条狭窄的坡道可以进入祠堂。祠堂周围寨墙有210米，呈椭圆形，墙体厚度达1.5米，围合面积约1200多平方米。司南祠地势险要，层层设防，戒备森严，进入祠堂自下而上要经过4道关口。第一道关口是一座高1.6米、宽1.66米的寨门，低矮的寨门进入时还得低着头；第二道关口也是一座寨门，高1.88米、宽0.95米，与第一道寨门之间形成一处进深2.4米的狭窄隘口（图33-1）；通过两道寨门上14步台阶还有一道山门，这是第三道关口；第四道关口是祠堂山门，山门石门框高2.37米，宽1.26米，厚0.45米。

图33-1 进入祠堂要经过的狭窄隘口。

山门前有一处进深5.6米的条石院坝，两侧楠竹松树遮天蔽日，司南祠隐没在茂密的竹林和树林之中（图33-2）。祠堂正面石墙镶嵌牌匾，阴刻“司南祠”3个大字，字体被石灰涂抹，石匾边框是精细的镂空雕饰（图33-3）。司南祠为四合院布局，外墙用条石砌成，硬山式屋顶，祠堂房屋

图33-2 隐没在茂密竹林和松林之中的司南祠。

图33-3 祠堂正面石墙镶嵌“司南祠”牌匾。

图33-4 祠堂内狭窄的天井。

图33-5 祠堂重檐山墙带有江西移民建筑风格。

图33-6 后堂明间仅剩几根木梁。

不大，建筑面积仅163平方米。前堂面阔三间，宽10米、进深3.6米，房屋全部损毁，仅余次间条石墙体和两根高3.2米、0.45米见方的石柱。前堂与后堂之间有一处宽3米、进深2.7米的狭窄天井（图33-4）。祠堂四壁石墙高耸，墙上开明窗和射击孔，重檐风火山墙起伏跌落，蔚为壮观，风火山墙形式带有江西一带移民建筑风格（图33-5）。从墙体楼辐木梁留下的凹槽，可判断祠堂原有3层。后堂面阔三间共10米，比前堂高出3步台阶。后堂正中开圆拱门，内有3间房屋，明间面宽3.75米、进深5.8米、内空高9.8米，次间面宽2.8米、进深5.8米。明间左右各开一小门通向次间，次间设有木楼梯，室内仅剩一些糟朽的木梁和木板，屋顶除明间有盖瓦外，其余已全部垮塌（图33-6）。

司南祠四周长满楠竹和松树，阳光透过密林射入一道道惨淡的光束，使祠堂显得有一些阴森（图

图33-7 阳光透过密林射入祠堂。

33-7）。站在寨墙断垣向下望去，幽深的崖谷令人不寒而栗。祠堂背后有一座供祠堂生活和防火用的圆形储水池，直径约3米。

珍贵的清代碑刻

祠堂天井两侧各有一块嵌入墙面的大石碑，石碑采用当地坚硬的火成岩雕打，碑体刻字刀工遒劲、书法工整，至今清晰如初，为我们考证司南祠建造年代和丁氏家族历史提供了珍贵的史料（图33-8）。两块石碑一块刻于清道光丁未年，即道光二十七年（1847年），一块刻于清咸丰庚申年，即咸丰十年（1860年），前后相差13年时间。

道光二十七年碑刻内容如下：

尝闻世无百岁，人恒怀千岁忧。居廊庙之上，则忧其民；处畎亩之中，则忧其后，人孰不忧从中来哉？予自嘉庆二年分居，各兴治家创业，时郁陶乎予心，诉狱烦与，独抑郁而谁语？幸而黄天眷命，家回寝昌，而子众孙繁庶，几其乐融融，而其乐泄泄乎！无何道光丙午，地皮风起，数口之家，保全宜周，更不觉忧心如醉，忧心如醒矣。予于七月之间，鸠工督匠，爰建斯楼，常则以为祭祀之所，而祖宗有寝室之安；变则以为御辱之区，而子孙有保世之庆斯，则一事举而两美，具为尔后曹，尤宜克勤克俭，无负予之婆心，乃能永守而无替。

祠宇即兴，无有田产，难供祭祀，因遗留桷子坪田地一股，拨粮一合，注册名目，以为久远之计。

每年清明，承祭中元修斋，倘有余积，更当执掌生息，以为后日之用。

祭田不许本房子孙佃耕，钱谷不准本房子孙赊借，倘有强佃强借，凭族处罚。

聚集既多，置买田地，务须选择殷实老成收租纳粿，勿许强梁狂妄之辈执拿鲸吞，倘有遗漏，凭族追赔。

首人总理一名，五年一签，值年一名，每年一换。务必公议，勿得私签，以杜觊觎之弊。

本身以后，或老耄无能，谅为周济；或子弟聪敏，无力送读应试，缺用概给学资试费，以成就乎人才，抑亦敬老慈幼之微意。

天道有循环，人事有变迁，固不能人人皆兴，亦不能人人皆败。倘能多方调停，固守斯业，百世流芳；乃坐视不理，听其凋零，永绝书香。

道光丁未之夏，工竣时，司南遗嘱，立

咸丰十年碑刻内容如下：

从来万物本乎天，人本乎祖。人之于祖犹水之源、木之本，水无源则竭，木无本则折。故予承先父命，每以报本追远，谆谆为之嘱，予不禁怵惕于心，远且宜追，况其近者乎？窃见历来古墓，岂得尽属无后之冢，其弊由于子孙移居他乡，以致失传，遂成荒丘，噫良可慨也！予父母葬于万邑县城之南，地名宝家楼，由此至彼，约有百十余里。日后世远年湮，恐子孙艰于盘费，以致祭扫废弛，公议特将先父所买杨家岭田地一股载粮一合，以作祭扫费用，倘世世子孙遵循不替，则幸甚！

图33-8 嵌入墙面的石碑至今清晰如初。

议祭扫定于清明、腊月两次，值年在总理家取钱办牲礼纸烛至盘费，谅去人之多寡给发，倘有借故不去，永绝书香。

祭扫值年预为约期，务必子孙亲至，不许请人代祭。

祭扫有不肖之辈，不亲到坟茔，望山祭者，异日查出，凭族处罚。

父母冥寿，值年赴祠办会庆祝，本房子孙来者不派分文。

祭田除祭费外，所有余积，总理掌放生息，以作异日培补祖墓之用。

外录先父自丙午年建立牮楼，予等于乙卯冬析居，自丙辰及庚申，共收租谷一百余石，除每年祭费，余积运恢建修两廊厅楼厨房，共费钱七百零九串五百廿三文。特录于此，俾后世有所考察云。

运辉、运华同志（志加言旁）丕彰、丕从、丕焕、丕跃、丕楹、丕寿、丕舞

咸丰十年庚申蒲节月十七日

从以上碑文可知，司南祠于道光二十六年（1846年）七月动工，道光二十七年（1847年）之夏竣工。丁氏家族于道光二十七年、咸丰十年（1860年）制定了族规。丁杰与兄弟于嘉庆二年（1797年）分居，各自兴家立业。主持建造司南祠的丁杰去世后，与夫人葬于万县城南面宝家楼。后人丁运辉、丁运华于乙卯年（咸丰五年，1855年）冬季分家。

丁家箭楼

与司南祠遥相呼应还有一座丁家箭楼和丁家庄园，位于另一座山头，均为丁氏家族建造。乡间大家族和大户人家，一般会建造3种功能不同的建筑，一是用于居家的庄园、大院，二是祭祀先祖、联络族人的宗族祠堂，再就是用于防范土匪的碉楼或据险可守的山寨。这3种形式的建筑有的建在同一处，有的分开修建，一般根据地形地貌、生活居住方便及防范需要来确定，并没有固定的规制。

2009年8月22日笔者考察司南祠后，曾到丁家箭楼考察。丁家箭楼建在山顶，山坡长满荆棘、刺笼、野草和杂树，根本无法进入。还是陪同的太安镇文化站小陈借来一把砍刀，一路披荆斩棘，勉强开出一条小路，有的地方仍然只能爬行通过，好不容易才来到箭楼之下。丁家箭楼坐北朝南，平面呈正方形，边长7米，高4层，通高约12米。为增强防御能力，箭楼大门高出地面3.5米，进入箭楼要搭梯子上下。箭楼大门额匾阴刻楷书“源远流长”4个大字，上方用石质歇山屋顶和斗拱作装饰。箭楼楼辐、楼板、梁架均被村民拆走，仅余4壁石质墙体（图33-9）。箭楼前立有一块石碑，方知此箭楼2006年4月被万州区政府公布为区级文物保护单位。当地村民介绍，箭楼为丁旭所建，丁旭与修建司南祠的丁杰为两兄弟，司南祠建于清道光二十七年（1847年），丁家楼子和庄园建于司南祠之后，据说建造箭楼和庄园前后用了30年时间。丁家箭楼内部狭小，可供避难的人并不多，但箭楼雄踞山顶，相当于一座报警瞭望的烽火台，遇有情况，可及时用鸣号或烟火等方式通知周边乡民逃离疏散。

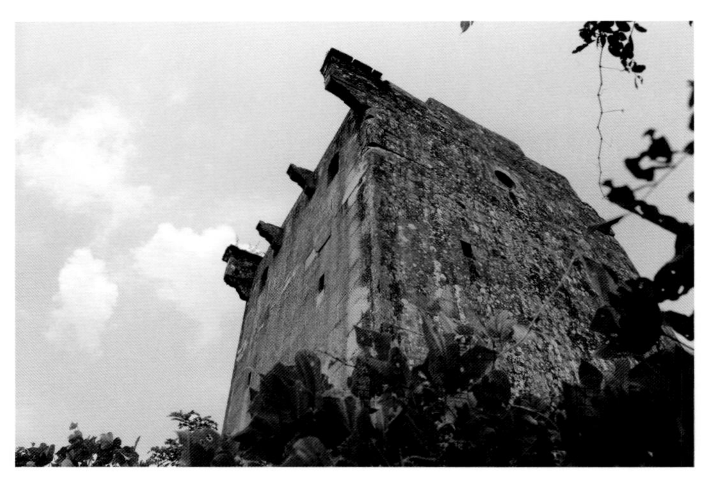

图33-9 仅余4壁墙体的丁家箭楼。

丁家庄园现已消失。据凤凰社区村委会主任李德清介绍，丁家庄园距离丁家箭楼不远，外有寨墙围护，寨墙开有两个寨门，庄园规模浩大，建造极为豪华精美。解放后庄园被没收，分给十几户农民居住。由于人为破坏和长期无人修缮，庄园成为危房，农民陆续搬出，庄园内大量的石材、木料和雕花构件被附近农民拿去建房屋、修猪圈或者卖掉。李德清回忆，他少年时经常进入庄园玩耍，当时看到的庄园天井院落基本完整，内部雕梁画栋、镏金溢彩，房屋成片相连，蔚为壮观。短短40多年，丁家庄园全部损毁消失，真是令人痛惜不已。

司南祠和丁家箭楼地名分别为姜家坝和段家坝，主要有姜家和段家两姓。丁家是外来移民，到此地逐步发家致富后，将姜家、段家田产购买，丁家成为当地大家族。现在姜家坝、段家坝反而已经没有段姓和姜姓人家，倒是丁姓占了大多数。

司南祠最早的居住者

2012年10月31日，笔者再次来到司南祠，发现司南祠内外搭起了钢管架，原来是万州区文管所委托专业单位在进行测绘，编制修复方案。凤凰社区主任李德清闻讯赶来接待（图33-10）。这次经李德清介绍，才知道他家从曾祖父开始，四代人都在祠堂长期居住。李德清现年50岁，曾祖父过去在万县白羊做生意，经常往返于太安一带。为休息居住方便，曾祖父发现当时已经荒废闲置的司南祠，就想将祠堂租下来。由于李家是异姓，不能购买祠堂，而且祠堂一般也不允许改作居住，后来曾祖父与丁家族长协商，以看守祠堂的名义将司南祠租下。李德清听他父亲讲，当年丁家将祠堂租给曾祖父还有一种说法：祠堂有外姓人居住意味着广结人缘，可使丁家财运兴旺，家运发达，因此丁家才同意将祠堂租给李德清曾祖父。曾祖父租下祠堂后，将家人搬过来长期居住。曾祖父去世后，传给李德

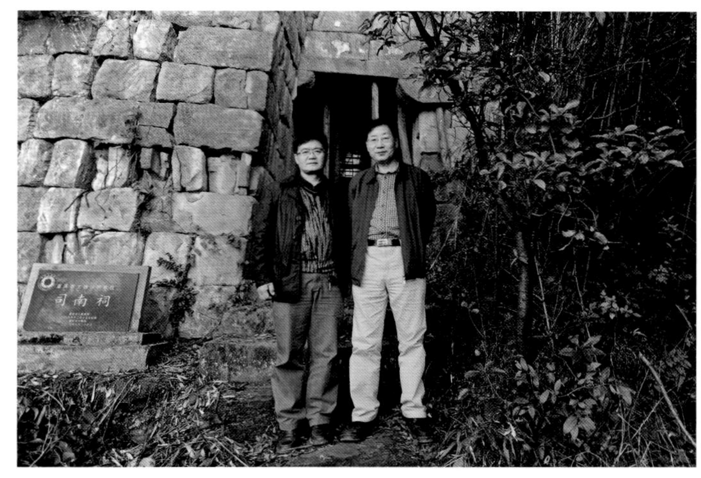

图33-10 与太安镇凤凰社区主任李德清在司南祠山门前留影。

清爷爷李明双，李明双夫妇在司南祠里生了11个子女。1986年李明双去世，终年67岁。之后司南祠由李明双儿子李世又、李世柏等4兄弟所有，实际只有李世又、李世柏在祠堂里居住。李世柏结婚后分家，搬出了南祠，生了4男一女，李德清是大儿子。到1993年，李世又搬出，司南祠空置。1997年，司南祠被李家以5.5万元价格卖给重庆新天地农业发展有限公司董事长杨左铭。

由于司南祠内部破损严重，修复需要大量资金，重庆新天地农业发展有限公司购买后也感到了压力，修复工程和环境整治工程费用不菲，完全由私人承担有些力不从心。据说镇政府也曾想收购回来再作维修，但与司南祠现主人的条件尚未谈好。

2009年8月22日笔者考察后，即向市文物局推荐将司南祠升格为市级文物保护单位。经市文物局组织专家评审报市政府，2009年12月，司南祠被公布为重庆市第二批文物保护单位。司南祠兼有祠堂、山寨、碉楼几种功能和保存完好的清代碑文，作为研究渝东地区民俗风情、民居建筑和宗族文化的重要实物载体，具有较高文物价值和建筑价值。

万州区罗田镇金黄甲大院

罗田镇位于重庆东南部，地处渝鄂交界之地，总人口3.2万人，其中土家族约1.1万人。这里民风淳朴，文脉绵长，古迹众多，2010年被公布为重庆市第二批历史文化名镇。罗田老街有一座建于清道光十七年（1837年）的单孔石拱桥，名普济桥，桥长24.7米，宽6.6米，拱高12.9米，跨度18.4米。桥拱正中石雕龙头口含龙珠，龙尾起翘，造型生动，雕工精湛。普济桥是川鄂驿道上主要古桥梁之一，也是重庆现存历史价值较高的一座完整清代石桥。罗田镇还保留有10余处传统民居大院，较典型的有金黄甲大院、锅圈洞大院、石中坝大院、向家大院、土墙沟大院等，其中位于长堰村一组的金黄甲大院是罗田镇传统民居的代表之作。

初访大院

为发掘罗田镇历史文化遗产，发展乡镇旅游经济，罗田镇从2004年开始申报重庆市历史文化名镇。2005年5月，笔者率重庆历史文化名城专委会专家到罗田镇考察，在罗田镇时任镇长陶荣、副镇长郎邦福陪同下，我们考察了罗田老街、字库塔、普济桥、清代墓葬群和散布在乡间的几处传统院落。当专家们参观了金黄甲大院后，均对其恢宏的建筑规模和中西风格的巧妙结合赞叹不已。在召开的座谈会上，我用了“震撼”一词来表达对金黄甲大院的感受，我当时的评价是：“金黄甲大院气魄宏大、风格独特、雕工精美、保存较完好，在我考察过建造于民国时期的乡土民居中，应该是保存最完整、规模最宏大的优秀建筑之一”（图34-1）。

在笔者和历史文化名城专委会积极支持推荐下，2009年12月，金黄甲大院从区级文保单位升格为重庆市级文物保护单位。2010年4月，罗田镇被公布为重庆市第二批历史文化名镇。

图34-1 建于民国时期的金黄甲大院。

向氏兄弟合建豪华大院

2011年8月14日，利用到石柱县黄水镇休假的机会，我再次去考察金黄甲大院。从地图上看石柱黄水到万州罗田镇很近，估计1个多小时就可到达。早晨8点从黄水出发，经石柱河嘴乡到万州走马镇，再经赶场乡上万州至湖北利川的318国道，又经万州龙驹镇出重庆进入湖北利川，在利川谋道镇一处岔道口分路进入去罗田的支路。支路到罗田镇只有十几公里，由于路面损坏严重，加之山区弯多坡险，一路颠簸跑了50分钟，从黄水到罗田镇结果整整用了3个小时。罗田镇程万副镇长和分管文化旅游的谭千梅副镇长在镇政府等候，随即一同去长堰村金黄甲大院。

金黄甲大院老地名叫大坟坝，原为天生社区三组，现在是罗田镇长堰村一组，平时由文管所委托长堰村一组组长、70岁的杨秀福负责管理。我们到现场后，杨秀福开了大门，又专门给周边几家人打了招呼，好让我上到村民屋顶拍摄。

金黄甲大院由向朝士、向忠士俩兄弟共同修建，由于工程浩大，从民国十年（1921年）开工建设，到民国二十五年（1936年）建成，前后用了15年时间。为建造大院，向氏兄弟变卖了400石（当地每石为400斤黄谷）稻田。上世纪40年代后期，向氏兄弟携家眷离开家园，兄弟二人先后客死他乡，他们的后人再也没有回到金黄甲大院。据村民介绍，向氏兄弟富甲一方，拥有良田沃土，在乡里乐善好施，扶贫济弱，因懂医术，还时常为民众看病施药。

金黄甲大院名称来源于一个传说：古时有一位将军带兵从此经过，见天色已晚，人困马乏，下令在此安营扎寨。由于军务紧急，天不亮队伍就提前开拔，由于行走匆忙，将军一副金黄色盔甲遗留在村里，此地因此得名“金黄甲”，向氏兄弟修建的大院命名为“金黄甲大院”。后来村组合并，金黄甲村并入长堰村。在罗田镇编辑的《罗田故事》中，关于金黄甲名称的来历还有一些其他的传说。

中西合璧、气势宏阔、浑然天成的大院

金黄甲大院坐南朝北，穿斗抬梁混合结构，纵向一进四合院，横向三座天井院落布局，墙体分别用青砖、土坯、夹壁、条石作墙，屋顶为青瓦硬山屋面。大院占地面积2310平方米，建筑面积3500平方米，原有56间房屋，现存面积约1500平方米，因后来改作粮库，内部多有改造，房间数量现还无法数清（图34-2）。大院具有较强的防御功能，四周墙体高大坚固，墙体设有许多射击孔。

大院正面两层、局部3层，第一层开12个长方形石框窗，第二层开18个西式尖顶花格窗，第三层阁楼开12个条形窗。尖顶花格窗框饰以浅色灰塑图案，显得秀美耐看，增添了建筑的美感和韵味（图34-3）。大院正面开3座石框朝门，正中大朝门镌刻门联：“祖遗美田园，乔梓相承传万代；亲修华栋宇，壎篪同住继千秋”，两侧朝门门联分别是：“欣卜武文乡，一庭雍睦荣花萼；幸居廉让里，百世盛兴茂竹林”，“亭台纵未建，崇宏堪欣继晋

图34-2 20世纪90年代之前，金黄甲大院被改为粮站。

图34-3 尖顶花格窗增添了建筑的美感和韵味。

图34-4 金黄甲大院朝门及题刻。

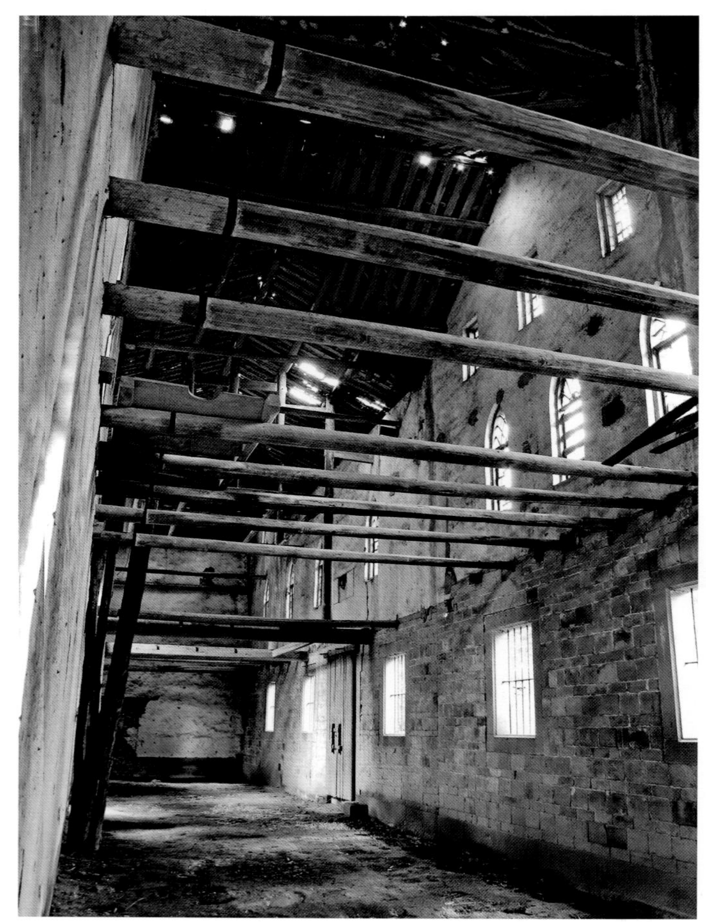

图34-5 室内跑马厅。

竹；楼阁虽非修，壮丽且喜乐田荆”（图34-4）。

大院朝门前建有门楼，用两根间距5.8米、高约6米的立柱支撑，据程副镇长介绍，原来门楼有两层，下层是进入朝门的门脸，上层作瞭望楼，上层后来被拆除。

宽阔的前厅共3层，二层、三层木楼板全部消失，只存部分楼辐。前厅进深5.2米、高5米、长57米，主脊上题“民国二十六年造，岁在丁丑巧月立”。室内空间长达57米的房屋在民居极为鲜见，询问后才知道，原来是向氏兄弟喜爱骑马，专门设置了几十米长的室内跑马厅（图34-5）。

中庭天井面积约180平方米，左右厢房进深5.2米，正厅进深7.9米，正厅楼上曾作过戏台。前厅、正厅、厢房楼上挑出的廊道宽约2米，将二楼所有的房屋连通。这种贯通四面房屋形成的走马廊道（亦称回廊）在民间通常是家族经济实力和社会地位的象征，一般为乡间官宦人家或绅粮大户宅院所采用。二楼厢房花格窗式样丰富，廊道上作有美人靠。大院过去常有戏班子演出，二楼的美人靠和廊道是贵客和长辈们看戏的地方（图34-6）。

大院东西两侧横向天井院落呈对称布局，房屋均为穿斗式架构，三开间，天井面积约90平方米，大致相当于中庭大天井一半。西面天井院落已荒芜，天井里长满杂草；东面天井院落变成村民养鸡

图34-6 二楼回廊美人靠。

图34-7 东面天井成了村民养鸡养鸭的场地。

图34-8 房屋门和窗采用中式和西式两种风格形式交叉变化。

养鸭的场地（图34-7）。中庭四合院与东西两侧四合院有宽阔的廊道相通，房屋门窗有中式风格，也有西式风格，两种风格交叉变化，增添了建筑的韵味（图34-8）。大院高墙之外还有一些偏房，作厨房、库房和下人住房及饲养牲畜之用，这些房屋大都只剩断垣残壁或条石基础。大院东侧还有一座土碉楼，过去有3层高，现在仅余一层遗址。

丰富多彩的彩绘、题刻

在中庭四合院右厢房二层廊道木壁上发现一幅木匾，上面镌刻七言律诗一首，行草字体、刀工遒劲、字迹清晰，律诗内容为：“鸳瓦虹梁式樽新，寻常第宅且相伦，金龟玉凤夸荣盛，若在当时作比舞；千间大厦并高堂，田地丁拦盛一方，穷尽人工技艺巧，王侯阀阅尽辉煌。”落款是：“校长向毓安题”（图34-9）。向毓安是民国时期罗田一所私塾的教师，学识渊博，为人口碑甚佳，当地乡民尊称他为校长。题诗生动形象地描绘和赞扬了向家宅院的辉煌气势和高超的建造工艺。

正厅左面一处房间（后改作粮站饭堂）正面墙上绘有一条鲤鱼，鲤鱼上方是一幅喜鹊闹梅图案，画面鲤鱼栩栩如生、呼之欲出。在中庭四合院二层厢房一间房屋内，还发现一幅荷花莲叶水墨画，上题：“一叶一花一世界”，画面灵巧、诙谐有趣。

金黄甲大院内的彩绘、墨画、木雕、石雕是大院精彩之笔。改作粮库后，大院部分结构被改变，“文革”时期院内雕刻、字画、彩绘遭到不同程度

图34-9 厢房二层廊道木壁镌刻的七言律诗。

图34-10 正厅驼峰雕刻细腻，工艺精湛。

的损毁。正厅右面梁架未被粮仓遮挡，显露出色彩鲜艳的彩绘檩子，主檩依稀可见“沛霖造丙子立”几个字，丙子是民国二十五年（1936年），标明了大院建成的年代。梁架上几座驼峰雕刻精彩、工艺精细，雕刻手法为深浮雕，内容有戏曲故事和花卉、凤凰、仙鹤等吉祥图案（图34-10）。

大院险被改作养猪场

解放后，金黄甲大院收归为公产，1951年改作粮站仓库，1953年在此设立罗田粮站，1955年罗田粮站划归万州龙驹区粮油管理站。大院正厅墙面上还残存着万州龙驹区粮油管理站1989年张贴的“粮油订购价格表”、“保管员岗位责任制”、“防火管理制度”、“防盗管理制度”等纸张残片。

罗田过去是乡的建制，属万州市龙驹区管辖，龙驹区粮站将金黄甲大院约70%房屋改成了粮食仓库，其余房屋作粮站办公、食堂、住宿等用。在当时，人们对大院的认知不过就是地主老财的封建糟粕，文物保护意识空空如也，因此在改造过程中，金黄甲大院原有面貌和结构被损坏不少。

2002年前后，龙驹区粮油食品管理站进行体制改革，粮站关闭，粮站房屋作为闲置资产处置。当时粮站经理陈进和另两名员工用5万元价格将金黄甲大院买下，加上税费和简单维修，总共花费约8万元。2006年4月，万州区政府公布金黄甲大院为区级文物保护单位，2009年12月，在笔者推荐下，经市文广局报市政府，金黄甲大院被公布为市级文物保护单位。陈进等人买下大院后，先是想将大院拆除重建，后来又想改为养猪场。鉴于金黄甲大院已是文保单位，加之专家们对金黄甲大院的高度评价，镇里知道后反复给他们做工作，金黄甲大院才幸免被拆除或沦落为养猪场的命运。为了彻底解决问题，镇政府决定在镇里财力并不宽裕的情况下，花钱买回大院。罗田镇党委书记蒋培华告诉我，2011年8月，经他们与陈进反复协商谈判，最后以65万元价格将金黄甲大院产权收归镇政府。

金黄甲大院改作粮站后，万州龙驹区粮油管理站将部分房屋改造为粮仓，对大院造成一些破坏。但反过来想，正因为一直是粮站在使用，才使金黄

图34-11 格局基本完整的金黄甲大院。

甲大院得以基本保存下来（图34-11）。在笔者考察过的许多优秀乡土建筑中，大凡在解放后改作乡公所、区公所，或者学校、粮站、供销社、医院等用途的庄园大院，尽管也会有不同程度的改动和损坏，但一般原状还基本保留；而凡是分给农民居住的，损毁破坏就非常厉害，有的基本被后来新建、改建的瓷砖房屋全部代替，历史原貌荡然无存。这类例子太多太多，不胜枚举。在田野考察中，每次看到昔日壮观辉煌、鎏金溢彩的庄园大院被破坏得得面目全非，残缺衰败，心里都会有一种说不出的难受。

金黄甲大院规模宏大、工艺精湛、保存相对完好，中西建筑风格巧妙融合，是重庆地区不可多得的民国时期优秀乡土建筑。近几年，重庆媒体对金黄甲大院作了报道，吸引一些游客远道而来，当他们看到在渝鄂交界大山深处还有如此壮观的建筑群，纷纷感到惊讶和感叹。笔者两次到金黄甲大院考察，仍感到没有完全解读大院的秘密。建议当地文物部门对大院进行详细的测绘，进一步研究、解读大院原有格局、技艺、建造风格和历史信息，编制修复设计方案，在尽可能维系大院原真性的前提下，对大院进行有限度的、修旧如旧的整治修复。还可以考虑广泛收集当地相关历史资料和实物，在修复后的大院开辟展示罗田历史文化和民风民俗的陈列馆。

笔者感到欣喜的是，最近重庆市文物局给金黄甲大院安排了一笔维修资金，万州区文管所已委托专业单位对大院进行测绘，编制修复方案，待组织专家对方案作评审后，即将对大院进行全面的整治维修。

云阳县凤鸣镇彭氏宗祠

在重庆幸存的宗祠中，云阳彭氏宗祠可以说是最具特色的一座，它集宗族祠堂、防御城堡、居住功能为一体，加之独特的建造风格、险峻的地形环境、深厚的人文积淀，使之独压群芳，成为重庆唯一被公布为国家级文物保护单位的宗族祠堂。

笔者考察过众多宗族祠堂，第一次到彭氏宗祠就被深深震撼，那雄踞山头、气势壮观的箭楼和坚不可摧的城墙，让我似乎看到了欧洲古城堡的身影。我前后4次到彭氏宗祠考察，每一次都有新的感受和收获，我也多次向朋友们推荐彭氏宗祠，建议他们有时间去看一看。

第一次到彭氏宗祠是2006年3月16日。之前先与云阳县委副书记谢礼国联系，谢书记是重庆建筑大学建筑城规学院副书记，2005年到云阳县挂职锻炼，我是学院兼职教授，相互很熟悉。3月15日晚下榻云阳县县委招待所，次日一早，谢书记、县文广新局熊局长、文管所小程陪同我一起去彭氏宗祠（图35-1）。彭氏宗祠距离县城不远，当时正在扩建二级公路，天又下雨，车行困难。临近里市乡

图35-1 在彭氏宗祠前留影，左二为谢礼国。

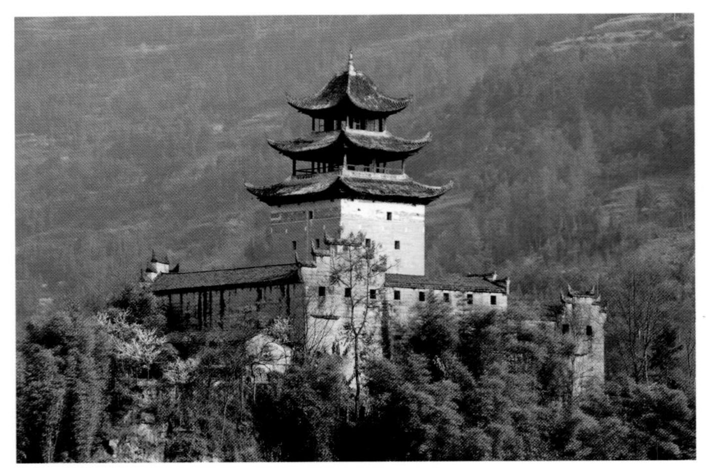

图35-2 挺拔伟岸的彭家楼子雄踞于群山之中。

（现为凤鸣镇），道路更加泥泞不堪，越野车一路打滑横斜。快到宗祠，一辆大车坏在烂泥路上，我们再也无法前行。正在着急时，村干部闻讯骑摩托车赶来，带我们改走一条机耕道。越野车左偏右滑，缓慢前行，终于来到彭氏宗祠附近一处农家院坝，里市乡党委书记、镇长，黎明村支部书记已在此等候。

此时雨过天晴，天空一片碧蓝，距农家院坝几百米处山岗上的彭氏宗祠扑入眼帘，在远处黛色群山映衬下，挺拔伟岸的宗祠箭楼显得分外突出。我立即在院坝上架起三脚架，用哈苏相机装上120彩色反转片，从远处连续拍摄了十几张照片（图35-2）。随后，我们一行人从院坝下坡，再向上攀爬，穿过几片浓密的竹林，来到彭氏宗祠前。

雄踞群山、固若金汤的彭氏宗祠

彭氏宗祠又称彭家楼子、彭家箭楼，位于云阳县凤鸣镇黎明村一组，小地名叫瓦琢溪，距云阳县城约20公里。宗祠坐西向东，雄踞于群山之间，三

面陡峭的山岗树木葱茏，茂竹秀美，正面是一块缓坡地，从此方向可进入宗祠（图35-3）。正值3月桃花盛开，怒放的花朵争芳斗艳，恍如世外桃源。箭楼高耸挺拔，城墙厚重坚固，环境开阔旖旎，不管从什么角度拍摄，都会感到美不胜收。

彭氏宗祠由彭宗义和儿子彭祖河主持，于道光二十五年（1845年)开始建造，至清同治三年（1864年)最后竣工，历时20年始得建成。宗祠选址在三面绝壁的险峻山崖，居高临下，视野开阔。祠堂设置内外两道高墙、4座炮楼、一座箭楼，墙体布满射击孔，整座宗祠墙高城坚，易守难攻，固若金汤（图35-4）。

彭氏宗祠占地面积3500平方米，建筑面积2651平方米，复式四合院落布局。祠堂外围墙高约5米，地基坐落在坚硬的整体山岩，下段用条石，上段为砖墙，石墙上开有高低不同的射击孔。4座炮楼分布在围墙四角，3座已毁，现仅存1座。祠堂有两道朝门，第一道朝门为门楼式，第二道朝门安装有双扇铁皮大门（图35-5）。进入祠堂大山门，坚固高耸的内墙扑面而来。内墙呈长方形，面宽33米，进深37.5米，全用条石砌筑，形成一道高12至15米、厚达1.6米的坚固城墙。墙体四周8壁重檐风火山墙灵秀生动，起伏跌落，平添祠堂美感和气势。二道朝门开在内墙右侧，朝门上有一块装饰考究的匾匣，匾匣四周用精美的券草深浮雕装饰，正中阴刻“彭氏宗祠”4个大字，落款“同治三年孟

图35-3 宗祠三面是陡峭的山崖，正面是一块缓坡地。

图35-4 彭氏宗祠坚固高大的石墙。

图35-6 匾匣题刻“彭氏宗祠”和两壁雕刻精美的牛腿。

冬月上浣穀旦，嗣孙宗义私修敬立”，匾匣左右镌刻“宗子维体亦孔之固，孝孙徂位以赫厥露”楹联。石匾之上原有石质檐棚遮盖，檐棚损毁后，余下两壁牛腿，牛腿上雕刻精美的花卉、鸟兽、山水、寿桃等图形令人赞叹不已（图35-6）。

祠堂内部呈四方形，从前至后分别为戏楼、箭楼、厢房、后堂，厢房与箭楼之间有回廊环绕。戏楼高2层，歇山顶，檐下饰以券棚，左右连廊和偏房栏板、花窗雕有各式图案，戏楼前是一处狭小的天井（图35-7）。

图35-5 祠堂前后两道朝门。

祠堂内石壁上镶嵌有十几块碑刻，由近代川东著名书画家彭聚星和刘贞安、姚仁寿题字作画。碑刻刀工细腻、书法娟秀，记载了彭家先祖移民创业的艰辛过程和彭氏族规家训、宗祠管理要则等内容。这些珍贵的石碑在“文革”中被当地村民用石灰覆盖，才得以保存至今。听黎明村支部书记介绍，“文革”中碑刻几乎毁于一旦，当年红卫兵进入祠堂，带上钉锤钢钎，准备把这些石碑作为“四旧”通通砸烂，但因当地火成岩石板实在太坚硬，一般钉锤钢钎还奈何不了，红卫兵折腾一番后终于作罢。现在部分石碑还留下了“文革”中被戳打的痕迹（图35-8）。

箭楼耸立于院落正中，是彭氏宗祠最显目突出的建筑。箭楼基座高出地面约1.5米，前面过廊石栏板上立有两根石柱，上面镌刻对联一副，左联是“戬谷裕治谋，敢云福备九畴，於我渠渠容夏屋”；右联是“奉祠临胜地，恰好楼高百尺，与人皞皞上春台”。右联中

图35-7 戏楼与箭楼之间狭小的天井。

图35-8 宗祠内壁题刻留下“文革”时期被戳打的痕迹。

的“恰好楼高百尺”，说明箭楼通高33.3米（旧制100尺）。箭楼共9层，下面6层墙体为石结构，边长10.5米，墙厚1.33米（旧制4尺），各层布有观察窗和射击孔。箭楼上面3层为木结构，三重檐，四角

图35-9 箭楼内部仅存部分木梁和楼梯。

攒尖顶。箭楼内部各层楼板已被拆走，仅存部分摇摇欲坠的木楼辐和木楼梯（图35-9）。我们冒险上到房顶，站在箭楼最高处，清风徐徐，四周风景尽收眼底。远看青山叠嶂，田畴沃野，气象万千，顿时有范仲淹登岳阳楼“登斯楼也，则有心旷神怡，宠辱偕忘，把酒临风，其喜洋洋者矣”之感受。

箭楼屋顶木梁写有“光绪五年己卯岁五月初四日榖旦”，箭楼顶部曾于光绪五年前遭雷击损毁，现在的箭楼是光绪五年（1879年）复建的。

解放后，彭氏宗祠改作学校使用，内部结构有所改动。“文革”期间宗祠雕刻、字画遭受到不同程度的破坏；由于风吹雨打，加上虫害等因素，宗祠梁架、檩子、椽子朽毁严重，楼板糟朽，箭楼内仅剩下凋零破烂的楼辐和木梯，屋面部分垮塌，漏水情况也很严重。

彭氏先祖及族规

彭氏先祖彭光圭，湖北武昌府大冶县人。彭光圭之子彭大信于乾隆中期由大冶移民到四川夔州府，之后迁万县龙驹坝，再后迁云阳县盘陀市。在民国九年（1920年）六月编撰的《云阳彭氏世谱》“自序”中，有“吾家自乾隆中叶由大冶迁云阳，绵历七世将二百年，宗姓繁殖丁众至三百余人”的记载。同治初年，彭大信后裔迁云阳县云安厂（现云安镇），后迁里市乡黎明村后槽沟定居至今。彭家兴旺发达时期，拥有的田地远及利川、开县、云阳等地。民国时期，彭家除收田租外，还经营米粮、布匹、食盐、木材、烤酒等买卖，在万县、云阳、重庆城设有自己的货物码头。彭氏家族中有不少人在朝为官，彭宜辉在湖南邵阳做知县，彭少文做过乡长，还有人在京城当官。老一些的村民讲，彭家过去也做了不少善事，如灾荒年减租减息，为百姓看病拿药，开办私塾学校，修桥修路，等等，在当地声名远扬。

彭氏宗祠制定有严格的家规族约，民国九年（1920年）六月编撰的《云阳彭氏世谱》中，有律己、治家、家规、族约、祠规等条款。其中“律己”篇有27条祖训，“治家”篇有45条祖训，每条祖训都用经典词句解说。各种条规洋洋洒洒数百条，有劝人勤勉之语，有家庭和谐之方，有为人处世之道，也有三从四德、男尊女卑的训诫，其中不乏弘扬真善美，鞭笞假丑恶的人生箴言、警句。认真阅读咀嚼，深感其味无穷，许多经典格律至今仍然具有现实教育意义。受篇幅所限，现将仅“律己”篇和“治家”篇的目录罗列如下，以飨读者:

“律己”篇目录共27条，计有：1.尽心；2.人需实做；3.人从本土做起；4.做人先立志；5.须耐困境；6.存退一步想；7.时日不可虚度；8.作事要认真；9.作事要有恒；10.事必期于有成；11.要顾廉耻；12.贵慎小节；13.当爱名；14.勿好胜；15.财色两关；16.尤当着力；16.因果之说不可废；17.不可责报于目前；18.名过实者造物所忌；19.不可妄与命争；20.少年富贵须自爱；21.处丰难于处约；22.欲不可纵；23.贫贱当励气节；24.择稳处立脚；25.居官当凛法纪；26.宦归尤当避嫌；27.守身。

“治家”篇祖训目录45条：1.统于所尊则整齐；2.孝以顺为先；3.惟孝裕后；4.续娶难为父；5.事后母；6.事鳏夫寡母更宜曲体；7.友难于孝；8.冢子宜肩重任；9.弟当敬事兄长；10.齐家当从妇人起；11.妇言不可听；12.妇人不良咎在其夫；13.女子当教以妇道；14.佳子弟多由母贤；15.教子弟须权其材质；16.子弟勿使有私财；17.谨财用出入；18.财贵能用；19.勿贪不义之利；20.勿争虚体面；21.俭与吝啬不同；22.非俭不能惜福；23.服用戒过奢；24.俭非勤不可；25.妇道尤以勤为要；26.妇职不可不修；27.妇不宜男当买妾；28.置妾不当取其才色；29.有子勿轻置妾；30.勿使妾操家；31.娶寡妇宜慎；32.无子当立后；33.勿以异姓乱宗；34.勿子可继宜依体□食；35.不可求为人后；36.祭先宜敬；37.祭产宜豫；38.值祭不宜论产；39.宾□宜洁；40.勿淹葬；41.疾病宜速治；42.婚嫁宜量力；43.相子择妇；44.攀高亲无益；45.缔姻宜取厚德之。

彭家老房子

彭氏家族兄弟分家后建了7座豪宅大院，如今尚存3处老房子，分别称四合头院子、彭家花房子、石板沿院子。

图35-10 四合头院子。

四合头院子位于彭氏宗祠南面，部分房屋被改建，内外搭建了一些土房、砖房，老房尚存两进老院落和3壁彩绘风火山墙，雕花木构件部分完好，院落大致还保留原有制式格局（图35-10）。内院抱厅石栏板上立有两根石柱，上面镌刻一副楹联，上联是“创业维艰，念先人若何深谋远虑”，下联是“守成不易，愿后嗣都作孝子贤孙”。院子现有十几户人家，大多外出打工，只剩几个老人居住在落寞的大院里。

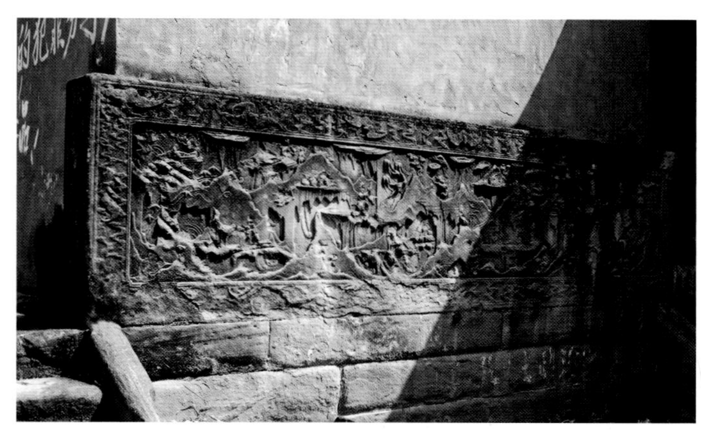
图35-12 彭家花房子石栏板山水雕刻图。

彭家花房子位于彭氏宗祠北面，与宗祠距离200多米，占地约5100平方米，尚存的重檐牌楼和风火山墙造型起伏跌落，是彭氏庄园中规模最大、建造装饰最豪华的院落（图35-11）。彭家花房子始建于道光年间，院内原有12个天井、7座四合院、上百间房子，现保存下来的仅有3座四合院、十几间房屋。院子内两幅石栏板上的雕刻堪称石雕

图35-11 彭家花房子尚存的重檐牌楼和风火山墙。

精品，其中一幅山水图尤为精彩（图35-12）。彭家花房子作为一座珍贵的历史建筑，从上世纪50年代至今没有得到任何保护，反而被随意拆除改建，杂乱无章的混凝土房屋和砖房与古朴典雅的古建筑混杂在一起，严重伤害了彭家花房子的历史原貌，使人深感痛惜。只有依然耸立的重檐牌楼和两壁雕饰精美、飞檐挺拔的风火山墙，还顽强地显示着当年彭氏家族的显赫和大院曾有的壮丽辉煌。

石板沿院子位于凤鸣镇黎明村五组，院子面宽63米、进深47米，占地面积约2900平方米。两侧厢房一侧被拆除改建，一侧还大致保存原貌，但墙体皆有变动，墙体、石料风化较严重，内部木结构多处虫蛀、糟朽。现存中厅、天井、后厅，院子内还有30余户人家居住。

解放后，彭家几座院落被没收，房屋分配给几十户农民居住。彭氏家族入川至今已有十代，目前在黎明村辈分最大的是第七代、93岁（2006年3月笔者考察时）的彭宜仁。

彭氏宗祠几乎毁于一旦

2012年10月30日至11月1日，在云阳县文管所文物科科长陈昀陪同下，我第四次来到彭氏宗祠。陈昀，34岁，18岁参加工作，曾在四川大学举办的文物考古专业班进修，已有16年文物工作经历。陈昀热情乐观、善于交谈，他长年在乡下奔波，对云阳各处文物了如指掌。路上同坐一车，陈昀给笔者讲到，上世纪80年代，彭氏宗祠险遭拆除厄运，后在四川省文物局的介入和云阳县文管所的极力保护下，终于免遭灭顶之灾，当时负责“二普”资料汇总的云阳县文管所干部潘友茂功不可没。这个故事引起了我的兴趣，当时就想找潘友茂深入了解此事具体情况和过程，但陈昀告诉潘友茂已到广东定居十几年，在那里办了一个艺术工作室，只有作罢。说来也凑巧，11月1日晚，笔者下榻云阳宾馆，恰逢潘友茂应邀回云阳参加一个活动，也住宿云阳宾馆，正好被陈昀碰到，陈昀立即把他请到我房间。得知我的想法，潘友茂欣然同意与我交谈，20多年前的事情他至今记忆犹新，说起来还有些激动。

潘友茂1986年到云阳县文管所工作，现年65岁。1986年至1987年，云阳县开展第二次全国文物普查工作，包括彭氏宗祠在内的一批文物准备分别申报列入县级、市级和省级文物保护单位申报名单，当时潘友茂负责具体查勘和登录等工作。“二普”调查汇总后，在县里一次专题汇报会上，潘友茂代表县文化局汇报“二普”所发现的文物名单和申报意见，当他介绍到彭氏宗祠时，特别强调了这处历史建筑的价值和重要性。因彭氏宗祠当时作为学校在使用，房屋部分已成危房，会上对是否将彭氏宗祠申报为文物保护单位发生一些分歧，主持会议的县领导态度也不明确，彭家楼子的保护和申报因此被搁置下来。

结合“二普”工作成果，四川省文物局决定组织编写《中国文物地图集》四川分册，潘友茂被派到成都，统一住酒店整理资料。一天，四川省文物局文物处李处长来到潘友茂住的房间，恰巧潘友茂正在整理彭家楼子资料，李处长把照片拿去一看，立即兴奋起来。李处长是古建筑专家，慧眼识珠，他说：“云阳县还有这么好的古建筑？保存得这么完好，真是太难得了，我有机会一定要去看一下。”潘友茂借机把彭家楼子的问题向李处长作了汇报，李处长听后非常生气，当即叫潘友茂把电话接通云阳县文化局局长。在电话里，李处长把彭家楼子的价值和必须妥善保护的意见告诉了县文化局局长。当时安徽省刚发生一起县领导擅自决定拆除文物建筑的事件，被媒体曝光后，引起中央领导重视，正在责成国家文物局调查处理。因此，李处长还说了一句话——至今潘友茂还清楚地记得，他说：“谁拆谁负责，谁敢拆彭家楼子，不仅要

图35-13 箭楼楼盖梁上的题字。

丢官，还可能要坐牢！”资料整理工作结束后，省文物局举办了欢送宴会，李处长给潘友茂敬酒时，再次给他说：“你回去就到彭家楼子检查，如果被拆了，马上给我打电话，如果还没有拆，你们立即报一个维修预算方案，需要多少钱，资金由省里来解决。”

回到云阳，潘友茂立即把省文物局的意见告诉时任文化局局长聂代汉。第二天一早，潘友茂和聂代汉赶到凤鸣区公所，找到区委书记和区长，把省里的意见和来意给他们交了底。凤鸣区领导说，你们来得正好，建筑队已经到了彭家楼子，正准备拆房子。随即，一行人来到彭家楼子，此时施工机具已经进场，凤鸣区负责人当即叫施工队停下来，告之楼子不拆了。回到云阳县，潘友茂给李处长打电话报告彭家楼子拆除已停下来的消息，李处长听后很高兴，随即问维修要多少钱，潘友茂与聂局长商量后报了5万元。没多久，5万元拨下来，县文管所用这5万元对彭家楼子进行了简单的维修。

实际上，潘友茂他们到现场后发现，彭家楼子内部木楼板已经被拆得差不多了，好在箭楼楼盖和上面撰写的题字还在，否则碉楼建造年代等重要历史信息都会丢失（图35-13）。后来才知道，从彭家楼子拆下的木料被一些有关系的人拿去打了家具。上世纪80年代，中国刮起一股做家具风，许多人到处想办法找木料，彭家楼子木料品质上乘，当然就成了众多人觊觎的对象。

虽然事情已过去20多年，潘友茂讲完还显得有些激动。笔者由此联想到重庆城著名“八省会馆”之一的江南会馆，在上世纪80年代后期被拆除修建了住宅楼，广东公所后殿90年代中期被拆除修建了学校的操场，这些都是极其珍贵的历史建筑，就在近20年的时间里被拆被毁。不少专家学者认为，近20年来城市扩张、乡镇建设、农场旧房改造对传统街区、传统村落和历史建筑的损毁、拆除和破坏，已经远远超过了文化大革命时期，笔者深有同感。前事不忘，后事之师，但愿我们不要再犯这些不可挽回，甚至是不可饶恕的错误了。

全国第二次文物普查工作结束后，彭氏宗祠于1987年10月被公布为云阳县文物保护单位，1996年9月被公布为四川省文物保护单位，2000年9月被公布为重庆市文物保护单位，2013年5月被公布为第七批全国文物保护单位。前些年，虽然彭氏宗祠文物等级提升，但祠堂破损状况并没有什么改善。在云阳县文物部门的争取和市文物局的重视下，彭氏宗祠终于得到一笔维修资金，委托专业设计单位编制了修复设计方案，并完成了修复施工招标。在彭氏宗祠被公布为全国文物保护单位后，修复工程已经正式开工。

彭氏宗祠和彭家老屋建筑群形制庞大，建造独特，人文底蕴厚重，是研究清代川东地区建筑风格、建造技术、民间艺术和“湖广填四川”移民历史的重要建筑实体。建议市县有关部门高度重视，采取各种必要的措施，防止彭氏宗祠的自然损毁和人为破坏，使之延年益寿，传承后人。

云阳县南溪镇邱家院子

2012年11月1日一早，我同云阳县文管所陈昀一起，从云阳县城出发去考察南溪镇的邱家院子。南溪镇位于云安镇之北约20公里，云安镇清代为云阳县治所，云安出井盐，盐商贩运食盐主要经由南溪，南溪又是云阳著名产粮大乡。自古以来，南溪就是人烟辏集、市井骈阗、商贾云集的财富之地。由于物产丰富、经济发达，南溪民间建有众多庄园、大院、会馆、寺庙，在重庆市第三次全国文物普查中，南溪镇登录的不可移动文物点数量占了云阳县约一半。

邱家院子位于南溪镇天合村三组，小地名河务坝。天合村海拔较高，从南溪镇出发，公路一直盘旋向上，途中浓云蔽日、薄雾氤氲，因担心天气差拍不出好照片，我心情随之变得郁闷。约1个半小时到达目的地，刚一下车，天老爷似乎理解我的心情，浓云飘去，天空霎时碧蓝如洗，出现了重庆秋天极为难得的好天气，顿时心情大好。来到邱家院子，只见起伏跌落、彩绘斑斓、气势壮观的风火山墙在蓝天下显得分外艳丽夺目（图36-1）。

拥有五座碉楼、一座山寨的邱家院子

邱家院子位于一座山坡腰部，地形舒缓，周

图36-1 气势壮观、彩绘斑斓的风火山墙。

边开阔，东面山丘高耸，西面山丘平缓，正面大片农田呈梯级向下延伸，低处有一条蜿蜒转折的小溪河，再远处是连绵起伏的大山。大院坐南朝北，复合式四合院布局，砖木混合结构，硬山式屋顶，有9个天井，三进院落，几十间房屋。院子进深约32米，面宽约40米，占地约1300平方米，建筑面积约2000余平方米。

根据地形，大院分3级台地逐次向上。从正面入大院，上11步台阶进入第一道朝门。朝门损毁厉害，墙体垮塌，题刻不存，仅剩一座高2.8米、宽1.44米的石门框，门框阴角用石雕书卷装饰。民间用石雕书卷作朝门阴角装饰非常普遍，万州长岭镇良公祠石朝门也有类似装饰，石雕书卷装饰彰显主人对读书教育的推崇，透露出浓浓的书卷气。朝门上方有一块长方形匾，四边用青花瓷片装饰，题字已消失。第一道朝门后是一块长条形院坝，宽40米，进深9米，院坝里搭满凌乱的砖房。二道朝门损毁严重，门匾残破不齐，原有“表海遗风”4字，题字已脱落，露出下面的砖墙。二道朝门内是一处进深9米的门厅，再上7步台阶进入前厅。前厅房屋大部分被改建，仅剩东侧一座破落残缺的抱厅，此厅用于接待贵客，被称为官厅。抱厅基本垮塌，仅剩两壁土墙和几幅斜撑（图36-2）。从前厅再向前上5步台阶进入后厅，

图36-2 垮塌的抱厅仅剩两壁土墙和几幅斜撑。

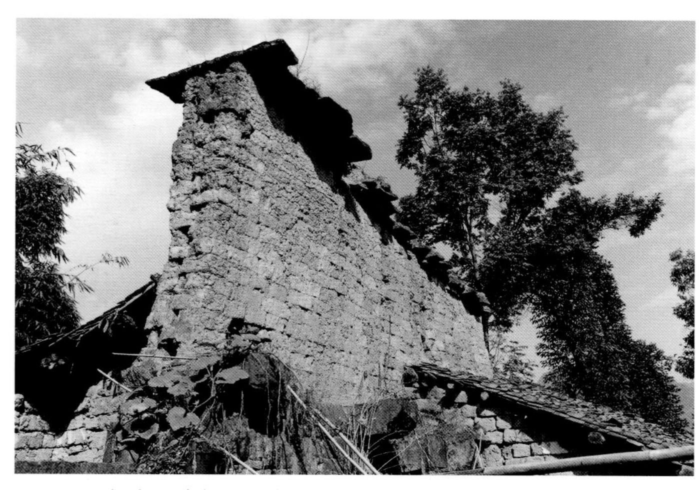
图36-3 大院围墙仅剩的断垣残壁。

后厅面阔九间，进深9米，前有1.6米宽的廊道，房屋部分被改建，部分保持旧貌。来到大院西面，发现地坝上有一座直径3.2米的大石磨，石碾不知去向，仅存嵌在地面的大磨盘。村里老人给我讲，过去院子后面还有一座大花园，种有柚子、葡萄、腊梅等果树和花卉植物，每逢寒冬腊月梅花盛开时节，大院香飘四方、沁人心脾。现花园已消失。

邱家大院防护设施极为森严，大院围墙开设数量众多的射击孔。大院周边过去建有5座碉楼，四个角各建一座，最大一座建在后山。碉楼为夯土结构，高3层，顶部设瞭望亭。大院西面山头建有一座防守严密、寨墙坚固的山寨。乡间大户人家建造宅院时，一般会修建一座或两座碉楼作防护避难之用，像邱家院子这样拥有5座碉楼和一处山寨，在乡间还不多见。大院围墙垮塌殆尽，仅在大院西侧剩余一些断垣残壁（图36-3）。大碉楼后来因修建公路被拆，4座小碉楼有的垮塌，有的被拆除建了住屋，大院西面还能看到一座碉楼残缺的遗址。山寨早已垮塌损毁，仅余一些条石基础遗址。

艳丽夺目的风火山墙

邱家院子最为精彩夺目的是4壁起伏跌落、色彩艳丽的风火山墙。远远望去，风火山墙高低错

图36-4 起伏跌落的风火山墙构成邱家院子美丽的天际线。

图36-6 造型各异、美不胜收的挑檐鳌尖。

落、鳞次栉比，构成邱家院子美丽的天际线（图36-4）。站在邻近大院屋顶，可以完整看到大院4壁风火山墙。风火山墙为三重檐五滴水，墙面饰以彩绘及青釉瓷片浮雕山花，浮雕内容极其丰富，有吉祥杂宝、暗八仙、山水、戏曲人物、松树、花瓶、蔬果，花卉等，浮雕彩绘布局均称、疏密有致、色彩协调、秀丽婉约（图36-5）。山墙正脊用专门烧制的方格灰砖造型，脊顶贴满青釉瓷片。4壁山墙挑檐端部24个鳌尖挺拔向上，生动遒劲、造型各异、起伏变化、美不胜收，构成丰富美观的天际轮廓线（图36-6）。除部分正脊残缺不齐外，风火山墙整体还基本保存完好。在笔者考察过的乡土建筑中，邱家大院风火山墙堪称最美的风火山墙。从大院风火山墙风格来看，邱氏先祖应是来自江西一带的移民（图36-7）。

图36-5 风火山墙丰富多彩的彩绘及青釉瓷片浮雕。

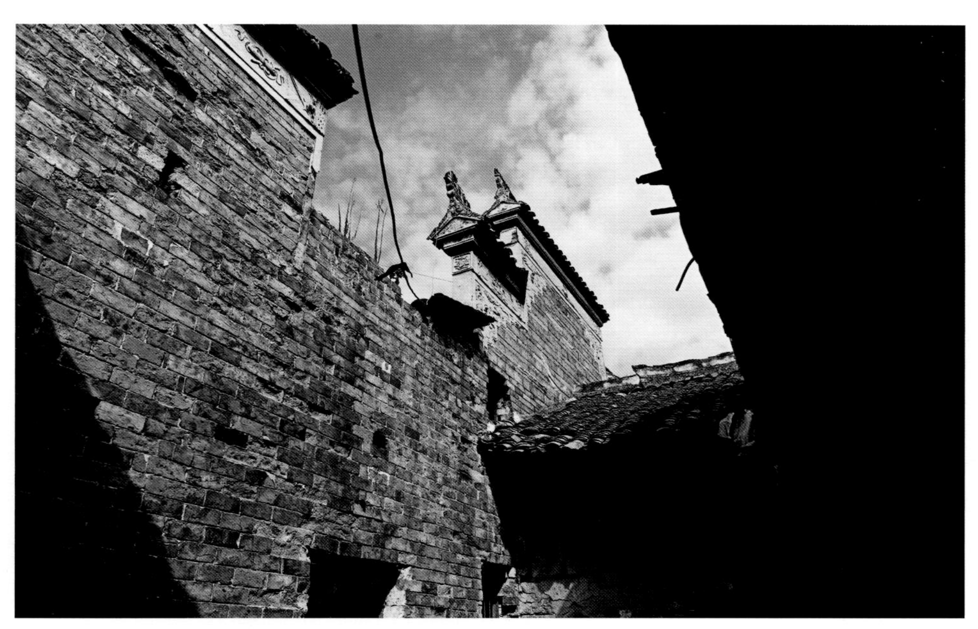

图36-7 风火山墙造型带有显著江西移民建筑风格。

不论是风火山墙多姿多彩的造型，还是大院极为周到的防护设施、精心选择的风水格局，以及美轮美奂的脊饰、山花、石雕、砖雕、木雕，邱家大院建筑风格和装饰手法都堪称巴渝本土建筑与外来移民建筑相互融合、相互吸纳的典型代表之作。笔者在考察多处乡土建筑后，归纳概括了巴渝建筑风格16个字，即："兼收并蓄、多元结合，因地制宜、灵活多变"，这些风格特征在邱家大院得到了完美的诠释和充分的体现。

邱家大院实际上是郭家大院

邱家院子原来住了十几家人，由于房屋已成整体危房，加之大部分人外出打工，大院里现只有两家人，显得凋零落寞，寂静冷清。这两家的老人一个叫郭云钊、73岁，另一个叫郭云忡、62岁，是五保户。笔者在现场正好遇到从田间劳作回来的郭云钊，和他聊了一会儿。据郭云钊介绍，他爷爷叫郭启文，父亲叫郭世能。爷爷郭启文清末民初在云阳县开办盐厂，用盐卤熬制井盐，经营食盐生意赚到一些钱后，买下了这座大院。解放前郭家已分家，每家只有十几石田租。郭云钊父亲教过书，解放后因有田租被划为地主成分，郭云钊成为地主子女，受到一些磨难和波折。郭云钊有两女一儿，都在外打工，两个在云阳县城，一个在广东中山，家里只有他和老伴两个老人。

据郭云钊介绍，大院主人经过几次转手，最早的主人姓邱，邱家将大院卖给王家，王家又将大院卖给郭家。郭云钊出生于1939年，以此推算，他爷爷郭启文应出生于清光绪年间，也就是说大院在光绪时期已属于郭家，而之前还有邱家、王家，因此大院建造历史还更为久远。由于大院最早的主人姓邱，当地人至今仍然习惯称郭家大院为邱家大院，云阳县文管所在全国第三次文物普查成果申报时，也以邱家大院名字登录。

由于时间不够，笔者未能在现场作更多考察采访，而云阳县文管所给笔者提供的邱家院子资料内容极为有限，因此，对邱家大院历史往事还缺乏更多的了解和记叙。对这座显然极有特色和价值的清代民居，希望云阳县文管所能够组织力量，对其历

图36-8 昔日辉煌壮观，而今衰败荒凉的邱家大院。

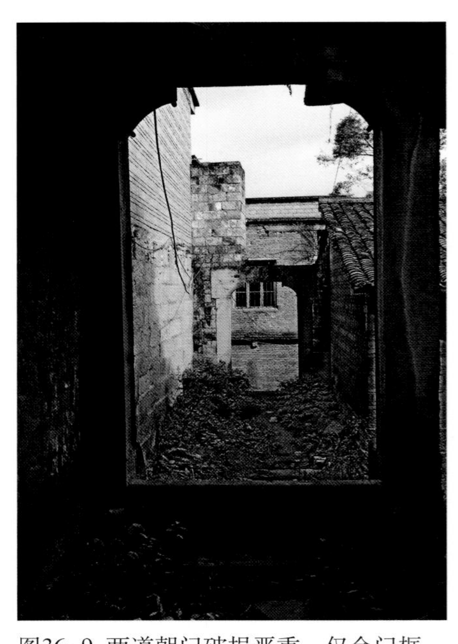
图36-9 两道朝门破损严重，仅余门框。

史和建筑格局作进一步调查核实、补充完善。

衰败凋零的院落

几十年来，邱家大院遭到无休止的破坏损毁，这座曾经壮观豪华、门庭炫耀的清代地主大院如今已经衰败凋零（图36-8）。从远处看，蓝天下的邱家大院风火山墙壮观巍峨，但进入大院浏览后，笔者不禁痛心疾首，连声叹息：大院内到处是残砖破瓦、杂草垃圾，有的地方简直无法下脚；房屋原貌破坏严重，唯一较完整的后厅屋顶正脊也被人为毁掉大半；不少砖房、土坯房围绕大院四周修建，有的房屋干脆直接将墙壁靠在大院，使院落环境变得杂乱无章；院内精美的木雕损毁殆尽，仅有正厅前过廊上还残存着几幅雕花窗扇、斜撑、挂落和穿枋；两道朝门破损严重，仅余门框，门框上的匾额、门楼都被破坏损毁（图36-9）。匾额题字“忠实言荒”和“表海遗风”，也是根据村民的回忆记下来的；白蚁滋生及潮湿的环境造成木结构虫蛀、糟朽非常严重。长期以来，邱家大院没有得到保护和整修，而是任其风雨飘摇，垮塌损毁，自生自灭。在昔日辉煌壮观，而今衰败破落的邱家大院面前，笔者又一次感到了深深的悲哀和无奈。

村民给笔者讲，过去邱家院子四周森林密布，粗大的柏树、松树要两三个人才能合抱，后来在大炼钢铁时期、公社化时期，大树遭到疯狂的砍伐。剩下的树木也难逃厄运，在近20年经济利益的驱动下全部消失。村民介绍的情况，在笔者考察过所有的乡土建筑中无一例外。上世纪50年代至今几十年来，我们对自然、生态、文化、历史和乡村传统风貌的破坏程度远远超出人们的想象。如今，体现中国民间建筑艺术的庄园、大院、祠堂、碉楼等乡土建筑，自然环境和建筑形态完整保留原貌的已经找不出一处。除了惋惜痛心外，更值得我们警醒反思。尊重自然、尊重人文、尊重历史、留住乡愁的理念，我们应该铭记于心，并努力付诸行动。

中午返回南溪镇，与南溪镇党委刘书记，政府杨镇长和毛副镇长等镇领导见面时，笔者对邱家院子的价值给予了高度评价，对其现状表示了深切的关注。南溪镇书记和镇长讲，南溪镇是一个大镇，还有不少历史文化遗产，他们也希望市政府和县政府能够给予资金和政策方面的支持，加大镇域内历史文化遗产保护力度。

由于邱家大院内部破坏太厉害，全面修复难度较大，但其外形和4壁风火山墙尚在，建议云阳县文物管理部门查找相关历史资料，对建造年代和历史演变作出考证，对建造风格、建筑布局作进一步研究，在此基础上，争取得到各方面的支持，尽可能恢复大院昔日的亮丽风采。

云阳县南溪镇郭家大院

前些年，在一些杂志和报刊上看到介绍云阳南溪镇郭家大院的文字和图片，感觉应是一座规模浩大、保存较为完好的清代大地主庄园。2012年11月2日，在云阳县文管所文物科科长陈昀陪同下，笔者专程到距南溪镇约7公里的郭家大院考察。

大院郭夫人张氏曾被皇封“一品诰命夫人”

来到郭家大院，发现大院四周已经被新建的房屋包裹得密不透风，想象中辉煌壮观的大院不见踪影，顿时感到有些失望。待我借来木梯，爬上附近一座三层砖房的屋顶，郭家大院起伏连片的风火山墙映入眼目，才感到其规模确实非同一般（图37-1）。进入大院观察后，又遗憾地发现这座清代地主大院损毁破坏程度大大超出了笔者预料。

郭家大院地属云阳县南溪镇青云村，现存建筑面积约2200平方米。大院坐南朝北，屋基略呈斜坡，分台阶逐级向上，从前至后高差4米多（图37-2）。大院背后是树林浓密的大青山，正面是大片农田，远处是雄峙苍茫的群山。前方缓坡之下有一条叫石龙溪的小溪河，溪水流向汤溪河，经云

图37-1 从三层屋顶拍摄的郭家大院。

阳县城汇入长江。大院前方有一座建于光绪五年（1879年）的字库塔，塔上刻有“安贞吉”3个大字（图37-3）。民间大凡有字库塔的地方，必有读书人或学校、私塾。古时人们对读书人和书籍非常尊重，写有文字的纸张是不能乱扔和玷污的，必须在专门焚烧废纸的字库塔处理。

清同治年间，郭夫人张氏被皇封“一品诰命夫人”。同治四年（1865年）张氏60寿辰，前来贺寿的士绅、姻亲、朋友送来许多寿匾。古代直至民国时期，在乡间送一块题有褒奖溢美之词的贺匾是极有面子的礼物。寿辰办完后，送来的贺匾分别悬挂在大院房屋各处。当地村民讲，这些匾额“文革”前有的依然悬挂在大院房屋内，有的被村民拿回家里当了案板、门板，甚至用来做了家具。文化大革命“破四旧”，遗留的匾额被作为封建糟粕损毁殆尽，仅剩几块破旧的匾额散落在大院房屋里。原有匾额具体内容和悬挂位置，居住在郭家大院附近的朱太祥（68岁）留有文字记载。笔者向朱太祥索要资料，他回家找了半天没找到，我给他留下邮箱号，希望他找到后发过来。过了几天，朱太祥找到记录文字，专门到镇上请会打字的人用电脑打出后发到我的邮箱，真还要感谢这位纯朴的村民。根据朱太祥提供的文字记载，匾额内容和分布情况大致是：东侧堂房挂“高标应玉”匾，东走廊挂“春萱并茂”、“瑞绕琼崖”匾，西走廊挂“美意延年”、“移换春台”匾，中堂挂“绪绍汾阳”匾，正堂挂“惟德之基”匾，西堂挂“古柏青松”匾，西侧堂屋挂“瑞霭西池”匾，此外还有“情深梓里”、“古析表松”等匾额。郭家后人郭贞安还记得正堂外阶沿两边挂有一副贺寿联，上联是“乔木喜莺迁，大厦宏开增百福”；下联是“萱堂来燕贺，遐龄永庆祝三多”。

图37-2 郭家大院屋基略呈斜坡，分台阶逐级向上。

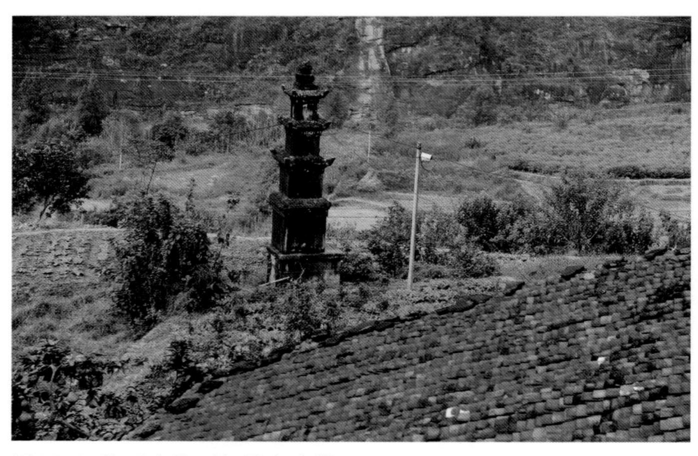

图37-3 建于光绪五年的字库塔。

当地村民还讲了一个情况：郭家大院并非郭家所建，而是当地富豪李弘庆的庄园。查南溪镇有关历史资料，郭家大院始建的历史，更早还要追溯到明朝嘉靖年代（1540年左右），李氏家族入住大院在清康熙四十四年（1705年）。李家良田万顷，富甲一方，为防土匪掠夺骚扰，李氏家族耗费巨资，在庄园背后的大青山建造了一座山寨，称为青云寨，山寨有坚固的城墙和城门，寨内建有供避难居住的房屋和储备粮食的仓库，至今尚存遗址。道光八年（1828年），大院转给郭家，更名为郭家大院。历史上，李家、郭家先后对大院都做过部分改建、扩建和维修，现存大院应是清中后期的建筑。

房屋开间之谜

从高处向下看，郭家大院平面呈“凸”字形，

图37-4 郭家大院天井院落。

为复合四合院布局，包括损毁的房屋在内，建筑面积约2000平方米。大院原有9座天井、8座风火山墙、数十间房屋，分为门厅、前厅、中厅、后厅。门厅原有一座戏楼，现已完全损毁，戏台尚存部分。前厅、中厅为抬梁式，悬山屋顶，青瓦屋面。后厅靠外围墙，硬山屋顶，面阔九间。由于几十年的损毁破坏，现大院仅存4座天井，十多间房屋（图37-4）。

大院有3道大门，一道正门，两道侧门。大朝门开设在大院“凸”字形的突出部分正中，从大朝门上9步石梯到前厅。“凸”字形东西两侧各开一座牌楼式侧门，牌楼为两重檐，高达6米多，距地面2米高，有11步石梯。石框门风化严重，双扇木门斑驳破旧（图37-5）。侧门各有一块门匾，东面为“五知风峻”（图

图37-5 牌楼式大朝门。

图37-6 朝门“五知风峻”门匾。

图37-7 朝门翘脊飞檐造型丰富，灵动耐看。

37-6），西面为“四部书香”，字体见方盈尺，飘逸遒劲，浑厚有力。题字用石灰浆加糯米浆塑成，表面贴青花瓷片，除少数瓷片脱落外，青花瓷片至今光亮如新。东面侧门石框塑一对狮子戏绣球，西面侧门石框塑两匹相向而奔的骏马，中间为一座宝塔。牌坊侧门上方有双层斗拱，斗拱贴青花瓷片，斗拱之间绘花草图形，塑有许多狮身人面雕塑，牌坊顶部翘脊飞檐造型丰富，灵动耐看（图37-7）。

清道光八年（1828年）前，大院为李家所有，李家5个儿子李应发、李应馨、李应荣、李应科、李应思先后中举入进士，在当地传为佳话，故在门额题“五知风峻”。现存字库塔和大院“四部书香”、“五知风峻”等题刻，印证了李家、郭家书

香门第、耕读传家、五子登科的家族历史。

明清时期，房屋制式规格要求严格，逾越规制是要受到严厉处罚的。一般民间大户人家建造的大院房屋多为三开间、五开间、七开间。郭家大院能够建到九开间，是否因郭家张氏享有皇封“一品诰命夫人”的荣誉，因而可以在后来大院的复建、改建或者重建中超规格建造，有待进一步考证。一般大院建筑平面多呈四方形或长方形，郭家大院平面呈“凸”字形，笔者还有一种猜测：因大院后厅为九开间，为了避人说长道短，引起麻烦甚至于灾祸，于是郭家在设计布局时，将前面房屋东西两侧各减掉两开间，这样从正面来看，房屋制式变成了五开间。这种分析是否成立，有请方家指教。

蔚为壮观的风火山墙

郭家大院虽已破落，但尚存几壁封火山墙非常出彩，引人注目。郭家大院原有8壁风火山墙，中厅和后厅6座四合院中有6个天井，8壁风火山墙正好将其分隔。如果一处四合院失火，风火山墙可起到有效的封堵作用，防止火势蔓延到其他院落。大院风火山墙为三重檐五滴水，相比南溪镇天河村的邱家院子，郭家大院山墙山花图案较简单，画面色彩素净，仅在檐口下做有一些素色的花草、云纹，山墙脊顶用青瓦片堆砌，中堆、翘脊做有灰塑图形，整体显得规则整齐、简洁大方（图37-8）。从郭家大院山墙形式来看，依然是江西客家一带移民风格。而据了解，郭家祖籍为湖北黄州府。这就有几种可能，一种是李家先祖来自江西，始建大院时已经确立了建筑的风格；一种是郭家先祖后来对大院进行改建、复建时，仍然沿袭了原有的风格；还有一种可能是郭家始祖是否也有“江西填湖广”，“湖广填四川”的移民轨迹。

郭门三杰

除李氏家族五子登科外，郭家也是人才辈出。清同治四年（1866年），郭家张氏皇封“一品诰命夫人”；郭氏家族中，郭在田曾任云贵道台，郭聘初为清末举人，曾任黑龙江总督府官员、同盟会会员。民国时期，郭家大院一位重要的主人叫郭启敬，号遐龄（又称侠林），郭氏家谱中对他有“英勉过人，才华绝代”的评价。郭侠林自幼聪明伶俐、勤奋好学、智力过人。辛亥革命后废除科举，为培养选拔人才，夔府6

图37-8 规则整齐，简洁大方的风火山墙。

县（云阳、开县、万县、奉节、大宁、巫山）组织学子会考，郭侠林获第一名。郭侠林对诗词歌赋、琴棋书画、吹拉弹唱、戏文台词、风水八卦、中医草药无所不通，堪称乡间奇才。他开设教馆，帮助乡里儿童入学，平时为乡民看病行医，兼察宅基风水，深得当地乡民尊重。郭侠林夫人姓胡，是湖北州判的女儿，生了儿子郭嗣兴。原配夫人病逝后，郭侠林续弦娶当地杨姓绅士（邑增生）女儿杨维中为妻。杨维中毕业于女子师范学校，知书识礼，贤惠仁厚，生有郭嗣麟（号郭林）、郭嗣汾、郭嗣亲（号宝仁）、郭嗣荣（号贞安）几个子女。郭侠林夫妇继承郭家崇尚教育的传统，重视子女教育。几个儿子不负父望，后来都成为栋梁之材，特别是郭嗣麟(郭林)、郭嗣汾、郭嗣荣（郭贞安）被誉为“郭门三杰”，在当地传为佳话。

笔者通过现场采访，后来又找曾在南溪镇作过书记的秦华平补充了一些资料，完成了郭家大院文字撰写。之后心里还是有些不踏实，因为从当地村民了解的情况有限，有的还是传说，而历史必须真实可信，不能杜撰或人云亦云。为核实佐证郭家历史，我一直在寻找郭家后人。“郭门三杰”年事已高，是否健在尚不知道，村民告诉除了郭嗣汾在台湾外，郭林、郭贞安解放后去了北京，一直在北京工作。顺着这个信息渠道，在重庆、云阳和南溪镇联系无果后，我又请北京的朋友帮忙，终于得到了现居北京郭贞安的家庭电话。2014年3月23日、27日，我与86岁的郭贞安老人通了两次电话。老人很健谈，他1951年离开家乡至今60多年，对家乡一些往事记忆犹新，还能说一口地道的四川话。根据郭贞安的回忆，结合已掌握的资料，对“郭门三杰”的历史有了更准确清晰的了解。

“郭门三杰”中年龄最大的郭林（谱名郭嗣麟)生于1912年，幼年由父亲授诗书，稍长到大伯郭启儒（号聘初，清末举人，曾留学日本）家就读。1930年郭林入云阳县中学，成绩优异，毕业后在本乡教小学，后任洪鹿乡洞鹿坝宝鼎小学教导主任、校长。1937年卢沟桥事变，全国掀起抗日救国高潮，大批热血青年纷纷投笔从戎。1938年3月，郭林和在校当教员的弟弟郭嗣汾以及中学同学共8人一起到汉口，准备赴延安参加抗日。八路军在武汉设有办事处，郭林一行找到办事处负责人李克农，李克农答应设法安排。由于到延安路途遥远，需经过西安辗转前往，一时无法启程。在武汉等待期间，除郭嗣汾考取军校外，郭林等人主要靠参加中国青年救亡协会组织的工作解决生活费用。同年6月，郭林一行终于经西安抵达延安。郭林进入陕北公学分校，1939年分配到陕甘宁边区教育厅，后调延川县任教育科科长。1940年郭林参加中国共产党，任八路军抗属子弟小学、太行山华北育才小学和延安保育院校长。1947年3月，胡宗南大举进攻延安，郭林受党的重托，保护革命后代，带领八路军抗属子弟和延安保育院几百师生，跟随中央机关转战陕北，穿越太行，为时两年，行程千余公里，历尽千辛万苦，终于在1949年春，师生无一伤亡安全进入北京。后来中央电视台拍摄播放的8集连续剧《悬崖百合》，就是这段艰苦历程的真实写照。

入城后，郭林参与创办北京育才学校，任第一任校长，1950年调中央教育部，先后任小教司、普教司处长、教育部教材编审委员会组长等职。1961年郭林调任中央教科所领导小组成员，兼法规研究室主任、全国小学语文教学研究会会长等职务。郭林治学严谨，钻研刻苦，撰写出版的主要著作有:《国语科教材教法》、《小学语文教学改革初步经验》、《小学行政领导管理》等。郭林坚持严谨治学的态度和实事求是的学风，为我国普教事业作出了贡献。1990年，郭林在北京病逝，终年78岁。

“三杰”老二郭嗣汾，1919年生，幼承父教，少年就读于云阳县立中学，毕业后曾在其兄郭林任校长的宝鼎小学当教员。1938年春，郭嗣汾随郭林等一道去武汉，准备赴延安抗日。在汉口等候时期，适逢国民政府中央军校战时工作干部训练团在武汉招生，郭嗣汾参加考试被录取，进入军校一团陆军步科（黄埔十六期）学习。武汉沦陷后，军校转移到湘西沅陵，最后迁至重庆綦江。1942年春因家父病危，郭嗣汾回乡奉亲，操持家务，不久父亲郭侠林去世。抗战胜利前，郭嗣汾在重庆地政研究所工作。抗战胜利后，郭嗣汾调武汉国民政府救济总署。1948年3月，经军校教官介绍，郭嗣汾赴台湾，担任海军军士学校训导主任，后任海军出版社总编。郭嗣汾一生对文艺、文学、文化多有研究和论著，他曾任台湾电影制片厂主任秘书、锦绣出版社发行人、台湾“中国文艺协会理事长”等职。郭嗣汾从事写作70余年，出版散文、戏剧、传记等近60部，曾获“中华文艺奖戏剧奖”、台湾教育部门剧本奖，以及亚洲短篇小说第一名等奖项。1988年台湾开放大陆探亲后，他毅然辞去文艺协会理事长职务（在职者不许赴大陆），在郭宝仁、郭贞安及诸侄一行10余人陪同下，由北京经洛阳、西安、成都、重庆到达云阳，沿途受到热情接待，云阳县政府、县政协接待安排更是热情周到。郭嗣汾向云阳县文化局、张飞庙赠送了他撰写的大型丛书《江山万里》。这部书共8册，按地域分为千里丝路、长城万里、大哉黄河、天府西南、大江南北、烟雨江南、台海珠江、白山黑水，内容丰富，图文并茂。为编纂这套丛书，他退休后不辞辛苦，考察世界各国博物馆珍藏的中国文物，搜集大量图片资料，荟萃精华编写成这套传世大型丛书。郭嗣汾对中华文化的执着追求和爱国爱家的拳拳赤子之心，在这部书中得到了充分体现。

第一次回大陆探亲后，郭嗣汾随台湾作家代表团访问大陆，受国家体委邀请出席亚运会等机会，曾数次回乡探亲，给父母扫墓。2012年冬，已是93岁高龄的郭嗣汾赴上海、北京探亲，寻求天伦之乐。郭嗣汾于2014年2月10日去世，享年95岁。郭嗣汾去世后，人民网、新浪网、中国台湾网等海峡两岸多个网站以“大陆迁台作家郭嗣汾于10日去世”标题发表消息，报道他主要著作和所获奖项，评价颇高。3月2日台湾举行追悼会，马英九赐字，国民党送旗，佛光山星云大师派弟子率40名僧尼诵经，迎门悬挂胞弟郭贞安写的挽联——“弘文流芳远，仁风化泽长”。

“三杰”中的老三郭贞安1928年1月生，现年86岁。1944年初，郭贞安在云阳安场辅成中学读完高一，因3个哥哥外出，母亲年过花甲，家庭经济拮据，刚满16岁的他辍学在乡中心小学当教师，用微薄的薪金补贴家用。1950年，离家十几年的兄长郭林与老家联系上，得知家境困难，遂叫郭贞安护送老母亲到北京安度晚年。时值云阳进行土改，郭贞安参加了梅子坝土改工作队，至1951年秋，土改工作基本结束，郭贞安遂陪同母亲到了北京。在郭林介绍下，郭贞安到小学当教员。1956年郭贞安升任小学校长，加入中国共产党。1958年郭贞安调东城区教育局小教科办公室工作，1983年在东城区人大教科文卫室任调研员，1990年退休。

在郭氏家族浓郁的书香氛围中，郭贞安5岁随父读经史、诵诗文、学书法，初学唐楷，稍长，兼习二王、米、赵、董等历代名家行草碑帖，数十年来师古不泥，博采众长，笔耕不辍，逐步形成清隽飘逸、潇洒明快的艺术风格，是全国老一辈中为数不多的书法名家。郭贞安退休后任北京市东城区书画协会秘书长15年，现任中国书画名家研究会专职副会长，东京中国书画院高级院士等职。他多次参加国内国际书画交流活动，曾获世界书法金奖、世界华人艺术终身成就大奖、共和国60年功勋文艺家、中国艺术大师等荣誉称号。作品及艺术词条入编《中国历代书画名家精品选集》等数十部典籍。

图37-9 紧邻郭家大院新建的房屋将大院遮挡。

郭贞安听父亲讲过，郭家祖籍湖北黄州府黄冈县柳子港，“湖广填四川”时期移民云阳县。郭家老屋是从李姓大地主手里买下来的，李家是江西移民。据说李家男人多早逝，寡妇多，李家认为是房屋风水有问题，遂将祖屋转卖给郭家，而郭家接手后却家道昌盛、人丁兴旺、人才辈出。青少年时期的郭贞安对庭院深深、雕梁画栋、镏金溢彩的郭家大院留下了深刻的印象，特别是那些高高在上、威严肃穆的匾额，使他感到神秘和敬畏。

亟待抢救的郭家大院

临解放时，郭家已没有多少财产，郭家后人仅有18石谷子田租，在土改中被划为小土地出租。根据当时政策，对郭家大院未全部没收，而是征收一部分，留一部分给郭家居住。解放后郭林从北京回乡时，因郭家已经无人在老屋居住，遂同意将留给郭家的房屋借给乡政府使用。乡政府留了几间房屋作村委会办公室，其他房屋分给一些农民居住。大致在上世纪六七十年代，在大院开办了长虹农业中学。长虹农业中学搬迁到云阳县盐渠乡后，一些村民进入大院居住，现大院内还住有13户人家。

郭家大院的碉楼建在大青山一处坡地上，早已损毁垮塌，现场仅余残破的屋基遗址。郭氏宗祠修建在郭家大院背面山下，解放后损毁严重，现已基本看不出祠堂原貌，仅剩几间破房子，里面还有一户人家居住。郭家自古重视教育读书，家里珍藏古籍书画众多，因碉楼坚固高大、通风干燥，郭家将碉楼作为藏书阁，珍藏了上万册书籍和字画。解放后，珍贵的书籍被烧损毁过半，后来郭林写信给云阳县政府，表示将尚存书籍赠送给家乡，现郭家赠送书籍为云阳县图书馆收藏。

郭家大院房屋有的被拆除，有的被随意改建，有的房间失火烧掉，现在几乎找不到一处完整的原有建筑。房屋木结构因为虫蛀、潮湿，糟朽严重。由于居民毫无保护意识，在使用中不断改造加建，对建筑原貌造成了较大破坏。大院外部乱搭乱建情况严重，有的甚至直接把大院老墙作为新建房屋的一面墙，再建三面墙就成为一间房屋，新建的十几座房屋把大院包围得严严实实（图37-9）。正堂面目全非，祭祀神灵和先祖的厅堂只剩下几根摇摇欲坠的梁架和立柱，两侧厢房有的垮掉，有的被改成砖房。如今，只有大院里古老的石梯、石栏板、柱础、石门坊、残缺的围墙、斑驳的石地面、残存的雕花构件，以及几壁风火山墙和部分梁架结构，还在顽强地显示着大院沧桑的历史和曾经的辉煌。

2008年至2009年，时任南溪镇党委书记秦华平曾考虑结合新农村建设，把郭家大院村民搬出，收集郭家散落的书籍文物、整合南溪镇的文物资料，在这里建立一座书院，作为青少年教育基地。这本是一个非常好的思路和方案，可惜因为各种因素，最终未能实质性启动。

郭家大院具有浓郁的地方特色和移民建筑特征，具有较高的保护价值。建议当地政府和文物管理部门加强对大院的维护管理，有条件时逐步拆除周边修建的房屋，对大院按照原貌进行修复，让大院历史风貌得以展现和延续。

云阳县云阳镇曾家大院

2012年11月2日一早，同云阳县文管所陈昀从云阳县城出发，约1小时后到达云阳县云阳镇，在镇政府接到文化站干部方麟，然后一起去考察曾家大院。曾家大院位于云阳镇柏树村三组，距云阳镇只有几公里。柏树村总支书记贺国友和村委会委员一行人在曾家大院门前等候我们。贺国友，土生土长本地人，今年50岁，已当上爷爷，有两个孙子。贺国友父亲解放前佃曾家土地耕种，听父亲讲过一些曾家的故事，因此对曾家大院非常熟悉，他给我们介绍了不少关于曾家和老院子的情况。

规模宏大的老院落

趁着天气好，贺国友带我们登上曾家大院背后山坡拍摄大院全景。来到坡上，发现拍摄视线被树木遮挡，贺国友借来柴刀，把挡住视线的杂树、竹子、巴茅草砍掉，曾家大院和对面山坡上的陈家院子展现在眼前（图38-1）。

曾家大院坐西北朝东南，四面环山，位于群山中一处低凹地（图38-2）。这里老地名叫梅子坝，一条叫梅子沟的小河流经梅子坝，形成一处相对平缓的谷地，老宅周围树林茂密，山清水秀，环境优美。由于周边山脉形态丰富，曾家大院风水也被赋予许多寓意。如老屋东面山形似大象，称为象山；西面山形像老虎，叫做虎山；南面山形像狮子，称为狮山；进入梅子坝的山口像牛、像马，故有牛山、马山之称。当地人用“青狮对白象，青龙对白虎，牛头对马面”来形容曾家老屋的风水环境。

图38-1 曾家大院和对面的陈家大院遥相呼应。

曾家大院始建准确年代不详，现存建筑建于清光绪十七年（1891年）。大院为复合式四合院布局，硬山屋顶，天井9个，加上前院共分三进，由前厅、中厅、后厅组成。从高

图38-2 坐落在山凹下的曾家大院。

图38-3 曾家大院简朴内敛的山墙。

处看，曾家大院院落之间只有两处并不显目的风火山墙，按老屋的规模和制式，风火山墙应该高大挺拔，而且也不止两座。究其原因，曾家先祖是湖南岳阳府临湘县迁徙到云阳县的移民，大院建造时沿袭家乡风格，合院之间的山墙朴实简洁，没有像安徽、江西、福建等地移民建筑那样常见的重檐风火山墙（图38-3）。

大院东西长约75米，南北宽约50米，占地面积约3800平方米。据文管所提供资料介绍，曾家大院房屋建筑面积有5000多平方米，但笔者在现场观察，规模并没有这么大，可能数据包括了大院已损毁和拆除的房屋。

由于屋基位于缓坡上，曾家大院几进院落分几个台阶逐级向上。从大山门进入后有一块长条形院坝，进深6.4米，面阔18.5米。正对院坝是宽大的前厅，进深8.3米，面阔18.5米，内空高7.2米。前厅外墙左右两侧各有一幅雕工精湛、手法细腻的砖雕，“文革”中砖雕被损毁，表面用黄泥覆盖，去除黄泥后已无法看出砖雕内容（图38-4）。据《曾氏续修族谱》记载，前厅曾作为梅子坝曾氏家族议事大厅，有威望地位的族人常在此厅召开会议，研究决定家族重大事情。由于前厅面积宽大、内空高，解放后被改作供销社百货门市，供销社使用时将前厅外墙用白色、蓝色油漆涂刷，与老房很不协调。前厅券棚和斜撑、雀替雕花尚存，屋顶用砖瓦、灰作脊饰和图案现在还大致保存原貌。室内梁架结构基本完好，驼峰、穿枋、斜撑等木构件在“文革”中受到不同程度破坏。前厅梁上有两个搁置匾额的门头，上面雕刻了一对相视而鸣、活灵活现的喜鹊，至今保存完好（图38-5）。

中厅四合院石门上有一块门匾，上面题“秀挹东山”4个大字，门匾用红色土漆作底，灰塑字体，四周有细腻的砖雕，边框线条用青瓷片镶嵌作

图38-4 “文革”中被损毁的砖雕。

图38-5 前厅梁上相视而鸣、活灵活现的喜鹊。

图38-6 大院里散落的柱础。

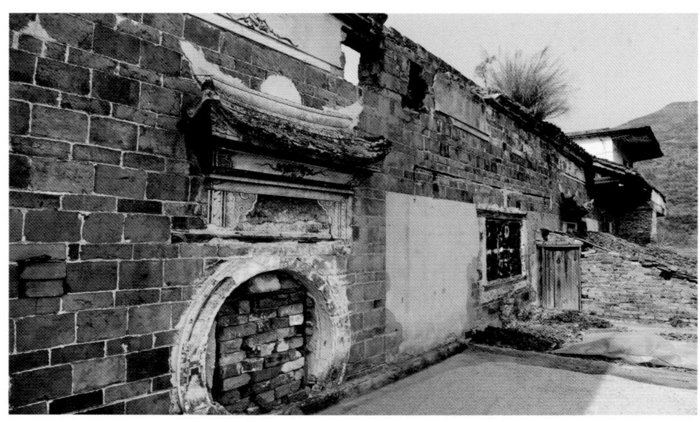
图38-7 依附曾家大院老墙搭建的房屋将老屋遮挡。

装饰。

后厅格局基本保留历史原貌，天井面阔7.5米，进深约7米，厅堂高出天井7步石阶，厅堂前的雕花木栏杆、斜撑、穿枋、石柱础做工精细，雕刻内容丰富多彩，保存也基本完好。厅堂两侧厢房分上下两层，有活动木梯上下，楼上是女眷和小姐住宿的房间，厢房构件也有精美细腻的雕刻。大院西面原有一座花园，由于人为损毁，现已变得荒芜杂乱。曾家大院前厅左厢房梁架基本完好，右厢房损毁，中厅左右厢房部分梁架尚存，后厅左厢房损毁，右厢房梁架基本完整。

解放后曾家老屋被没收，三重院落前两重改作供销社、粮站、信用社、食品站，食品站在老屋里杀猪卖肉；后面一重院落分给十几户农民居住。文化大革命中，曾家老屋被作为“封资修”典型，遭到严重破坏，特别是各种木雕、砖雕、石雕、灰塑、脊饰惨遭罹难。1976年粮站搬出老屋，1980年食品站搬出，信用社于1993年撤区并乡时搬走。1999年，原供销社和食品站使用的房屋失火，几间房屋和戏楼被烧毁，山门梁架也被烧掉一部分，时隔十几年，烧毁的房屋至今还是一片废墟，地下散落着一些雕花柱础（图38-6）。

据曾家后人回忆，曾家老屋过去有20多个天井，上百间房屋，房屋相互穿通，走完所有房屋不受日晒雨淋。而今曾家院子内部被大量拆除、损毁、改造，大院正面和两个侧面修建了不少砖房、瓦房，一些房屋贴上白瓷砖、红瓷砖，周边有的房屋直接靠着老屋修建，严重遮挡了大院的老墙和视线，对大院环境带来极大伤害（图38-7）。

曾氏先祖系清代湖广移民，湖广人祭祀大禹王，曾家出资修建了一座禹王宫，距离曾家大院约几百米。解放后禹王宫改作小学校，上世纪90年代，禹王宫被全部拆除，原址修建了“云阳县梅峰九年制学校”。

山门斜开之谜

曾家老屋有一座八字开大山门，两壁八字形砖墙顶部起翘，装饰华丽，昂首坐落在13步石梯之上（图38-8）。与一般山门相比，此山门很有一些特别之处：一是山门居于老屋东面一个角落；二是山门朝向与大院房屋并不平行，而是朝东面旋转了一

图38-8 八字形大山门翘脊飞檐，气势威严。

图38-9 为顺应风水而有意歪斜的门框。

个角度；三是山门内的石框门又有一个倾斜角度，乍一看还以为是安装石门框时发生了错位。这种同时具备几处特别之处的山门笔者还是第一次看到，其原因还是和风水有关（图38-9）。中国古代至近现代，人们认为宅基地和朝门的选址、朝向、环境等因素关系到家族的平安兴旺，子孙的繁衍昌盛，因而对建造宅第的选址非常看重。一般宅基地方位多选择坐北朝南，但也会根据环境情况作适当调整，在笔者考察过的民居中，真正坐北朝南的房屋并不多，一般坐东南、朝西北的较多，坐西南、朝东北的也不少。例如潼南县双江镇长滩子大院，前面朱雀山由3座小山组成品字形，寓意“一品当朝”，因此大门朝向首先考虑面对品字形小山；重庆湖广会馆中的齐安公所山门与墙面不平行，转了一个角度，方向调整后，正好对着湖北黄州方向，体现了移居重庆的黄州人对家乡的缅怀。曾家老屋山门朝向的缘由，据贺国友解释，因为对面山是剪刀形，要错开刀峰，对向一处开阔的豁口，因此山门就转了一个方向。与当地老人们交谈，他们对曾家老屋的风水还有不少活灵活现的传说（图38-10）。中午在贺国友书记家吃午饭时，发现他家房屋正门也与墙体斜了一个方向，据说是请风水先生来看过，认为房屋对面的山峰有一些凶相，因而建议他把门的方向转了一下。

图38-10 与当地老人摆谈。

曾氏家谱考

在曾家老屋考察时，贺国友找来一部《三省堂武城曾氏续修族谱重庆云阳县支谱》，我如获至宝，这是了解曾家老屋难得的珍贵历史资料。笔者在考察许多乡土建筑考察时，都因找不到族谱或相关历史资料而无法准确了解其历史脉络。这部族谱由曾家后人编撰，历时4年多时间，于2010年正式印刷。据族谱记载，曾家老屋称为“梅子坝武城曾氏大夫第”，由曾氏先祖曾传凌建造，之后，又经曾纪阶、曾纪述等多次扩建，传至曾广曦再次进行了大规模扩建。当时大院总占地约6000余平方米，有观望亭、戏楼、聚会大厅、诚笃堂、涉趣园、藏书阁等诸多胜景，集商铺、武诚书院、居所、议事大厅于一体，共有大小天井20多处，房屋上百间，府邸雕梁画栋，金碧辉煌，气势磅礴，蔚为壮观。

据族谱记载，云阳县梅子坝曾氏先祖曾兴韩原籍湖南岳阳府临湘县土头矶，康熙末年入川，落业于四川省夔州府云阳县洞炉甲大地坪（今梅子乡白岩村大地坪）。经世代繁衍，形成了大地坪、中堰沟、腰磨盘、梅子坝、二台、田厂、老屋里、苦竹园、铁厂坳等多处曾姓聚落。曾兴韩孙子曾传凌先居大坪地，后移居距大坪地约8公里的梅子坝，形成曾氏家族聚落后称为梅子坝房。先祖曾兴韩移民入川290多年，繁衍至今已经有11代，仅梅子坝就有7个宗支族人，在世的最大辈分是“宪”字辈。

曾家不仅良田万顷、宅院林立，而且人才辈出。如曾广曦清代为官，在梅子坝修建宗祠寺庙、赈济雹灾、修建山寨防范土匪，还在云阳设立考棚，功勋卓著，皇封“居正大夫”；曾广佑授“奉正大夫”；曾兴韩之孙曾传凌在梅子坝建宅院、置产业、兴家创业，惟重耕读，是“大坪房”分支中受皇封（直奉大夫）第一人，也是“子坝房”的开基之祖，享年88岁；曾纪阶受封“直奉大夫”；曾纪述受封“文林郎”。至民国时期，曾家亦不乏杰出后人，曾昭坿、曾昭渡、曾昭墉、曾昭鳌、曾宪斌、曾宪钰、曾宪稷、曾庆萸等均为高官。曾宪锡是入川以来自主开办企业第一人，曾宪钧是著名书法家，民国时期还被评为云阳县十大孝子之一。新中国成立后，曾家也是人才济济，既有共产党的高级干部，也有出国留学的学者，亦有出名的书法家、艺术家。

临解放时，曾家老屋主人为曾宪刁，时有田租千余石（当地合谷子20多万公斤）。在笔者考察过的重庆数十个大地主庄园中，凡是田租上千石者都是家底殷实、显赫富贵的大户。除田租之外，不少乡绅还经营商业、实业、店铺，甚至从事鸦片生意，仅算田租就不足以估计其真实家产家业了。据当地村民介绍，曾家在重庆城也有房产。曾家重视教育，在老屋开办私塾，培养子孙读书。曾宪刁为人厚道，在乡里行善积德，口碑甚佳，几个儿子离开家乡后大都投奔了革命。临解放时，在外的儿子给父亲带信，叫他把田土卖掉，以免解放后被打土豪分土地，曾宪刁不为所动，仍然悉心经营祖业。解放后搞土改，曾家老屋被没收，家眷被赶出老屋，曾宪刁在土改中遭到批斗，好在还没有被划为恶霸地主，保下性命。曾宪刁于上世纪80年代去世，终年80多岁。

珍贵的老照片

曾家老屋过去住了十几户村民，现在只有曾繁可、曾建高等4户人居住。知道我专门来考察曾家老屋，曾建高在家里找出一张老照片给笔者看。这是一张1943年拍摄的曾家老屋，照片上题字为“云阳曾氏广曦公私邸”，又题有“梅子坝武城大夫第”。照片已经模糊，大致可以看到老屋层层叠叠的屋顶，周边被浓密的树林遮挡，老屋西南面有一座两重檐、四角攒尖顶碉楼。

曾家后人曾小鲁对此照片有一个文字说明，内容是：“广曦公宅第大约建于清朝时期，据我估计占地数十亩以上。房屋结构是土木和砖木结构建筑，室内院落分三重修建，一、二重为住家用，第三重房屋作药铺、酒厂、储藏副食品等用。我还记得屋内有大小天井约24个，内有花园、鱼池，还有两个亭子供作休闲纳凉，环境十分优美。二重堂的木柱、格子门均用高档木料精雕细刻，室外有300多平方米的石板坝子，供翻晒谷物之用。屋后还有10余亩树林，古木参天、绿树成荫，有许多雀鸟和松鼠活跃在树林里。屋前有一条小河叫梅溪河，溪水长年不枯，在河里可钓鱼、游泳。照片是仲鲁二兄请云阳县城里‘二我芳’照相馆照相师傅孙胖子专程到乡下来照的。他当时是在房屋对面新屋山顶上选择的拍摄点，时间是1943年4月。”

曾家小院子

在距离曾家老屋附近另外还有一处曾家先祖建造的院落，由于没有来得及考证该院的历史和人物故事，暂且称之为曾家小院子。曾家小院子规模比曾家大院小一些，但其建造档次和内部装饰艺术水平堪与曾家大院媲美，木结构建筑构件保留完好程度比曾家大院还略胜一筹。小院为一进院落，进入房屋要上一坡高高的石阶，大山门没有曾家老屋气派，石朝门也是有意斜了一个方向。天井、四合院还保留历史原貌，四合院回廊的木柱、柱础、撑拱上的雕刻基本没有受到破坏，撑拱上雕刻的戏曲人物和动物形象栩栩如生，栏板、花窗、挂落的镂空木雕完整如初（图38-11）。比较特别的是房屋内还有一些西式风格窗棂图案，屋顶瓦上做了几处书卷形状的灰塑，上面贴青花瓷片，画有松竹梅兰，题写文字已模糊不清，大致可看出“只爱读书不爱财，读书上了□皇台……”字样，说明曾家主人对读书教育的推崇和重视。

陈家院子

距离曾家大院约五六百米山下的斜坡地上，还坐落着一座造型典雅亮丽、气势巍峨、风火山墙完好的清代院落，此院为梅子坝陈姓人家祖屋，称为陈家院子，属云阳镇梅树村三组（图38-12）。

陈家院子位于群山中低凹处平台上，三面环山，林木茂密。院子坐东朝西，东西长约35米，南北宽约32.5米，占地面积1140平方米，建筑面积约2000平方米。院子为硬山式屋顶，复合式四合院布局，正中有一个大天井，分前厅、中厅、后厅。前厅为三开间，中厅为五开间，后厅为七开间。

陈家大院大山门与曾家院子造型相似，也是八字形大朝门，有十几步高的石梯，朝门居高临下，显得挺拔气势；不同的是山门没有按照一般规制开在大院中轴线上，石门框也没有扭转方位。两壁八字形山墙绘有彩绘图案，石框门上方题字被黄泥遮盖，无法辨认字迹。山门屋顶全部损毁，残存的梁

图38-11 曾家小院天井院落。

图38-12 陈家院子。

柱摇摇欲坠悬挂在山门顶部和进口处。

陈家院子四壁风火山墙保留完好，山墙分布在中厅和后厅两侧，造型为三重檐五滴水，风格与曾家大院迥然不同。曾家大院带有湖广一带风格，而陈家大院带有明显的江西移民风格。陈家院子风火山墙山花装饰考究，上绘山水、桥亭、耕牛、人物、书卷、吉祥杂宝和各种云纹、线条图形，根据图案装饰内容，表面贴青花、红色等各色瓷片，显得绚丽多彩、娟秀耐看。

陈家院子中厅部分梁架、后厅大部分梁架、后厅左右厢房部分梁架尚存，构件雕花及装饰保存相比曾家大院稍为完好。陈家院子房屋整体损毁情况非常严重，屋顶檩子和椽子糟朽，瓦片脱落，院子内不少房屋已成为危房，还有一些房屋垮塌，到处是断裂的墙壁和残砖破瓦。村民在大院内部及周围修建了一些杂乱的房屋，部分老屋被改建为砖房，原有面貌受到很大破坏和伤害。至今还有10多户人家在陈家大院居住生活。

超出民居研究的农村教育问题

在曾家院子朝门，我采访了贺国友和几位村民（图38-13）。中午在贺国友书记家吃饭，我向贺国友问及梅峰小学情况。在多年的田野考察中，我养成一个习惯，会有意识地去了解农村和农民的各种情况和问题，并将此作为乡土建筑考察时一个附带课题。贺书记告诉我，10年前梅峰小学学生人数多达1200人，随着近10年来农村人口大量进城务工，许多小孩随父母进城上学，现在偌大的校园只有144个学生，其中小学生78人，初中生56人，老师17人。贺国友还介绍了一个情况：柏树村户籍人口2757人，实际在家不到600人；附近山里的古市村户籍人口3500多人，实际在村里的人口仅约500人。贺书记讲的这些情况，笔者在乡间考察中时有所闻。前些年企业家们慷慨解囊，捐资几十万、数百万建造的希望小学，不过10年时间许多就人去楼空，乡间空置的校舍甚至门窗也被人盗走。由于无法保证师资和教学质量，乡村学校出现合并的势头，以至于教委下发通知，规定农村学校凡有10个学生以上就不得并校。这个通知是否合理和现实，是否能够保证教学质量，笔者不想去妄加评论。但笔者由此想到，过去10年农村发生如此巨大的变化，再过10年农村是一个什么走向和状况真还不可想象。农村的教育如何顺应剧烈变化的外部环境？在农村实际居住人口大量减少的环境下，如何建设农民新村？又如何保护传统村落和优秀乡土建筑？如此等等，值得我们深思和研究。

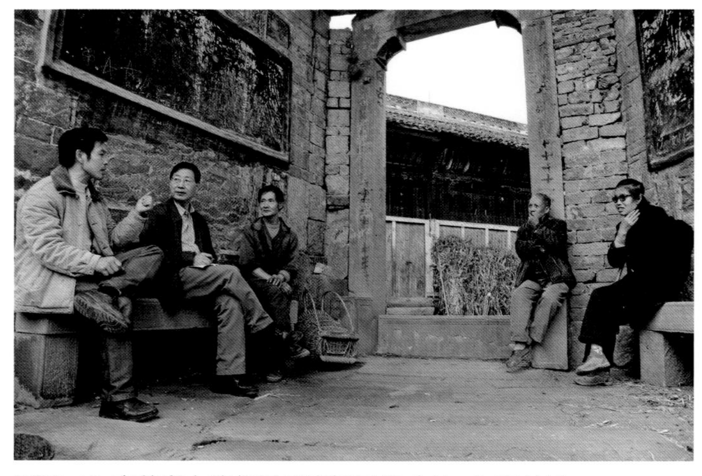

图38-13 在曾家大院朝门采访贺国友（左一）和村民。

曾家大院规模宏大，尚存9个天井。在重庆现有乡间民居中，有9个天井的大院已为数不多。曾家大院为典型的湖广移民风格，精湛的建筑木雕艺术、悠久的家族历史对研究渝东地区民居有较高的价值。曾家大院周边几百米范围内还有曾家小院子和陈家院子，各自都有自己的风格特色。对这几处清代民间建筑应加以妥善保护，建议当地采取措施防止房屋进一步损坏，避免遇到大暴雨发生整体垮塌损毁。

云阳县桑坪镇邓家老屋

2012年11月1日，上午在云阳县南溪镇天合村邱家院子考察拍摄，下午同云阳县文管所陈昀一起去桑坪镇长坪村邓家老屋。桑坪镇位于云阳县东北方向约20公里，与奉节县青莲镇接壤，幅员120平方公里，人口约3万人，辖区全是大山，属云阳县的贫困地区。去桑坪镇路况很差，20公里路车行1小时才到达。桑坪镇长坪村村官曹高勇和长坪村治安委员会主任邓建春在镇里等候。长坪村离桑坪镇不到5公里，只有一条极为简陋的机耕道，土路狭窄、凹凸不平、陡弯极多，上面是峭壁，下面是深不见底的悬崖，有的地方完全是裸露的石块和荒草，根本就看不到路，使人心惊胆颤。越野车用了45分钟，好不容易才走完这5公里机耕道。

来到邓家老屋，高耸精致的门楼和绘满彩画的围墙迎面而来，顿时感到眼前一亮（图39-1）。邓家老屋正面是一块宽阔的大坝子，宽30多米，进深20多米。门楼前堆满了柴禾杂物，为了取得更好拍摄效果，我请邓建春找村民帮助清理一下。这里的村民特别朴实热情，老屋里男男女女立即出动，七手八脚将堆得满满的柴禾木料和杂物搬到远处，还把院子打扫得干干净净。院坝放置着一座卫星锅盖，几块大条石将卫星锅盖底座压得牢牢实实，我本来想就算了，几个村民还是执意费很大气力将条石抬走。待一切收拾妥当，我才开始拍摄。

图39-1 邓家老屋美观精致的门楼。

深山密林藏老屋

邓家老屋位于桑坪镇长坪村一组，老地名叫茅坪村，全组150多人，青壮年早就外出打工，不少已在外定居，实际在家只有20多人。邓家老屋海拔约900米，背靠丑未山，正面是一块平缓的坡地。站在邓家院子远望，莽莽苍苍的群山层峦叠嶂、大气磅礴，生态环境还保持着原始面貌（图39-2）。长坪村山高林密，地势偏僻，野兽出没，交通极不方便，真不知几百年前邓家先祖是如何选中这块偏远之地，又怎样在深山老林里披荆斩棘、开垦荒坡、耕种繁衍，建造了如此美丽雅致的邓家大院。

图39-2 坐落在莽莽群山中的邓家老屋。

邓家院子山下有一条溪流叫九洞溪，溪上有一块将军石，溪流出口处石头形成洞穴，堵住溪水外流，被称为珍珠塞洞。当地流传邓家院子的风水环境保佑邓家世代官运亨通，财源滚滚，永不流失。邓家老屋左面大山腰部有一个山洞，内有200多平方米空间，过去邓家在洞里堆放粮食杂物，遇有土匪来犯，山洞地势险要，易守难攻，还可作避难场所。前几年山洞里还有人居住，后来乡里考虑影响不好，设法另找房屋安置了这户山洞人家。

据村民讲，邓家老屋周围过去古树参天，香樟树、银杏树、桂花树遮天蔽日，大多是两人、三人合抱的古树，可惜“大跃进”和人民公社时期被砍光伐尽。过去大门前方约100米处有一口池塘，老屋背面有一座大花园，现在都不见踪影。

居住在邓家老屋的邓宏政是邓氏第73代孙，现年78岁，他保留有全套《邓氏家谱》（图39-3）和祖上传下的73代字辈。邓宏政父亲邓文清生于光绪三十年（1904年），在乡间教过书，解放后成分划为小土地出租，1958年去世。幺爸邓朗清生于宣统二年（1910年），解放后被划为地主，1987年去世。邓宏政父母育有6男3女，邓宏政是老大。

图39-3 邓宏政保留的全套《邓氏家谱》。

图39-4 清嘉庆九年“尚义可风”匾额。

邓家老屋保留有一块清嘉庆年间的“尚义可风”匾额，过去悬挂在堂屋外的屋檐之下，上书“钦加道衔四川夔州府正堂兼管夔渝两关税务加四级记录八次周为”，落款为“云阳绅士邓显扬立，嘉庆九年八月十五日”（图39-4）。嘉庆九年是1804年，说明邓家老屋修建于1804年之前，距今已逾200年。邓家老屋还有一块略呈方形的牌匾，原来挂在堂屋次间，题字已不清晰，大致看出有“黄雄”、“取号”等字样。黄雄是一种药，加上“取号”两字，此牌匾应该是老屋开设的药房牌匾。村民介绍，过去邓家老屋确实开有药房，设在进入院子右侧小天井四合院厢房里。巴渝乡间大凡殷实人家或大家族，一般都开有药房，既可保证家眷生疮害病的需求，也为邻里乡亲看病拿药提供方便，在缺医少药的偏僻山村，确实为一方百姓带来了福祉。

在堂屋屋檐下还发现两个悬挂牌匾用的木墩，上面刻有题字，一个题：“偶书，新月扬辉桂一枝，仲秋上浣偶书”，另一个题：“古句，千里□风及第，光绪辛巳古句”。光绪辛巳即光绪七年（1881年），说明邓家老屋在1881年作过维修改造。老屋村民讲，过去堂屋里还挂有3块匾额，有一块是云阳知县送的匾额，3块匾额均毁于“文革”时期。邓宏政讲，邓家祖上有3个儿子在外做官，官衔在县令之上，因此云阳知县也借邓家祝寿、节庆等时机送来贺匾，以示尊敬和恭维。

美轮美奂的门楼与山墙

邓家大院最具特色和震撼力的是老屋门楼与山墙。门楼和山墙矗立大坝前，显得雄伟气势，张力十足（图39-5）。门楼面阔5.5米，通高约8.5米，由两根间距为2.7米的木柱支撑，内外都呈八字形，门框高2.8米，从院坝到门楼要上5步台阶。门楼上有一层挑楼，作有雕花栏板，顶部为三面坡屋顶，之上是挺拔庄重的重檐山墙。门楼背面的重檐山墙不像一般山墙呈一个平面，而是外八字形，立体感极强，山墙满是彩绘、灰塑，表面用青釉瓷

图39-5 雄伟气势、张力十足的门楼和山墙。

片装饰，脊顶做工考究，鳌尖飞檐细部装饰精美。

门楼两侧青砖围墙长达30多米，既作老屋的围墙，又是前厅的外壁。墙体檐下作斗拱、彩绘、浮雕及青花瓷片装饰，高度约1米，似一幅徐徐展开的长卷，给单调的围墙增加了无穷内涵和情趣（图39-6）。门楼左右两侧山墙弧线根部各有一只彩釉青狮，青狮脚踩绣球，龇牙瞪目，形象灵动有趣（图39-7）。围墙上开有几处花窗，花窗格扇分别

图39-6 彩绘、浮雕装饰似一幅徐徐展开的画卷。

图39-7 门楼山墙上的圆雕彩釉青狮。

用石料雕打“福、禄、寿、喜”4个字。围墙两端用重檐风火山墙收头，山花为彩绘浮雕，脊饰多姿多彩、隽永耐看。笔者在现场不禁感叹，地处深山僻壤的邓家老屋居然有如此造型优美、形态丰富、保存完好的门楼和围墙，在重庆乡土建筑中实属上乘珍品，仅以此特色，申报市级文物保护单位就已足矣。

邓家老屋占地面积1498平方米，建筑面积753平方米，内部格局为纵向一进院落，横向三进院落，3个天井一大两小，由前厅、天井、后厅、厢房和横向两座天井院落组成。前厅面阔七间，进深5.6米，明间楼上是一座戏楼，楼板已岌岌可危，平时不准人上去。在村民帮助下，我从楼梯爬上戏楼，发现昏暗的戏楼屏风有一幅彩色古代人物壁画，正中一人身着官服，左右各有一伺仆相随。因年代久远，壁画已经褪色，但画面线条流畅，人物形象活灵活现，画师高超的艺术水平跃然壁上。

图39-8 大院天井地面的八卦图。

图39-9 后厅雕花八合门。

大院天井宽9.5米，进深10米，天井地面有一块八卦形图案，形状为四方形中套一个六菱形，六菱形套一个圆形（图39-8）。从天井上7步石阶到后厅，后厅有2米宽的廊道，前有石栏板，由于岁月磨砺，石栏板风化已非常厉害。后厅面阔七间，明间堂屋面阔5.9米，进深8.5米，内空7.3米，有8扇花格门扇，正中两扇雕刻门神，其他门扇雕刻人物故事和花纹图案，至今尚为完整（图39-9）。堂屋内左右开门与次间相通，门框上方各有一幅灰塑山水人物画，用瓷片框边。正厅廊道穿枋雕刻有扇形面青松仙鹤图，挂落雕工精细，尚有几幅挂落保存完好。

始于河南，后迁江西，再迁云阳的邓氏家族

据《邓氏家谱》记载，邓家先祖始发于河南，后迁江西，再迁湖南，最后来到云阳。先祖邓伯万原籍江西省吉州府太和县圳上坝子，后迁湖南省宝庆府新化县金堂村邓家坪落户立业。清代“湖广

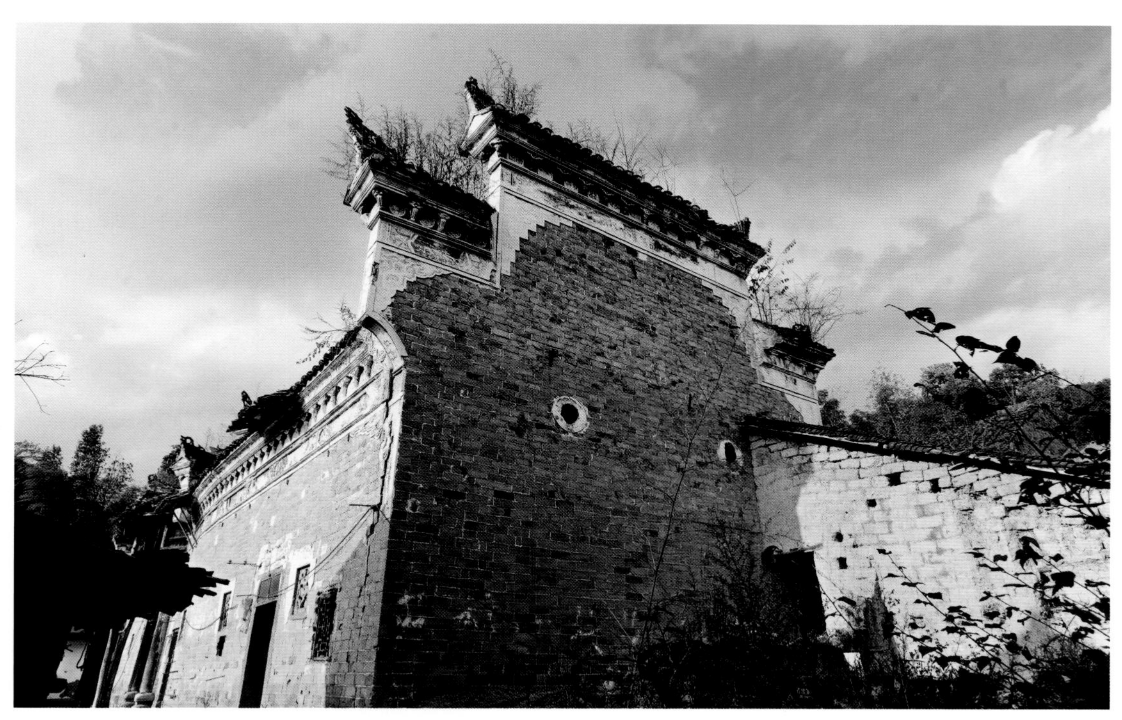

图39-10 风火山墙彰显了邓家移民原籍风格。

填四川”大移民中，第16代孙邓昌节由湖南新化县金堂村迁至四川夔州府云阳县桑坪乡茅坪村立业。《邓氏家谱》记载有“昌节，承岸公长子，字柏操，康熙二十九年庚午五月二十四卯时生，寿七十九岁。乾隆三十三年戊子七月初二日戌时殁，葬四川夔州府云阳县湘坪甲北岸，地名茅坪丑未山上”。从家谱记载分析，昌节公应是邓家入川始祖。根据邓宏政老人整理的邓氏家族排辈，从先祖邓伯万一直到1993年，后裔按辈分排下来已有73代。邓家是明清两代历史上较为普遍的“江西填湖广，湖广填四川”移民后裔，现存邓家老屋风火山墙风格，体现了江西移民原籍风格（图39-10）。

邓家在丑未山的祖墓曾多次被盗，据说墓穴里还发现有唐代青瓷花瓶。邓家老屋背后有一口石槽，看起来像是喂猪的猪食槽，邓宏政听他父辈讲，这口普通的石槽还有一些来头：早年邓家先祖来到偏僻荒凉的茅坪丑未山，在开荒时挖出了这口石槽，石槽里盛满银子，于是先祖用这笔意外获得的财宝修建了富丽堂皇的邓家大院。这种说法是否真实可靠，尚无定论。笔者在乡间考察时，不止一次听到大院村民讲到祖先挖出金银财宝的传说故事。笔者分析，极有可能是邓家祖先怕家底外露，引来祸患，因此故意说成是意外捡来的一笔财富，以免他人觊觎。

邓氏家族繁衍至今成为一个大家族，仅桑坪镇的邓姓就有3000多人。邓氏家族成立了宗亲会，每年清明会、盂兰会（佛教节日，每年农历七月十五日）都要举行聚会，开展修缮祖坟、祭拜先祖、帮助同姓困难乡亲、联络亲戚之间的感情等活动。长坪村治安委员会主任邓建春也是邓氏宗亲会成员之一，还担任了类似秘书长的工作。

邓家老屋部分围墙和风火山墙垮塌损毁，老

图39-11 邓家老屋现状。

屋木结构糟朽，石栏板风化剥蚀，戏楼基本损毁（图39-11）。但从总体上来看，老屋格局尚存，砖墙、土坯墙大致完整，内部房屋改建情况尚不严重，在重庆现存清代民居中，算是保存较好的了。

夜行险道

在邓家老屋考察拍摄后，与村民坐下聊天，大院平时难得来客，村民非常热情，摆谈中不知不觉就到了下午5点多钟（图39-12）。季节已进冬至，天黑得早，我们还要赶路，准备到云阳县城吃晚饭，于是向村民告别后离去。快到桑坪镇场口时，天已擦黑，此时却发生一件意想不到的事情：一辆运河沙的货车由于装载太满以致发生故障，横在本来就狭窄的场口进退不得。询问货车司机，说是要到县城取配件更换，此地离县城2个多小时，一去一来就是4个多小时，还不知道能否修好，我们心顿时凉了。桑坪镇海拔高，晚上气温下降，寒气逼人，衣服没带多的，我们只有赶紧走到街上，找了一家汤锅馆，先吃了饭再说。在馆子里边烫边吃，身子才开始慢慢暖和过来。吃完饭后一打听，货车配件要到明天才能从县城送来，这下子我们真傻了眼，陪同的小曹和邓建春劝我们就在桑坪住宿，第二天再走，但我想如果在桑坪住下，明天的考察行程安排就会落空。

图39-12 在邓家老屋与村民交谈。

见我犹豫，邓建春告诉我还有一线希望，另有一条小路可以绕过被大车堵塞的场口，不到2公里就能够回到桑坪镇街上，我当时真是感到天无绝人之路。但邓建春又说，这条路没有走大车，连小车也没有走过，平时只能走摩托车，这下子又使我感到有些玄乎。我们商量了一下，决定冒一次险，由邓建春上车带路，两个越野车一前一后，从被堵处退出，拐上了小路。暮霭越来越重，黑黢黢的天色已伸手不见五指，道路极窄，路边松软，一不注意就会滑下坡，我们小心翼翼，用最慢的速度缓缓前行。坐在车里，车窗外的黑暗似乎要将汽车吞噬，两边树枝、竹竿、荆棘把汽车擦得吱吱响，估计车体已是遍体鳞伤。为了保证安全，邓建春和陈昀不时下车看路，引导越野车缓慢行驶。1公里多路开了半个多小时，当终于看到桑坪镇街上的灯光时，大家才松了一口气。当天晚上到达云阳县城，住宿下来已是深夜。虽然夜走险路，想起来有些后怕，但感到还是值得，因为第二天的考察得以按照计划完成。

邓家老屋门楼和山墙极富特色，移民建筑风格突出，具有较高建筑艺术价值和研究价值。邓家老屋现为县级文物保护单位，我认为完全有资格申报市级文物保护单位。我给云阳县文管所建议，立即整理邓家老屋的资料，待市里统一评选重庆市第三批市级文物保护单位时，我再作正式推荐。返回重庆后，我给市文物局新任局长幸军作了介绍，他正在考虑在第三次文物普查结束后，将发现的一些优秀民间建筑升格为第三批市级文物保护单位。希望邓家老屋切实作好保护，待公布为重庆市文物保护单位后，争取一些资金进行必要的整修。

【渝东南】
SOUTHEAST CHONGQING

石柱土家族自治县石家乡姚家院子

2012年5月29日，我在石柱县黄水镇参加黄水风貌整治咨询会，当晚下榻“黄水假日森林酒店”。晚上石柱县李智副县长到房间看望，当我问及石柱有什么值得一看的乡土建筑时，李智不假思索地告诉我，石家乡的姚家院子值得一看。既然当地分管城建和规划的副县长都说不错，于是决定次日去考察姚家院子。

从黄水镇到石家乡路程约二十来公里，不到半个小时就到乡政府，接上一位姓冉的乡宣传委员，然后去离乡政府两三公里的姚家院子。

西式风格与土家风格结合的大院

姚家院子位于石柱土家族自治县石家乡安桥村，由5座房屋组成，建筑占地面积约2400平方米，建筑面积2450平方米，呈不对称分布，范围包括正房、厢房、耳房、配房、厨房、寿字隔墙、碉楼等。院子背靠缓坡，正面开阔，远处有青山遥相呼应，左右有低矮的山峦围合，风水选址十分考究。姚家大院周边有不少古树名木，至今大院还有几棵挂牌保护的大树，计有银杏1棵、柳杉2棵、法国梧桐2棵，两棵柳杉树径在1米以上，另外还有一些根深叶茂的大槐树（图40-1）。院前右边一棵柳杉遭受虫害，内部被蛀空，粗大的树干已经颓然倒塌在田里。

大院过去有围墙围护，开有几座朝门，经几十年破坏损毁，朝门全部消失，围墙基本垮塌，仅剩几壁长满杂草的断墙。

姚家院子正房是一座中西合璧式建筑，也是大院最显目、面积最大的建筑物（图40-2）。正房为砖木结构，四面坡屋顶，两楼一底，面阔五间26米，进深两间12.12米。墙体青砖模数较为特殊，砖长290厘米，宽190厘米，厚100厘米，由砖窑专门烧制。正房前面是一处宽阔的青石院坝，院坝右侧过去是一处花园，现仅存一座水池。正房前9级青石台阶均用4.2米长整块条石制作，为防潮湿，房屋底楼地面用条石抬高约1.6米。底楼栏杆为青石雕打的直楞栏杆，呈宝瓶状。二楼、三楼有宽阔的外廊道，廊道净宽2.3米，通长25米，作雕花木

图40-1 姚家大院高大茂密的银杏树。

图40-2 中西合璧风格主楼。

图40-3 主楼开敞的廊道空间。

图40-4 山墙瓷片镶嵌“寿”字在“文革”中被捣毁。

栏杆。三楼正面开一处宽约5米、带欧式风格的拱形顶，室内房屋和室外走廊在这里连成一处开敞空间，在此可休闲品茗，观赏室外风景，增添了房屋的档次和品位（图40-3）。房屋正立面有6根断面尺寸为500毫米×390毫米的砖柱，砖柱表面抹灰平整均匀、坚实耐久，至今未见脱落。砖柱柱顶用灰雕大白菜作装饰，这是巴渝民间乡土建筑仿罗马柱的通常作法，“白菜”与“百财”谐音，寓意财运兴旺。正房承重墙用砖墙，非承重隔墙则用木龙骨加灰板条抹灰。房屋门窗既有中式冰凌纹图案，也有西式风格的圆拱形窗楣、门楣。各层屋顶天花吊灯处都有灰塑圆形或八角形图案，上面饰以各种花草叶片或几何图形。

图40-5 土家木楼。

正房东西两侧各有一座厢房，西面厢房毁于火灾，原地重新修建了几处不规则的瓦房，瓦房砖柱下还残存着一些雕花石柱础。东面厢房两楼一底，歇山式屋顶，面阔三间约14米，砖柱、土坯墙，二楼、三楼有挑廊，底层窗户用青石作框。东侧厢房后有一壁宽7.43米、高9.3米的风火山墙，山墙上用瓷片镶嵌了一个大大的“寿”字，字高6米、宽4米，“文革”中字体被捣毁，现已模糊不清（图40-4）。与东面对称，西侧山墙还有一个“福”字，因山墙已毁，“福”字随之消失。当地村民介绍，“福寿”墙建于光绪二十年（1894年），镶嵌“福”、“寿”两个大字花了近半年时间。东面风火山墙连接着一间典型土家木房，穿斗式梁架，悬山屋顶，一楼一底，面阔两间9.51米，进深两间13.16米，花格窗、木板墙（图40-5）。土家木房与风火山墙相连处开一处石门，可通姚家大院后面院坝。

“红海洋”的回忆

姚家大院正房留下了大量文化大革命时期“红海洋”遗迹，几乎所有能够写字的墙面都被毛主席语录和各种标语、口号占满，房屋台基、立柱、栏杆、门框、内外墙壁无所不有。书写字体有行书、楷书、隶书、魏碑等，书写材料用红油漆、石灰

图40-6 大院留下的文化大革命“红海洋”遗迹。

水、墨水。据当地文管所统计，姚家院子共涂写有“文革”时期语录和标语93幅，如“活学活用毛主席著作、手不离毛主席的书、嘴不离毛主席的话、心不离毛主席思想、行动不离毛主席的教导”，“政治工作是一切经济工作的生命线”，“不忘阶级苦、牢记血泪仇”，“大立四新、大破四旧”等等（图40-6）。笔者由此想到，文化大革命“红海洋”时期距今已经有40多年，在那个疯狂年代里发生的各种荒谬事件逐渐被岁月所湮没。但历史是不应被忘记的，历史的悲剧更不能重演，这里还真可以考虑作一个“文革红海洋”博物馆，让年轻人到这里来领略一下那个狂热年代里发生的不可理喻的故事。

两座碉楼拱卫大院

姚家大院有两座石碉楼，分布在东西两侧山坡上，两座碉楼与山下大院呈犄角状，居高临下拱卫着大院的安全（图40-7）。东面山上的碉楼距离大院约100多米，从大院到碉楼要上100多级陡峭的

图40-7 碉楼居高临下，拱卫着大院的安全。

图40-8 大院东面山坡上的碉楼。

图40-10 西面碉楼被搭建的房屋包围。

台阶。碉楼面阔9.55米，进深6.55米，墙体下面用条石砌垒，高约8.4米，上面是青砖墙，高约3米，加上歇山式屋顶，总高约14米，共4层。碉楼第四层有一处伸出碉楼的角堡，现已损毁，仅剩几块条石和木支架（图40-8）。碉楼大门开在南面，前面是悬崖，厚重的木门用铁皮包裹，铁皮上钉满铁钉。本想进入碉楼上到楼顶观察，但碉楼里的住户已外出打工，大门被一把大锁关闭，无法进入内部察看。碉楼周边树林浓郁，一片翠绿，在此向下观望，姚家大院几座房屋尽收眼底（图40-9）。

西面碉楼距离山下的大院约200多米，建在一处高地上，建筑体量比对面山岗碉楼大，位置也要高一些。此碉楼共4层，歇山屋顶，墙体下部分作石墙，上部分作砖墙。感到遗憾的是，当地村民在碉楼周边杂乱无章地修建了不少砖房、土坯房、木板房，碉楼四周被搭建的房屋包围遮挡，已经无法找到角度拍摄一张完整的碉楼照片，也无法靠近碉楼测量其尺寸（图40-10）。

图40-9 从东面碉楼观望姚家大院。

专业设计师精心设计建造的庄园

解放前，姚家院子主人姓王，本应叫王家大院，为什么又叫姚家大院呢？向当地村民和陪同的乡宣传委员询问，原来最早大院确实为姚姓大户所建，建造时期大致在清同治至光绪年间。后来大院被石柱人王明典买下，王明典靠做食盐和布匹生意发家，买下大院后，在原址改建扩建，使之成为一座豪华奢靡的庄园。庄园地处偏僻山野，环境优雅，深幽宁静，堪称世外桃源。1921年庄园发生大火，房屋部分被毁。10年后，王明典孙子王家泰重新修建庄园。王家泰是石柱富甲一方的大地主，曾任石家乡团防队长、石柱县第三区区长等职务。王家泰见多识广，对建筑风格品位要求甚高，1932年，王家泰请了专业建筑师和园艺师，花费重金设计建造庄园。修建庄园时，王家泰保留了部分原有历史建筑，如风火山墙和瓷片镶嵌的“福、寿”大字等，同时也吸取了一些西式建筑元素，现在的正房就是一座中西结合折中主义建筑。王家在院内外栽种了大量银杏、柳杉、香樟、槐树和法国梧桐，造就了大院美好幽雅的环境；院内花园造型气派，名花异草争奇斗艳，曾有川东“杜甫草堂”之称。历经几十年损毁破坏，如今大院环境与过去旧貌已大相径庭（图40-11）。大院建成后，为防范土匪骚扰抢夺，王家有数十个家丁和几十条长短枪，加上山坡两座互成犄角的碉楼，可以说是安全无虞，固若金汤，土匪一般轻易不敢来犯。

王家泰重新修建庄园后，姚家大院正式名字本应改叫王家庄园，但当地人们仍然习惯称之为姚家大院。在庄园重新修建时，王家泰对原有的历史建筑进行了保留和保护，说明他有对历史和老屋尊重保护的意识，使姚家大院建筑格局和环境得以延续，所以仍称姚家大院也在情理之中。解放后，王家泰被镇压，大院被政府没收，改作石柱第三中学，后来又作村委会办公室和石家乡桥家村计划生育协会会员之家，现房屋产权归石柱县政府所有。由于长年失修，正房成为危房，已经无人居住，两侧其他房屋还居住有十几户村民。

图40-11 王家大院现状。

姚家大院既有中西合璧风格建筑，又有土家木楼和两座碉楼，传统建筑与古树名木环境结合在一起，具有较高历史价值和建筑艺术价值，并具有潜在的开发利用价值。据说近几年已有人同石柱县有关部门联系，准备将大院买下，整修后作为私家乡间别墅或会所。笔者建议，不管是由私人出资进行开发利用，或者是由政府保护修复，都必须切实保护姚家大院的历史文脉、建筑格局和周边环境。在此基础上，可以拆除后来搭建的房屋，对老建筑进行加固解危，在不影响历史格局的前提下进行适度保护性开发利用。

石柱土家族自治县河嘴乡谭家大院（湾底院子）

在重庆市全国第三次文物普查汇总资料中，我看到石柱县河嘴乡谭家大院（又名湾底院子）的一组照片，大院优美的山水环境、庞大的院落格局、雅致的重檐山墙一下子吸引了我，遂将其纳入需实地考察的乡土民居名单。

2012年5月29日下午从主城出发，约3个半小时到达石柱县悦崃镇，石柱县文管所所长何玢华从县城赶到悦崃迎接我，当晚下榻悦崃镇枫香坪碉楼宾馆。枫香坪碉楼建于清光绪末年，位于悦崃镇悦来村石坪组，前几年被改造成庄园式旅游宾馆。第二天一早我们从悦崃镇出发，经石家乡去河嘴乡，约1小时15分钟到达。

近日连降暴雨，石万公路（石柱到万州）发生几处大塌方，中断的道路初步疏通，狭窄的道路刚好供一个车通过。汽车从巨大的塌方体和悬崖之间缓缓通过，使人心惊胆寒。到达河嘴乡，得知由河嘴乡到湾底院子的路被雨水冲断，这条路是一条简陋的机耕道，平时只有越野车能勉强通行，因此我们只有步行上山去谭家大院。河嘴乡领导非常热情，党委书记谭小华、乡长谢世民和乡政府秘书小冉陪同我一起上山。山路陡峭，小道泥泞，步行上山用了50多分钟。当我们转过最后一道山弯，透过

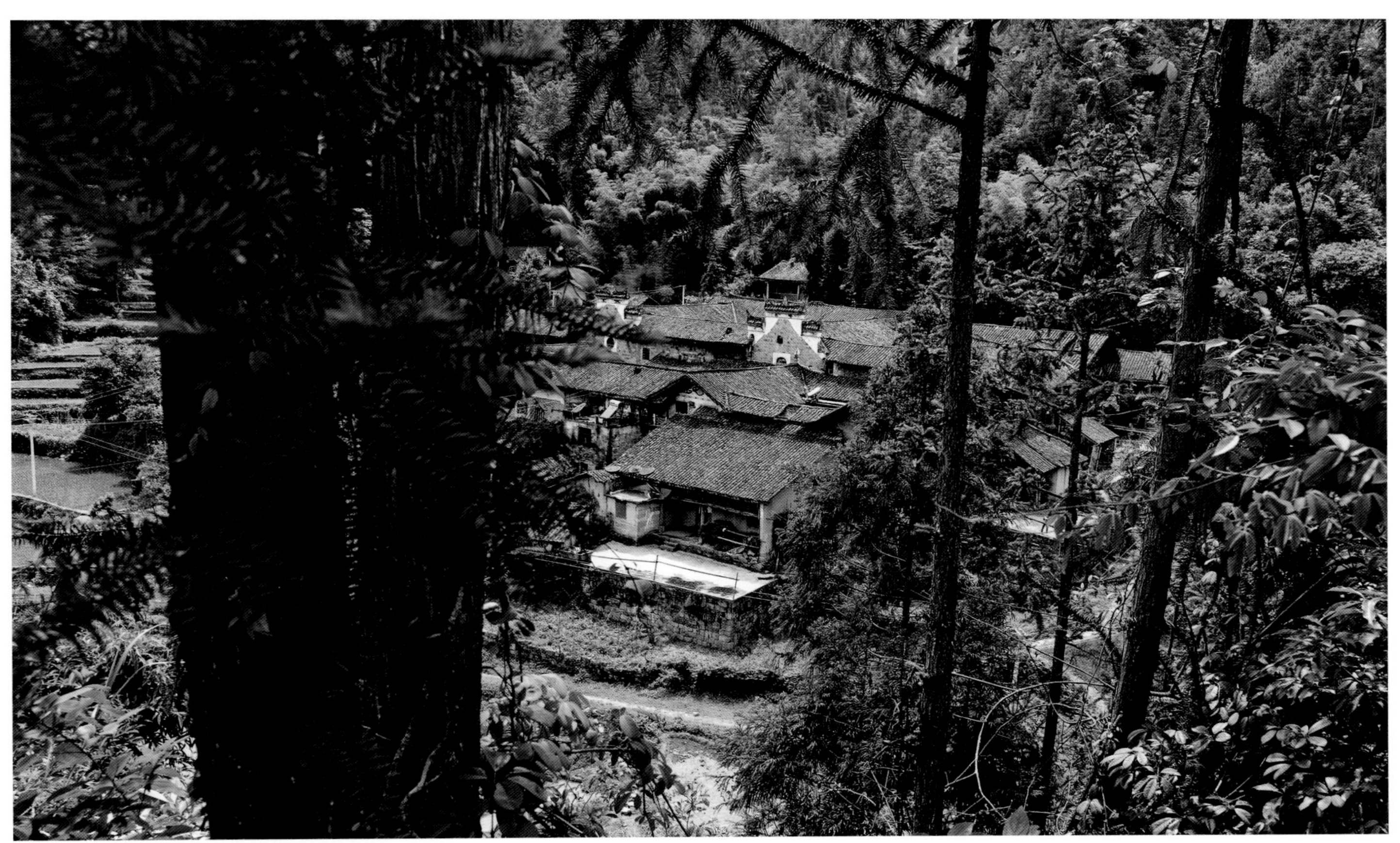

图41-1 谭家大院周边茂密苍翠的树林竹林。

茂密的松林和楠竹林，远远看到在“三普”资料照片上已经熟悉的谭家大院风火山墙，爬坡上坎的疲劳顿时消失（图41-1）。

关于河嘴乡的传说

石柱是巴国故地，也是土家族集中的地区，中国古代历史记载的巾帼英雄秦良玉曾在石柱任宣抚史。明嘉靖四十二年（1563年），秦良玉带兵勤王，平乱有功，去世后被追封为“明上柱国光禄大夫镇守四川等处地方提督汉土官兵管挂镇东将军印中军都督府左都督太子太保忠贞侯”。秦良玉陵园位于石柱县三河乡鸭庄村三教组迴龙山上，建于清顺治五年（1648年）。

河嘴乡在石柱最北端，地处渝东与鄂西接壤之地，这里山势龙盘虎踞，森林植被茂密，自然风光绮丽，乡土民风淳朴。数百年来，明清两代“湖广填四川”移民与当地土家人在这里披荆斩棘，开垦耕作，在漫漫历史长河中留下了丰富的文化遗产和历史遗址。重庆市重点文物保护单位银杏堂位于河嘴乡境内。银杏堂原名盘龙寺、山王庙，历史可以追溯到唐代，明正德、嘉靖、万历年间，果聪、大舟、广渊三位高僧3次对寺庙进行大修、复建、扩建。当时银杏堂与梁平双桂堂齐名，影响范围远至万县、湖北等地。明末清初，双桂堂高僧破山大师为避兵祸到石柱，游览银杏堂和三教寺等古刹后，挥笔写下对联和诗文，并在此作住持达6年之久。清乾隆二年(1737年)，梁平双桂堂透月和尚曾到银杏寺任住持。

银杏堂前有一条河叫官渡河，“官渡”一说，在历史上也有些来头。传说明代流亡皇帝朱由榔携带随从官兵逃难到川东，将银杏堂作为临时别宫，石柱著名巾帼英雄秦良玉曾带兵到此勤王。据银杏堂管理人员介绍，河嘴乡有一处山寨叫朱家寨，以朱姓人家为主，山寨地势险要、易守难攻，至今当地朱姓人家还坚持认为他们是明代朱家皇族逃难到此后的后裔。河嘴乡的这些历史和传说，使人平添几分神秘感和遐想。

风水宝地建庄园

谭家大院位于石柱土家族自治县河嘴乡富民村庙湾组，始建于乾隆年间，又名湾底院子、谭氏庄园、谭家寨。谭家大院背面山峦森林茂盛，因房屋位于山弯底部，故大院被称为湾底院子。大院面朝一片开阔的农田，再前是宽几十米的沟谷地，呈缓坡状自上而下延伸数公里，远处是莽莽苍苍的群山。山峦环抱的谭家大院青瓦屋顶层层叠叠，房屋错落有致，风火山墙醒目亮丽，气势蔚为壮观（图41-2）。大院前约100米处有两条小溪，分别从东西两个方向山上流下，汇入中间沟谷地，涓涓流水长年不断，水质清冽甘甜（图41-3）。溪流山坡之间，浓密的杉树、枫树、楠竹、香叶子、香樟树苍翠欲滴。这里山坡上生长着一种三角枫，叶片呈三角形，比一般枫树的叶片大，而且色彩特别艳丽，是一种珍贵的观赏树。谭家大院周边树木葱茏，溪水潺潺，空旷清新，环境静谧幽雅，按民间风水的说法，这里是“前有照，后有靠，青龙白虎层层绕，流水青溪来环抱，朝山案山生巧妙”。谭家先祖选择这处风水宝地，可谓泽被子孙，荫及后人。

谭家大院建筑群坐西北向东南，平面呈矩形，通长73米，进深36米，沿中轴线对称布置，纵向两进四合院，横向三重院落，共有6个天井，建筑总占地约2700平方米，房屋面积约4800平方米。由于地势前低后高，后一进院落高于第一进院落。房屋为砖木结构，穿斗式梁架，悬山式屋顶，一楼一底。在偏僻的乡间建造如此规模的大院，必然应有防御土匪的设施，但在四周未发现碉楼和山寨。富民村庙湾组组长晏中华介绍，谭家大院过去建有碉楼，位于大院东侧山坡上，但修建到一半时废止。

图41-2 坐落在王家山下的谭家大院。

图41-3 大院前水质清冽、涓涓流淌的小溪。

解放后碉楼被拆除修建了房屋，碉楼地基至今还隐约可见，至于当年是什么原因使碉楼没有建成，倒是一个谜。

谭家大院子中轴线有前后两道高大威严的朝门，第一道朝门呈八字形，开一道正门、两道耳门，一处朝门开3个门的形制在重庆民间建筑中还不多见（图41-4）。朝门门框高约2.6米，前有11步台阶，显得高高在上，气势威严。朝门石坊上刻有各种花草动物和人物故事，门框刻写对联“敦化川流物华天宝日，松生岳降人杰地灵时”，门楣题“耕读传家”。左右两侧的耳门也题刻楹联，左面门框楹联是“睹云山而苍翠载兴载夺宛若蓬莱佳境，盼庭柯以恰颜爰笑爰语居□羲皇古风”，门楣题“出则悌”。右侧偏门对联为一种字体难以辨认的篆刻，我请教三峡博物馆研究员胡昌建先生，昌建先生仔细查看偏门照片后，识别出楹联内容为：“两面云山拥牖户，优焉游焉，时培心上地；满空星斗照楼台，悠也久也，长养性中天”，门楣为

图41-4 头道朝门开有一道正门、两道偏门。

图41-5 二道朝门前的箭楼遗址。

“入则孝”。

进入头道朝门，通过天井上7步台阶到第二道朝门。二道朝门石门框题刻楹联一副：“承七龄家风永垂燕翼，绍三槐卉泽丕振鸿基”，门楣刻八仙图，门上墙壁有朱底墨书“山河聚秀”4个大字。二道朝门前原有一座供瞭望用的箭楼，现已毁掉，箭楼柱础还保留在原处（图41-5）。从二道朝门进入大天井，来到一座四合院。四合院后厅两根大石柱上分别雕刻“创业维艰而小子顺泛艰处着想”、“守成不易愿后人莫以易时为心”楹联，落款“卧观山游泾刊于戊子书”。石柱之间的石栏板刻有山水人物图。四合院堂屋门上有一对木雕辟邪兽物，形似貔貅，龇牙咧嘴，双目圆瞪，生动可爱（图41-6）。四合院全部用石柱作为支撑结构，庆幸的是所有石柱上镌刻

图41-6 四合院堂屋门上的木雕辟邪兽物。

图41-7 雕花柱础。

图41-8 后堂石栏板雕刻至今完好如初。

的楹联基本完好无损，但大部分石柱被村民堆放的杂物遮挡，无法辨读楹联文字。院子背后原有高墙围护，据村民介绍，靠围墙处设有带夹墙的隐秘房屋，用以储藏贵重物品和鸦片。横向两座四合院房屋主要作厨房、饭厅、库房和下人居所，谭家开设的私塾也设在横向四合院里。谭家大院内部有十几座石门，相互之间串通所有房屋。

谭家大院雕花柱础数量众多，形态丰富，形状有正方形、八角形、圆鼓形等，雕刻图案有兔子、乌龟、螃蟹、菊花、牡丹等（图41-7）。木窗为彩绘雕花窗和斜格窗，雕有牡丹、鹿子、花草等图纹，木栏杆有直楞、万字格、葫芦等形状。院子阶梯和护壁立面石栏板上的雕刻刀工细腻，形态生动，至今保存完好（图41-8）。

谭家大院风火山墙是整个建筑群的视觉中心，风火墙原有4壁，因失火毁掉1壁，现存3壁。正前面两壁风火山墙为两重檐，后两壁风火山墙为三重檐，脊饰灰塑飞檐翘角、遒劲生动，山墙面绘有花草动物纹饰，这种风火山墙造型属江西一带移民建筑风格（图41-9）。大院正面左右两侧砖墙人字形屋檐下各有一幅墨绘山花，图案为吉祥云纹，素色山花带有土家民间装饰韵味，淡雅优美，醒目耐看（图41-10）。据谭家后人介绍，当年修建院子的工匠和画师主要来自湖北，都是名气很大的民间艺人，其中一位画师建完这个大院后再没有离去，谭家请他长期定居下来，继续为大院的日常维护和彩绘装饰效力。

图41-9 造型优美的风火山墙。

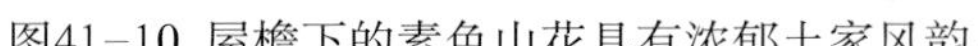

图41－10 屋檐下的素色山花具有浓郁土家风韵。

图41－12 东侧后院失火损毁，墙体垮塌。

使笔者感到意外的是，在谭家大院厢房里，居然发现了一座整个大院的模型。模型用木板和层板制作，长宽1米左右，虽然模型比例尺不大规范，但整个院子的布局和6个天井、4壁风火山墙、包括屋顶飞檐翘角都表达得非常清晰，为我了解大院全貌和整体布局提供了非常直观形象的参考。一问富民村庙湾组组长晏中华才知道，这座模型是重庆大学建筑城规学院副教授、建筑技术研究所副所长覃琳出钱请当地木匠制作的（图41－11）。覃琳和她先生杨宇振是我非常熟悉的朋友，他俩在学术上均有建树，覃琳对乡土建筑情有独钟，在教学和实践中，她长期致力于巴渝乡土建筑的田野考察，对土家民居有独到的考证和研究。

图41－11 覃琳请当地木匠做的谭家大院模型。

谭家大院东侧后院部分因失火损毁，部分墙体垮塌（图41－12）。紧邻大院周边修建了一些凌乱的砖房、土坯房、石头房，大院内部也有一些无序的搭建和堆放，对谭家大院原有的美好环境带来了影响。

谭家祖坟

富民村庙湾组组长叫晏中华，67岁，据他介绍，谭家大院地名叫王家山，过去是王姓人家的地盘，后来谭家将此地买下，但地名还叫王家山。公社化时期，这里是王家山大队第二生产队，有30多户人，多数住在湾底大院。现在大院还有23户人，户口总人数83人，其中谭姓有十几家，其中一户叫谭帮朝的是谭家原来主人的后代。院子大部分人都外出打工，只有30多个老人和小孩在家。

图41-13 谭家祖坟。

图41-14 在谭家大院大朝门前留影。左二谢世明，左三谭小华，右二何玢华，右三晏中华。

晏中华带我们去看了位于大院东面山坡上的谭家祖坟。谭家祖坟还保留有3座，墓碑分别立于乾隆三十七年、咸丰八年、光绪二十二年。乾隆三十七年祖坟石碑题刻“清故显考谭朝贤字位，乾隆三十七年孟春月，立碑人男谭地乾、谭地开，媳李氏、袁氏，孙谭仁智、谭仁礼、谭仁义、谭仁富、谭仁贵，媳刘氏、江氏、陈氏、崔氏、秦氏”。这块珍贵的墓碑为考证谭家大院的建造年代提供了重要的历史线索（图41-13）。联想到谭家大院内楹联有“卧观山游泾刊于戊子书”，戊子年是清乾隆三十三年（1768年），谭朝贤卒于乾隆三十七年（1772年），因此湾底大院应该是由谭朝贤主持修建，于戊子年（1768年）竣工，竣工4年后谭朝贤去世。以此初步推断，大院至少已经有240多年历史了。

谭家祖业代代相传，到上世纪40年代，谭家仍然是当地有名的富绅望族。晏中华介绍，解放前谭家土地有数十个山头，方圆十来公里，地盘延伸至湖北利川，有3000多石的田产。按当地农村的算法，1石谷子为400多斤，杂粮为600多斤，以平均1石400斤计算，谭家田产达到120万斤，确实是富甲一方。当地一些老人介绍，谭家虽富，但并非为富不仁，谭家与当地乡民相处甚好，灾荒年还减租减息、救济灾民。土改中，谭家房屋和财产被分配给农民，谭家除一个当过乡长的人自杀外，后人大多还算相安无事。谭家大院被分给几十家人居住后，院落变得支离破碎，几十年来住户对房屋不加爱惜修缮，更谈不上保护意识，加之文化大革命“破四旧”，大院原有面貌和格局受到一定程度的损坏和改变。

离开谭家大院前，我和河嘴乡党委书记谭小华、镇长谢世明一行以及庙湾组组长晏中华在大院朝门前合影留念（图41-14）。

谭家大院建筑群规模宏大，具有典型江西移民和当地土家风格结合的特色，整体保存较为完整，院内题刻楹联大部分保留完好，如果稍加整治和修复，谭氏庄园当年的风采可再现无遗。谭家大院完全有资格升为重庆市级重点文物保护单位，建议当地文物部门做好基础资料的整理准备工作，争取在重庆市公布第三批市级文物保护单位时列入，让这处优秀乡土民居得到更好的保护和传承。

石柱土家族自治县悦崃镇长岭碉楼

应石柱县政府之邀，2012年5月28日，我带队到石柱县参加黄水、冷水、西沱3镇风貌整治、旅游发展专家考察咨询活动。5月29日下午在西沱镇开会交流座谈，会议结束后其他专家返回重庆，我借此机会留下，准备考察石柱县几处乡土建筑。

当天下午天气晴朗，本拟赶到石柱县河嘴乡考察一处清代民居，正待出发，石柱县文管所所长何玢华给河嘴乡打电话，得知去河嘴乡的道路昨日因大雨发生几处塌方，道路已经中断。于是迅速调整路线，改去悦崃镇新城村的长岭碉楼。

同何玢华赶到悦崃镇，副镇长刘小平上车带路，车出场镇不到3公里，前面出现一条湍急的河流，汹涌的河水已把漫水桥淹没，紧邻公路桥边有一座近300年历史的古石桥，但只能过人，不能过车（图42-1）。我们只有带着遗憾返回悦崃镇，当晚下榻枫香坪碉楼度假村。

考虑到河水一时半会不可能下降，于是5月30日安排去考察石家乡姚家大院和河嘴乡湾底院子，晚上又回到枫香坪碉楼度假村住宿。5月31日一早，开车来到前天被淹没的漫水桥，发现桥面刚好露出水面，于是顺利过河。前行约3公里出现一分岔路口，左边去长岭雕楼，右边到作坊碉楼。去长岭碉楼是一条坑洼不平、荒草丛生的机耕道，越野车颠簸跳跃，人在车里东歪西倒。又过了好几处漫水桥，桥面均用石头堆砌，与乱石嶙峋的河沟基本平行，车子刚好压着乱石通过。三四公里山路花了半个多小时，终于来到一处青山绿水的小平地，远远已经可看到高坡上长岭碉楼伟岸挺拔的身影。

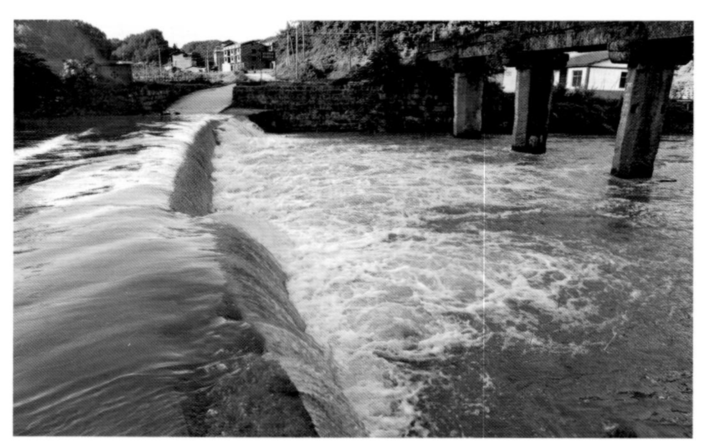

图42-1 湍急的河流将漫水桥淹没。右面石桥已有近300年历史。

雄峙山岗、坚不可破的长岭碉楼

长岭碉楼位于长岭乡新场村，新场过去有城门、城墙等防御设施，现在还可看到一些残缺的城墙条石，进出场口的两座栅子门已经消失。一条蜿蜒曲折的溪河环绕新场流过（图42-2），溪河两岸林木浓郁、山势险峻，从山上坍落的巨石滚落在河中，经千百年河水冲刷，形成奇形怪状、巧夺天工的自然景观。一路观看，发现石头有的形似龙头，有的形似乌龟，有的形似卧虎，有的像蟒蛇，有的像雄狮，还有的石头像大头和尚。故当地有“狮猴戏僧”、“龟蛇锁街”等说法来形容这里

图42-2 新场前的溪河景观。

图42-3 长岭碉楼伫立于山顶，在空旷的环境中显得特别突出。

的风水和自然环境。

长岭碉楼为谭姓人家修建，谭家大院始建于清光绪初年，民国时期，为防范土匪，谭家在距离谭家大院约300米的山岗上建造了这座碉楼，据说花费了3600多块银元。碉楼伫立山顶，四周山峦环抱，视野开阔，碉楼在空旷的环境中显得特别突出（图42-3）。碉楼四周有高大的围墙，朝门开在围墙正中，门框题刻“三径月明花作壁，四山云合树为屏”，横额题：“太平有象”，楹联生动形象地描绘了碉楼周边的自然环境和美好景象。朝门前有一条长长的石梯，梯步共有70级，朝门与石梯相连。石梯下有一口深不可测的古井，至今水井还在使用。

碉楼为五楼一底，面阔三间11.2米，进深一间7.75米，四壁石墙残高约16米，加上偏房和院坝，总占地面积1315平方米。碉楼正面石门镌刻一副楹联，上联是“溪水似桃园福地”，下联为“岑楼如药壶洞天”，横批“永庆安全”。在碉楼残存的楹联上发现有“庚午”字样，庚午年是民国十九年，可知碉楼建成于1930年之前。碉楼几道石门都题有楹联，但因后来损毁厉害，多已消失。根据悦崃镇提供的资料，题刻楹联内容分别有：“登楼又是一重天，世避烽烟自我闲”，“幸是桃园真福地，武陵溪口会神仙”，“建筑楼层两度秋，一层更上一层楼”，“任凭平地风波起，料得清闲此内收”。从楹联题写的内容，可以感受到坚固的碉楼给主人带来的安全感、幸福感和悠闲感，主人对太平生活的企求憧憬也跃然壁上。其中“建筑楼层两度秋，一层更上一层楼”还把修建碉楼花费的时间告诉了人们。

碉楼围墙内原有5口大石缸，既作消防缸，又作生活储备用水之用，后来都被村民搬走。碉楼正面木门有前后两道，均用2毫米厚铁皮包裹密实。前面一道门有门轴，左右开合；后面一道门十分沉重，安在石质滑槽内，上下开合，用辘轳之类的装置来提升。进入碉楼，发现内部楼层全部损毁，仅余四壁石墙，向上仰望，石墙巍峨耸立，依然不减当年敦厚雄威（图42-4）。

碉楼左右两侧各有一座角堡，支撑角堡的石雕狮子昂首瞪目，形态栩栩如生（图42-5）。角堡内部空间呈圆柱形，周边和垂直向下方向都开有观察孔和射击孔。在碉楼背面发现有一处依附于墙体的青砖建筑物，乍一看还不知道有何用处，询问当地村民，才知道是碉楼内部使用的厕所。从现场的格局来看，青砖厕所估计是碉楼改作粮站后，为方便在里居住的职工而添加的（图42-6）。

图42-4 四壁石墙不减当年敦厚雄威。

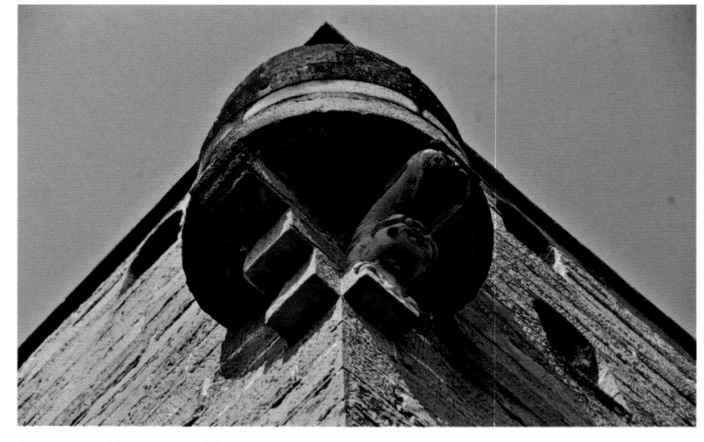

图42-5 伸出碉楼的角堡。

长岭碉楼围墙内还保留有一座穿斗木结构房屋，高两层，面阔三间16米，进深两间6.5米，歇山式屋顶，左右两壁为土坯墙，楼上三面有挑廊，外形为土家民居常用的走马转角楼形式。木房建造时期与碉楼同步，民国十八年（1929年）木房被烧毁，后又重新修建。解放后，木房作为新场乡政府和新场人民公社办公之用，乡政府搬出后，房屋安排给几户农民户居住，因长年失修，木房成为危房，现已空无一人。碉楼围墙内院坝开敞宽阔，总面积约800平方米，院坝按地形标高分三级，各级基座条石雕刻精细的花纹图案。地面条石铺砌牢固，虽近百年，至今仍然平整密实（图42-7）。建造碉楼所用石材硬度很大，抗风化能力强，几乎可与花岗岩、石灰岩媲美，至今碉楼条石上雕打的刀痕清晰如初，几乎看不出岁月磨砺的痕迹，仿佛新建一般，使人不敢相信碉楼已有近百年历史。

上世纪50年代，长岭碉楼改作悦崃区南木粮站粮库，粮站进入后搭建了一些房屋，在这里收购、加工、转运、销售、储藏粮食，储藏粮食约70万斤。公社化和文化大革命时期，长岭碉楼大院坝既是生产队社员聚会、活动、学习政治和毛主席著作的场所，也是翻晒粮食、分配各种农作物的场地。土墙上有当年留下的“建立好收割、分配、保卫、翻晒等组织”标语。上世纪90年代，南木粮站搬走，碉楼内木料被粮站全部拆光，由于木料太多，粮站花了很长时间才把碉楼几百根珍贵木料全部拆完运走，壮观完整的碉楼如今只剩下一个空壳。

据当地村民讲，谭家碉楼在修建过程中就有土匪前来打探，发现碉楼地势险要，建造异常坚固，之后就没有土匪敢来攻打此地。大致在民国二十年

图42-6 依附于墙体的青砖建筑是碉楼内部使用的厕所。

左右，谭家一个叫谭硕辅的人与秦姓人家发生争斗，伤了秦家的人，秦家告到石柱县衙，官府派兵把谭家碉楼围住，要谭家交出谭硕辅。相持3天3夜，官兵攻打不下，后来断了碉楼的水，烧了碉楼外的房子，谭家才答应赔偿损失，了结此事。

据说长岭碉楼之下还有一处暗道，可以通到直线距离约200米的谭家大院，但是在现场未见暗道踪影。建议当地文管部门再作考证，如果真能发现暗道踪迹，对这处珍贵建筑遗址将会增添更多神秘色彩。

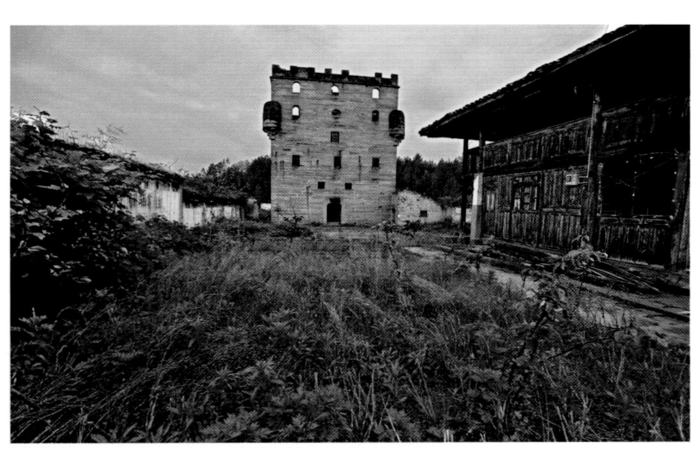
图42-7 院坝现已荒芜，但仍然平整密实。

在阶级斗争天天讲的年代，长岭碉楼曾被作为忆苦思甜教育的实物见证，经常有学校和机关、单位组织学生、职工到此参观，接受阶级教育。

谭氏家族和谭家大院

谭家先祖是“湖广填四川”移民，清同治年间，谭和润（号清远）、谭和顺俩兄弟落户于石柱溪源里六甲长杠岭。谭和润落户之处小地名叫螺丝塘，谭家靠耕作务农兼作棉布生意发家。谭和润生有6子永顺、永兴、永龄、永耆、永芳、永庆。儿子长大后分家，每人分得四五十石田租。经多年辛劳耕作和经营，谭氏家族成为新场的名门望族。

光绪初年，谭和润长子谭永顺在长岭修建了谭家大院，大院内建有“挹翠亭”、“临流阁”，正房坐北朝南，五开间，大院有几道朝门，气势非同一般。谭永顺官至五品，其妻马氏诰封为五品宜人，生有定兰、定桂、定升、定朝、定衡、定灼等7子。马氏于光绪十一年（1885年）病故，葬于谭家大院附近，雕刻精美华丽的墓室保存至今，墓碑题刻“皇清上寿待赠宜人故显妣谭母归依法名鉴勉马老太君正性墓”，此墓已被公布为石柱县不可移动文物（图42-8）。

光绪十一年（1885年），谭永顺、谭永耆、谭永庆共同出资修建谭氏宗族祠堂，谭家族人抽取螺丝塘田产作为祠堂春秋两季祭祀之用，祠堂命名为“六也祠”，祠堂现已毁，仅残留一块光绪十年的石碑。谭永顺去世后，后辈为纪念他，又建造了一

图42-8 谭母马老太君之墓。

座“尊容堂”作祭祀殿堂。上世纪50年代合作化运动中，尊容堂被拆除，原址改成了田地。

光绪十年（1884年），谭永顺儿子谭定灼对谭家大院作了改扩建。历经几十年损毁破坏，谭家大院厢房、朝门、天井、亭廊、围墙已毁，仅存一座正房，原来的五开间变成了四开间。正房屋檐下尚存雕花驼峰、挑坊和象鼻形、扇子形雕花装饰，寓意取于“象、扇”的谐音“向善”。在现场发现正房山墙檩下落地立柱达13根之多，如此大尺度进深的单体穿斗房在乡间还十分少见（图42-9）。谭家大院房屋虽然破旧残缺，但从建造格局和制式来看，仍然能感受到当年大院的气势与辉煌。上世纪50年代后，谭家大院作为新场乡政府乡公所，后作

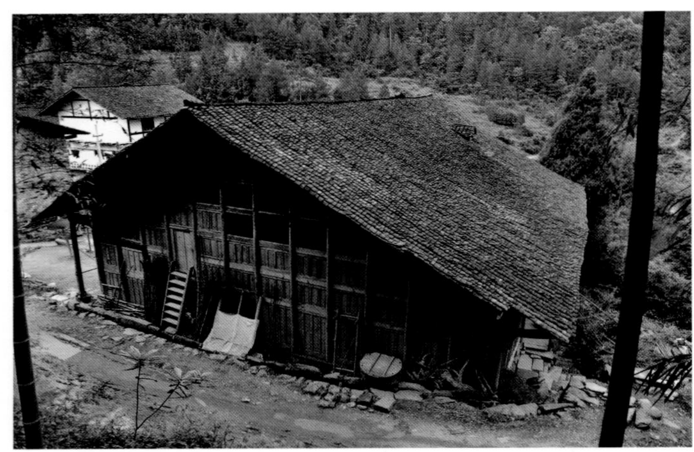

图42-9 谭家大院残存的正房，落地立柱达13根之多。

大队办公室，现为几户村民居住。笔者离开谭家大院前，同谭家大院几户村民在正房前合影留念（图42-10）。

谭永顺几个儿子中谭定灼在当地名气最大，对新场的建设功不可没。谭定灼人称谭七老爷，当过武官，善于经营和创新。当地老人讲，当时谭七老爷出门乘坐大轿，还要鸣锣开道，也曾威风一时。在悦崃镇八村螺丝塘，至今还保留着一处谭七老爷二姨太的宅第，笔者在现场作了考察，宅第为三合院，土家风格，建造规格和档次很高，前面有宽阔的院坝。一个姨太太的宅第如此奢华，说明谭家当年势力和财富确实非同一般（图42-11）。

辛亥革命后，谭定灼因赈济灾民，受到新军

图42-10 与居住在谭家大院的村民合影。

图42-11 谭七老爷二姨太宅第。

图42-12 毁于“文革”时期的“一门双节”牌坊。

政府嘉奖“宣勤惠济”金字匾额。谭定灼于民国三年（1914年）病逝，石柱县知事闵中理亲送挽联，挽联内容是：“君竟撒手归天，好胜一生，叱咤风云终太短；我尤栖身异地，舳舻千里，蹉跎岁月又何长”。谭定灼去世后，由夫人陈善哉主持家政。陈善哉出身大家闺秀，知书识礼，为人处世大度得体，时常接济贫苦之人，深受当地民众尊重。民国二十七年（1938年）陈氏70大寿，国民政府主席林森赠送“懿寿慈晖”匾额以示庆贺，在远离重庆的石柱悦崃乡间轰动一时。

“一门双节”牌坊

新场有一座节孝牌坊，为谭氏家族所立。牌坊镌刻“圣旨”、“怀清并筑”、“彤管齐辉”三层旌表，立柱刻菩萨、侍女、吉祥饰物，石雕工艺堪称一流。文化大革命中，“破四旧”浪潮波及偏僻的新场山村，当地大队支部书记迫于形势，带人于1966年11月用炸药将牌坊炸毁（图42-12）。牌坊现仅存几块散落残缺的断片，一块断片上刻有“圣旨”二字，从遗址地基和残存的雕花石料来看，牌坊规模制式和建造档次非同一般。

关于牌坊的来历，据当地有关资料介绍，光绪二十年（1894年），谭定灼两个胞兄谭定权、谭定衡相继病逝，遗孀冉氏、马氏正值青春年华，妯娌俩立志守寡，誓不再嫁，在乡间传为佳话，石柱知县上报四川省提督学院翟大人、四川省布政史季大人，再由省府禀报朝廷，得到光绪皇帝御批圣旨旌表贞节，准予建坊。光绪二十四年（1898年），谭家族人在新场下场口为冉氏、马氏修建贞节牌坊。主持建造牌坊的石匠师傅叫郭良举，他带队到梁山、王场等处参观考察，博采众长，设计了牌坊式样。当地马姓廪生为牌坊撰写碑文，碑文称谭家冉氏、马氏为“一门双节”，堪称当地绝无仅有的贞节典范。民国年间，悦崃乡万天宫举办观音会，有文人以长岭景物地名和贞节坊题写对联，写了上联：“和尚戏狮，左有金刚右有龟蛇，贞节坊前锁铁锁”，希望有人能对出下联，但至今无人应对。

时至今日，当地老人们说起牌坊之宏伟壮观还赞不绝口，惋惜之情溢于言表。笔者在牌坊前伫立良久，散落遍地的牌坊断石残片，似乎在无声地控诉着当年的愚昧和疯狂。

新场老街

谭家大院和碉楼所在地新场过去属石柱县东木坪乡长岭村，于清光绪十六年（1890年）建场，因新设立乡场，故称为“新场”，此名一直沿用至今。新场的建立，谭永顺儿子谭定灼功不可没。

谭永顺曾立志在家乡修建乡场，可惜壮志未酬就离开人世。谭定灼遵顺父愿，于光绪十三年（1887年）开始启动乡场建设，他带头投资修建3间铺面作盐号和客栈，客栈命名为“长兴栈”，至今此房尚存。在谭定灼的带动下，乡间士绅们纷纷投资修建铺面，使新场逐渐聚集人气。至光绪十六年（1890年）乡场建成，命名为“新场”。乡场设有栅子门，进场口有长长的石梯，按高差分为几个台面，类似石柱西沱镇的“云梯街”，石梯两侧分布着房屋铺面93间。乡场建成后，谭定灼在黄水、悦崃、鱼池、石家等场镇张贴大红请帖，邀约乡民到新建的乡场赶场、做生意、租铺面。为活跃乡场，谭定灼提供许多优惠条件和便民措施，使新场逐步热闹起来。谭氏家族还在新场建造万天宫一座，祭祀关羽、土祖和川主李冰，万天宫内题刻有“德沛蜀东”、“皇恩浩荡”、“帝道遐昌”等匾额，每缝节庆，乡民抬着川主神像游行庆贺，整个新场人群攒动，热闹非凡。

光绪二十五年（1898年），谭定灼在新场下场口河坝办起了土法炼铁厂，铁矿在鱼池开采，木炭在牛项溪烧制，乡间穷苦人找到就业之途，前来参加背运矿石，烧木炭者络绎不绝。

民国二十年（1931年）至民国二十八年（1939年）是新场的鼎盛时期，观音庙、万天宫烧香祭拜人流如潮，到乡场演出的戏班子甚多，重庆璧山县著名川剧班子“瑞华”班在新场演出达3个月之久。遇有戏剧演出，新场就成为百日场，每天人流涌动，摩肩接踵，茶馆酒店通宵达旦，赌场牌局生意兴隆，江湖艺人、社会贤达、袍哥大爷、文人墨客、土家苗民纷纷云集新场。川剧名角邱玉成曾在新场招收徒弟，评书艺人姜天俊在新场说了半年评书，竹琴大师梁沛然的传承弟子周少溪、竹琴高手兼画家姚焕章在新场表演竹琴，书法家关成章、陈美书在新场留有墨迹。小小的新场，在当时竟有“小重庆”之称。

1953年，石柱县在新场建立长岭乡政府，街上设立了供销社、粮站、卫生站，以农历一、四、七为赶场天。每逢赶场天，狭窄的老街交易兴旺、热闹非凡。直到上世纪末撤乡并镇之后，新场才冷落下来。由于长岭乡建制撤销，乡场老建筑被毁掉不少，昔日繁盛的新场现在变得冷落寂寞、毫无生气（图42-13）。乡场现在只有20来户人，大多外出打工，实际在乡场居住的只有20几个老人和小孩。现在的新场是一个村，村支部书记马泽红、43岁，原是村长，现作支部书记，已当了11年村干部。据他介绍，新城村户籍人口有2372人，80%是土家族。

新场街上有一所学校，与长岭碉楼距离200多米，过去办过农中，有初中和高中。农中停办后改成长岭小学。学校操场边有一棵巨大的香樟树，树径约1米，我以为已有几百年树龄，询问当地老乡，说是在上世纪60年代才栽植的，50年就长成参天大树，说明这里的水土环境确实非同一般。当地人将这棵香樟树奉为神树，传说凡动了香樟树，就会降临灾难。幸亏有这个传说，否则这棵大树也很难保留至今。

长岭小学原址是谭氏家族出资建造的万天宫，香樟树下和小学校舍前散落着一些雕花柱础，是万

图42-13 昔日繁盛的新场现已凋敝冷落。

图42-14 万天宫遗址，现为长岭小学。

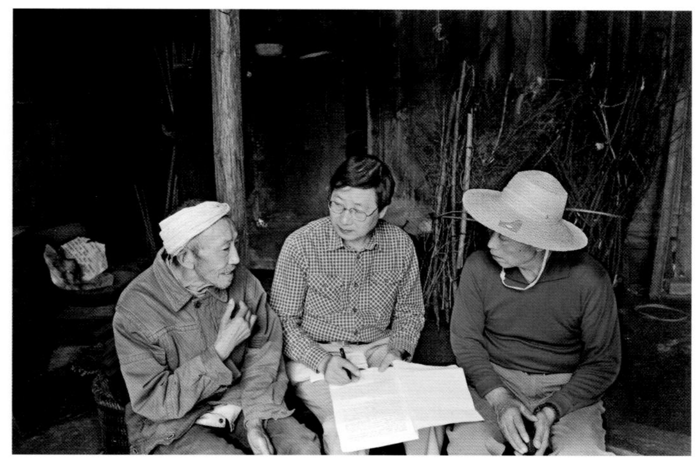

图42-15 采访张述德老人。左为张述德，右为秦文洲老师。

天宫留下的遗迹（图42-14）。笔者在现场测量了最大两座柱础，基座直径为0.73米，上面搁置立柱的台面直径0.45米。据村民介绍，万天宫为两进院落，有正殿、后殿和厢房，四周有围墙，前厅有戏楼，过去是新场规模最大的宫庙。约在1953年，长岭乡兴办长岭中心校，将万天宫拆除，建造了两层高，有10间教室的学校。前几年，因长岭中心校当时建造的教学楼结构不安全被拆除，原址又新建一座只有4间房屋的平房作长岭小学校。

独守“长兴栈”的张述德老人

2012年11月10日，笔者同市里几位专家一起，再次来到新场和长岭碉楼。与居住在新场老街上的张述德老人摆谈，得到不少关于长岭碉楼和谭家的历史信息。张述德，出生于1930年1月28日，6岁随父亲移居新场，在此地生活居住了一辈子。张述德父亲读过私塾，算盘打得好，还通医术，后在谭家作账房先生，兼作乡间郎中。父亲为人厚道，时有穷苦人家看病后付不起药费，父亲就先看病抓药，后记账，有钱就来还，没有钱也不去追讨。张述德父亲土改中成分被划为地主，说起被划为地主的原因，现在听起来有些匪夷所思。过去乡间百姓现钱少，看病往往用谷子支付或记账，天长日久，到解放时记账本上记有20多石谷子，当地分大石和小石，大石为432斤黄谷，小石为324斤黄谷。因查出这份记账本，父亲被划为地主。张述德有4个孩子，3男1女，大儿子61岁，另两个儿子在煤矿工作，小女儿40多岁，在石柱县迴龙中学当教师。张述德现孤身一人住在新场老客栈“长兴栈”破旧的老房。张述德老人对古城坝、新场和谭家大院、长岭碉楼的历史非常熟悉，为石柱县、悦崃镇编写地方志提供了不少资料，本篇文章一些资料就来源于张述德老人的讲述和文字记载。

2013年10月10日上午，笔者又到新场长岭碉楼考察拍摄，借此机会再次采访了张述德老人和曾在悦崃生活过多年的秦文洲老师（图42-15）。陪同的石柱县规划局副局长秦河龙、县文管所所长何玢华原来准备安排到悦崃镇吃午饭，但我兴趣盎然，不知不觉在新场就呆了近3个小时，完成考察拍摄和采访已快到下午1点，我提议就在长岭小学校随便简单午餐。长岭小学只有一个老师，叫谭宁和，56岁，从1978年起作乡村教师，至今已经有35年了。谭老师告诉我，学校原来有近300个学生，做操时大操场全部被占满，现在只有9个四年级学生，读完四年级，这9个学生将到镇上学校读五到六年级，届时长岭小学还有没有学生就很难说了。

图42-16 田野考察中简单的午餐。

午餐非常简单，一个炒海椒、一个咸菜、一盆土豆汤，我在外田野考察吃饭是越简单越好，简单的菜肴既省时间，又便捷可口（图42-16）。十几分钟完成午餐，随即离开去新场村的作坊碉楼。

新场老街整修留下的遗憾

2012年5月到悦崃镇时，听悦崃镇副镇长刘小平说，当地通过民宗委争取到一笔资金，准备对长岭碉楼和新场老街进行整修。笔者当时就提出，在没有很好的修复方案和充分论证之前，千万不要轻易对碉楼和老街作修补改造，更不要盲目搞旅游开发，草率的设计和粗劣的修补方式将会使碉楼和老街丧失历史原真性。譬如罗马斗兽场，断臂维纳斯，均因其残缺而具有美的震撼力和想象力，如果将斗兽场完全按原样修复，如果将维纳斯的断臂接上，可能反而会失去历史的想象空间和艺术欣赏价值。长岭碉楼和老街整治修复的道理也是一样。

然而，时隔11个月，当笔者于2013年10月10日到新城村时，发现进口处赫然立了一块黑色的石碑，上面题写的内容是："少数民族资金援建项目；项目名称：悦崃镇新场特色村寨保护与发展项目；项目内容：古碉楼除险加固，20户民居土家风貌改造；项目投资：民族资金70万元；竣工时间：2013年1月；建设单位：悦崃镇人民政府。"

当笔者进入已来过两次的新场，发现原来熟悉的老场风貌原貌已经发生变化：老街木结构房屋损坏的地方用灰浆涂抹，上面再用白色涂料刷成整齐划一的仿砖线条，与原来的房屋结构和风貌格格不入；特别是进场口的一座体量较大的错层房屋，表面全部被涂抹粉刷一新，用白线画成灰砖模样。这种维修整治方式对具有上百年历史的新场原貌反而带来了破坏。我问了陪同的石柱县规划局秦河龙副局长和县文管所所长何玢华，得知碉楼和老街的维修整治方案并没有征求他们的意见。古碉楼除险加固项目是悦崃镇新城村金台组的作坊碉楼，作坊碉楼整修的问题也很大，笔者将在"冉氏作坊民居"一篇中讲述。据说民宗委还将安排资金对少数民族特色村寨进行维修整治，这本是一件好事，建议今后维修整治方案应该多征求一下规划、文物部门和专家们的意见。

长岭碉楼地势险要，历史悠久，建筑巍峨挺拔，建造精致，具有很高的建筑美学价值和历史人文价值。笔者建议将石柱县碉楼群整体打包申报重庆市级文物保护单位，而与长岭碉楼共存的新场老街，也应该得到妥善的保护与整治。

石柱土家族自治县悦崃镇冉氏作坊民居

石柱土家族自治县悦崃镇冉氏作坊民居是一处颇具规模的土家院落，而笔者发现此处民居纯属偶然。

2013年10月9日，受市文物局邀请，我到丰都县董家镇检查杜宜清庄园修复工程，完成任务后留下来，准备去悦崃镇长岭碉楼和作坊碉楼作补充考察，当晚住宿石柱县。次日早晨，石柱县规划局副局长秦河龙、县文管所所长何玢华同我一道去悦崃镇。悦崃镇长岭碉楼和作坊碉楼我在2012年5月就考察过，由于当时天气不好，照片拍摄得不理想，而今天终于等来了一个好天气。上午在长岭碉楼拍摄后，由悦崃镇退休老师秦文洲、新城村书记马泽红带路去作坊碉楼。秦文洲是土生土长悦崃人，今年72岁，在悦崃长岭小学、石柱县党校当了几十年教师，对这里的历史稔熟于心。作坊碉楼和长岭碉楼都在新场村，距离并不远，但新场村山势嵯峨，沟壑纵横，山间小道崎岖，还要越过一些怪石嶙峋的河滩，越野车1小时只能行驶几公里。我们从长岭碉楼出发，差不多50分钟才到达作坊碉楼。作坊碉楼孤独地伫立在一座山顶，鲜有人去，密林中的小路被野草和倒塌的树木覆盖，很难识别。上山途中，我发现山下树林和竹林遮掩之中，一座院落时隐时现，询问秦文洲和马泽红，得知这座院落叫冉家院子，过去是冉姓土家大地主建造的宅第，因设有酿酒作坊，亦称冉氏作坊民居，山上的作坊碉楼就是由冉家建造的。听说这座大院就是与作坊碉楼密切相关的冉家院子，顿时引起了我的兴趣，决定拍摄作坊碉楼后专门到冉家院子去看一看。

冉家院子

从作坊碉楼下山，越过悦崃镇到金台村的村道，再向下穿过一条弯曲的石板小道和竹林后，眼前豁然开朗，一片院落映入眼帘，这里就是悦崃镇新城村金台组的冉家院子（图43-1）。

冉家院子坐南向北，前景舒展开阔，对面山势雄伟壮阔，左右山形舒缓，背靠一座形似座椅状的山坡，大院坐落在三面围合的环境之中。

冉家院子布局比较奇特，一座大三合院、一座小三合院呈不规则组合，两座院落不像一般院落纵向两进，而是在大三合院旁边添加一处小三合院，

图43-1 冉家院子。

大小悬殊，轴线也不连贯。细看冉家大院的布局又感到惊奇，房屋打破了三、五、七等奇数开间规制，大三合院正房面阔四间，而一般土家民居正房为“明三暗二”，即明间和两座次间显露，两座梢间被厢房遮挡。冉家大院正房进深较大，明间、次间进深约11米，左梢间进深约14.5米。房屋没有右梢间，而是由次间向右侧延伸，变换成为一座小三合院。

大三合院坐东向西，悬山式屋顶，穿斗式梁架，一楼一底，建筑占地1424平方米，建筑面积2465平方米，宽阔的院坝面积约200平方米。三合院前方有高约2米的条石台阶，从台阶上可看到原围墙和朝门的基础遗迹。原朝门呈八字形，开在围墙左侧，出于风水考虑，朝门与中轴线扭转一个倾斜角度。围墙和八字形朝门被拆除后，院坝完全开敞，形成典型的“三合头”布局。土家三合院又称“三合头”、“撮箕口”，一般为“一正两厢”形式，即一座正房（亦称座子屋），两座厢房；若庭院敞开，称开口三合院，若庭院有围墙围合，称闭口三合院，冉家院子属闭口三合院形式。

大三合院正屋窗花雕有花草动物图纹，前面廊道宽约3米，次间、梢间均从明间进出。明间房屋角落处搁置一架陡直的木梯，我们上到阁楼，房主告诉地板上有一块匾额。阁楼没有灯，一片漆黑，我打开手机电筒功能，发现匾额是一块祝寿匾，已被改作地板嵌入楼地面。匾额长3.5米，宽1.4米，前面镌刻“大閫范冉府大姑娘谭老安人五旬志庆”，正文为“德从咸备”4个大字，落款为“宣统元年己酉岁仲冬月上瀚吉立”。 据冉家后人冉茂琳回忆，此匾额原挂于冉家院子堂屋上方，谭老安人是冉茂琳的祖婆（曾祖母），祖婆五旬大寿时，娘家赠送此匾。如此大型的匾额在当时是非常厚重的礼品，封建社会妻以夫贵，可见当年冉家地位之显赫。宣统元年是1909年，由此推算冉家院子已有上百年历史。在阁楼上还发现一些雕花门头、花窗和驼峰，雕刻工艺非常精细，因阁楼解放后做过改造，驼峰被锯掉部分，雕花构件也变得残缺不齐（图43-2）。

正屋前有两根直径达0.45米的立柱，柱础高0.6米，自下而上分为3段，下段是正方形、中段呈六角形、上段为圆形，表面均作雕刻装饰（图43-3）。柱础每幅雕刻内容各不相同，图案有麒麟、瑞鹿、花草、飞鸟等，雕刻工艺细腻精湛。

大三合院厢房宽阔大气，悬山式屋顶，穿斗式梁架，面阔四间19米，开间也是双数，与正屋开间一致。左右厢房进深不同，右厢房进深7.8米，左厢房进深9.6米。

小三合院与大三合院通过正屋前廊道相通，开有宽约1米的进出通道。小三合院天井大致呈正方形，边长约5.5米，尺度小巧宜人。天井三面安石栏板，栏板石柱雕刻戏曲人物图案，柱头呈腰鼓状。小三合院屋檐为大出挑，可遮盖其下廊道，形成阴凉避雨的空间，院子里的老人们喜欢坐在廊道的石栏板上休闲聊天（图43-4）。

走出院子，发现一座直径达3.4米的大石碾盘，当地老人讲，这是冉家过去碾压谷子的地方。老人们还讲，冉家大院周围过去全是参天大树，解

图43-2 梁架驼峰在阁楼改造中被锯掉部分。

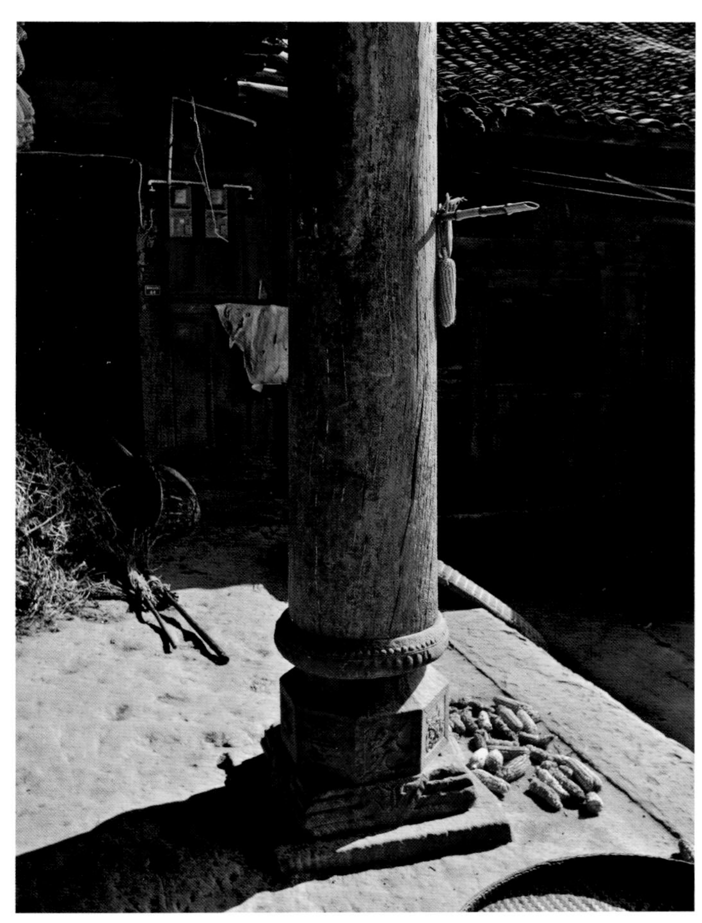

图43-3 正屋前的立柱和柱础，柱础雕刻细腻精湛。

放后几十年被砍伐殆尽，特别是一棵树冠巨大的桂花树，秋季花开香飘四方，十几年前也被砍掉，木料用来修了房子；朝门两边原有两座花园，里面栽有各种花草，开花时节姹紫嫣红，满庭飘香，可惜花园现已损毁消失。

依附着冉家院子厢房背壁搭建有一些辅助用房，当地称之为“披厦”，用于下人居住，豢养家禽、牲畜等用途，房屋阁楼、挑楼、转角、吊脚等处尽显土家民居风格，“转千子”、“耍骑”、“眉毛骑”等建造作法随处可见。

解放后，以冉家老房子为中心，周边陆续新建了一些土家风格房屋（图43-5），较为典型的是位于冉家院子西面一座土家木楼。此木楼面阔三间，明间内退约1.5米作堂屋，加上外面石阶宽度，形成一处进深2米多的活动空间。比较特殊的是，正房两侧相连房屋仅突出一个柱距，约1米，其宽度正好只能开一个侧门，显得与一般厢房做法不同，当地称为“转角头”或“钥匙头”。两侧房屋山墙面9柱落地，立柱、横枋、木墙板构成均称协调的造型。正房悬山屋顶与延伸出的房屋批檐处形成三角形开口，俗称“燕子口”，具有采光、通风作用。从现场来看，此民居并无地形限制，而厢房形式独特，可能是主人根据需要，对土家民居的“撮箕口”布局作了灵活变化，倒也显得雅致独特，自成一家（图43-6）。

几十年来，渝东南土家民居大多已被损毁或者

图43-4 冉家院子小三合院天井成为老人们休闲聊天的地方。

图43-5 冉家老房周边的土家木楼。

图43-6 建造风格独特的土家木楼。

改变原貌，而冉氏作坊民居依然顽强地保留着原有格局和土家文化，成为一处不可多得的原生态土家民居活化石。

冉氏三兄弟

民国时期，冉氏民居的冉氏三兄弟在当地远近闻名，三兄弟分别叫冉启模、冉启良、冉启才。老大冉启模（约1909—1993），字伯楷，女儿冉茂琳现居住鱼池镇黄金村白银组，小地名长春沟半塝，现年84岁。据冉茂琳回忆，她父亲自小学习中医，解放后曾在黄水、万胜坝、冷水等医院行医40余年，擅长眼科，在石柱县中医界颇有名气。距冉家院子几百米山上的作坊碉楼，就是冉伯凯和他父亲主持建造的。1993年冉启模去世，终年84岁。老二冉启良（？—1950年左右），字栋成，民国时期曾任鱼池乡乡长，解放后减租退押时期被镇压。老三冉启才（？—2008.6），字少平，年少离家求学，留过洋，毕业于黄埔军校，后任过团长、参谋长等职，据说还在国民政府国防部工作过。解放后由儿子冉旷生接到成都居住，冉启才90岁高龄时，曾回石柱探望祖屋。2008年6月冉启才在成都去世，在石柱县工作的女婿邓文琼曾写祭文前往凭吊。

据冉茂琳回忆，冉家大院右次间及天井是父亲和二叔分家时分给她父亲的，幺叔冉启才对钱财看得很淡，加之长期在外，在家里没有分任何房屋和财产。大院右厢房明间解放前曾作为私塾的教室，冉家及周边陈家、马家的十几个子女在这里读书，当时教书的先生有好几位，记得有周先生、陈先生、冉先生等。教室门楣上过去有一木匾，木匾依稀可见墨汁写的“□□□□模范学校”。

作坊碉楼

冉家建造大院后，为防患未然，躲避兵匪，于民国二十年（1931年），选择距离大院不远的一座山头修建了碉楼。因冉家开办的酿酒作坊名气很大，故碉楼被称为“作坊碉楼”（图43-7）。冉

图43-7 作坊碉楼。

图43-8 作坊碉楼门楣题刻“娱萱别墅”。

茂琳回忆，她祖父与父亲修建碉楼时，每天有2至4人送饭，从山下的院子送到山上。她父亲每天负责记录碉楼修建的开支，有时记账从晚饭直到凌晨鸡鸣。冉氏家族每年田租中，有几十石谷子用于修建碉楼，前后花了3年时间才建成。

作坊碉楼坐北朝南，背面是一座树林浓郁的山坡，前面的院坝宽约28米，进深约27米，呈半月形。碉楼为石木结构，悬山式屋顶，5楼1底。碉楼大门门框刻有楹联，上联题“飞阁重楼金汤永固”，下联为“崇山峻岭盘石久安”，落款“伯凯先生新建碉楼记盛，民国辛未季书，陈长卿□题”，门楣题刻“娱萱别墅”4个大字（图43-8）。碉楼正面设前后两道大门，第一道是双扇木门，厚8厘米，表面用铁皮包裹；第二道门厚15厘米，铁皮包裹，安置在双扇大门之后的滑槽中，重量达数百斤，用滑轮提升。碉楼面阔三间11.8米，进深两间7.6米，通高17米，按照6层计算，建筑面积共538平方米。砌筑碉楼的条石每块厚0.4米，石料质地坚硬，至今未见风化痕迹。

碉楼各层开观测窗和射击孔，正面与左右侧面交角处各设一座挑出的圆形角堡（当地又称望台、耳堡），背面墙上有两座突出的方形角堡，角堡开几个外小内大的射击孔，每个角堡内可容纳2至3人。角堡底部亦开有射击孔，平时用石头塞堵，遇有情况时则取下，起到垂直向下观察和射击靠近碉楼敌人的作用，还可居高临下用卵石打击敌人（图43-9）。碉楼顶部的石垛类似城墙的城墩或箭垛子，既可居高观察远处情况，也可作为射击用的掩护屏障。

笔者进入碉楼观看，发现屋顶已基本坍塌，楼梯位置在靠明间后面墙体，密集的楼辐梁架尚存，从地面一直伸到顶部，气势颇为壮观（图43-10）。碉楼内地梁是两块整体石头，长5.73米、宽0.4米、厚0.45米。碉楼内有一口大石缸，可容约1000公斤

图43-9 作坊碉楼角堡。

图43-10 碉楼残存的楼辐梁架。

图43-11 碉楼周边房屋已人去楼空。

图43-12 同悦峡镇副镇长刘小平（左一）和村民余宜华（71岁）在碉楼前留影。

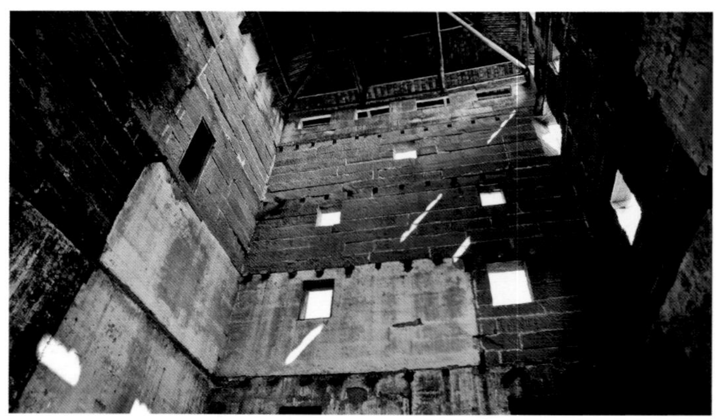
图43-13 作坊碉楼内部楼辐梁架被拆除一空。

水。据当地村民介绍，碉楼旁原来还有一座三开间穿斗房，作厨房和存放柴火之用，后来被拆除。

解放后，作坊碉楼被政府没收，碉楼和旁边的房屋改作粮站。公社化时期，生产队安排一个70多岁的五保户冉崇明住在碉楼，碉楼上吊一口大钟，社员出工、收工由冉崇明敲钟明示。几十年来，当地村民在碉楼周边先后修建了一些木结构房屋，户主有冉孟菊、盛友梅、李永胜等，现大都人去楼空（图43-11），仅有李永胜儿子李世富在此居住。李世富今年58岁，在这里生活了40年，老婆前几年离家，独子在悦峡镇街上摆摊，他孤独一人住在空寂的山头。在悦峡镇副镇长刘小平和当地村民余宜华的帮助下，找到了一位对冉家较为熟悉的人，此人叫冉启河，64岁，他爷爷解放前帮过冉家，当过甲长。据冉启河介绍，碉楼院坝前过去还有一座大四合院，由冉家建造，有八字朝门、花园、围墙，朝门前有两棵百年大杉树，可惜现在全不见踪影。从地形来看，作坊碉楼位于山顶，这里视野开阔、风景宜人，加之功能完善、配套齐全，相比山下的冉家院子显得更为舒适宜人，联想到碉楼门楣题刻的“娱萱别墅”，确有它作为“别墅”的道理。离开作坊碉楼前，同悦峡镇副镇长刘小平、村民余宜华在碉楼前留影（图43-12）。

2012年下半年，市民宗委安排资金对悦峡镇新场老街和作坊碉楼进行了维修。笔者于2013年10月10日再次到作坊碉楼考察时，发现碉楼内楼辐梁架被拆除一空（图43-13），碉楼前无中生有增加一处腰檐，这种做法丧失了碉楼原有结构的完整性和外形的原真性。笔者建议今后在维修整治土家苗寨建筑时，应多征求一下当地文物管理部门和有关专家的意见。

冉家院子和作坊碉楼保留了土家民居风格，结构和建筑风貌较为完整，建议当地政府和文物、规划等部门加强对冉家院子的管理和必要的宣传，避免村民对民居进行伤筋动骨的结构和外貌改变。同时，对石柱乡间尚存风貌较为完整的土家民居，建议严格控制，严禁随意改造，也不应列入农村宅基地置换的范围。

石柱土家族自治县石家乡池谷冲碉楼

2012年5月30日晨，天气晴朗，同石柱县文管所所长何玢华从石柱悦崃镇出发，准备去石家乡考察民居。车开出约20分钟，突然发现离路边200多米处有一座碉楼傲然挺立，在蓝天下分外醒目。我立即叫驾驶员停车，一路小跑来到碉楼，向村民打听后得知，这里是石柱县石家乡黄龙村池谷冲组，碉楼称为池谷冲碉楼。

建造于民国辛未年的碉楼

来到碉楼前，同何玢华一起，用卷尺和红外线测距仪测量了碉楼的主要尺寸。碉楼面阔三间12米，进深一间6.5米，通高约14.5米。碉楼尺度不算大，但依然显得很有气势（图44-1）。碉楼下两层用条石作墙，高约7.2米，上两层用泥土筑墙，外抹白灰，土墙高度与石墙高度差不多，也在7.2米左右（图44-2）。据村民介绍，此碉楼过去有5层高，顶层是箭垛子和四面开敞的哨楼，后被拆除，否则总高度应该在17米左右。

碉楼大门高2.3米，宽0.97米，木门用坚硬的青冈木制作，表面钉满6毫米厚的铁条，使大门变得坚固无比（图44-3）。大门石门框镌刻楹联，上联是“绸缪未雨先，虽营石室铁桶，千秋为保障”，

图44-1 池谷冲碉楼尺度不算很大，但依然显得很有气势。

图44-2 池谷冲碉楼下半部分为石墙，上半部分为土墙。

图44-3 碉楼大门用铁条包裹，大大增加了防护能力。

下联是“恐防临时际，仿造蜗居荆庭，万古庆平康”，门楣题“瑞霭祥光”4字，落款为“民国辛未冬，崑山主人题”。民国辛未为民国二十年，可知此碉楼建于1931年。门楣上还雕刻仙鹤、犀牛望月图和一些吉祥物件，立柱上方雕刻蝙蝠、葫芦、绶带和狮子头像各一个。村民给笔者介绍，过去雕楼一壁还写有“保安楼”3个大字，后来被铲除。碉楼和院子处于群山之中一块缓坡地，地势平坦，视野开阔（图44-4）。碉楼周边有4个角堡，上面开瞭望孔和射击孔。石柱民间碉楼一般会在第三层用条石出挑，设置两处居高临下的角堡，角堡底部开有孔洞，可观察正下方情况，射击靠近碉楼的敌人（图44-5）。笔者发现碉楼角堡还有一个用途：一般碉楼没有设置厕所，万一进入碉楼被困时久，内急之事不可避免，角堡底部孔洞还可当作临时厕所使用。有趣的是，池谷冲碉楼正面二楼窗户

图44-4 碉楼和院子周边地势平坦、视野开阔。

图44-5 伸出碉楼外墙的角堡。

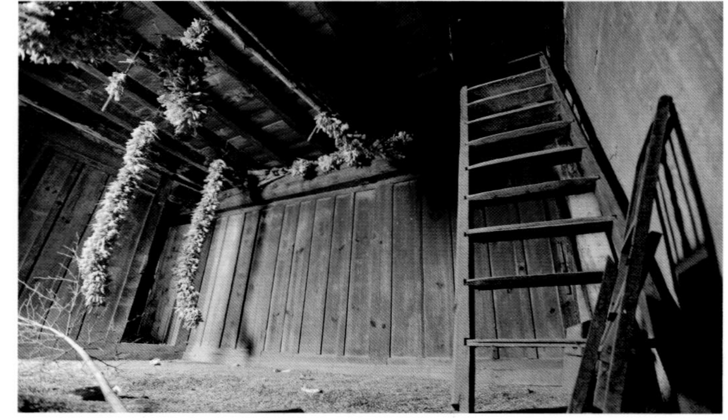
图44-6 至今碉楼里还有两户人家居住。

的窗楣、窗框还有一些西式风格的灰雕图案，表面刷白色，为雕楼平添几分韵味。进入碉楼观看，发现碉楼各层木楼辐、木地板、木墙板基本完整，每层有活动楼梯上下，楼层之间设有防御用的盖板。至今还有两户人家居住在碉楼里，经询问，碉楼是他们父辈在解放初分得的（图44-6）。

碉楼周边保留了一些当年修建的老房子，居住有麻姓、崔姓3家人。据麻家老人介绍，解放前这里是田家庄园，碉楼是为防范土匪修建的。田家庄园由田昆、田保两兄弟建造，田家是当地大家族，既有钱财，又有声望，麻姓老人父亲解放前是田家佃户，一直住在大院，解放后，麻家后代仍然居住在大院。

田家庄园过去有几座三合院和院坝，还有染房、花园、亭子、廊道和一座“尊容堂”，尊容堂是田氏家族祭祀先祖的宗族祠堂。庄园周边有高大的围墙围护，公社化时期，围墙被拆除，连同院内部分地坝被改作了田地。

土家三合院

距离碉楼约三四十米处有一座土家风格“双吊式”三合院木楼，过去是田家庄园的一部分，建造年代与碉楼在同一时期（图44-7）。三合院正面是一片开阔地，两侧地势平坦，背靠一座竹林茂密的小山坡。由于院子曾经失火烧毁部分，现三合院规模只有约过去的一半。

“双吊式”是土家木楼一种形式，房屋布局除正房外，左右两侧向外吊出一座与正房呈垂直状的偏楼，因此被形象地称为“双吊式”，亦称“撮箕口”。田家三合院木楼高两层，青瓦悬山屋顶，二层建有挑廊，正房进深约10米，在土家民居中规模属于较大的了。山墙8根立柱用料粗大、柱柱落地，柱础图案有花卉、吉祥杂宝、暗八仙等。三合院院坝呈长条形，现存面积约100多平方米。院坝

图44-7 土家“双吊式”三合院木楼。

正前方原有一座高大的石朝门，朝门上刻有楹联和精美的图案，现已不见踪影。村民告之，2012年正月初三，三合院发生一场大火，一半房屋被烧掉，残余的雕花木构件卖给了文物贩子。我们到现场

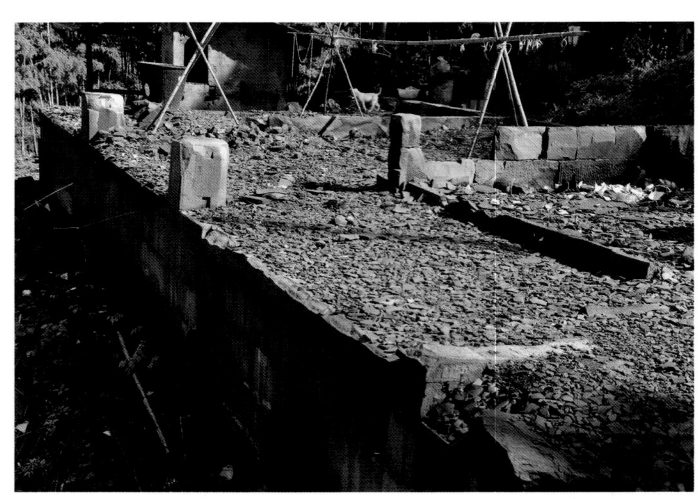

图44-8 失火烧掉的房屋现场还是一片狼藉。

时，烧掉的房屋现场还是一片狼藉（图44-8）。

关于碉楼保护与利用的思考

在石柱考察几处碉楼后，感到石柱县的碉楼不仅数量多，而且风格造型也比较独特，值得认真研究考证和切实保护。石柱碉楼群是土家建筑重要构成部分，迄今为止，在石柱县西沱镇、悦崃镇、石家乡、王家乡、河嘴乡等乡间还保留着14处碉楼，可能还有一些零散、残缺的碉楼没有得到调查登记。目前对这些碉楼尚缺乏有效的保护措施，任其日晒雨淋，风吹雨打，自生自灭。几十年来，一些村民紧邻碉楼修建房屋，有的甚至直接依附于碉楼墙体建房，有的在碉楼任意拆取建筑材料，碉楼原貌受到极大破坏。据笔者考察，目前重庆残存的碉楼相当部分内部坍塌严重，而土碉楼结构相比石碉楼差，多数已成危房，更是面临整体坍塌的危险。

中国民间建造碉楼的历史源远流长。在封建社会的中国，治安管理存在许多空缺和薄弱环节，特别是边远地区向来有“两不管”、“三不管”之称。鸦片战争之后，清政府颓败无能，民间匪患、骚乱此起彼伏；民国时期，军阀割据、战乱频繁、兵匪如麻；遇有天灾，则饥民成群、哀鸿遍野、民不聊生，匪患更为猖獗肆虐。为保身家性命安全，修建碉楼成为民间建筑必备之选。

除防御功能外，民间碉楼建造风格反应了不同地域的民族文化特色。例如中国羌族聚居的甘孜州丹巴县碉楼群用片石砌垒，高耸挺拔，林立于山野，此起彼伏，蔚为壮观，素有“千碉之国”之称；而广东开平碉楼群荟萃南洋建筑风格元素，外形多姿多彩，美轮美奂，集居住功能与防御功能为一体，2007年被列入《世界文化遗产名录》。

重庆大部分地区属重丘山区，山高林密，历史上土匪众多，此消彼起，肆虐乡间。家族为求自保，建造了数以万计的防御性碉楼，散布于广袤的场镇村庄、深山僻壤。几十年来，遗存下来的碉楼被视为失去作用的废弃之物，普遍没有得到保护，在“一普”、“二普”中大多也没有列入文物保护单位。由于自然和人为损毁破坏，绝大部分碉楼已被拆除或垮塌消失。据笔者考证，现还残存的碉楼主要集中在万州的分水、太安，涪陵的大顺、同乐、龙潭，石柱的悦崃、石家、河嘴，云阳的凤鸣，丰都的董家，南川的石溪、大观，巴南的丰盛等乡镇和乡村，在江津、开县等区县，也有一些零散的碉楼。据全国第三次文物普查成果资料，万州区尚存碉楼30多座，涪陵区大顺乡发现土碉楼100多处，石柱碉楼保存较为完整的有14处。石柱县的悦崃镇保留有4座碉楼，分别是枫香坪碉楼、长岭碉楼、冉氏作坊碉楼和元龙碉楼。

民间碉楼除保卫家园的防御功能之外，从建筑艺术角度，也具有较高美学欣赏价值。因地形地貌、建筑材料、地域文化、防御功能及家族财富等区别和差异，不同地域的碉楼呈现不同的类型和风格。重庆民间碉楼类型非常丰富，构成巴渝建筑一个重要分支。不少碉楼集防御、居住、储藏、观赏等功能为一体，具有重要历史、建筑、艺术、科研、美学价值，值得文化学者、历史学者、建筑学者深入考证研究。

据笔者考察研究，如果分渝西、渝东北、渝东南3大地域来分析，对巴渝碉楼状况可以得出以下初步结论。

从碉楼建筑材料来看，渝西以夯土碉楼为主，渝东北、渝东南则以石质碉楼为主；从碉楼现存数量来看，渝西最多，渝东北次之，渝东南再次之，渝西的土碉楼比石碉楼较易建造，因而数量较多；从碉楼尺度体量来看，渝东北石碉楼总体上要稍大于其他地区碉楼；从碉楼的外部形态上看，土碉楼在屋顶、腰檐、窗楣、挑楼、墙体等处的装饰，似比石碉楼更为丰富，但石碉楼则显得更加雄伟壮观；从碉楼与宅院的相互位置来看，渝西碉楼多与居住的庄园、大院紧密联系在一起，甚至于共墙而生；而渝东北、渝东南的碉楼往往建在易守难攻的山上，庄园、大院则建于山下的缓坡地上。

由于笔者考察碉楼数量有限，对巴渝地区碉楼的分析研究还有待深入，也有请方家指教。

对碉楼的保护性利用，石柱县悦崃镇枫香坪碉楼算是一个案例。枫香坪碉楼建造于光绪三十三年（1907年），是石柱县文物部门登记在册的十多座碉楼之一。前几年，几家投资商共同对这座碉楼进行了改造利用，现成为枫香坪旅游发展公司经营的一处档次较高的乡间旅游宾馆。笔者在此宾馆住过两次，总的感觉还不错。在改造利用时，枫香坪碉楼本体得到较好的保护，内部楼层木结构按照原有式样进行修复，碉楼周边增添了一些土家传统风格房屋作为宾馆使用，新建了庭廊、院坝和园林景观（图44-9）。枫香坪碉楼的修复改造利用是否成功，还有待相关部门和专家学者进一步考察研讨，但笔者认为，与大多数碉楼无人问津、任其风吹雨打、自生自灭的现状对比，枫香坪碉楼的案例不失为一种保护与利用的方式。

图44-9 枫香坪碉楼宾馆。

在“三普”调查登录之后，石柱县已将11处碉楼群公布为县级文物保护单位。重庆市即将启动第三批市级文物保护单位申报工作，鉴于石柱碉楼群具有自己的风格特色，并拥有一定数量和规模，笔者建议石柱县将现存碉楼群整体打包申报为重庆市文物保护单位，下一步在作好保护规划和必要的维护维修后，还可以考虑整体申报全国文物保护单位。笔者认为，石柱县碉楼群应该有这样的地位和价值。通过这些方式，可能会对石柱碉楼群的整体保护与传承起到一些积极作用。

黔江区阿蓬江镇李家大院（草圭堂）

四川美院建筑艺术系主任黄耘教授一次给我讲：黔江区两河口镇有一座叫草圭堂的清代大院，不仅规模大，建筑布局和建造风格也很有特色，值得一看。黄耘当时正在主持黔江濯水古镇风貌整治改造总体设计，他专门去看过草圭堂，认为很不错。2009年8月8日，利用到黔江评审濯水古镇设计方案的机会，我安排时间去考察了这座大院。

李家大院位于黔江区两河口镇大坪村四组，为了借近年来声名鹊起的阿蓬江发展旅游经济，两河口镇更名为阿蓬江镇。当时黔西高速路还没有通车，阿蓬江镇党委书记郑从军、镇长张琼在高速路施工道口等候，他们办有临时通行证，带我们从施工中的高速路去李家大院，果然节省了不少时间。据介绍，待黔西高速路正式通车后，从濯水镇到阿蓬江镇只要10来分钟就可到达。

形式独特的八字形大院

李家大院坐落在群山之中一块缓坡地，前方地势开阔，背山林木苍翠（图45-1）。这里群山苍茫，峰峦叠翠，风景旖旎。大院前方远处山峰被称为金银山，山势起伏跌宕，形态鬼斧神工，群山之下有一座横卧着的巨大岩石，形似乌龟。大院正面是大片开阔平坦的良田，背面是茂密的竹林和树林，青龙、白虎、朱雀、玄武山脉气势逶迤，故当地用“三龟入洞石锁桥，啸天狮子白鹤岩”来形容李家大院的风水环境。

李家大院始建于道光末年，距今已有150多年历史。上世纪80年代中期全国第二次文物普查，李家大院被黔江文物管理部门发现，1987年被公布为县级文物保护单位。因大院所在地的老地名叫草圭塘，李家大院又被称为草圭堂，亦称草龟堂。

李家大院为砖木混合、穿斗梁架结构，单檐悬山式屋顶，房屋基础、地坝和围墙用当地石灰岩建造。大院由横向3座四合院组成，总宽78米，进深40米，占地约3900平方米，建筑面积1533平方米，有大小房屋41间。出于风水考虑，李家大院平面布局略呈内八字形，前后两排房屋分为3段，中间用风火山墙隔离，这种三段式八字形布局在重庆民居中还甚为鲜见（图45-2）。

大院建在一处斜坡地上，房屋顺应地势，自

图45-1 李家大院前方地势开阔，背山林木苍翠。

图45-2 大院横向3座四合院用风火山墙隔离，平面略呈内八字形。

图45-3 李家大院宽阔的院坝，显现出非同一般的气势和规模。

下而上分成5个台阶。第一个台阶是大院外一条小溪流，溪水从远处引来，既有类似护城河的护院功能，又形成金带玉水环抱的风水环境。小溪上建有两座风雨廊桥，现仅存几座石墩。李家过去作过桐油生意，在第一级台阶建有一座半地下室，内设7间房屋，过去专门用来储存桐油。半地下室用条石砌成，石墙厚度达65厘米，至今牢固如初。第二个台阶是一块比小溪高出3米多的长条形院坝，面积约450平方米，长度达50多米，显现出大院非同一般的气势和规模（图45-3）。

大院房屋建造在第三至第五个台阶上。前厅位于第三个台阶，呈八字形，地面比院坝抬高1.2米，分左中右3段，总宽85.4米，房屋进深7.5米，通高6米，每段用7.2米高重檐风火墙隔离。前厅中段面阔五间，左段面阔七间，右段面阔五间，正中三间开敞作为过厅（图45-4）。第四个台阶是内院，需从过厅上8步台阶，内院总宽度达60多米。后厅建造在第五个台阶，面阔十三间，被山墙分成3段，总宽达63.2米，房屋进深8米。后厅建在坡地最高一级台阶，分左中右3段，每段用风火墙隔断（图45-5）。后厅中段为五开间，宽25米，左右两段各四开间，宽约19米。后厅三段式布局也略呈八字形，3段房屋相对独立，明间都设有堂屋，内置神龛、香案，祭祀先祖神灵。3座神龛一处已消失，一处损毁严

图45-4 前厅明间开敞，作为进出大院的过厅。

图45-5 后厅房屋分为3段，建在坡地最高一级台阶。

重，一处基本完好。神龛镂刻各种精美细腻的雕花图案，顶部题写“明德维馨”、“陇西堂”，两侧各有一副楹联镌刻在细长的木条上，左联为“□□行云，仍敢轻矩□□裘，徒艳长庚同老丁”，右联是“能人辈出，尽缘时势造英雄，实由武德教唐宗”。神龛题写“陇西堂”，说明李家先祖有源自陕西一带的地缘（图45-6）。一般乡间大院不管规模大小，都只在后厅明间堂屋设置祭祖拜神的神龛，而李家大院设置3个堂屋，内置3个神龛，估计是在修建大院时，已考虑到分家的因素，因此各房相对独立，分别设置堂屋和神龛。

李家大院雕花柱础构思巧妙、图案精美，图案纹饰有瑞鹿、蝙蝠、寿字、花卉、松树、莲瓣、钱纹、马、羊等。窗花纹饰有小方格框、几何纹、万字纹、冰凌纹等。风火墙檐下饰有波浪纹、卷草纹、人物、缠枝菊花等图案。大院石门框雕刻彩色或素色浅浮雕，刀工线条飘逸，图形秀美，为大院增添不少色彩（图45-7）。

大朝门为硬山顶凉亭形式，木结构，设在前厅院坝东北角。凉亭宽4.8米，进深2.7米，前有12级陡峭的台阶。出于风水考虑，八字形凉亭与房屋主体有一个倾斜角度（图45-8）。大院右侧过去还有一座朝门，现已损毁。

李家先祖从江西移民入川，大院建造风格体现

图45-6 祭拜先祖的“陇西堂”。

图45-7 石门框雕刻彩色和素色浅浮雕。

图45-8 开在院坝东北角的凉亭式大朝门。

图45-9 土家木楼与移民风格风火山墙风格迥异，交相辉映。

了江西移民建筑特色，特别是风火山墙最为显著。两河口属土家文化区域，因此大院在建筑材料、结构形式、装饰构件、雕花图案等方面吸取融入了本地土家元素。李家大院独特的建造风格，使之成为移民建筑与当地建筑兼收并蓄的典型范例。进入李家大院，发现入口处有一座土家木楼，木楼下是3

米多高的石堡坎，带转角挑廊的木楼坐落在石堡坎之上，木楼顶上还有一处阁楼。土家风格木楼与大院高耸的重檐风火山墙风格迥异，交相辉映，相得益彰，别有一番情趣（图45-9）。

李家祠堂建在距离大院不远处，后来改成寺庙，解放后被拆除，现遗址已全部消失。

抗日将领李春晖

上世纪初，李家大院出了一个名人，即光绪二十六年（1900年）出生在李家大院的李春晖。李春晖谱名永瑞，父亲李朝泮号壁臣，是清朝武庠生，曾在草圭堂开办私塾教学。李朝泮娶有3房夫人，分别姓刘、龚、王。李春晖自幼勤奋好学，年轻时投笔从戎，进入成都陆军讲武堂学习，经自身努力和奋斗，1926年在川军二十军第一师六团任营长、副团长等职。1931年，二十军改为四十三军，李春晖任四十三军二十六师七十六旅一五三团团长，旋任副旅长、参谋长等职。其间调庐山军校学习，毕业后回原部任二十六师副师长。1937年卢沟桥事变后，李春晖任四十三军副军长，调上海吴淞口驻防。同年8月13日，日军进攻上海，上海驻军奋起反击，李春晖率部与日军激战7天7夜。上海失守后，部队撤到江西上饶休整，李春晖改任四十三军军械处处长。1943年，李春晖在上饶与日军作战中阵亡，时年43岁。抗战前夕，李春晖曾带家眷回草圭堂看望父母，路过濯水时，给濯水学校师生讲了一次课，鼓励同胞振作精神，同仇敌忾，全民抗日。李春晖在家信中寄寓了抗日救国的激情，信中有“极目家何在，烽烟四处侵”等诗句，遗憾的是书信和诗篇现在均已遗失。

李春晖娶有两个夫人，一个姓杨，一个姓熊。熊姓夫人解放后在黔江濯水生活，直至去世，李春晖与熊姓夫人生有李庆林、李庆高两个儿子。李春晖有一个同父异母弟弟李永齐至今健在。解放后，李永齐在犁湾乡南村小学教书，1962年退休后回到李家大院居住。

草圭堂往事

从已有资料和前几年报刊登载的文章来看，对草圭堂和李家历史的了解还相当欠缺，有的叙述语焉不详，还有一些谬误之处。为进一步了解草圭堂真实历史，2013年5月12日，在黔江区文广局副局长李正奎、文物科科长黄亚玲和文物所所长颜道渠陪同下，笔者再次来到草圭堂考察（图45-10）。事先请区文广局联系了李春晖同父异母兄弟李永齐老先生，准备从他那里获得一些历史信息。

使我感到失望的是，89岁的李永齐老先生年事已高，身体欠佳，不仅听力差，说话也口齿不清，交谈极为困难。和我们一起交谈的还有李永齐儿子李庆谊（56岁）、儿媳妇罗应辉（52岁）和李家一个后人李长发（63岁）。李长发年龄比李庆谊大，但辈分比李庆谊还低一辈，他们三人知道的情况也不多。据他们讲，李家族谱全本早已经散佚，大坪村一位李家后人有手抄族谱残片，但人已外出。李庆谊带我们去看了距草圭堂七八百米处的李家高祖李念武和夫人杨氏合葬墓。墓室高约3.5米，未被盗墓者发掘，正面石碑记载了李氏家族历史和高祖

图45-10 在李家大院留影。前坐者为李永齐，左右是他儿子和媳妇；后排左一李正奎，右一黄亚玲。

李念武的功绩。石碑风化严重，字体模糊，好在李永齐老先生于2001年8月摘录了部分碑文，但文字写得潦草，还有一些错漏。结合李永齐摘录文字和拍摄的碑文照片对照辨认，将部分碑文刊录如下，确实无法辨认的字用符号“□”代替。谬误之处，请知情者指教。

公讳武，派念武字之发源，号连升。先世为有唐宗，于安史作乱，从明皇幸蜀入酉后，随驸马冉人才为宣慰司州，因之入酉。越宋与元明，有遗迹可考。谱为明末避乱时失去。国朝康熙年间，司治□□州西之铜鼓潭。宣慰以草圭塘数十里地，易今州治旧业。新来为文公披荆斩棘，还家于此。宣慰嘉其能保世袭三官之职。生文公，传朝辅公及魁公，再传而至伯玉祖。乾隆改土归流，始除封号。然州治旧业犹多，高伯世昌不共赘述，典实几尽。我高祖世乾公生曾祖应荣公、娶谢天俸三女，于乾隆壬子年间四月廿七日寅时，生公于草圭塘老宅。曾祖妣谢氏□作苦，阙土开荒，家以小康。伯祖念文早卒，惟一人课耕课读，刻不容宽，□方之训，渊源独远。嘉庆廿五年曾祖考殁，公甫弱冠，里之轻公者为公少不更事，颇生觊觎。及公亲膺家事，条目井然，内修外援，家以渐丰。初配常氏，为曾祖常昌成长女，生先父仕猷，公为州庠仕，及叔仕明屯捐六品，及三叔仕发四叔仕富，俱早卒，无嗣。继祖妣杨氏，为湖北咸丰县县丞曾署、赤城县杨公胜干之女，生五叔仕道州武痒，六叔仕德实戟归部，即选从九。晚年娶州之马喇湖杨公光灏女，生八叔仕伦。十余年间，先后入泮者已三、四辈。道光末，公以田产渐阙，遂筑别墅于场后。时继祖

图45-11 已有160多年历史的李家大院总体格局还基本完整。

妣旋病殁，公携祖母杨及叔仕伦卜居于是焉。及至同治壬申年，公以年老令析旧业，遂择寿寓于长坝，拟与祖妣杨合葬于是焉。兹公年晋八十，身累百口，眼观五代，举家所需，惟公是问，尚乃矍铄如故。少悼学未成，援例监发。匪躏酉，公捐资办防，蒙制军骆，保奏给从六品州司，御例膺封典，是俗所谓逼人来者，为意料所不及者也。且公具奇表，河目海口，髯长及腰，英姿飒望而生畏。惟接人者和气可掬，最慎密、寡言语、谨耕读、务勤俭，好善乐施，虚心受教。识古训，至老不忘；绎善言，不忍失口。上自缙绅满伦，下至童子沧浪，无不留心住腹，盖善根夙具非特行事异人也，抑得天独厚故也。……

同治十一年岁次壬申月建黄钟上浣吉旦，次孙互补训导增生文杰沐手敬撰增生三孙文藩六孙文杓敬书。

从以上碑文可知，李家高祖李念武于乾隆壬子年（乾隆五十七年，1792年）出生于草圭堂，卒于同治十一年（1872年），享年80岁。李念武先后娶常氏和赤城县杨公胜干之女，晚年又娶马喇湖（现黔江区马喇镇）杨光灏之女为妻。至同治十一年，李氏大家族人口已达百人。道光末年，李念武在场后建造新居，因此算来，李家大院迄今已经有160多年历史，至今总体格局还基本完整（图45-11）。同治十一年（1872年），李念武选择墓室于长坝，作为自已和夫人杨氏过世之后的合葬墓。

残存族谱手抄本中读出的信息

在李家大院未能看到李氏族谱，仍感遗憾，于是拜托黔江区文广局李正奎副局长设法查找。2013年5月21日，笔者到酉阳县龙潭镇、后溪镇考察民居，返回重庆途中顺路到黔江文广局，在李正奎副局长处得到了族谱的翻拍照片。察看后得知，此族谱是李家后人李春堂和侄儿李庆可于1986年在族人李朝宗处搜集残谱进行整理后的手抄本。残谱记录了李氏宗族名派和字派，李氏名派有“伯世应念仕文朝，永齐长安祖德超，维守家常思克振，天开隆运尚承陶”，字派有“臣传胜发，国正嘉春，山云溪月，岚谷琴亭，鹿洞先峰，可挹龙门，道范宜亲”。手抄本内容并不完整，但部分信息对考证李氏先祖和草圭堂的来历有一些帮助，兹摘录如下：

族必有谱，吾族原非无谱也。伯玉祖时，率众避兵乱，而其谱已失。相传吾族原系唐室宗支，世居长安。唐时吾先祖职任江西王，后出任思州，为将军，与冉土司抚征苗蛮，乃迁入蜀。五溪苗匪猖乱，所据之地州城渤海，凡城以南皆属焉，衙院设铜鼓潭，与冉土司互相支援。厥后土司欲改邑卜筑于两河口，已有定议。沿山取木，浮江至漫沉，而料不为水而沉。事遂寝，又改筑建于酉阳，乃以草龟塘一带地方，易大桥以西建邑焉，即今县城是也。是时河西地业虽换冉爵爷，而河街尚属吾家。……

先祖妣谢氏所生二子，一曰念文，一曰念武。念文十五岁早逝，念武独立成家。先祖谢妣谢氏原系长坝天俸之女，其祖妣勤俭持家，千辛万苦，辅助念武，家渐小康，日益丰富，建立房廊，家产日增月上，子孙繁衍。

手抄本中还有一段由李念武撰写的族谱序文，照录如下：

……余等按老谱细考，魁之子有三，一曰伯祯，一曰伯祥，一曰伯钰。钰之子世敏，敏之子应荣，荣之子念武。惜于道光辛卯年，偶遇回录失去先祖遗像并心其铭。重集族内细查整理，今居草龟塘又有十有余世矣。有由此而再徙马喇湖者老四房是也，有由此而居住漠河溪者老八房是也。其他居黔邑青岗坪者，有人或居渤海坝者，有人或迁广西者。但知有草龟塘，而究知其始迁者李文祖是也。且惜不知发源于铜鼓潭，方知徙州城而始至□也。予幼承庭训，颇事诗书，故就所见所闻而胪列焉。以俟后之孝子贤孙继起搜罗，而不知所□，敢妄为之附会耶。是为序。

从以上记载可知，李氏家族先祖曾为唐皇室后裔，世居长安。前面提到神龛中题写“陇西堂”的缘由，在家谱的记载中得到印证。公元755年至763年“安史之乱”，皇室家族纷纷出逃，李氏家族亦出逃长安。李氏先祖在唐代曾为江西王，后移居思州，任将军。思州是古代地名，辖今贵州务川、沿河、印江和重庆酉阳、秀山等县，唐末废，北宋末复置，不久又废，南宋初再置。川黔湘鄂交界之地以土家和苗民居多，土家与苗家之间为争夺地盘和势力范围时有征战。李家先祖与当地冉姓土司联合征剿苗民，后迁入蜀，李家府衙设在酉阳铜鼓坪。冉土司欲在两河口（现阿蓬江镇）的犁湾（现大坪村）草龟塘建造土司城，不料建房木料沉于酉水，于是与李家商议，把土司城改建在酉阳大桥以西李家土地上，将原来准备建造土司城的犁湾草龟塘置换给李家，李家在此建造了家族宅院。酉阳县城河西地置换给冉爵爷后，河街一带仍然属于李家。

李家大院现状

解放后，李家大院被收为公产，曾改作黎弯乡第一小学校，时有10余个班的规模。2003年学校迁出，村委会将部分房屋作办公之用。现大院里还有4户村民居住，均为李氏后裔，李春晖同父异母弟弟李永齐和儿子、儿媳妇也住在大院里。

学校和村民使用期间，对大院房屋作了一些改建和搭建，“文革”期间，草圭堂柱础、风火墙、窗格、石雕、木雕遭到不同程度的破坏（图45–12）。笔者两次到草圭堂考察，发现大院状况不容乐观：部分窗花、板壁损坏，围墙残损；檩子、椽子糟朽，瓦片脱落，屋顶漏水；后厅一些房屋墙体被改为水泥砖，院坝里修了2个猪圈、1个烤烟棚、1间房屋，院坝左侧改成了水泥地坪，后厅右厢房由木结构改为砖房；白蚂蚁侵蚀严重，一些梁柱已经被白蚂蚁蛀得百孔千疮，对房屋结构安全带来了较大的影响。

图45–12 大院内部有不同程度的改变和损毁。

李家大院为重庆典型清代移民世家建筑群，承载着丰富的历史文化信息，具有较高的历史、艺术、建筑价值，是研究清代渝东南民居的重要实物。2009年10月，在笔者推荐下，经市文物局组织专家评审，报市政府批准，李家大院被公布为重庆市第二批文物保护单位。目前大院现状堪忧，建议市区文物管理部门给予关注，及时组织维修，保证大院的结构状况不至于继续恶化。

黔江区黄溪镇张氏民居

前几年到黔江区阿蓬江镇考察李家大院时，就知道黔江还有一座名气很大的张氏民居，由于张氏民居所处位置较为偏远，一时未能抽出时间去考察。2013年5月11日至14日，笔者提前做好到渝东南考察优秀乡土建筑计划，第一站就到黔江区张氏民居。从主城出发，经渝黔高速，约3小时后在“黔江西”下道，黔江区文广局李正奎副局长、文物科黄亚玲科长、文管所颜道渠所长已在收费站出口等候。

张氏民居位于黔江区黄溪镇，从黔江西到黄溪镇约60公里，途经石会镇、黑溪镇、白石乡。公路沿着武陵山脉沟谷地带延伸，进入石会镇区域，这里方圆100多平方公里是武陵山自然景观较为集中的区域。大自然鬼斧神工，造就了千奇百怪的喀斯特地貌，沿途山峰形态变幻莫测，溪流峡谷清澈蜿蜒，幅幅美景从车窗闪过，令人目不暇接、心旷神怡。约70分钟车程到达黄溪镇。黄溪镇位于黔江区西北部，与湖北利川接壤，这里海拔并不高，但由于地处山区，年平均气温仅18℃左右，夏季平均气温28℃左右，每年冬季都会下雪。

布局井然的张氏民居

张氏民居始建于宣统三年（1911年），主人为当地大地主张合卿，位于黄溪镇黄桥居委会三组，与镇政府和场镇近在咫尺。大院背靠大山，前面一条小溪河叫黄溪河，溪水通郁江，再流入乌江。溪河上有两座石拱桥，系张家在建造大院时同步修建，一座已毁，一座至今仍在使用。大院背面山坡长满高大的松林和茂密的竹林，山形似半月形，将大院环抱在中间，形成松竹环绕、清幽雅静的美好环境（图46-1）。大院前方左侧过去一座香火旺盛的寺庙和一座民国时期乡政府建造的碉堡，现均已消失。

张氏民居坐东向西，土木结构、一楼一底，单檐悬山式屋顶、穿斗式梁架、四合院布局，5个天井将院落分隔成5个合院。大院由月台、门楼、前院坝、前厅、中天井、正厅、左右厢房、左右天井、绣楼、碉楼、后花园、鱼池、水井、院坝、内外围墙等建筑物和构筑物组成，占地面积3287平方

图46-1 松竹环抱的张家大院。

图46-2 位于台阶上的张氏民居，台阶下是群众活动的广场。

图46-3 门柱阴角雕刻的鸾凤朝阳图案。

米，建筑面积1071平方米，共有大小房屋28间。

由于地处斜坡，大院形成几级台阶，大院前是一处条石铺砌的平地，原是张家晾晒谷物的地坝，后经改造扩建为黄溪镇群众活动广场（图46-2）。从广场上13步石梯上到第二级台阶，转一直角弯，再上9步石梯进入第一道朝门，此朝门大部损坏，只存两根石柱。大院月台在第三级台阶，残留有10余个护栏石墩，石墩上的压条石早就被人拆走。大院门楼建在第四级台阶，与月台高差3.3米，前有15步陡峭的石梯。从地面到张氏民居门楼总高度达7米多，大院高高在上，显得气势威严。门楼为八字形，悬山顶，朝门正面石框题刻被铲掉，改写成革命标语，门柱其他几个面和柱础、额头、雀替雕刻有细腻精致的浮雕，图案有万字纹、鸾凤朝阳和戏剧人物等（图46-3）。

跨过朝门进入一块小院坝，由于地形条件限制，院坝进深很短，一进朝门几乎就直抵院坝后的前厅石梯（图46-4）。前厅面阔五间，明间为过厅，次间作客房，梢间作裁缝房、杂房等。穿过前厅，进入大院正中长条形天井，从天井上4步石阶到后厅。后厅明间作堂屋，堂屋左面是张合卿过去的居室，右面两间房屋一间是张合卿大儿子张宪尧卧室，一间是二儿子张宪模卧室。

后厅前廊道通左右两座天井和厢房，天井中间被栏板隔离成两段，有小门相通（图46-5）。厢房分别作张家大院管家邓吉全、赵正刚的卧室和保

图46-4 朝门与前厅之间尺度紧凑小巧的院坝。

图46-5 后厅横向院落小天井，中间被栏板隔成两段。

丁、长工住房及磨坊、厨房、库房。

左天井厢房顶部有一座绣楼，由转角楼梯上下，楼上是张家小姐卧室和丫鬟居住的房间（图46-6）。绣楼廊道安放一座几乎笔直的木梯，由此可上到观景亭。观景亭为歇山式楼亭，四周有板壁和走马转角挑台，板壁已被拆光，仅余木柱和栏杆。观景亭是张家大院最高处，在此观望，四周群山风光尽收眼底（图46-7）。

张氏民居背面是一座小巧的后花园，有鱼池、花台和用整块石料雕打的花钵，花钵表面饰有万字纹、卷云纹、卷草纹、松竹纹及梅花、飞鸟等纹饰，还题刻有一些五言绝句，如："旧岁刚除去，居然王者香；一番新气象，蒲眼塞昭光"，"竹映幽窗里，风吹影动摇；芳名称君子，任意乐逍遥"

图46-6 坐落在西侧院落的绣楼。

图46-7 从观景亭观望张家大院和周边群山。

图46-8 张氏民居后花园石雕花缸。

等等（图46-8）。

一座大院拥有4座碉楼

黄溪地处武陵山区腹心，与湖北接壤，这一带土匪众多，频繁流窜于川鄂边界。为加强大院防御功能，张家大院建有4座土碉楼（图46-9）。碉楼设于庭院四角，3层高，土墙厚0.6米，每层开瞭望孔及射击孔。大院面向黄溪河的墙壁也开有观察窗和圆形枪眼。为确保安全，张家大院建了内外两道围墙，外围墙建在大院后坡半山腰，与大院有几十米距离，用片石砌基础、夯土筑墙，总长约1300米，现仅存几处断墙遗址。内围墙总长210米，条石基础、夯土墙体、青瓦盖顶，与4座碉楼和门楼连接呈"凸"字形，内围墙大部分损毁，尚存部分段落。

张氏民居4座碉楼与房屋紧密融合为一体，与前厅、后厅、厢房屋顶基本在一个水平高度，并不像一般碉楼那样高耸突出。笔者在现场察看，发现张家碉楼这种建造方式也有它的道理。张氏民居建在高于黄溪河岸七八米的高台上，本身就有居高临下的优势，碉楼与大院房屋处于一个水平，并不影响其观察和防卫射击，反而加强了碉楼的隐蔽性；再者，碉楼与大院融为一体，也便于平时使用和进

图46-9 分布在民居四角的夯土结构碉楼。

图46-10 碉楼底层与大院房屋融为一体，相互贯通。

出（图46-10）。

张氏民居的不解之谜

张氏民居总建筑面积约1000平方米，其规模在重庆乡土民居中并不算大，但小小的院落里蕴藏着不少奥秘玄机，至今还没有完整可信的解释。

一是天井排水之谜。张氏民居大天井宽14米，进深4.3米，深0.5米，天井位居院落中心，前厅、后厅、厢房的散水汇集于此，成为大院主要排水系统。在天井仔细察看，未发现有排水道和地漏。但不管下多大的雨，天井里从不积水，水从何处流出？这是张氏民居一个不解之谜（图46-11）。

二是水井之谜。后沿散水沟堡坎壁内有3口水井，中间一口水井因长期无人使用与清理，已经废弃，左右两口水井完好无损，一年四季盈满清水，水质清凉甘甜。不论长期天旱或连续多雨，这两口水井水面始终保持在一个恒定的高度，而水井石壁全是整体岩石，水从何来、又为何长年不枯？这又是张氏民居一个不解之谜。

三是松树品种之谜。张氏民居背面山坡长满高大的松树，为张合卿在建造房屋时栽植。松树本身是一种普通乔木，但张氏民居后山松树却与当地松树品种不同，这种松树只长叶不结果，也就是说没有繁殖能力。松树的枝叶和本土松树也不一样，本土松树树叶呈针状，而张家栽植的松树树叶呈片状。据当地老人讲，这种松树是张家专门从海南引入的品种，现在保留下来还有30多棵。张家的松树引起了当地林业部门的兴趣，曾安排专家来此考察，最后也没有一个结论。

四是雕花石柱础之谜。张氏民居最精彩、最吸引人、最有价值的是前厅廊道上的4座柱础，它们是张氏民居石雕装饰艺术之精华，被称为镇宅之宝。一座并不算豪华的乡间大院，为何有如此精美绝伦的石雕，这又是一个谜。围绕着雕花柱础还发生一件惊天大案，笔直将在下面章节作专门讲述。

张家往事

黔江黄溪镇过去是区的建制，下辖白石、黄

图46-11 张氏民居大天井。

溪、新花、新民、黎水、杉岭6个乡，撤区并乡建镇后合并为黄溪镇。黄溪是彭水到湖北利川古道必经之处，也是历史上湖广、江西移民迁徙集中之地，场镇上建有禹王宫、万寿宫等移民会馆和宫庙，过去商贾骡马往来，场镇繁荣兴旺。笔者在现场采访了79岁的老人张乙绪，据老人介绍，黄溪场有罗家、张家两家大户，罗家发迹较早，钱财势力在张家之上；张家后来居上，拥有田租4000石，但两家之间关系一直不和。张合卿本不姓张，而是姓蔡，母亲姓张，因舅舅无子，被过继给舅舅改姓了张。张合卿有3个子女，老大是女儿，老二老三是儿子。两个儿子张宪尧、张宪模仗着家里有钱有势，横行乡里，与人结下冤仇，后被仇家雇了杀手，两个儿子都死于非命。大女儿上世纪40年代嫁到彭水郁山镇，在乡里办了60多桌宴席，宾客满座，盛况空前。老二张宪尧妻子姓王，老三张宪模娶了两房，大房姓费、二房姓吴。解放后，罗家主人罗炳南被镇压，张合卿遭批斗后关在张家大院碉楼，不久死在碉楼里，时年70多岁。张家两个媳妇在土改中受到批斗，后来都改嫁了贫下中农。

解放后张家大院被收归国有，1950年黄溪区公所进驻大院。1987年7月，黔江县人民政府公布张氏民居为县级文物保护单位。1989年黄溪区公所迁出，大院继续作为区公所伙食团和职工住房。2002年7月，黔江区人民政府公布张家大院为区级重点文物保护单位，2009年张家大院被公布为重庆市文物保护单位。2009年，伙食团和职工全部搬出大院，大院现由黔江区文管所委托镇文化站安排专人管理。

镇宅之宝——雕花柱础

张氏民居前厅廊道有4座雕花柱础，两座石狮、两座大象，分别位于廊道两侧。进入八字形门楼，首先映入人们眼帘的就是这4座雕花柱础。乡土建筑一般会在木柱下设柱础，既可防止木柱直接与地面接触受潮，还起到重要的装饰作用。张氏民居四座柱础设计构思巧妙，雕刻出神入化、巧夺天工，成为不可多得的旷世精品，使人百看不厌，眼界大开。柱础底座、基座高0.58米，石象、石狮高0.55米，分上中下三段，各为一块完整上等火成岩石。底座为正方形，见方0.73米，雕有浅浮雕；之上是放置狮、象圆雕的基座，见方约0.6米；最上面是镂雕狮子、大象，石狮龇牙咧嘴、威风凶猛，两座大象一只怀抱小象，一只与人相戏，神态可掬。柱础雕刻内容有二龙戏珠、双牛性春、野鹿衔花、荷叶盛开、石俑戏象、舐犊情深、奇花异草等，形象微妙微翘、栩栩如生。当年承担张家大院石作的是幸姓三兄弟，幸姓石匠手艺高超，在当地声名远扬，被称为幸大石匠、幸二石匠、幸三石匠。据说这4座石雕足足花费了1000多个工日，如果3个石匠同时雕打，也需要近1年时间才能完成（图46-12）。

堪称国宝级的4座石雕精品被称为张氏民居镇宅之宝，除了吸引游客慕名而来，争睹芳容外，也被文物贩子所觊觎，精美的石雕使他们铤而走险，并由此引发出一桩惊天窃案。张氏民居坐落在黄溪镇街上，院子里有人看守，是何方盗贼如此胆大妄为，能够把重达500斤，上面还有数千斤压力的石

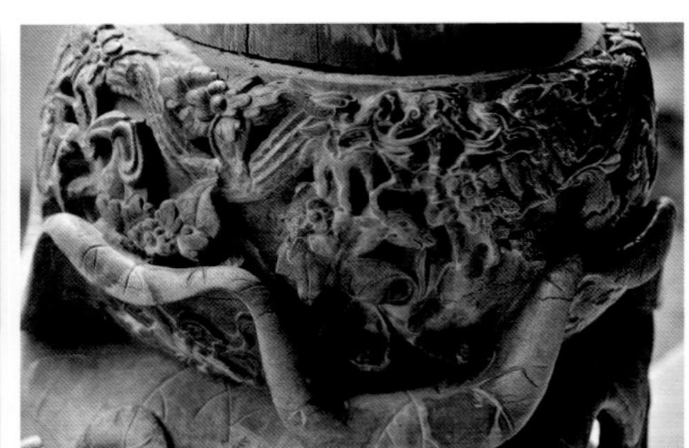

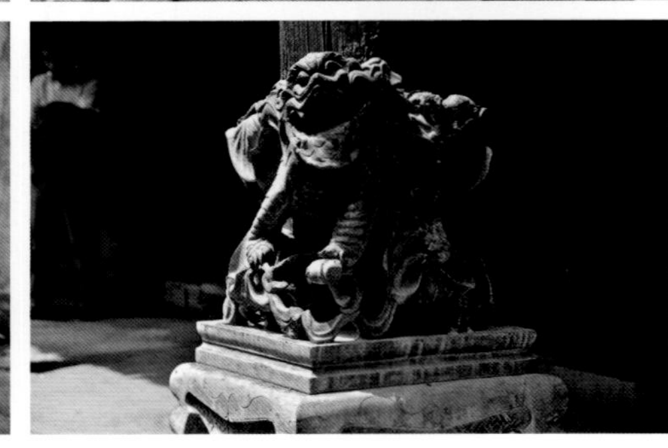

图46–12 雕工精湛的石狮柱础。

雕拆下盗走？在黔江区文广局配合下，笔者专门到黔江区公安局，拜访了负责案件侦破宣传报道的副处级宣传干部张建国。张建国曾获全国公安战线一级英模，长期从事公安宣传写作工作，他毫无保留地介绍了当时的详细情况，使笔者能在本文中还原这件盗窃大案的真实梗概。

顶风踏雪追石象

2011年初隆冬，黔江区黄溪镇出现罕见的恶劣天气，寒风刺骨，大雪纷飞，滴水成冰。1月2日是一个星期日，居住在张氏庭院里负责看管的胡华早晨起来例行巡视大院，突然感到前厅廊道变得空空荡荡，仔细一看，发现两座石象不翼而飞，一座石狮掉在地下，另一座石狮也被撬动，顿时吓得他一身冷汗，立即打电话报了警。

鉴于案情最大，重庆市公安局刑警总队会同黔江区公安局联合成立了“2011·1·2黄溪特大石象盗窃案”专案组。通过监控录像，专案组发现一辆牌照模糊不清的银白色长安面包车曾于当晚在现场附近停留。专案组遂以排查嫌疑长安车为重点，调取进出黔江所有交通要道的监控录像资料。通过排查，发现一辆类似作案现场录像的银白色长安面包车曾于2010年12月31日从酉阳进入黔江境内，并到过黄溪；1月1日下午，该车又从咸丰进入黔江境内，据此，专案组判定此车有重大嫌疑。但该车牌照号除“湘M”清晰可见外，其后号码模糊不清。专案组了解到湖南省永州市有一个被称为“古玩一条街”的“百万庄”文物市场，大量民间古玩、木雕、石雕在此交易，盗窃者有可能在这里留下蛛丝马迹。专案民警于是赶到湖南永州市，逐一核查了当地200多辆类似车辆，终于发现一辆牌照为“湘M2GZ98”号长安车的行车途径、时间与黔江黄溪案现场的嫌疑车基本一致。

民警很快查明该车车主，锁定了周某等5名重点嫌疑人。2011年1月20日上午9时30分，在湖南省高速公路监控管理中心配合下，专案民警发现该车正从湖南长沙沿高速公路往永州方向开行，该伙人极有可能返回祁阳县。祁阳县衡枣高速公路白水收费站是从永州到祁阳县白水镇最为便捷的通道，专案民警于是迅速赶到该处设卡拦截。下午3时30分许，长安车在收费站前停住，便衣民警将长安车团团围住，当车内几人发现异常准备逃离时，手枪已经指向他们的脑袋，只有乖乖束手就擒。

经审理查明，5名犯罪嫌疑人中有4人是湖南省祁阳县人，1人是湖南省永州市零陵区人。据该伙人交代，曾有盗窃文物前科的夏某打听到重庆黔

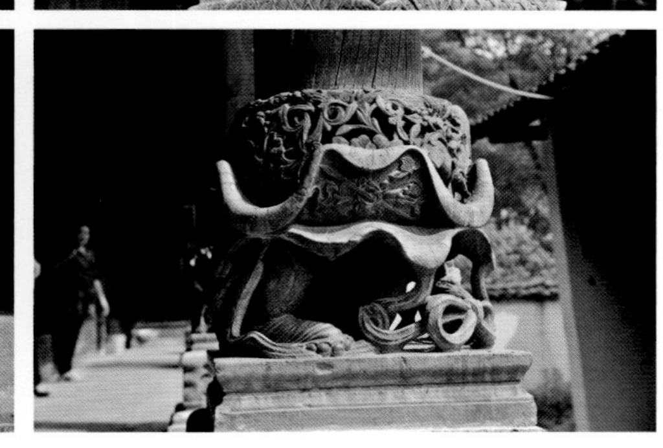

图46-13 失而复得、重新安装后的石象柱础。

江黄溪镇张氏庭院石雕价值不菲，于是起了歹心，邀约同伙铤而走险。2010年12月30日晚，这伙人驾驶湘M2GZ98号长安车从湖南永州出发，经湖南怀化，重庆秀山、酉阳等地，于12月31日晚到达黔江。当晚11时许窜到黄溪镇，趁夜深人静潜入张氏庭院察看准备作案的现场，并用卷尺精心测算出盗走石象所需要的木桩长度及石象距房梁的距离。1月2日零时许，该伙盗贼做好准备来到黄溪镇，翻墙入院进入张氏民居，打开左侧门，用千斤顶和木棒支撑屋顶梁架，卸下两个重达500余公斤的石雕大象，随即将事先准备好的木桩替代石象，以防房屋垮塌。为了降低作案时发出的声响，千斤顶和木桩都用厚布包裹。在准备下最后一座石狮时，因担心房屋垮塌而终止了继续作案。凌晨4时许，几人合力将两座石象抬到公路边装车，尔后连夜仓皇逃离现场。盗窃得逞后，他们将两座石象运回湖南省祁阳县，以8万元的价格卖给当地一名古玩经营商。办案民警迅速与该经营商取得联系，经协商，他当即表示愿意退还原物。

经民警审理查明，这伙文物盗窃团伙自2010年11月以来，先后流窜于湖北、广东、陕西、江西、湖南、重庆等地，7次盗窃石狮、石鼓等石雕和其他文物，涉案金额高达200余万元。

1月23日凌晨1时，专案组民警押解夏某某等5名犯罪嫌疑人及追回的两座石象回到黔江。至此，经过黔江警方20个昼夜艰苦奋战，备受瞩目的“2011·1·2黄溪特大石象盗窃案”成功告破。

失窃的两座雕花石象在民警的护送下运回张氏民居并重新安装（图46-13），当地居民舞狮玩龙，鞭炮齐鸣表示庆祝，上千百姓在现场观看。事后，当地文物管理部门在张氏民居安装了摄像头，加强了对这处重要文物建筑的监护和管理。

张氏民居布局严谨，建造考究，院落曲径通幽，功能分区合理，体现了渝东南武陵山区民居隽秀、幽雅、古朴的建筑风格；特别是柱础石质优良，雕刻形象生动，工艺精湛、惟妙惟肖，堪为重庆乡土建筑不可多得的石雕精品。由于张氏民居位置较为偏远，专门去参观的人还不多，如果这一带武陵山自然风景区得到开发，张氏民居当会有更多人去参观旅游，一睹民居和石雕风采。

酉阳土家族苗族自治县龙潭镇吴家院子

酉阳县龙潭镇是2002年4月公布的重庆市第一批历史文化名镇，2005年9月，国家建设部、国家文物局公布龙潭镇为全国第二批中国历史文化名镇。龙潭镇保留有数量众多的清代民居，如王家院子、赵家院子、张家院子、吴家院子、赵世炎故居等等，其中王家院子制式宏大、院落重重，张家院子保留完整、长时间作为乡政府办公使用，赵世炎故居因列入革命文物而名气很大。在龙潭镇众多清代民居中，我认为最具个性和特色的还是吴家院子。吴家院子临溪而建的花窗绣楼，起伏重叠的风火山墙，连绵成片的青砖黛瓦给人以愉悦的感受。如果把王家大院、赵家大院比作雍容华贵的大家闺秀，那么吴家院子就是婉约秀丽的小家碧玉。

在编写《重庆古镇》一书时，我于2001年1月26日去过吴家院子，当时仅拍摄了外观。之后，因历史文化名镇保护咨询和评审等工作，我几次到龙潭镇，每当路过吴家院子，那历经沧桑、墙体开裂的风火山墙都会使人倍感熟悉亲切（图47-1）。由于几次到龙潭时间安排都非常紧，来去匆匆，一直没有进入院内考察拍摄。2013年5月19日，利用到龙潭镇检查古镇风貌整治的机会，在龙潭镇党委书记熊伟和酉阳县文管所所长杨哨陪同下，我安排半天时间对吴家院子作了专门考察。

图47-1 墙体已开裂的风火山墙尽显老屋沧桑历史。

婉约秀丽的吴家院子

吴家院子位于酉阳县龙潭镇龙泉路，坐落在九桥溪畔，由入川始祖、清代大学士吴绍周建造，距今已有200多年。九桥溪是自酉阳县巫家坡流下的一条溪流，因溪上建有9座小桥，故称为九桥溪。九桥溪从吴家院子前绕过，穿过龙头桥，经八卦井，再流经老石板街，汇入龙潭河。八卦井位于龙头桥下，与吴家院子相距不到20米，为龙潭11口古井之一，是吴家院子和周边居民取水浣洗之处。八卦井有3口大井，一座六角形、一座正方形、一座长方形，分别为饮用水、洗菜淘米和浣洗之用，互不混杂，井水长年不竭，至今仍然是龙潭人日常生

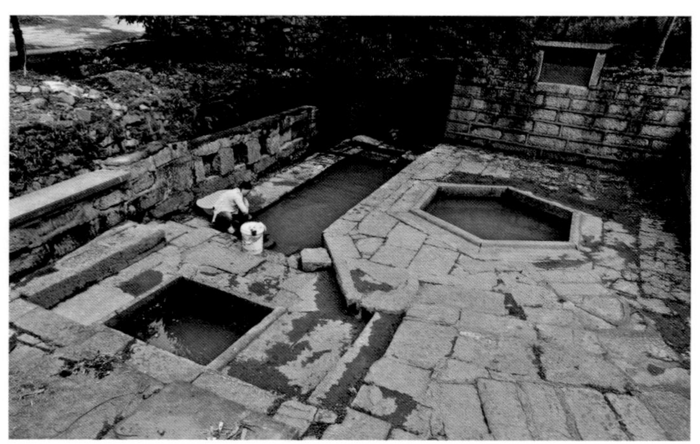
图47-2 八卦井至今仍然是龙潭人日常生活用水之处。

图47-3 吴家大院两座院落相互独立，又相互连通。

活用水之处（图47-2）。

吴家大院建成后，历经各个时期不同程度和规模的改建、扩建、新建，形成几座相互独立、又相互连通的院落。据当地文物部门考证，院子先后经历了7代主人。现吴家院子尚存两座院落，一座靠西，建造时代较早，称吴家老院子；一座靠东，建造于晚清，称吴家后院或吴家二院子。两座院落互相独立，又互相连通（图47-3）。2006年，吴家院子被公布为县级文物保护单位。

从吴家院子附近高楼向下观望，只见院落青砖黛瓦、柳枝摇曳、流水潺潺，两座院子与环绕院落的九桥溪、龙头桥、八卦井，以及周边相邻而建、层层叠叠、错落有致清代民居院落形成一道优美和谐，朴素淡雅，充满诗情画意的景观（图47-4）。

吴家院子两座院落小巧紧凑，尺度恰如其分，建造顺应地势地形，没有明显的中轴线和对称关系，显得自然随意、舒适宜居。院子沿九桥溪有一壁数十米长的外墙，下层用条石、上层是青砖，外

图47-4 错落有致的吴家院子成为一道优美和谐的景观。

墙从九桥溪畔向上砌筑，形成约5米高的墙体，历经200多年风雨和水流冲刷，老墙依然牢固如初。

吴家院子现分为两个门牌号，分别是龙潭镇龙泉路43号和45号。龙泉路43号为吴家老院子，共有房屋11间，占地面积543平方米，建筑面积479平方米。吴家老院子坐东北向西南，四合院布局，砖木结构，穿斗式梁架，硬山式屋顶。院子临河墙体上骑跨着一座走马转角楼，转角楼外走廊长约11米，宽 1.4米，部分挑出墙外，显得优雅自然，别有情趣（图47-5）。根据地形，吴家老院子分3层逐级向上。跨过九桥溪上的石板桥，进入一处小地坝，到了院子第一层台阶。从地坝上5步石阶进入八字形青砖朝门，朝门宽2米，高2.75米，加上檐口通高5.2米（图47-6）。朝门内是一块小天井，这里是院子第二级台阶。小天井两侧房屋开间和进深都不大，作客房和厨房之用。从小天井进入室内过厅，这里阴凉通风，夏季是家人休闲纳凉的好地方。过厅两侧厢房作为卧室，高两层、木板墙，雕花窗棂基本保持原貌。从过厅内上9步石梯到第三级台阶，来到一处较为宽阔的院坝，院坝原有房屋被损毁拆除，靠山墙残留一些老屋遗址，一壁高大的风火山墙耸立在院坝东侧，墙上开一道石门，与吴家后院连通。

龙泉路45号是吴家后院，位于老院子东侧，与吴家院子之间有一壁高大的山墙相隔（图47-7）。跨过龙头桥，穿过一条狭窄的甬道就来到后院大朝门。吴家后院坐东向西、砖木结构、单檐硬山式屋顶、穿斗式梁架。后院大朝门开在房屋侧面，石框

图47-5 骑跨在临河墙体上的走马转角楼优雅自然，别有情趣。

图47-6 吴家老屋八字形朝门。

图47-7 吴家老院子与吴家后院之间高大的风火山墙。

图47-8 后院朝门与吴家老院重檐山墙形成和谐美观的对景关系。

门一面靠墙，一面是独立的石柱，与后院临九桥溪的石栏板相连。驻足大朝门前，可见吴家老院重檐风火山墙透过后院朝门门框，相互之间形成和谐美观的对景关系（图47-8）。朝门内是一座不规则的小院坝，院坝靠九桥溪有一壁长6.6米，高1.5米雕花石栏板，石栏板分6格，每格栏板雕刻细腻的图案。由于风化和人为损坏，栏板图案模糊不清，仅有一壁较为清晰，画面是一只展翅的雄鹰，雄鹰双爪用力，嘴里衔着一只刚抓到的虫子，形态生动活泼、栩栩如生。从此院坝转一直角弯，上3步石阶，通过二道朝门进入院内。二道朝门是一座精巧的门楼，两壁造型优美的风火山墙呈八字形分置于朝门两侧，构成吴家院子醒目的标志性景观。进入二道朝门，明亮的小天井使空间豁然开朗，房屋围合小天井布置，二层有空透的雕花栏杆，房屋挂落、花窗、垂花柱雕刻宝瓶、花卉、蝙蝠等精致细腻的图案。小天井内部空间小巧舒适，营造出精巧细致、亲切温暖的家庭氛围（图47-9）。堂屋位于天井之上，正中有5级台阶，高差形成的石台基高0.9米，左右安置长2.1米、高1.1米的石栏板。堂屋之后还有一座小小的后院，后院小天井地沟排水系统完善，两侧厢房已经破败。

图47-9 吴家后院小天井空间尺度小巧舒适。

吴家院子往事

龙潭镇位于酉阳土家族自治县东南部，地处武陵山区腹地，酉水河流经龙潭，通湖南沅江，沅江流入洞庭湖，可达武汉等大城市。因水运之便，龙潭经济繁荣，文化底蕴深厚，成为渝东南的商业重镇，也是外来移民聚集之地。

吴氏家族入川始祖吴绍周14岁时跟随家人从江西移民四川，辗转来到酉阳龙潭，在此插占为业，落脚生根。吴绍周发奋读书，后擢升为大学士。取得功名后，吴绍周选择九桥溪边风水宝地建造了吴家院子。之后，经历了吴家益、吴先序、吴绪均等几代人。其间，吴先序堂哥吴先冲在老吴家院子旁

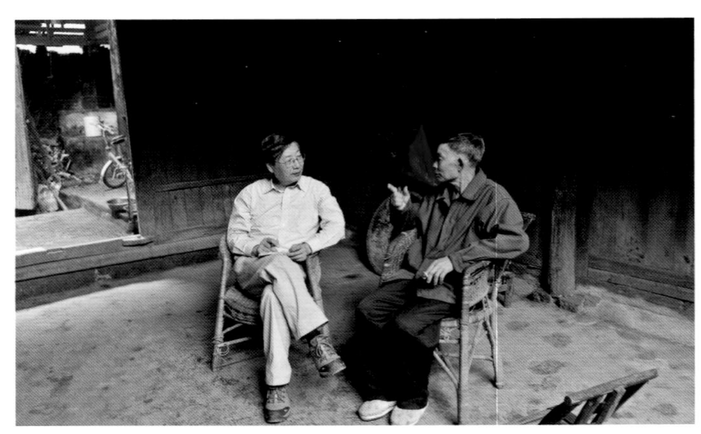

图47-10 在吴家老院子采访吴诗俊老人。

边建造一座宅院，被称为吴家后院，后院既与老院共墙相连，又自成一体，可从不同朝门进出。

笔者在吴家老院子采访了70岁的吴诗俊，了解到吴家院子过去的一些情况（图47-10）。吴家老院子和吴家后院现分属两户人，吴家老院子产权人为吴诗俊，吴家后院产权人为吴诗俊叔叔吴绪均。吴诗俊父亲吴绪隆、母亲石素梅，父亲解放前教过书，在龙潭、江口赶过马车，解放后开面房、米房。吴诗俊有4个子女，都在外工作，妻子2012年去世，偌大的吴家老院子现在只有他一人居住。

吴绪均是吴诗俊父亲吴绪隆的堂兄弟，吴绪均父亲解放前离开家乡做生意，在乡下没有田地。临解放前，吴家已经败落，土改中吴绪隆被划为破产地主。吴绪均1949年参加解放军，解放后安排到军政大学读书，转业后分配到龚滩镇邮电局工作。“文革”中，吴绪均因家庭历史问题被下放到酉阳县建华机械厂当工人。2010年吴绪均去世，终年79岁，吴绪隆于2012年去世，享年80岁。吴绪均夫人董世云1960年从龚滩嫁过来，在龙潭镇水泥厂工作，一直到退休。吴绪均去世后，吴家后院现由董世云（74岁）和女儿居住。

据吴诗俊讲，他祖父辈有6房人，民国时期大多将家里土地房产卖掉，外出谋生。吴家后院西侧的严家院子是吴家解放前卖给严家的，现由60岁的严纯富居住。从龙潭镇委托重庆建筑城规学院测绘的吴家院子总平面图来看，吴家院子处于龙潭镇老街区中部，龙泉路、老石板街、王家巷子3条街巷形成一个三角形，成为界定吴家院子建筑群落的外边界。从测绘图上分析，历史上吴家院子大约是现有龙泉路43、45号面积的两倍多。文化大革命中，吴家院子遭到破坏，大量雕花构件被铲除，房屋也被拆除一部分，吴家老院最上层院坝里的房屋被全部拆除，木料用去修建龙潭人民公社的马圈。

吴家“绪”字辈还有人在武汉、成都、石棉等地，如果能够找到他们中的知情人士，还可更多地了解吴家院子的历史信息。

龙潭镇拥有数量众多的豪宅大院和移民会馆，民间建筑既带有江西、湖广一带移民风格，同时又融入当地土家建筑元素。上世纪90年代，电视连续剧《乌蒙山剿匪记》选择吴家院子拍摄了部分场景。2011年，酉阳县委、县政府决定对龙潭镇历史风貌区进行全面整治，2011年11月，龙潭镇风貌包装整治工程全面启动。2013年5月19日，笔者和其他专家考察了龙潭镇风貌整治工程。专家们建议，在整治修复工程中要坚持修旧如旧的原则，维护历史建筑的原真性，严格遏制和控制违法建筑，使龙潭古镇的历史传统风貌得以再现。对于吴家院子等一批清代建筑，建议切实加强保护，逐步安排资金进行维修整治，有条件时再进行全面修复。

酉阳土家族苗族自治县后溪镇白家祠堂

2002年1月2日，为编辑《重庆古镇》一书，我到酉阳县后溪古镇拍摄老街，之后参观了后溪镇白家祠堂、彭家祠堂、新寨白家祠堂。3座祠堂各有特色，从建筑规模、完好程度、建造工艺等方面综合比较，我认为白家祠堂综合价值稍高一筹。2013年5月20日，借到酉阳县龙潭镇检查街区风貌整治的机会，我再次来到白家祠堂考察拍摄。

山清水秀、历史悠久的后溪古镇

后溪位于酉阳土家族苗族自治县东部，距县城90余公里，东与湖南湘西土家族苗族自治州龙山县里耶镇、内溪镇接壤，南与秀山县石堤镇相连。后溪镇属土家族聚居区，人口21000多人，其中土家族占了90%以上。后溪古镇风光绮丽，钟灵毓秀，清澈碧绿的酉水从镇边缓缓流过，酉水两岸山峦奇秀，著名的三峿山倒映江中，颇有桂林山水的韵味（图48-1）。

因有酉水河运输之便，历史上后溪曾为水陆交通要道，陆上古驿道可经酉酬、麻旺到酉阳，水道经酉水下可入湖南洞庭湖，上可通湖北来凤县。后溪一带生产的桐油、生漆和其他农副产品从水路运出，又从湖南运回布匹、棉纱和百货等物品。后溪成为酉水河重要的货物集散地，场镇市井繁荣，交易兴旺，各地移民和客商在这里建造了数量众多的宅第、祠堂、宫庙、会馆。

图48-1 后溪酉水风光。

酉水河流域是渝东南土家文化重要发祥地，后溪处于酉水河中段，可以说是土家文化的中心。后溪主要有田、彭、白三大姓，三姓家族都建有自己的宗族祠堂。随着家族繁衍发展，祠堂又分为总祠、分祠、支祠。后溪镇有老白家祠堂、白氏老祠堂、白家祠堂、彭家祠堂、田家祠堂等宗族祠堂。老白家祠堂又称新寨白家祠堂，解放后作过乡政府，现尚存；白家老祠堂又称上寨白家祠堂，1970年因修建后溪医院被拆除；白家祠堂又称水巷子白家祠堂，现尚存；彭家祠堂始建于光绪十年，现尚存；田家祠堂在1978年修建后溪乡政府时被全部拆除。白家、田家、彭家建造的祠堂遍布后溪镇场和乡间，在官府管理力量薄弱的地区，宗族祠堂用族规家法管理家族，协调内外关系，对农村基层社会管理起到不可忽略的重要作用。

清之前，后溪长期沿袭土司制。清初，官府开始对川、鄂、湘、黔交界地区土司制度进行改革，历史上称“改土归流”。至雍正十三年（1735年）前后，土司制度逐步废除。后溪上寨过去设有土司城，被称为“总管官邸”。后溪土司城建造规模宏大，据说天井就有72个，后被清军攻陷，土司城遭焚毁，现尚存少量遗址。

曾经辉煌的白家祠堂

白家祠堂位于酉阳县后溪镇后溪村一组，又称水巷子白家祠堂，始建于清同治五年（1866年）。白家祠堂坐东朝西，三面是坡地，正面是开阔的农田，远处山峰叠嶂，林木葱茏。祠堂背面有两座尖形山峦，从祠堂方向看去，两座山峦正好部分重叠，形似驼峰（图48-2）。由于缺乏环境保护意识和规划建设控制，苍翠秀丽的山峰半腰居然建了一栋砖混结构建筑，严重破坏了美丽的自然风景。由于几十年无序建设，祠堂被四周房屋包围，正面一栋5层高砖房将祠堂空间压迫得非常局促，紧邻祠堂东面一座砖房高过祠堂，正面贴白色瓷砖，极大伤害了祠堂的外部环境（图48-3）。

白家祠堂为四合院布局，砖木结构，四面高大的山墙将祠堂房屋围合在中间，类似渝东南民居“风火桶子”做法，具有很强的防火灾、防土匪作用（图48-4）。祠堂占地面积785平方米，建筑面积684平方米，从前至后分为前厅、中院、祭祀厅、后院4个部分。前厅为硬山顶，面阔三间19米，进深7.68米，过厅宽5.5米，空高7米。两侧风火山墙为两重檐五滴水，屋顶正脊用青瓷碎片贴面装饰。祠堂正面墙体分上下两段，下段用条石作墙，高2.2米，上段是砖墙，高5.3米，墙厚0.4米，总高约7.5米。祠堂大朝门位于高墙正中，前有7级踏步，石门框横梁下方阴刻太极图案，双扇木门用铁皮包裹，显得威严气势（图48-5）。走进细看，发现大门铁皮满是杂乱的刀戳印痕，村民介绍，民国时期白家祠堂曾作乡公所，一次土匪洗劫场镇，乡民躲进白家祠堂，土匪攻打不进，用刺刀在铁皮门上乱戳乱刺留下了这些刀印。门框上方有一块宽

图48-2 祠堂背面的两座尖形山峦形似驼峰。

图48-4 白家祠堂“风火桶子”墙体。

图48-3 周边无序的建设伤害了祠堂环境。

图48-5 祠堂威严的大朝门。

大的匾额，题字被毁，涂上一片红油漆，祠堂正面墙体写满“文革”时期留下的革命标语。

中院天井进深13.4米，宽8.15米，四周有1.1米宽的回廊，厢房为三开间，面阔12米，进深5米，底层内空高2.5米，二层木楼走廊出挑1米，花格栏杆。据居住在院里居民介绍，白家祠堂原来还有一座议事厅，位置在中院靠后院坝上，1952年供销社进入后被拆除。中院厢房现住有3户人，均为供销社职工的后代。解放后白家祠堂一直是供销社在使用，供销社搬走后，职工又住进祠堂。至今还有几户人居住在祠堂里（图48-6）。

祭祀厅是一座宽阔的大厅，进深6.2米，面阔三间约17米，空高8米，大厅屋顶结构为七架梁，六柱落地，三穿横梁，外侧是伟岸挺拔的风火山墙。祭祀厅风火山墙为三重檐马头墙，飞檐高翘、遒劲有力，檐下山花作素色绘画。为增加砖墙与房屋木梁架结构的稳定性，风火山墙用拉铁与室内梁架连接在一起（图48-7）。祭祀厅既作祭祀、庆典活动之用，平时又作家族红白喜事、聚会活动的公共场所，宽敞的大厅足以摆放十几张大桌子，可供100多人在此聚会就餐。祭祀厅靠墙处有一块同治五年（1866年）白氏家族字辈碑，字迹已风化，部分尚可勉强辨认。

白家祠堂后院不大，空间紧凑，正中小天井为正方形，边长3.6米，既作采光，又作后院排水之用（图48-8）。后院厢房每间面积约25平方米，带阁楼，平时作守祠堂者居住，也作客房接待临时来客，还用于堆放祠堂杂物和祭祀用品。后院现由65

图48-6 祠堂内部天井院落，至今还有几户人居住在祠堂里。

图48-8 白家祠堂后院小天井。

图48-7 山墙墙体与室内梁架用拉铁连接，增加了结构的稳定性。

图48-9 白家祠堂造型美观的风火山墙。

岁的木匠白开贵和妻子居住，镇政府委托他们看管祠堂，同时也负责祠堂清洁卫生和日常维护。

白家祠堂完整体现了中国传统砖木建筑的结构形式。传统砖木结构建筑承重一般由木梁架和木柱构成的结构体系承担，比较讲究的会在梁架和立柱之间增加驼峰、牛腿、斗拱、斜撑等构件，对房屋重量起到转换、传递、分散的作用，同时也作为重要的装饰构件，大大提升了建筑的品质和欣赏效果。风火山墙在乡土建筑中往往并不承载房屋重量，其作用主要有三：一是隔离火灾，在木结构房屋失火后有效防止火势蔓延；二是保护遮挡木结构房屋，使其免受烈日暴晒、风吹雨打，延长房屋寿命；三是造型别致的山墙可提升房屋观赏性，彰显主人的地位和富贵（图48-9）。为解决砖墙与木梁架之间的结构关系，民间建筑一般会用铁条将墙体与室内梁架连接在一起，这种方式民间俗称“拉铁”、“蚂蟥钉”。

源远流长、分支浩瀚的白氏家族

2013年5月20日，笔者采访了后溪中学原校长彭开福。彭开福，66岁，当了几十年教师，退休后一直从事酉阳和后溪民族民俗文化研究，在一些报章杂志上发表过一些文章，他目前正在编辑一本《酉水土家文化》。彭开福对后溪历史非常熟悉，笔者和他交谈中，知晓了一些后溪古镇和宗族文化的历史故事。

2005年2月，白氏家族后人白俊奎、白贤敏主持完成了《白氏老祠堂族谱》编修工作，族谱首页题字为：“起祖江西省，现籍湘鄂川滇桂黔渝酉水等流域炎黄子孙”。白氏家族始发于江西省，历经明代、清代两次大移民后，白氏家族后裔遍布于湖南、湖北、四川、云南、广西、贵州、重庆6省1市，可谓源远流长，分支浩瀚。《白氏老祠堂族谱》记载，白家先祖祖籍江西吉安府吉水县自生桥白家村，始祖为白文、白武两兄弟，白姓为江西大姓，系名门望族之后。明洪武二年（1369年），白武从江西移民湖广。清代，白氏家族从湖南醴临迁移入川。白文有4个儿子，名“麒、麟、祥、瑞”，白武有5个儿子，名“龙、虎、狮、象、马”。白武5个儿子分迁各地，白龙、白虎迁酉阳县石堤一带，白狮迁酉阳县大溪、车田，白象迁后溪、酉酬等地，白马迁水田、酉酬。后溪白家祠堂由白象后代修建，祠堂规模宏大，工艺精湛，成为后溪镇众多祠堂中的佼佼者（图48-10）。白家在四川分支很多，酉阳后溪白氏家族仅是白家一个支系。白家祠堂字辈有“兴玉永泰新，孝友传家久”，老白家祠堂的字辈是：“方国万世长，贤明俊秀启”。

修编的《白氏老祠堂族谱》记载了白氏先祖明初入川，征剿当地叛乱势力，安抚一方，建功立业

图48-10 规模宏大，工艺精湛的白家祠堂成为后溪镇众多祠堂中的佼佼者。

的故事，兹摘录部分如下:

……明初入川，剿贼，始里耶大江坪，继移后溪茶园坝，歃血订盟，七姓视为同胞，与赶蛮夺业，二江并入版图。杉树弯，建立行营，一载之等功，甚速。蛮王盖枭除贼首，两河之胙，粗安衙院新修，创立四大头首土牢，即高尊称，独立长官。总领合洞合众，顽民贴耳；统辖五甲六族，苗众归心。指腹联姻，土王则推诚相待；插标为界，群王则俯首输枕诚。二司之逃窜悉招，全无猜忌；六姓之差丁甚适，共享承平，施及满清。

巾帼英雄白再香

人们大都知道明末带兵打仗的石柱白杆兵将军、巾帼英雄秦良玉，但不知道同样飒爽英姿、威震一方的白再香。白再香人称白大姑、白夫人，是酉阳后溪白氏家族中杰出的女性。白大姑明万历十五年（1587年）出生于后溪，卒于明崇祯四年（1631年），享年44岁。《白氏老祠堂族谱》记载了白大姑勇武刚毅，奔赴国难，与秦良玉共同抗击金军，征剿叛匪奢崇明的英勇事迹，现摘录如下，以飨读者。

（白大姑）出生忠良世家，容颜举止皆佳，勇武刚毅胜过男子，精通十八般武艺。土司选美，迎入司衙，为冉土司夫人。明万历四十六年后，金军进攻沈阳，辽东紧急，明朝廷急调酉阳兵援辽抗金，邦铭祖念先代神威，又仗侄女福命，坚决要求效忠国家。大姑白再香主动请旨，愿率女兵抗金。邦铭祖领旨出师，即率四子、三侄女，领兵五千出剿蛮贼。兵至辽东，蛮贼不能抵抗，死伤者八九，逃窜者二三。辽东地界，得以清平。铭祖奏凯班师，中途过渡，涟、浩二子溺水身亡，淹兵丁五百余名。铭祖与大姑及再清、再彩收兵回衙，进京缴旨。天启元年，奉旨援辽的贵州永宁土司奢崇明军至重庆，突然反叛朝廷，明帝急调征战沙场的白再香、秦良玉回渝平叛。天启二年，白夫人、冉跃龙、秦良玉合围重庆奢军，冉跃龙、秦良玉攻重庆，直捣成都，白再香夫人督诸子率军攻遵义，打播州，奢军大败，活捉奢崇明妻安氏、妹奢秋辉。平奢叛后，皇上嘉其有功，大姑白再香诰命一品夫人，钦升中军都督，二姑白再英诰命二品夫人，三姑白再筠诰命三品夫人。诰授后大姑命配冉奇铣，后为土司，二姑命配石文光，三姑命配田璧。邦铭祖授封总管之职，照依旧章，坐衙理民。

《白氏老祠堂族谱》记载白大姑出身忠良世家，容颜举止皆佳，勇武刚毅胜过男子，精通十八般武艺，是勇武过人、深明大义的巾帼英雄。她率兵抗击金兵、功勋卓著；与秦良玉并肩作战，征剿奢崇明叛乱，屡立战功，被崇祯皇帝诰封为一品夫人。对这位酉阳历史上杰出的女性，至今研究宣传不够，知之者甚少，不能不使人感到遗憾。

2003年，白家祠堂被公布为酉阳县文物保护单位，2009年被公布为重庆市文物保护单位。在笔者所考察过的重庆宗族祠堂中，从建筑规模制式和风格特色来看，白家祠堂可排在重庆现存祠堂前几位。前几年笔者到白家祠堂，发现祠堂内部木梁柱损毁严重，祭祀厅梁架部分垮塌，山墙顶部部分坍塌。2009年，市民宗委安排了10万元对白家祠堂进行了简单维修，面貌有所改善。白家祠堂目前存在的隐患还较多，特别是白蚁腐蚀严重，部分木构件糟朽，屋顶漏雨未完全得到治理，亟需得到进一步维修。

酉阳土家族苗族自治县李溪镇陈氏宗祠

在重庆“三普”资料中查到酉阳县李溪镇陈氏宗祠，从文字资料和仅附的一张照片来看，祠堂屋顶全部垮塌，外部几壁砖墙尚存，内部情况不得而知。由于宗祠损毁严重，加之照片模糊，感觉不到祠堂有何特色，因此未将其纳入实地考察计划。

在查阅重庆“三普”资料过程中，我发现一个带普遍性的问题，就是资料照片质量差。常见的问题一是不注意选择拍摄天气；二是照相机像素低，成像质量差；三是曝光、构图等基本技术缺乏；四是没有多角度拍摄，使人无法了解该建筑的全貌。如果这几者都占齐，照片效果可想而知。我不可能盲目到路途很远的乡土民居考察，更多需要通过资料照片先观察分析，再确定是否有必要深入现场考察，因此，文管所提供的资料和照片往往会误导我对该文物建筑的价值判断。为此，市文物局还专门请我给基层文管所干部举办了一次文物建筑摄影讲座。

在补充需实地考察民居的名单时，我决定还是去看一看陈氏宗祠，碰碰运气，以免因资料不齐、照片不好导致判断不准，漏掉一处可能还有价值的优秀乡土民居。

2013年5月12日，我上午在黔江区阿蓬江镇李

图49-1 陈氏祠堂色彩斑斓的山墙。

图49-2 从正面拍摄陈氏宗祠。

图49-3 陈氏宗祠巍峨的风火山墙。

家大院考察拍摄，下午安排去酉阳县李溪镇陈家祠堂。在李家大院的考察结束已是下午1点多钟，热情的女主人罗应辉给我下了一碗鸡蛋面，吃后立即上路。下午1点45分在酉阳北下高速，酉阳县文管所所长杨哨在收费站口等我，随即一道去李溪镇。

李溪镇是酉阳县最南面的乡镇，与贵州沿河县接壤，从酉阳北到场镇有55公里山路，车行1个多小时到达。李溪镇分管旅游的统战委员袁帅丽和镇文化站站长彭洪洋陪同我们去祠堂考察。从镇上到祠堂有3公里机耕道，地面全是粗大坚硬且呈尖角的石灰岩砾石，加之重车早已把道路压出两道深坑，城市越野车勉强前行1公里后，再也无法通过几处危险地段，我们只好下车徒步前行。当天下午出现重庆难有的好天气，天空碧蓝如洗，远远看到坐落在群山之中陈氏宗祠色彩斑斓的山墙，我立即拿出照相机，由远而近从不同方位拍摄了祠堂的外观（图49-1、图49-2）。

气势巍峨的山门和风火山墙

来到陈氏祠堂前，发现这座祠堂虽已破败，但外墙还基本完整，从高大的牌坊式山门、巍峨的风火山墙、艳丽的彩绘山花来看，陈氏宗祠属于重庆现存祠堂中很有特色的一处，心中暗自庆幸不枉此行（图49-3）。

陈氏宗祠位于李溪镇鹅池村十二组，小地名野七堂，祠堂为陈序庠所建，因陈序庠小名陈小二，祠堂又称陈小二祠堂。陈氏宗祠坐西向东，四周山峦起伏，森林茂密。宗祠建筑面积约800平方米，占地面积约1000平方米。现有建筑分3个部分，一是宗祠四合院，略呈正方形，面阔22米，进深23米，面积506平方米；二是紧紧靠宗祠西面用作看护祠堂者居住的房屋，面阔11.5米，进深21米，面积约242平方米，房屋内部已全部垮塌（图49-4）；三是位于祠堂东面一处低矮房屋，面阔4.3米，进深13米，面积60平方米，内部隔成4间，作磨房和堆放杂物使用。祠堂改为学校后，学校将东面房屋改作厕所使用（图49-5）。这3处建筑物都有独立大门进出，内部又相互连通。

图49-4 宗祠西面房屋内部已全部垮塌。

图49-5 祠堂东面的偏房。

图49-6 陈氏宗祠四柱三间大山门。

陈氏宗祠山门为牌坊式，高7米，色彩艳丽，四柱三间，自上而下分3段。上段是两端起翘的墙脊，脊饰作镂空雕花灰塑，已垮塌半幅，墙脊下有灰塑券棚，表面涂红色；中段为一竖向匾额，题“陈氏宗祠”4字，匾额四周饰以红色祥云图案装饰，左右各有一座半浮雕站立人像，“文革”中人像被毁，大致还可看出是两个文臣，双手合拢，手持上朝用的笏；下段是大山门，山门横匾题“义门衍庆”4字，题字被泥灰涂抹，石框楹联题“汭汭风高丕承燕翼，云礽日振独创鸿图”，楹联中的“汭”系指湖北省汭水（图49-6）。山门内空高3米，宽1.75米，左右两壁墙上各书1米见方的“福”、“禄”大字。牌坊中间两柱过去题有楹联，现楹联字迹模糊，已无法辨认。

宗祠厅堂变为一片废墟

由于长期没有得到保护和维修，陈氏宗祠内部已全部垮塌。从山门向里探望，只见杂树丛生、野草滋蔓、荆棘遍地，一片狼藉景象。见我执意要进入祠堂察看，酉阳县文管所所长杨哨从老乡家里借来一把砍刀，他在前面挥舞砍刀披荆斩棘开路，我在后面深一脚浅一脚慢慢进入，长满深刺的植物不时把衣服挂住，一不小心就被划伤了手指。

进入宗祠，站在荒草之中，看到昔日壮丽辉煌的厅堂完全成为一片废墟，心里有如骨鲠在喉的难受（图49-7）。废墟中有不少东歪西倒的柱础，上面精美细腻的雕刻还清晰如初。宗祠内墙残存着一些题字、浮雕、彩绘，一壁汉白玉“陈氏宗祠白玉屏”分外显目（图49-8）。石碑镶嵌在石灰岩基座上，碑文落款是“光绪二十二年岁次丙申四月初一日，二房族兄……”。碑文上部分文字完好，下部分文字在“文革”中被铲除，已不能连贯成章。

从酉阳县文管所提供的资料来看，过去陈氏宗

图49-7 昔日壮丽辉煌的宗祠内部已成一片废墟。

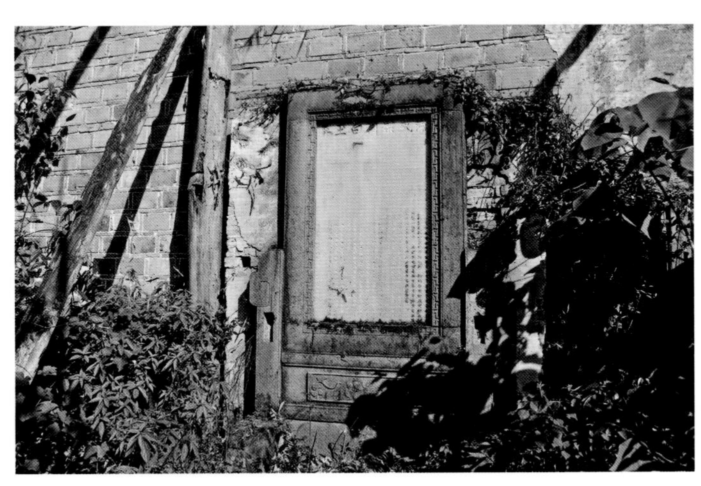

图49-8 陈氏宗祠白玉屏。

祠前厅为硬山式屋顶，穿斗式梁架，面阔七间22米、进深二间4米、通高8米，戏楼通高9米；正堂为硬山式屋顶，穿斗式梁架，面阔五间22米、进深五间10.2米、通高6米；正堂前抱亭为重檐六角攒尖顶，通高12米，左右厢房面阔各四间13.8米，进深3米、通高8米；厢房侧面有耳房10间。祠堂原保留有光绪九年（1883年）的正堂碑记和光绪二十二年（1896年）陈氏宗祠白玉屏。陈氏宗祠白玉屏尚存，正堂碑记已不见踪影。

李溪镇文化站站长彭洪洋告诉我，他1993年进入过陈氏宗祠，当时祠堂作学校使用，内部房屋基本完好。杨哨告诉我，陈氏宗祠于上世纪80年代第二次全国文物普查中被发现并登录，列入酉阳县文物保护单位，当时还作了测绘图。2010年，宗祠已成危房，但祠堂屋顶还在，梁架结构基本完整。为挽救这处县级文物保护单位，县文管所向上级打了报告，希望拨款维修陈氏宗祠，但报告上去后就没有下文。后来遇到2010年夏季和2011年夏季两次特大暴雨，宗祠屋顶和内部房屋全部垮塌，外墙也坍塌部分（图49-9）。

实际上，自上世纪50年代“一普”和80年代“二普”发现登录的文物建筑，直至上世纪90年代，大都还基本保持历史原貌。近10多年来，这些文物建筑开始加速损坏。由于资金缺乏，管理无力，大部分列入文物建筑的乡土民居基本没有得到有效管护和维修，任其遭受人为和自然的损毁，不少登录的民居或改变原貌，或悄然消失，这种情况在笔者考察过的乡土民居中举不胜举。

我在现场采访了居住在宗祠旁的一户村民，男

图49-9 由于长期失修，宗祠内部全部垮塌，外墙部分坍塌。

图49-10 在陈德彩家里的火塘边摆谈。右一陈德彩，左一袁帅丽，左二杨哨。

图49-11 从墙上拆下的清代瓷瓶装饰物。

人叫陈德彩、67岁，女人叫田云翠、70岁，都是土家族。这里冬季寒冷，他们家里装有木地铺、火塘子，我们坐在火塘边摆谈（图49-10）。陈德彩介绍，解放后陈氏宗祠被没收，分给农民居住，宗祠左面房屋分给陈德彩父亲陈茂松。陈德彩回忆，当时宗祠完整，有漂亮的彩绘，精美的雕花，还有回廊亭阁。陈德彩拿出来一个体积不小的瓷瓶，说是他原居住在祠堂耳房时，从墙体上拆下来的一件装饰物（图49-11）。由于长期失修，宗祠在上世纪90年代成为危房，陈德彩只有另建房屋搬出居住。对于陈氏宗祠历史和陈家后人的情况，陈德彩也不清楚。杨哨给我讲，陈家还有后人住在酉阳县，据说有族谱，他去先探访一下，如果发现族谱，立即通知我。

探访陈氏后人

2013年5月19日，我带队到酉阳县考察正在争取申报中国历史文化名镇的龚滩镇。晚上回到酉阳县，杨哨打来电话，告诉已找到陈氏后人陈德甫，还发现了陈氏族谱。晚饭后杨哨到宾馆接我，一起去陈德甫家。陈德甫是陈序庠（小名陈小二）的第5代孙，60岁，曾在李溪镇中学当教师，现退休在家，居住在酉阳县城。陈德甫一直在从事陈氏家族的续谱工作，已搜集到不少资料，酉阳县陈氏族人成立了酉阳陈氏族谱修谱委员会，陈德甫是修谱委员会主要人物之一。

陈德甫父亲陈茂铭是陈序庠的曾孙，保留有家传陈氏族谱，但1969年家里失火，老谱被烧掉。而陈序庠伯父陈继沾编撰的家谱还流传至今，保留在陈继沾后人手里。陈茂铭2011年去世，享年93岁。与陈德甫交谈，大致了解到陈氏宗祠的一些情况。

陈氏宗祠建造者为陈序庠，因在弟兄中排行第二，故称陈小二。陈小二七岁时，哥哥和父亲相继去世，陈小二与母亲相依为命，靠母亲织布卖钱为生。陈小二长大成人后，靠自己的艰苦奋斗，逐步发家致富。为尊祖敬宗，陈小二不忘祭祀先祖、回报族人，他聘请各地能工巧匠，开山取石，买木制砖，在野柒坛半山腰占地3亩，建起规模宏大的陈氏宗祠。

保留在陈德甫父亲陈茂铭家里的陈家老谱被失火烧掉后，1984年，陈茂铭参考陈继沾编撰的家谱，结合对本家老谱的回忆，对陈序庠生平和陈氏宗祠留有如下文字记载：

十五世祖陈公序庠，酉西著名财主，享年八十一岁，葬野柒潭后山花轿坡，坟一所，有碑记。妣张氏，勤俭持家、性温贤善，享年八十岁，生子名光璠、光玙、光瑾。庠祖自幼失父，依母抚养成人。其性善、敬祖、孝亲，立志勤耕苦商，以义致富。娘纺线织布，庠学做卖布小生意起头，生意兴隆有本，经商川黔湖三省城市。原来在麻潭漆蚂蟥井小井场收买桐楂，又自建油坊三口榨打油，运下换棉花，运上贸易，兴旺如滴，雨汇河海。漾积钱多，买田地，如让坪麻泉沟等地。被让坪群民告，官府下令传去问由，断案不准再买田地也。后来钱粮盈余，积德行善，修桥补路，施茶施水，常怀报祖恩。远游江西，绘最庄严美观宗祠图，又访请高匠兴工修建宗祠。不惜数千金银粮米，经连续十八年建成竣工。祖德流芳，佑启后人，下传子孙。东鲁雅言诗书执礼，西京明训孝弟力田。庠祖一人独创宗祠一座，民房两座。

从以上记载和相关族谱资料可知，陈氏家族于明朝初年从江西九江迁蜀地西郡，而祠堂楹联提到湖北沩水，说明陈氏先祖曾经有世居湖北的历史。陈氏宗祠建造者陈序庠享年81岁。祠堂建筑式样取于江西，由于工程浩大，经连续18年才竣工完成。族谱中绘有一幅野柒坛风水图，图中陈氏宗祠前有一条河流，河边有一座瑾公墓（瑾公，陈序庠三子陈光瑾）。陈德甫手里还保留有几张上世纪80年代拍摄的陈氏宗祠照片，从照片上可看到当时祠堂完整的戏楼和抱厅。

据陈茂铭的记载和陈德甫考证，陈氏宗祠建筑面积约2000平方米，分礼门、院坝、正殿、下殿、厢房等，计有正殿5间、下殿5间、两边走廊8间、中间抱天阁楼1栋、两侧耳房8间，东面另有碓房、磨房各1间。两边厢房排列成三面转角楼，青石板院坝，雕花石墩柱脚，门窗、屋脊精雕有“二龙抢宝”、“双凤朝阳”、“八仙过海”、“二十四孝”等各种图案。祠堂上下亭阁对映，吊顶高悬，正堂上有“家训词”、“七政碑”碑文，内涵深远，古朴典雅，显示出深厚的文化底蕴。

正殿两侧墙上题“东鲁雅言诗书识礼，西京明训孝弟力田”，教育陈家子孙后代要勤耕苦读。正殿中有神龛3座，用于供奉祖先牌位。正殿左边墙上竖立一块汉白玉碑，记录了陈氏家族入酉历史及碑石来历；正殿右边墙上竖立一块大理石碑，上面雕刻昭示教育子孙后代的7条戒律。正殿后墙左边塑有西王母、何仙姑、麻仙姑浮雕泥塑像，右边塑有二十四孝浮雕泥塑图（图49-12）。正殿前柱上方有倒卧木雕雄狮一对，戏楼前柱倒卧一对木雕大象，形态栩栩如生。戏楼木构件为镂空浮雕，内容有八仙过海、薛仁贵征西、薛丁山征东、关羽过五关斩六将、张翼德威震长坂坡、赵子龙长坂坡保阿斗、空城计、孔明借箭等历史故事，大门有秦叔宝、尉迟恭画像。祠堂围墙和风火山墙雕塑的飞禽走兽、花鸟虫鱼各具神韵（图49-13）。

除陈氏宗祠外，陈序庠还在让坪、麻泉、烂田沟等地广置田产，修建了面阔七间加两座厢房的民

图49-12 祠堂墙面残存的浮雕泥塑像。

图49-13 风火山墙脊饰。

图49-14 陈氏宗祠周边的土家山寨。

居3处，修筑通往天台、马皇、李子溪3条石板赶集大道，建造通往天台大型石拱桥一座。

解放后，陈氏宗祠改作立新村小学，时有几个班学生在祠堂里上课。上世纪90年代“普九”检查，因祠堂存在严重安全隐患，学校搬出，祠堂空置至今。

陈氏宗祠之下有一座土家山寨，房屋沿着山谷分布（图49-14）。陈德彩告诉我，寨子原来有几十户人，村民多姓陈，这几年大多外出打工，在家只有十几个老人和小孩了。

陈氏宗祠七政碑碑文再现

陈氏宗祠仅存字迹不清的“陈氏宗祠白玉屏”，而记载宗族家规的“陈氏宗祠七政碑”不见踪影。陈德甫老师是一个热心人，也是一个有心人，在陈氏家族续谱编撰过程中，他查找到陈氏宗祠七政碑文字，进行辨认和整理后，通过邮箱发给了我。这些文字资料对研究陈氏宗祠和陈氏家族历史提供了珍贵的考证史料。陈氏宗祠白玉屏又称白碑，陈氏宗祠七政碑又称黑碑。陈氏宗祠白玉屏系光绪二十二年岁次丙申四月初一日，由二房族兄贡生陈汝夔出资建立，文生欧朝辅沐敬书。由于陈氏宗祠白玉屏碑在“文革”中遭受破坏，字迹模糊不清，且文字晦涩深奥，故不列入本篇，现将陈氏宗祠七政碑（黑碑）碑文记载如下，以作深入研究考证参考之用。

一志开创。溯自先祖讳旭安公迁居至此，迄今已五代矣。余恐代远烟殁，数典忘祖，乃于光绪四年独建宗祠，计正殿五间、两廊六间、过厅七间，用费四千余金，外修耳房二所，除前后左右山土树木共二幅，又除烂田沟、让坪水田三十二丘，晾谷百挑上下，每年收晒工资，该住坐耳房者经理补给，既干且净，须将谷石升斗报知首士登簿存祠，以作公款。兹成功，略志颠末，昭示子孙云。

二告守成。祠宇观成规律，着告尔子孙，勿稍陨越，其木主祠内，固宜虔诚祭扫，以昭明洁。所有耳房并山土树木，准住坐耳房者种植砍伐，供奉香灯，每年帮钱乙串，至除两处祭田，该值年首士招佃收租，以作香灯祭祀之资。察毕凭票公算，需用若干，存余若干，登簿备查，所存钱谷，不准浮支侵蚀；所余田土，亦不准妄以当卖，希图借放生息致滋流弊。

三论继承。现在祠中事理有我掌守，著为典型，后应择一孝子贤孙住坐耳房，朝夕供奉香灯，虽有予主器莫若长子，肖贤否禹，未可知矣。我遗交之日，光播、光玙、光瑾齐于神主位前焚香祷祝，凭阄给管，过后则由尔三房子孙品拈，如那房管过者不再管，兢其未经管过者挨次拈管，无容推诿。当仰体前勋，绵延世泽，三代以后，如有嘉言懿行，随其公议，附录于后。

四明祭祀。春秋两祭，载在祭典，每祭定期何日，该首士先贴报单，三房子孙预备衣帽，届期齐集祠中，各执其事，学习礼仪，与主祭生随班行礼升降，拜跪必伸。如在之诚，其猪羊必需肥腯，俎豆必荐馨香，音乐必具齐全，六畜必备丰厚，果品必重新鲜，议物必昭明备，不可蓬头赤足草率将事，以贻神羞。祀毕，胙肉由首士分派，不准豪强争辟，致蹈无礼之讥。

五禁污秽。祠宇庄严，原期明洁，方足以妥先灵。嗣后祠中不准招人住坐，开店歇客，关养牲畜，喂养鸡鸭，堆积灰粪柴草等类，更不准招留工匠，晒打黄豆，寄存一切动用物件，任意污秽。只可延师课读，造就人才，如祠宇墙垣或致漏滥，宜随时修葺，其工资杂费可于余款项下动支报销，但不得藉公营私，查出加倍罚赔，以示炯戒。

六戒游荡。士农经商，需各执一业，予虽以贸易兴家，仍不外耕读为本，孝弟为先，尔等须知，出孝入弟，秀读顽耕。至于经营贸易，当凭大道生财，以义为利，切不可聪明误事，败常乱俗，徒务骄奢淫佚，声色货利，倘有不知自爱者，送入宗祠，置以家法，决不姑息养奸，以为众效。若能奋志显扬，发科发甲，阖族皆有荣焉，准动祠中公款，以示鼓励而副厚望。

七重家规。孝弟为百行之源，和顺实一家之乐。告尔子孙，父母故当事奉，兄弟亦当友恭，妯娌尤当和睦，若重资财而薄父母，听妻言而乖骨肉，纵然禽兽与人面何殊？致于居家切戒奢华，待人切戒刻薄，洋烟切戒沾染，酒色切戒淫酗，尔辈依此而行家道，必臻昌隆，上天必赐厚福。虽过此以往，予不能目观其盛，而冀望之心，当必隐为大快矣。

大清光绪二十二年岁次丙申五月望日　序庠示

陈氏宗祠具有鲜明江西客家移民建筑风格，建筑制式宏伟，彩绘色彩亮丽，历史底蕴深厚。尽管祠堂损毁严重，但“二普”调查中留有陈氏宗祠的资料，陈氏后人保留有在祠堂内拍摄的老照片和一些很有价值的文字资料，建议在有条件时按照历史原貌对陈氏宗祠进行修复。

秀山土家族苗族自治县海洋乡土家（苗家）吊脚楼

重庆土家族分布地域较广，除渝东南的黔江、石柱、秀山、酉阳、彭水等区县外，渝东北万州、云阳、奉节、巫山与湖北恩施土家族苗族自治州接壤的地区，也有一些土家族聚居区。干栏式民居（广泛称为吊脚楼）相对集中于这些区域。

上世纪90年代至今20多年来，农村旧房改造和农民新村建设经久不衰，传统乡土民居数量急剧减少，大批百年传统村落和干栏式民居迅速消失。在全国“三普”工作中，渝东北、渝东南有关区县文物部门对尚存土家族、苗族传统民居进行了较为广泛的田野调查，最后形成“三普”调查成果上报市文物局。我查阅了这些成果资料后，发现重庆保留下来的具有民族特色传统的民居数量已经不多，现状也参差不齐，真正成片保留且没有插花建筑的吊脚楼群更少。经反复梳理比较，我选择了吊脚楼群较为集中的秀山县海洋乡作田野考察。

2013年5月13日，在秀山县文广局执法大队大队长彭谋成、秀山县文管所所长肖红陪同下，一早从秀山县城出发，由319、410国道去海洋乡。经官庄、龙池、妙泉、宋农、石堤5个乡镇，沿途山区集群峰怪石、深谷幽野、溪河瀑潭、田园山林为一体，美丽的风景令人心旷神怡。约1小时15分钟到达海洋乡。海洋乡幅员96平方公里，户籍人口9200人，有6个自然村，土家族、苗族占总人口75%左右，以土家族为主。海洋乡土家族主要有彭、白、李、马、蔡、田6大姓，苗族主要有谭、章两姓。据秀山县文管所普查资料显示，海洋乡还有十来处相对完好的吊脚楼群，笔者选择了海洋乡联坝村谭家寨、五四村中寨、岩院村田家沟、小坪村白家塘4处进行考察。由于小坪村白家塘吊脚楼群规模较小，本篇未予纳入。

土家（苗家）民居风貌特色

重庆土家族、苗族长期生活居住在属亚热带季风性气候的山区丘陵地带，山区雨量充沛、气候湿润、森林覆盖率高，传统村寨和民居多具有靠山择水、山水环绕、依坡就势、错落有致等环境和建筑特色。相比汉族民居，土家（苗家）民居受封建礼制规定和等级制约较少，倒显得灵活随意，不事雕琢，简朴自然。由于山区经济欠发达，土家（苗家）民居较少有汉族聚居地那种庭院重重、雕梁画栋、风火山墙此起彼伏的豪宅大院。

因受山地地形地貌限制，土家（苗家）村寨和民居多采取筑台、退台、错层、叠落、悬挑、附岩、吊脚等方式，形成层层叠叠、高低错落、灵活多变的乡土建筑景观（图50-1）。土家吊脚楼一般为两层，底层架空，以泥土或石板作地面，用于堆放柴火、杂物，饲养牲口、家禽；二层用木板铺地，作主人居住的卧室，卧室中摆放火塘子，一年四季不熄火。有的在屋里放一座木质“火桶子”，桶子里烧有木炭，在寒冷的冬天，一家人坐在桶子边缘，用棉被盖住膝盖吹牛谈天，既暖和，又充满融融亲情。根据人口和辈分，二层楼房会夹成两间、三间或者更多。房屋二层一般有出挑走廊，雕花转角栏杆，栏杆立柱下口做垂花，挑廊挑出一面、两面或者三面，有的环绕房屋四面围合，称“转千子”，亦称走马转角楼。为利用空间，二层楼房上还隔有阁楼，用活动楼梯上下，主要用于放置粮食和需防潮的物品。

土家吊脚楼平面布局形式从简单到复杂一般

图50-1 顺应地形地貌，建造灵活多变的土家（苗家）民居。

分4种。第一种只有正房（当地称“座子屋”），两侧没有厢房，呈“一”字形；第二种为“L”形布局，即正房左侧或右侧吊出一座厢房，称“单吊式”吊脚楼；第三种为三合院，正面为正房，两侧为厢房，呈“凹”字形，称“双吊式”吊脚楼，亦称“撮箕口”、“三合头”；第四种规制较高，四面都有房屋围合，即四合院形式，一般为乡村大户人家建造。也有的土家民居作有平脊重檐或马鞍形风火山墙，这种建筑一般为湖广或者江西、福建等地移民后裔所建，既反映了先祖移民原籍风格，又显示着主人的地位和财富。

吊脚楼正房一般为三开间，较大的有五开间，也有七开间，九开间的较少。三开间明间为开敞式堂屋，次间作为卧室，由明间进出；五开间明间为开敞式，次间、梢间为卧室，一般由明间或次间进出；超过五开间，则在梢间另外开门。

吊脚楼正屋多为悬山顶，厢房为歇山顶，双檐翘角、灵动俊秀，增添了吊脚楼的观赏性。屋顶脊饰简洁，通常用小青瓦堆叠一些代表吉祥如意的图案。堂屋往往会退进一柱或两柱，有的干脆不做门，只设一处高门槛作为室外与堂屋的界限，从而在堂屋外形成尺度宜人的小空间，家人通常在此做手工活，分拣农作物或闲谈聊天，同时也为邻居串门提供了方便。屋顶出檐长度一般在两米上下，檐下可遮荫避雨，宽大的檐下可作临时堆放粮食、蔬菜、杂物或家人的活动空间。檐下挑枋构件一般呈弯曲状或者牛角形，尺寸较大，头大后小，造型简单。挑枋根据造型被称为牛角挑、板凳挑、小弯挑、直挑、单挑、双挑等（图50-2）。

吊脚楼结构形式多为穿斗结构，屋顶用檩子、

图50-2 土家民居檐下各种出挑方式。

图50-3 穿斗山墙结构形式显示了传统民居朴实无华的结构之美。

椽子承重，一般没有横梁，屋顶重量通过檩子传递到穿斗立柱上，规制较高的建筑也会采用抬梁和驼峰结构。穿斗木柱数量根据房屋进深来确定，柱子间距一般在1米左右。穿斗木柱有的全部落地，称为千柱落地；有的部分落地，部分骑跨在横枋上，如5柱落地，4柱骑跨，称为“五柱四骑”，如此等等。吊脚楼山墙面立柱与横枋之间拼装木板，简单的则用竹夹壁抹泥灰，两种形式看上去都匀称协调，展现出传统乡土建筑朴实无华的结构之美，以至于笔者每每在场镇、乡村看到这种穿斗木壁山墙，都会停下脚步细细欣赏品味（图50-3）。

土家吊脚楼装饰朴实，不尚奢华，表现吉祥如意与民俗审美情趣的装饰主要体现在门窗、栏杆、垂花、撑拱、栏板、柱础等处。柱础就地取材，用当地所产之青石、砂石、火成岩雕凿而成，表面雕花较为简洁；各种木构件的装饰图形和雕刻手法一般较为简约；而乡间富裕人家宅院采用的装饰手法则要丰富得多。

历史上，渝东南、渝东北是湖南、湖北以及福建、江西、广东、安徽等地移民由长江水道或陆路入川，之后又经长江支流及官道、小道、山路深入广袤农村的重要落脚之地。秀山县是外来移民落业生息的重要地域之一。外来移民到客地插占为业，

图50-4 土家与移民风格结合的民居（万州区梨树乡李家大院）。

安家落户，建造家园，不少土家吊脚楼融入了外来移民建筑元素。这种当地与外来移民建筑风格结合的民居，在一些大户人家建造的宅院中表现得尤为明显，如黔江区阿蓬江镇大坪村草圭堂、万州区梨树乡李家大院都是土家与移民风格结合的民居典型（图50-4）。

海洋乡联坝村谭家寨吊脚楼

海洋乡联坝村谭家寨位于海洋乡至酉阳后溪镇公路旁，交通方便，时有美术、摄影爱好者和乡土建筑研究者前往采风考察。谭家寨山清水秀，空气清新，水田一片接着一片，3座满目青翠的山头形成笔架形态，构成谭家寨独特的风水环境格局（图50-5）。当地老乡将这3座山峰分别称为老鹰嘴、轿子顶、寨堡，被称为寨堡的山头上过去建有防御寨子和碉楼。谭家寨吊脚楼群分布在笔架山之下，背靠山坡，前面有一条叫谭家沟的小溪流，溪水自西南向东北方向流入盖坝溪，最后汇入石堤电站水库。溪水至今还未遭受污染，水质清冽透明，浅浅的水中搁置一些块石，我们小心翼翼踏着块石过河，进入谭家寨。

谭家寨是一座苗族村寨，户籍人口160多人，

图50-5 山清水秀，景色宜人的谭家寨。

图50-6 谭家寨民居精致的雕花门窗。

实际在家只有11户，均为谭姓，青壮年都外出打工去了，村寨里主要是老人和小孩。谭家寨共有十几座吊脚楼和普通木结构平房，呈不规则分布，布局灵活多变，规格较高的民居有精致的雕花门窗（图50-6），木质结构房屋充满了质朴自然的美感（图

图50-7 木结构房屋展现出质朴自然的美感。

50-7）。由于木质房屋在潮湿多雨的气候和白蚁侵害的条件下难以长期保存，加之防火性能差，往往是屡建屡毁，屡毁屡建。海洋乡现有吊脚楼除少数建于民国时期外，大多建于上世纪50、60年代，还有一些建于上世纪80、90年代和本世纪初。

谭家寨吊脚楼形式为单吊式和双吊式两种。谭贵江、谭贵华居住的吊脚楼呈“L”形，为单吊式吊脚楼。谭贵江的吊脚楼由正屋和左厢房组成，吊脚楼正屋面阔三间15米，进深8米；厢房面阔二间10.9米，进深5.8米；二楼转角楼廊道宽1.3米，占地280平方米，建筑面积245平方米。谭贵华吊脚楼由正屋和右厢房组成。谭贵明、谭贵玉吊脚楼为双吊式吊脚楼，呈“凹”形，由正屋和左右厢房组成。村里的老人们介绍，谭家寨有上百年历史，寨子过去有土司老爷府邸，遍地是遮天蔽日的古树，而今只有一棵百年银杏树孤独地伫立山坡。

海洋乡五四村中寨组吊脚楼

海洋乡五四村中寨组吊脚楼群处于群山环抱之中，前面是海洋乡至酉阳后溪镇的公路，公路下有一条叫咸盐溪的溪流，溪水自南向北流入盖坝溪后汇入西水河。

中寨组吊脚楼共7座，其中双吊式吊脚楼3座，单吊式吊脚楼4座，朝向均为坐西朝东，依山顺坡，逐层而建，分布在长约400米，宽约150米的山脚缓坡地带（图50-8）。7座吊脚楼总建筑面积约2000平方米，住有十几户人家，以白姓土家族为主。正屋山墙面多为三柱四骑，悬山顶，厢房为两层、歇山顶，厢房两侧翼角高翘，二楼外挑走廊。一座建于坡地的吊脚楼由于地基陡峭，出挑的厢房茶座用块石放坡砌垒，并用竹竿、木杆支撑，显得别有风味（图50-9）。由于青壮年外出打工，在家只有少数老人，寨子里安静无声，显得冷清寂寞。

中寨组一些年代较久的旧房已经垮掉，加之前几年发生过一次火灾，部分吊脚楼已重新修建。我在现场发现一座吊脚楼重建时完全改变了原来的形式，变成两层高砖房，外贴白色瓷砖，安装铝合金

图50-8 五四村中寨组吊脚楼分布在山脚缓坡地带。

窗、不锈钢栏杆，与周边房屋格格不入，破坏了传统吊脚楼建筑群美感，显得特别刺眼难看（图50-10）。笔者询问同行的海洋乡文化站干部，他们也感到无可奈何。近年来，这种情况在农村屡见不鲜，外出打工农民积攒到一定钱后，纷纷回家改造乡间老屋，方式基本都是将老房子拆除，重新修建两层、三层、乃至四层高的砖房或混凝土框架结构房屋，外墙普遍贴瓷砖。农民建新房还有一种相互攀比的态势，房屋越建越大，楼层越来越高，建好后又大多无人居住。在传统吊脚楼群中，只要出现一处这种插花新建筑，整体风貌就会遭到毁灭性破坏。笔者反复给县文管所和乡文化站的干部讲这个道理，笔者建议，作为少数民族建筑遗产，一定要下决心划出有特色的吊脚楼群保护区，在保护区内坚决不允许擅自改造老房子，确系危房，也必须按照原有风貌进行修复建设。当然，区县政府、乡镇政府也应该有一些配套政策给村民保护传统民居、村落以必要的支持和鼓励。

图50-9 顺应地形，建造随意灵活的吊脚楼显得特别有风味。

图50-10 新建的白色瓷砖房破坏了传统吊脚楼建筑群的美感。

中寨组吊脚楼对面有一座小学，一些学生在操场活动，我提出去看一下。来到学校，找到小学负责人张老师，他告诉我，小学建立于2005年，叫五四村小学，当初有230多个学生，现在只有36个。小学有一年级到六年级，只有3个老师，基本无法分班。学生住在周围农村，远一点学生每天往返要走30多里山路，包括一、二年级的学生。笔者不禁感叹，七八岁的小孩不管刮风下雨，每天要走30多里崎岖山路，对于大城市里的家长和小孩来说，绝对是不可思议。五四村小学濒临公路，算是条件较好的，一些更为偏僻的山村小学，情况还会更差。在农村人口频繁流动变化下，农村学校教学质量如何提高？如何稳定教师队伍？下一步学生更少怎么办？笔者不好贸然去猜测评价，但这确实需要有关部门认真研究对策方法。

海洋乡岩院村田家沟吊脚楼

海洋乡岩院村田家沟吊脚楼群处于丘陵地带，

图50-11 青山环抱的海洋乡岩院村田家沟吊脚楼群。

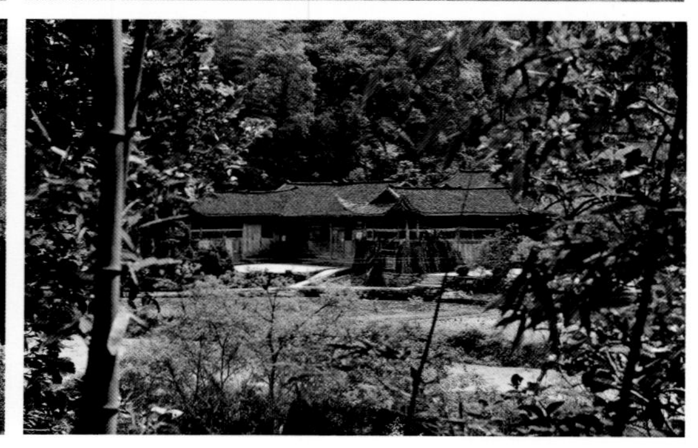

图50-12 田家沟吊脚楼建造因地制宜、自然和谐，简朴耐看。

四面青山环抱，群山之下有一块平地，一条叫田家沟的小溪从村落中缓缓流淌而过（图50-11）。连绵的群山涵养了充足的水源，这里水田成片，顺着山沟延伸，似乎看不到尽头。田家沟环境优美，过去森林密布，古树参天，经过几十年砍伐损毁，现在尚存数十棵古树，其中有一棵树径约1米的古枫木已有200多年树龄。

海洋乡政府提前给村里打了招呼，岩院村村长田茂军、田家沟组组长吴拥军在村头热情地迎接我们。岩院村有345户村民，1520人，约三分之二的村民在外打工；田家沟组户籍人口48户，200多人，实际在家的只有40多人。这48户人家中，苗族37户，土家族11户，村民多姓吴，还有徐、田、章等几个外姓，外姓人家大都是土改时期从外地投亲靠友来的。

田家沟吊脚楼共14座，以单吊式吊脚楼为主，双吊式只有两座，分布在长约400米、宽约200米的山间槽谷地带，大致围合成了一个椭圆形。吊脚楼因地制宜，各具特色，简朴耐看，自然和谐的田园风光令人流连忘返（图50-12）。

在田家沟吊脚楼中，以吴永贵居住的吊脚楼较为典型。此吊脚楼为双吊式吊脚楼，单檐悬山式屋顶，正屋面阔七间34米，进深9.3米，内空高5.6米，占地面积483平方米，建筑面积422平方米。左右厢房形制相同，面阔一间，长4.9米，进深5.4米，分上下层，通高5.9米。厢房为单檐歇山顶，前面两侧飞檐高耸，生动耐看，二楼走廊为回廊式。秀山县摄影家拍摄有一幅表现秀山高台花灯的摄影作品，在各种刊物、画册和宣传广告中经常出现，这幅作品就是在吴永贵吊脚楼前的院坝组织拍摄的。

在吴永贵家里采访了一位叫吴德昆的老人。吴德昆，77岁，土生土长当地人，他给我讲了一些海洋乡过去的故事（图50-13）。

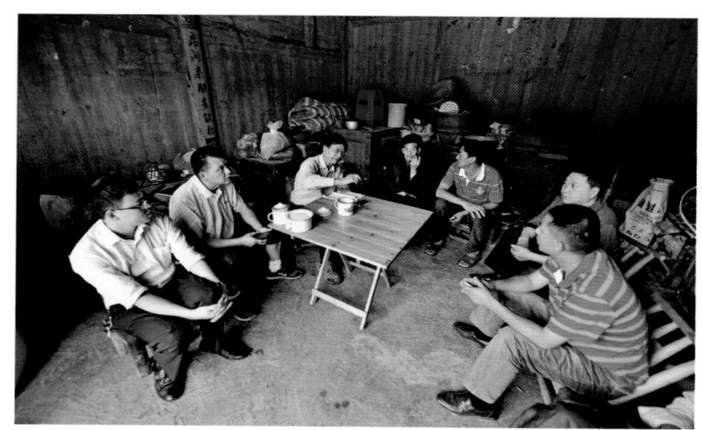

图50-13 在吴永贵家里采访吴德昆老人。

海洋乡连接石堤，石堤与湘西接壤，解放前这一带土匪如麻。距离海洋约50公里的湖南龙山县八面山燕子洞是一个土匪窝子，土匪首领叫田麻子，手下土匪有上千之众，在湘西、川东南一带势力极大。秀山的石堤、大溪、里仁、海洋一带土匪也不少。为保一方平安，防患未然，当地绅粮大户和乡村头面人物往往要求乡民购买枪支武器，平时务农，有土匪来犯，即聚集乡民进行防御抵抗。在不同家族势力范围之间，为纠纷或争田地、水源也时有相互之间的冲突、械斗。

吴德昆老人还讲了一个山寨遭受兵燹的故事。民国三十年前后，土匪在秀山县宋农乡葛卯渡口洗劫了一支运盐船队，周边几十里的乡民听闻后蜂拥而至，在码头哄抢盐包扛回家里。殊不知这支船队运送的是国民党军队103师的军用食盐，准备由酉水河经沅江运到湖北。食盐被洗劫，103师师长闻讯大怒，派部队下乡剿匪，挨家挨户搜索乡民抢走的食盐。海洋乡岩院村也遭到骚扰侵害，乡民纷纷外逃避难，不少逃到了贵州一带。国民党军队进村后放火烧房，岩院村吊脚楼大都毁于一炬。

解放初期，田家沟民居多为简陋的茅草房，上世纪60年代村民开始建造新房，逐步形成现在的吊脚楼群规模。

由于田家沟吊脚楼群较为集中，基本保留了民族建筑的特色风貌，加之群峰环绕，山清水秀，景色宜人，引起了重庆市和秀山县民族宗教事务委员会的关注，他们派人考察后，准备将此处作为重庆土家、苗家民居风貌和新农村建设的示范点。为此，市民宗委请西南大学和重庆市规划设计研究院作了田家沟风貌保护整治和旅游规划。从2012年起，市民宗委已投资200万元，修建约1米宽、几百米长的石板道路，新建了污水管沟，对部分吊脚楼进行了维修整治。

热情的田家沟村民为我们准备了特色土家菜，简单而丰富的乡土菜肴令我们胃口大开（图50-14）。告别时，岩院村村长田茂军、田家沟组组长吴拥军送我们到村头，嘱托我们多帮助他们宣传、介绍田家沟，也欢迎更多的人到这里来参观、游玩、休闲。

图50-14 田家沟村民为我们准备了丰盛可口的土家乡土菜肴。

从海洋乡到田家沟虽然只有7公里，但基本上是非常简陋的机耕道，小车要开40来分钟；秀山县到海洋乡车行约1小时20分钟，加起来就要两个多小时，路程还是较远。据乡里讲，从秀山县到海洋乡要新修公路，海洋乡到岩院村的机耕道也即将硬化，那时候，到田家沟参观旅游就要方便多了。

干栏式民居是传承土家、苗家文化的重要载体。目前，对于数量急剧减少的干栏式民居和民族山寨村落，还缺乏有效的保护手段和相应的政策、资金等支撑措施，不少地方继续面临整个传统村落濒临消亡的尴尬境地。而同属土家、苗家文化区域的湘西、鄂西、黔东北对民族文化的保护与传承重视程度相对要高一些，他们除了对传统村落、传统民居的重点保护外，利用民族文化发展生态旅游也开展得有声有色，值得我们学习和借鉴。

后　记

POSTSCRIPT

历经3年多时间努力和付出，《重庆民居》一书终于化茧为蝶，得以面世。掩卷沉思，欣慰之余，感慨良多。

3年多时间里，笔者是带着一种责任感、紧迫感，甚至是忧虑感来完成这部著作的——在本书资料搜集、田野考察、社会调查、文字撰写期间，不少优秀的传统民居就在我眼皮下继续面临着被蚕食、损毁、垮塌、破坏，甚至消失的命运。

在行程两万多公里、时间长达数年的田野调查之中，我惊讶地发现，几十年来，我们对乡土建筑、乡土文化、生态环境、传统风俗伤害之深、之广、之甚，经常使人难以置信！上百年历史的传统乡土民居保留下来的数量已不及原有的百分之二三，而仅存的又无一幸免地遭受伤害损毁，只是程度有所不同而已。

10多年前，在去武隆县的老公路旁，我偶然发现了一座极具特色和视觉震撼力的乡间城堡式大庄园（后来了解到是民国初期当地富绅刘汉农建造的庄园），而今笔者再要想去考察，庄园已消失得无影无踪，连遗址都无法寻找；而号称重庆最大清代地主庄园之一的南川乾丰乡德兴垣（刘瑞庭庄园），在上世纪90年代以其恢宏的气势和规模载入四川省建委编辑的《四川民居》，如今笔者到现场，看到的只是断垣残壁和一片瓷砖贴墙的砖房，庄园昔日的辉煌已荡然无存。类似例子举不胜举，让人痛心疾首、遗憾万分！因此，我用镜头和文字凝固下来的50个典型乡土民居，也算是给后人留下了一笔历史档案资料吧。

乡土民居是乡土文化、乡土生活的物质基础和载体，是中国传统建筑最率真、最朴实、最生活化、最具有人情味的组成部分。对乡土民居的调查研究是对中国传统乡土文化系统研究重要的基础工作之一。面对快速的城镇化浪潮，尽管呼吁保护乡土民居的人群在增加，尽管有关管理部门也在加大保护和维护力度，但面对金钱、物欲的诱惑，面对文化、人文、价值观的缺失错位，漠视乃至毁灭乡土民居的力量和因素亦不可低估。

过去几十年，由于我们对历史文化遗产保护意识的淡漠和保护措施的乏力，民众对传统建筑文化保护自觉性和认识的匮乏，加之城市快速扩张和大规模城乡建设带来的影响，乡土建筑和传统村落面临着加速损毁消失的态势。时至今日，我们已经有所反思，有所批判，有所惊醒，有所改进。笔者殷切希望，中华民族悠久的传统建筑文化和乡村文明、耕读文明应该得到重视和有效的保护、传承与再现，不要在我们手里继续损毁消失，否则我们将愧对历史，愧对后人！笔者的责任感、紧迫感甚至是忧虑感来自于此。

《重庆民居》从构思、考察、撰写到出版的整个过程，得到了重庆市文物局、区县文广局、文管所和乡土民居所在区县、乡镇、村社有关负责人与工作人员，以及笔者寻找到的乡土民居后人们的大力支持协助。没有他们的帮助，笔者难以完成如此浩大广阔的田野考察和历史资料、口述历史的搜集考证。在此，谨向他们一并表示发自肺腑的感谢！

本书的编辑出版得到了重庆出版社领导和重点图书室的重视和关注。重点图书室曾海龙先生与我合作多年，我的《四川古镇》、《重庆湖广会馆》、《重庆湖广会馆——历史与修复研究》、《重庆老城》、《重庆民居》几部著作都是由海龙先生编辑的。海龙先生治学严谨、学识广博、为人谦和厚道，是一个值得交往和信赖的朋友。在文稿编辑审核过程中，海龙先生给我提出了一些中肯的意见和建议；出版社校对室主任曾祥志先生非常重视本书的校对工作，尽力提高校对质量和效率，责任校对李小君女士校核文稿认真细致，一丝不苟；出版社美术编辑吴庆渝女士设计的封面数易其稿、精益求精。在此，谨向他们的辛勤付出表示深深的谢意。

本书引用了一些家谱、碑文的记载。为尽可能准确，我请重庆三峡博物馆研究员胡昌建先生作了一些校核勘误，昌建先生是著名书画文物鉴定专家，对古代典籍也有很深的研究。由于部分谱牒残缺不齐，碑文遭受风化和人为损坏严重，字迹大多模糊不清，加之文言文用字生僻，引用的家谱和碑文难免有错漏之处，有请方家指教。

在《重庆民居》文字撰写过程中，为尽可能真实准确地描述乡土民居的历史典故，我一直在不遗余力寻找相关知情人士。通过多种渠道，我终于联系上一些老屋的后人，对他们作了采访。根据他们的回忆，我对部分文字进行了补充和修改。由于多数乡土民居尚在后人与祖屋已失去联系多年，加之时间的限制，我无法对涉及民居的历史事件及人物作进一步认证核实，致使本书的叙述难免会有不足和错漏之处。恳请读者和知情人士在阅读本书后给予指正，以便在今后重印或再版中予以更正。

回顾3年多时间里，两万多公里的奔波行驶，栉风沐雨的探寻考察，田间地头的促膝交谈，反复往返的多次拍摄，近30万文字的撰写修改，种种情节场景在笔者脑海中时时浮现、难以忘怀。《重庆民居》不仅是对巴渝优秀乡土建筑的真实原始记录，亦是一次对巴渝农村和乡村文明、耕读文明的广泛调查，“读万卷书、行万里路”，笔者从中获得了超出著作本身之外的许多感悟、收获和心灵的洗涤。如果您有时间和机会，建议也根据自己的研究方向抑或是爱好，去巴渝广袤的农村深入地走一走、看一看吧，相信也会有意想不到的收获。

《重庆民居》为先辈们以智慧和辛劳创造的乡土建筑留下了一个实体形态的感受和记忆。但愿《重庆民居》的出版发行，能够引起人们对乡土建筑的关注和重视，能够对优秀乡土建筑的保护与传承起到些许作用，至少希望使它们避遭被彻底毁灭的命运。

何智亚

2014年6月20日

图书在版编目（CIP）数据

重庆民居 / 何智亚著. —重庆：重庆出版社，2014.6
ISBN 978-7-229-08058-7

Ⅰ.①重… Ⅱ.①何… Ⅲ.①民居—建筑艺术—重庆市 Ⅳ.①TU241.5

中国版本图书馆CIP数据核字（2014）第106106号

重庆民居

CHONGQING MINJU

何智亚　著

出 版 人：罗小卫
责任编辑：曾海龙
封面设计：吴庆渝
装帧设计：何智亚　范心愉　冯　超
责任校对：李小君

重庆出版集团
重 庆 出 版 社 出版
重庆长江二路205号　邮政编码：400016　http://www.cqph.com
重庆市金雅迪彩色印刷有限公司印制
重庆出版集团图书发行有限公司发行
E-MAIL:fxchu@cqph.com　邮购电话：023-68809452
全国新华书店经销

开本：635mm×965mm　1/8　印张：43.5　字数：290千　图：710
2014年6月第1版　2014年6月第1次印刷
ISBN 978-7-229-08058-7
定价：248.00元

如有印装质量问题，请向本集团图书发行有限公司调换：023-68706683